高等学校电气工程及自动化专业系列教材

电气工程基础

主　编　李孝全　　边岗莹　　杨新宇

参　编　蔡树林　　焦楷哲　　邵思羽　　李大喜

西安电子科技大学出版社

内 容 简 介

本书针对本科学生的特点，介绍了电力系统稳态分析和电力系统暂态分析两个方面的知识，共七章，主要内容包括绪论、电力系统各元件的参数及数学模型、电力系统稳态运行分析与计算、电力系统控制、电力系统对称故障分析、电力系统不对称故障分析、电力系统稳定性分析。本书强调基本概念、基本理论和基本技能，注重理论和实践相结合。

本书可作为高等学校电气工程专业的基础课教材，也可作为电气工程专业广大工程技术人员的参考书。

图书在版编目(CIP)数据

电气工程基础/李孝全，秦志峰主编. —西安：西安电子科技大学出版社，2021.9
ISBN 978 - 7 - 5606 - 6068 - 4

Ⅰ. ①电…　Ⅱ. ①李…　②边…　③杨…　Ⅲ. ① 电气工程—高等学校—教材　Ⅳ. ①TM

中国版本图书馆 CIP 数据核字(2021)第 114686 号

策划编辑　秦志峰
责任编辑　张　玮
出版发行　西安电子科技大学出版社(西安市太白南路 2 号)
电　　话　(029)88202421　88201467　　邮　　编　710071
网　　址　www.xduph.com　　　　电子邮箱　xdupfxb001@163.com
经　　销　新华书店
印刷单位　咸阳华盛印务有限责任公司
版　　次　2021 年 9 月第 1 版　2021 年 9 月第 1 次印刷
开　　本　787 毫米×1092 毫米　1/16　印张 18
字　　数　427 千字
印　　数　1~2000 册
定　　价　49.00 元
ISBN 978 - 7 - 5606 - 6068 - 4/TM
XDUP 6370001 - 1

前　言

　　"电气工程基础"是电气工程专业一门重要的专业基础课程。电气工程学科以电力系统的运行为研究对象，主要研究发电、变电、输电和配电等电力系统各环节涉及的理论与技术，在国家科技体系中占有特殊的重要地位。

　　本书是为满足进一步深化工程教育改革、推进新工科建设与发展、加强课程配套资源建设及实际教学的需要而编写的，主要内容包括电力系统稳态分析和电力系统暂态分析两大部分。全书共七章，第一章介绍电力系统的基本知识，包括电力系统的基本概念、电力系统发展简史及电力工业发展趋势、电力系统的运行、电力系统的接线方式和电压等级等；第二章介绍电力系统各元件的参数及数学模型；第三章介绍电力系统稳态运行分析与计算，包括潮流计算的基础、简单电力系统的潮流计算、复杂电力系统的潮流计算等；第四章介绍电力系统的频率和电压控制的基本概念及方法，并围绕典型装备对电力系统调节控制过程进行分析说明；第五章分析无限大容量电源、同步发电机和电力系统发生三相短路时短路电流的变化规律和计算方法；第六章对电力系统不对称故障进行分析与计算，包括对称分量法理论、不对称故障数学模型的建立、不对称故障的分析与计算等；第七章对电力系统的稳定性进行分析，包括电力系统稳定性的基本概念、分析方法及提高稳定性的措施等。

　　本书由李孝全、边岗莹、杨新宇、蔡树林、焦楷哲、邵思羽和李大喜共同编写，李孝全负责统稿并编写了第二章和第三章，边岗莹编写了第五章和第六章前两节，杨新宇编写了第一章和第四章，蔡树林编写了第六章其余内容，焦楷哲、邵思羽和李大喜编写了第七章，并负责全书的图形绘制及校对工作。

　　本书强调基本概念、基本理论和基本技能，注重理论和实践相结合。在编写过程中编者参考了书后参考文献所列的书目，在此对相关作者表示衷心的感谢！

　　由于编者水平有限，书中不妥之处在所难免，恳请读者批评指正。

编　者
2021 年 4 月

目　　录

第一章　绪　论

　　在现代社会中，电能是工业、农业、交通和国防等各行各业不可缺少的动力，电力工业是国民经济及社会发展的支柱产业。本章首先介绍电气工程与电力系统的关系、电力系统的基本概念，其次介绍电力系统的发展简史及电力工业的发展趋势，最后介绍电力系统运行的特点及基本要求、电力系统的中性点运行方式、接线方式和电压等级等基本知识。

第一节　电力系统概述

一、电气工程与电力系统的关系

　　电气工程及其自动化专业，简称电气工程专业或电气专业，是高等学校开设的本科专业。在《电气类专业教学质量国家标准》中，对电气工程及其自动化专业的描述为"电气工程是围绕电能生产、传输和利用所开展活动的总称，涉及科学研究、技术开发、规划设计、电气设备制造、发电厂和电网建设、系统调试与运行、信息处理、保护与系统控制、状态监测、检修维护、环境保护、经济管理、质量保障、市场交易以及系统的自动化和智能化等各个方面。电气工程作为一个学科，发源于19世纪中叶逐渐形成的电磁理论。在电气工程学科发展的基础上形成了电力及相关专业"。

　　电气工程这个名称在我国现行研究生教育的学科目录中，又是一个一级学科的名称。广义上，电气工程学科是以电子学、电磁学等物理学分支为基础，涵盖电子学、电子计算机、电力工程、电信、控制工程、信号处理等子领域的一门工程学科。但在我国学科领域划分上，电气工程学科是不涵盖"电子工程学"的，它以电力系统的运行为研究对象，主要研究发电、变电、输电和配电等电力系统各环节涉及的理论与技术。因此，电气工程学科可以认为是以电力系统为主要研究对象的学科，电力系统是电气工程学科在工程中的具体应用和实践，两者是相辅相成、相互支撑的关系。随着电力的应用和发电、输电、配电技术的发展，不但有力地促进了电机、电器、照明、电力电子技术等行业的发展，同时反过来又促进了电气工程学科研究内容的丰富。电气工程学科与其他学科相互交叉、相互融合、相互促进，现已形成了相对独立的电机与电器、电力系统及其自动化、高电压与绝缘技术、电力电子与电力传动、电工理论与新技术等五个二级学科。

　　（1）电机与电器：主要研究电力设备，可细分为电机和电器两个门类。电机包括发电机、电动机和变压器；电器主要指断路器、隔离开关、互感器、熔断器等电力设备。

　　（2）电力系统及其自动化：主要研究电力系统的设计、规划、调度、控制和保护。

　　（3）高电压与绝缘技术：主要研究高电压下的电磁现象，设备的绝缘保护设计、试验和检测等，可细分为高压和绝缘两个专业。高压主要研究高压试验、放电和电力系统的过电压及防护；绝缘主要研究绝缘材料、绝缘测试等。

（4）电力电子与电力传动：主要研究电力系统中高电压、大电流情况下电子技术的应用，包括电力变换（如交流电变成直流电、直流电变成交流电、交流电改变频率等）、电力系统中的谐波及其抑制、电源质量控制等；电力传动与电机的关系比较紧密，主要涉及控制技术。

（5）电工理论与新技术：主要研究电路、电磁场等基础理论以及热门的新技术研究领域，如混沌等。

二、电力系统的组成及其基本参量

电能是由发电厂生产的。在电力工业发展初期，由于对电能的需求量不大，发电厂都建在用户附近，且规模很小，各发电厂之间没有任何联系，彼此都是孤立运行的。随着工农业生产的发展和科学技术的进步，对电能的需求量日益增大，且对供电可靠性的要求也越来越高，显然单个独立运行的发电厂是无法达到这些基本要求的。为此，需要建设大容量的发电厂以满足日益增长的用电需求，并通过各发电厂之间的相互联系，来提高供电的可靠性。为了节省燃料的运输费用，大容量发电厂多建在燃料、水力资源丰富的地方，而电力用户是分散的，且远离发电厂，因此需要建设较长的输电线路进行输电；为了实现电能的经济传输和满足用电设备对工作电压的要求，需要建设升压变电所和降压变电所进行变电；将电能送到城市、农村和工矿企业后，需要经过配电线路向各类电力用户进行配电。通过各种不同电压等级的电力线路，将发电厂、变电所和电力用户联系起来的包含着发电、输电、变电、配电和用电的统一整体，称为电力系统。与"电力系统"一词相关的还有"电力网"和"动力系统"，前者指电力系统中除去发电机和用电设备之外的部分，后者指电力系统和发电厂动力部分的总和，如图 1-1 所示。所以，电力网是电力系统的一个组成部分，而电力系统又是动力系统的一个组成部分。

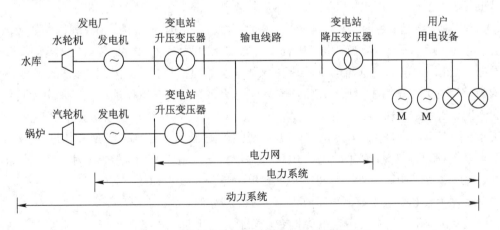

图 1-1 动力系统、电力系统及电力网示意图

电力网也称电网，它由电力线路及其联系的变配电所组成，是电力系统的重要组成部分，其作用是将电能从发电厂输送并分配至电力用户。电力网可分为地方电力网、区域电力网及超高压远距离输电网三种类型。地方电力网的电压在 110 kV 以下，输送功率小，输

电距离短，主要供电给地方负荷，一般工矿企业、城市和农村乡镇配电网络属于这种类型。区域电力网的电压在 110 kV 以上，输送功率大，输电距离长，主要供电给大型区域性变电所。目前在我国，区域电力网主要是 220 kV 级的电力网，基本上各省(区)都有。超高压远距离输电网由电压为 330～500 kV 及以上的远距离输电线路所组成，它的主要任务是把远处发电厂产生的电能输送到负荷中心，同时还联系若干区域电力网形成跨省(区)的大电力系统，如我国的东北、华北、华中、华东、西北和南方等电力网就属于这种类型。但电压为 110 kV 的电力网属于地方电力网还是区域电力网，要视其在电力系统中的作用而定。

电力系统可以用一些基本参量进行描述，简述如下：

(1) 总装机容量。电力系统的总装机容量是指系统中实际安装的发电机组额定有功功率的总和，以千瓦(kW)、兆瓦(MW)、吉瓦(GW)计。例如，2017 年我国发电总装机容量已达到 17.77 亿千瓦。

(2) 年发电量。电力系统的年发电量是指系统中所有发电机组全年实际发出电能的总和，以兆瓦时(MW·h)、吉瓦时(GW·h)、太瓦时(TW·h)计。

(3) 年用电量。年用电量是指接在系统上所有用户全年所用电能的总和。其单位与年发电量的单位一致。

(4) 最大负荷。最大负荷一般是指规定时间，如一天、一月或一年内电力系统总有功功率负荷的最大值，以千瓦(kW)、兆瓦(MW)、吉瓦(GW)计。

(5) 额定频率。按国家标准规定，我国所有交流电力系统的额定频率均为 50 Hz。国外则有额定频率为 60 Hz 的电力系统。

(6) 最高电压等级。同一电力系统中的电力线路往往有几种不同的电压等级。所谓某电力系统的最高电压等级，是指该系统中最高电压等级电力线路的额定电压，以千伏(kV)计。例如，最高电压等级为 500 kV。

三、电力系统中的发电厂

基于一次能源种类和转换方式的不同，发电厂可分为火力发电厂、水力发电厂、核能发电厂、风力发电厂、太阳能发电厂、地热能发电厂和潮汐能发电厂等不同类型。目前世界上已形成规模、具有成熟开发利用技术，并已大批量投入商业运营的发电厂主要是火力发电厂、水力发电厂和核能发电厂。风力及太阳能发电厂作为新能源技术也逐步进行商业化开发，在电能生产中的比例正逐渐增加。

1. 火力发电

火力发电是利用煤炭、石油、天然气或其他燃料的化学能生产电能。从能量转换的观点分析，其基本过程是：燃料的化学能—热能—机械能—电能。世界上多数国家的火电厂以燃煤为主。我国煤炭资源丰富，燃煤火电厂占比达 70% 以上。

2. 水力发电

水力发电是将水能转变为电能。从能量转换的观点分析，其过程为：水能—机械能—电能。实现这一能量转变的生产方式，一般是在河流的上游筑坝提高水位，以造成较高的水头。建造相应的水工设施，以便有效地获取集中的水流。经引水机构将集中的水流引入坝后水电厂内的水轮机,驱动水轮机旋转,水能便被转变为水轮机的旋转动能,与水轮机直接相连的发电机将机械能转换成电能。

3. 核能发电

重核分裂和轻核聚合时,都会释放出巨大的能量,这种能量统称为"核能",即通常所说的原子能。利用重核裂变释放能量发电的核电厂,从能量转换的观点分析,其基本过程是:重核裂变能—热能—机械能—电能。由于重核裂变的强辐射特性,已投入运营和在建的核电厂,毫无例外地划分为核岛部分和常规岛部分,用安全防护设施严密分隔开的两部分,共同构成核电厂的动力部分。

4. 风力发电

风力发电的动力系统主要指风力发电机。最简单的风力发电机由叶轮和发电机两部分构成,空气流动的动能作用在叶轮上,将动能转换成机械能,从而推动叶轮旋转。如果将叶轮的转轴与发电机的转轴相连,就会带动发电机发出电来。

5. 太阳能发电

太阳能发电的方式主要有通过热过程的太阳能热发电和不通过热过程的太阳能光伏发电、光感应发电、光化学发电及光生物发电等。目前,可进行商业化开发的主要是太阳能热发电和太阳能光伏发电两种。

四、电力系统中的变电所

变电所是联系发电厂和电力用户的中间环节,由电力变压器和配电装置组成,起着变换电压、交换和分配电能的作用。根据功能,变电所可分为升压变电所和降压变电所两类;根据在电力系统中的地位,变电所可分为枢纽变电所、中间变电所、地区变电所和终端变电所等。

枢纽变电所位于电力系统的中枢位置,汇集多个电源和大容量联络线,其高压侧电压为 330~750 kV。全所一旦停电,将引起供电区域内大面积停电、电力系统解列甚至瓦解。

中间变电所处于电源与负荷中心之间,高压侧电压为 220~330 kV,以交换潮流为主,起系统交换功率的作用,或使长距离输电线路分段,同时又降压供给当地用电。全所一旦停电,将引起区域电网解列。

地区变电所高压侧电压为 110~220 kV,以对地区供电为主,一般作为地区或城市配电网的主要变电所。全所一旦停电,将使该地区中断供电。

终端变电所作为电网的末端变电所,一般位于输电线路终端,接近负荷点,其高压侧电压为 35~110 kV,经降压后直接向用户供电。终端变电所包括工业企业变电所、城市居民小区的变电所、农村的乡镇变电所以及可移动的箱式变电所等。全所一旦停电,仅使该所的用户中断供电。

此外,还有一种不改变电压仅用于接收和分配电能的站(所),在电压等级高的输电网中称为开关站,在中低压配电网中称为配电所或开闭所。

工业企业内部的车间变电所,根据变压器安装位置的不同,可分为附设式变电所(包括内附式和外附式)、车间内变电所、独立变电所、露天变电所、地下变电所和杆上变电所等几种形式。

五、电能的传输及分配

发电厂产生的电能向用户输送，输送的电能可以表示为

$$W = Pt = \sqrt{3}\,UI\cos\varphi t \tag{1-1}$$

式中：W 为输送的电能（kW·h）；P 为输送的有功功率（kW）；t 为时间（h）；U 为输电网电压（kV）；I 为导线中的电流（A）；$\cos\varphi$ 为功率因数。

电流在导线中流过，会造成电压降落、功率损耗和电能损耗。电压降落与导线中通过的电流成正比，功率损耗和电能损耗与电流的二次方成正比。为提高运行的经济性，在输送功率不变的情况下，提高电压可以减小电流，从而降低电压降落和电能损耗；还可以选择较细的导线，以节约电网的建设投资。当电能输送到负荷中心时，又必须将电压降低，以供各种各样的用户使用。当传输功率一定时，利用变压器使电压升高，电流下降，线路不仅损耗降低，而且线路上的压降也减小。输电距离越远、输送的功率越大时，要求的电压越高。

我国的电能传输方式有两类：一类是交流输电方式，另一类是直流输电方式。

1. 交流输电

以交流方式传输的电力网主要是由输电、变电设备构成的，电力线路以传输交流电能为主体。电力变压器的主要作用除了升高或降低电压之外，还能将不同电压等级的电网相联系。电能传输是在输电线路上进行的。

2. 直流输电

直流输电是将发电厂发出的交流电经过升压后，由换流设备（整流器）转换成直流，通过直流线路送到受电端，再经过换流设备（逆变器）转换成交流，供给受电端的交流系统。需要改变直流输电的输电方向时，只需让两端换流器互换工作状态即可。换流设备是直流输电系统的关键部分。

1）直流输电的主要优点

（1）造价、运行费用低。对于架空线路，当线路建设费用相同时，直流输电的功率约为交流送电功率的1.5倍；在输送功率相等的条件下，直流线路只需要两根导线，交流线路需要三根；直流线路中由电晕引起的无线电干扰也比交流线路小。

（2）不需串、并联补偿。直流线路在正常运行时，由于电压为恒值，导线间没有电容电流，因而也不需并联电抗补偿。由于线路中电流恒值不变，没有电感电流，因而不需要串联电容补偿。这一显著优点，特别是对于跨越海峡向岛屿供电的输电线路，是非常有利的。另外，直流输电沿线电压的分布比较平稳。

（3）直流输电不存在稳定性问题。由直流线路联系的两端交流系统，不要求同步运行。所以直流输电线路本身不存在稳定问题，输送功率不受稳定性限制。如果交、直流并列运行，则有助于提高交流送电的稳定性。

（4）采用直流联络线可以限制互连系统的短路容量。直流系统可采用"定电流控制"，用其连接两个交流系统时，短路电流不致因互连而明显增大。

2）直流输电的主要缺点

（1）换流站造价高。直流线路比交流线路便宜，但直流系统的换流站则比交流变电站

造价高得多。

（2）换流装置在运行中需要消耗无功功率，并且产生谐波。为了向换流装置提供无功功率和吸收谐波，必须装设无功补偿设备和滤波装置。

（3）高压断路器制造困难。由于直流电流不过零，开断时电弧较难熄灭，因此，直流高压断路器的制造较困难。

第二节　　电力系统发展简史及电力工业发展趋势

电力系统与人们的生产、生活、科学技术研究和社会文明建设息息相关，对现代社会的各个方面产生了巨大的作用和影响，已成为现代文明社会的重要物质基础。

一、电力系统的形成和发展

1831年，法拉第发现了电磁感应定律。在此基础上，很快出现了原始的交流发电机、直流发电机和直流电动机。由于当时发电机发出的电能仅用于电化学工业和电弧灯，而电动机所需的电能又来自蓄电池，因而电机制造和电力输送技术的发展最初集中于直流电。原始的电力线路使用的是100～400 V低压直流电。由于输电电压低，因而输送的距离不可能远，输送的功率也不可能大。

第一次高压输电出现于1882年。法国人 M·德波列茨将蒸汽机发出的电能输送到57 km外的慕尼黑，并用以驱动水泵。当时他采用的电压为直流1500～2000 V，输送的功率约为1.5 kW。这个输电系统虽规模很小，却可认为是世界上第一个电力系统，因为它包含了电力系统的各个重要组成部分。由于生产的发展对输送功率和输送距离提出了进一步要求，以致直流输电已不能适应。于是，1885年在制成变压器的基础上，实现了单相交流输电；1891年在制成三相变压器和三相异步电动机的基础上，实现了三相交流输电。

1891年于法兰克福举行的国际电工技术展览会上，在德国人奥斯卡·冯·密勒主持下展出的输电系统，奠定了近代输电技术的基础。这一系统起自劳芬镇，止于法兰克福，全长178 km。设在劳芬镇的水轮发电机组的功率为230 kVA，电压为95 V，转速为150 r/min。升压变压器将电压升高至25 000 V，电功率经直径为4 mm的铜线输送至法兰克福。在法兰克福，用两台降压变压器将电压降至112 V。其中一台变压器供电给白炽灯，另一台给异步电动机，电动机又驱动一台功率为75 kW的水泵。显然，这已是近代电力系统的雏形，它的建成标志着电力系统的发展取得了重大突破。

以后，三相交流制的优越性很快显示出来，使运用三相交流制的发电厂迅速发展，而直流制不久便被淘汰。再后来，汽轮发电机组又取代了以蒸汽机为原动机的发电机组，发电厂之间出现了并列运行，输电电压、输送距离和输送功率不断增大，更大规模的电力系统不断涌现。仅数十年，在一些国家中甚至出现了全国性和跨国性的电力系统。

与19世纪时电力系统的雏形相比，现代电力系统在输电电压、输电距离、输电功率等方面有了千百倍的增长。当前世界上输电线路的输电电压已超过1000 kV，输送距离已超过1000 km，输送功率已超过5000 MW。个别跨国电力系统中发电设备的总容量已超过400 GW。值得一提的是，为彻底解决大电网同步发电机并列运行的稳定性问题，进一步提高远距离电能输送能力，直流输电技术得到了新的发展。输电电压已超过±750 kV，输送距离已超过 1000 km，输送功率已超过 6000 MW，与百余年前德波列茨的试验相比，已有天壤之别，在电源构成、负荷成分等方面也有很大变化。除传统的燃烧煤、石油、天然气等利用化学能的发电厂和利用水能的水力发电厂、利用核能的原子能发电厂外，可再生能源中的太阳能、风能、生物质能、海洋能、潮汐能、地热能等的开发和利用得到了迅速的发展。在负荷成分方面，除电动机、照明负荷外，还有相当比重的电热电炉、整流装置等，尤其是电动汽车，在未来的智能电网中既可以作为充电的负荷，又可以作为移动的分布式储能单元接入电网，这已经突破了原有的负荷概念。

随着社会和科技的发展，电力系统的结构在不断变化，相应地对电力系统的定义也在不断更新。传统的电力系统概念是：由锅炉、反应堆、汽轮机、水轮机、发电机等生产电能的设备，变压器、电力线路等变换、输送、分配电能的设备，电动机、电热电炉、照明等各种消耗电能的设备构成的电力系统主体与测量、保护、控制装置组成的统一整体。

现代电力系统不仅具有以大机组、大电网、超高压、交直流联合输电为主体的结构特征，而且可再生能源的开发和应用将形成新型的输、配电网与分布式发电系统拓扑结构。现代电力系统更为显著的标志是电力系统主体运行安全、优质、经济且实现了高度自动化、数字化、网络化和智能化。信息通信系统和电网监测、控制系统成为电力系统主体安全、优质、经济运行的重要技术保障。因此，现代电力系统是由电力系统主体、信息通信系统和电网监测、控制系统组成的统一整体，是一个巨大而又复杂的系统。现代电力系统又可称为广义电力系统。

二、欧美电力工业的发展简史

1800 年物理学家伏特发明了第一个化学电池，人们开始获得连续的电流。随后，安培、欧姆、亨利、法拉第、爱迪生、西门子、楞次、基尔霍夫、麦克斯韦、赫兹、特斯拉和威斯汀豪斯等一大批电气工程界的伟大先驱们创造了一系列理论与实践成果，为电力工业的诞生开辟了现实的途径。

1831 年，法拉第发现电磁感应原理，并制成最早的发电机——法拉第盘，奠定了发电机的理论基础。

1866 年，西门子发明了自激式发电机，并预见：电力技术很有发展前途，它将会开创一个新纪元（几乎同时，王尔德等人也发明了自激式发电机，但西门子拥有优先权）。

1870 年，比利时的格拉姆制成往复式蒸汽发电机供工厂电弧灯用电。

1875 年，巴黎北火车站建成世界上第一座火电厂，用直流发电供附近照明。

1879 年，旧金山建成世界上第一座商用发电厂，2 台发电机供 22 盏电弧灯用电。同年，法国和美国先后装设了试验性电弧路灯。

1879 年，爱迪生发明了白炽灯。

1881 年，第一座小型水电站建于英国。

1882 年 9 月，爱迪生在美国纽约珍珠街建成世界上第一座正规的发电厂，装有 6 台蒸汽直流发电机，共 662 kW，通过 110 V 地下电缆供电，最大送电距离为 1.609 km，可供 59 家用户，装设了熔丝、开关、断路器和电表等，构成了一个简单的电力系统。

1882 年 9 月，美国还在威斯康星州福克斯河上建立了一座 25 kW 的水电站。

1882 年，法国人 M·德波列茨在慕尼黑博览会上展示了电压为 1500～2000 V 的直流发电机经 57 km 线路驱动电动泵(最早的直流输电)。

1884 年,英国制成第一台汽轮机。

1885 年,制成交流发电机和变压器,于 1886 年 3 月在马萨诸塞州的大巴林顿建立了第一个单相交流送电系统,电源侧升压至 3000 V,经 1.2 km 到受端降压至 500 V,显示了交流输电的优越性。

1891 年,德国劳芬电厂安装了第一台三相 100 kW 交流发电机,通过第一条三相输电线路送电至法兰克福。

1893 年,在芝加哥展示了第一台交流电动机。

1894 年,尼亚加拉大瀑布水电站建成。1896 年该水电站采用三相交流输电送至 35 km 外的布法罗,结束了 1880 年以来交、直流电优越性的争论,也为以后 30 年间大量开发水电创造了条件。

1899 年,加州柯尔盖特水电站至萨克拉门托建成 112 km 的 40 kV 交流输电线。这也是当时受针式绝缘子限制可能达到的最高输电电压。

1903 年,威斯汀豪斯电气公司装设了第一台 5000 kW 汽轮发电机组,标志着通用汽轮发电机组的开始,但因受当时锅炉蒸汽参数的限制,容量未能扩大,故主要用来建立水电站。

1904 年,意大利在拉德瑞罗地热田首次试验成功 552 W 地热发电装置。

1907 年,美国工程师爱德华和哈罗德发明了悬式绝缘子,为提高输电电压开辟了道路。

1916 年,美国建成第一条长 90 km 的 132 kV 线路。

1920 年,世界装机容量为 3000 万 kW,其中美国占 2000 万 kW。

1922 年,美国加州建成 220 kV 线路,1923 年投运。

1929 年,美国制成第一台 20 kW 汽轮机组。

1932 年,苏联建成第聂伯河水电站,单机 6.2 万 kW。

1934 年,美国建成 432 km 的 287 kV 线路。

二战期间,德国试验 4 分裂导线,解决了 380 kV 线路电晕问题,并制成 440 kV 汞弧整流器,建成从易伯至柏林的 100 km 地下直流电缆,大大促进了超高压交流输电的发展和直流输电的振兴。

二战后,美国于 1955 年、1960 年、1970 年和 1973 年分别制成并投运 30 万 kW、50 万 kW、100 万 kW 和 130 万 kW 汽轮发电机组。

二战期间开发的核技术还为电力提供了新能源。1954 年苏联研制成功第一台 5000 kW 核电机组。1973 年法国试制成功 120 万 kW 核反应堆。

1954 年,瑞典首先建立了 380 kV 线路,采用 2 分裂导线,距离为 960 km,将北极圈内的哈斯普朗盖特水电站电力送至瑞典南部。

1954 年,苏联在奥布宁斯克建成第一座核电站。

1964 年,美国建成 500 kV 交流输电线路,苏联也于同年完成了 500 kV 输电系统。

1965 年,加拿大建成 765 kV 交流线路。

1965 年,苏联建成 ±400 kV 的 470 km 高压直流输电线路,送电 75 万 kW。

1970 年,美国建成 ±400 kV 的 1330 km 高压直流输电线路,送电 144 万 kW。

1989 年，苏联建成一条世界上最高电压为 1150 kV、长 1900 km 的交流输电线路。

三、我国电力工业的发展

1879 年 5 月，上海虹口装设的 10 马力(1 马力＝0.7457 kW)直流发电机供电的弧光灯在外滩点燃，是中国使用电照明之始。

1882 年，英商创办的上海电光公司是中国第一家公用电业公司，在上海乍浦路创建了中国第一座发电厂，装机容量为 12 kW，后改为上海电力公司，由美国人经营。

1888 年 4 月，中国开始自建电厂，以 15 kW 发电机供皇宫用电。

1907 年，中国开工兴建了第一座水电站——石龙坝水电站，1912 年建成，初期装机容量为 $2×240$ kW。

1911 年，民族资本经营电力共 12 275 kW。

1949 年中华人民共和国成立之初，全国年发电总量为 $4.31×10^9$ kW·h，列居世界第 25 位，装机容量为 $1.849×10^6$ kW，列居世界第 21 位，全国人均电量不超过 8 kW·h。

1970 年，中国在广东丰顺开始用地下热水发电。

1975 年西藏羊八井地热电站始建，1977 年第一台 1000 kW 机组投运，1986 年总装机容量为 3000 kW，是迄今为止中国最大的地热电站。

1978 年，改革开放开始，全国发电装机容量达到 5712 万 kW，年发电量达 2566 亿 kW·h。1980 年全国装机容量为 6587 万 kW，列居世界第 8 位，发电量为 3006 亿 kW·h，列居世界第 6 位。

1985 年，全国年发电总量已达 $4×10^{11}$ kW·h，装机容量为 $8×10^7$ kW，升至世界第 5 位。全国已形成了六大跨省区的电力系统，汽轮发电机组、水轮发电机组的单机容量分别达到 $6×10^5$ kW 和 $3×10^5$ kW，在运行的调度和管理中，普遍采用了计算机等先进技术。到 1987 年全国装机容量超过 1 亿 kW。

1989 年，中国第一条 ±500 kV 直流输电线路(葛洲坝—上海，1080 km)建成投入运行，实现华中电网与华东电网互联，形成中国第一个跨大区的联合电力系统。

1993 年，中国第一座核电站——秦山核电站(300 MW)建成投产(1984 年 8 月动工)。1994 年大亚湾核电站($2×984$ MW)建成投产(1986 年动工)。水电建设也在加速：1993 年和 994 年分别跨上了年投产 300 万 kW 和 400 万 kW 的台阶；1991 至 1996 年共增加 1800 万 kW；1994 年三峡工程开工，1997 年截流，2003 年 7 月第一台机组开始发电，当年投产 6 台；1998 年 6 月二滩水电站($6×55$ 万 kW)正式发电。此外，风能、地热能、太阳能和潮汐能等新能源都有所发展，形成多种能源互补发展的局面。

我国的电力工业在电源建设、电网建设和电源结构建设等方面均取得了令世人瞩目的成就。截至 2019 年底，我国发电装机总容量已达到 20.10 亿 kW，发电量达 73 266 亿 kW·h，均稳居世界第一。同时，从 2014 年开始我国人均发电装机容量已达到 1 kW，人均年用电量超过 4000 kW·h，达到了世界平均水平。

从电力结构看，目前火电在我国现有电力结构中占据绝对的优势，2017 年火电装机容量占全国电力装机容量的 62.24%。虽然短期内以火电为主导的格局难以改变，但出于对煤炭资源未来供应能力的担忧，以及火电厂对环境的危害，国家今后在可再生能源方面的投入将相对较多。火电在整个电力结构中的比例逐步下降将是必然趋势。

　　水电：2019 年底，我国水电装机容量已经达到 35 804 万 kW，2019 年新增水电装机 445 万 kW。

　　2019 年底，我国大陆地区核电运行总装机容量达到 4874 万 kW，过去十年核电增长速度较快。

　　2019 年，新增并网风电装机容量为 2487 万 kW，累计并网装机容量达到 2.09 亿 kW，占全部发电装机容量的 10%。风电年发电量为 4053 亿 kW·h，同比增长 10.8%，已成为我国第三大类型电源。

　　2019 年底，我国光伏发电装机容量达 2.04 亿 kW，同比增长 17.1%，连续 3 年位居全球首位，连续 5 年位居世界第一，已经提前实现了“十三五”目标。并网太阳能发电 2237 亿 kW·h，比上年增长 26.4%，遥遥领先于其他可再生能源。

　　电力负荷受国民经济持续稳定增长的推动，全社会用电量保持了较高的年化复合增长率。

　　在网架建设方面，中国电网发展历程如下：

　　1952 年，采用自主技术建设了 110 kV 输电线路，逐渐形成京津唐 110 kV 输电网。

　　1954 年，建成丰满—李石寨 220 kV 输电线路，随后继续建设辽宁电厂—李石寨及阜新电厂—青堆子等 220 kV 线路，迅速形成东北电网 220 kV 骨干网架。

　　1972 年，建成 330 kV 刘家峡—关中输电线路，全长 534 km，随后逐渐形成西北电网 330 kV 骨干网架。

　　1981 年，建成 550 kV 姚孟—武昌输电线路，全长 595 km。

　　1983 年，建成葛洲坝—武昌和葛洲坝—双河两回 550 kV 线路，形成华中电网 550 kV 骨干网架。

　　1984 年，明确提出 550 kV 以上的输电电压为 1000 kV 特高压，330 kV 以上的输电电压为 750 kV。

　　1989 年，建成 ±550 kV 葛洲坝—上海高压直流输电线，实现了华中—华东两大区的直流联网，拉开了跨大区联网的序幕。

　　2005 年 9 月，在西北地区（青海官厅—兰州东）建成了一条 750 kV 输电线路，长度为 140.7 km。我国第一个 1000 kV 特高压交流示范工程是晋东南—南阳—荆门 1000 kV 输电线路，全长 650 km。第一条 ±800 kV 云广特高压直流输电工程已经于 2009 年建成投运，第一条 ±1100 kV 昌吉—古泉特高压直流输电工程已经于 2019 年成功启动双极全压送电。

　　虽然我国的电力工业已居世界前列，但与发达国家相比还有一定的差距，我国的人均电量水平还很低，电力工业分布不均匀，还不能满足国民经济发展的需要。跨省区电网的互联工作才刚开始，电力市场还远未完善，管理水平、技术水平都有待提高，因而，电力工业还必须持续、稳步地发展，以实现在 21 世纪我国电力工业达到世界先进水平的目标。

四、电力工业发展趋势

1. 节能减排、大力开发新能源、走绿色电力之路

　　在发电用一次能源的构成中，以煤、石油、天然气为主的局面在相当长的时间内还难以改变。但由于这类化石燃料的短期不可再生性，且储量在逐年减少，因此面临资源枯竭

的危险。同时由于这些燃料(特别是煤)的低效"燃烧"使用,既浪费了能源,又产生大量的二氧化碳(CO_2)、二氧化硫(SO_2)、氮氧化物(NO_2)等温室气体及烟尘排放到大气中,导致气候变暖、冰层融化,将会给人类带来严重的灾难性后果。旨在限制全球 CO_2 温室气体排放总量的《联合国气候变化框架公约》(《京都议定书》)已于 2005 年 2 月正式生效,议定书规定了具体的、具有法律约束力的温室气体排放标准。因此,世界各国都把节约能源、提高燃料的利用效率、减少温室气体排放、大力开发可再生新能源发电技术提上日程。

在未来的几十年乃至更长的时间内,研究洁净煤技术,包括洁净煤处理技术、洁净煤燃烧技术及煤的气化、液化等转化技术;研究采用高效率的大容量超临界发电机组及整体煤气化联合循环、增压流化床联合循环等高效发电技术,将在煤电领域节能减排中发挥更大的作用。然而,要真正解决温室气体排放和化石类资源枯竭问题,最根本的途径是研究开发可替代的新能源,改变现有的能源结构,保证电力工业的可持续发展,走绿色电力之路。因此,水能、风能、太阳能、地热能、海洋能、氢能等低碳和无碳能源将成为今后重点发展的可再生能源。

目前,发达国家清洁能源用于发电的比重已达 80%。截至 2019 年底,我国非化石能源占总装机容量的 42%,占总发电量的 32.7%。根据规划,我国提出的目标是 2035 年非化石能源发电装机比重超过 60%,发电能源占一次能源消费比重超过 57%。

2. 建设以特高压为骨干网架的坚强电网

我国地域辽阔,建设以特高压为骨干网架的坚强电网可以实现跨区域、远距离、大功率的电能输送和交易,做到更大范围的资源优化配置,推动能源的高效开发利用,更好地调节电力平衡,培育和发展更加广阔的电力市场。特高压电网在合理利用能源、节约装机、降低网损、提高设备利用率、节约土地资源、减少建设投资、降低运行成本、减少事故和设备检修以及获得错峰、调峰和跨区域补偿效益等方面潜力巨大,具有显著的社会和经济效益。

因此,发展坚强的大电网是电力工业发展的客观规律,建设特高压电网是提高电力工业整体效益的必然选择。

3. 组成联合电力系统

电力负荷的不断增长和电源建设的发展,以及负荷和能源分布的不均衡,必然需要将各个孤立电网与邻近电网互联,组成一个更大规模的电网,形成联合电力系统。不仅城市与城市之间、省与省之间、大区与大区之间的相邻电网应该如此,国与国之间的电网也可能相互连接。例如西欧、北欧各国,北美的美国与加拿大,电网都已互联。

全国各电力系统互联,形成联合电力系统,是我国电力系统发展的必然趋势。目前我国的东北、华北和华中电网已通过交流互联形成同步电网,华中与南方电网通过直流互联、西北与华中电网通过灵宝背靠背直流工程实现异步联网。根据规划,2020 年我国建成了覆盖华北、华中和华东的 1000 kV 交流特高压同步电网,同时建成了西南大型水电基地 ±800 kV 的特高压直流送出工程,二者共同构成了连接全国各大电源基地和主要负荷中心的特高压联合电力系统。

发展联合电力系统,除实现系统之间的电力电量交换外,还能对全网实现联合计划、协调维修、事故支援,以及对发电运行的联合调度或统一调度,以保证获取最大经济效益。

在联合效益上，不仅能取得电力电量效益，还能取得原有孤立系统所没有的一系列新的效益。其优越性主要体现在以下几方面：

（1）实现各电力系统间负荷的错峰。由于各电网地理位置、负荷特性和地区生活习惯等情况的不同，利用负荷的时间差、季节差，错开高峰用电，可削减负荷尖峰，因而联网后的最高负荷必然比原有各电网最高负荷之和小，这样就可以减少全系统总装机容量，从而节约电力建设投资。

（2）提高供电可靠性，减少系统备用容量。联网后，由于各系统的备用容量可以相互支援，互为备用，因此增强了抵御事故的能力，提高了供电可靠性，减少了停电损失。系统的备用容量是按照发电最大负荷来计算的，由于联网降低了电网的最大负荷，因而也降低了备用容量。同时，由于联合电力系统容量变大了，系统备用系数也降低，可进一步降低备用容量。

（3）有利于安装单机容量更大的发电机组。采用高效率的大容量发电机组可以降低单位容量的建设投资和单位发电量的发电成本，有利于降低造价、节约能源。通常电网总容量不宜小于最大单机容量的一定倍数，电网互联后，系统总容量增大为安装大容量机组创造了条件。

（4）有利于进行电网的经济调度。由于各系统能源构成、机组特性以及燃料价格不同，各电厂的发电成本存在差异。电网互联后，利用这种差异进行经济调度，可以使每个电厂和每个地区电网的发、供电成本都有所下降。电网经济调度，宏观上是进行水电、火电的经济调度，即充分利用丰水期的水能，多发水电，减少弃水损失，节约火电厂的燃料；微观上是进行机组间的经济调度，尽可能使能耗低的机组多发电，以减少能耗。

（5）实现水电跨流域调度。当一个电网具有丰富的发电能源，另一个电网的发电能源不足，或两个电网具有不同性质的季节性能源时，电网互联后可以互补余缺，相互调剂。例如，将红水河、长江和黄河水系进行跨流域调度，错开出现高峰负荷的时间和各流域的汛期，可减小备用容量，提高经济效益。

应该指出，电网互联在带来巨大经济效益的同时，也不可避免地存在一些问题。如故障会波及相邻电网，如果处理不当，会导致大面积停电；电网短路容量的增加，会造成断路器等设备因容量不够而需增加投资；需要进行联络线功率控制等。为了限制短路容量的增大和提高运行的可靠性及灵活性，可用直流联络线将巨型交流电力系统分割成几个非同步运行的部分，以避免发生灾难性的大面积停电事故。

此外，在电网实际联合运行中，还有联网互供电价是否合理、联网效益在各地区间如何合理分配等问题，有待进一步解决。

4．加强智能电网的建设

智能电网是将先进的传感量测技术、信息通信技术、分析决策技术和自动控制技术与能源电力技术以及电网基础设施等高度集成而形成的新型现代化电网。

传统电网是一个刚性系统，电源的接入与退出、电能的传输等都缺乏弹性，使电网动态柔性及重组性较差，垂直的多级控制机制反应迟缓，无法构建实时、可配置和可重组的系统，自愈及自恢复能力完全依赖于物理冗余；对用户的服务简单，信息单向；系统内部存在多个信息孤岛，缺乏信息共享，相互割裂和孤立的各类自动化系统不能构成实时的有机统一整体，整个电网的智能化程度较低。与传统电网相比，智能电网将进一步优化各级电网控制，构建结构扁平化、功能模块化、系统组态化的柔性体系架构，通过集中与分散相结合的模式，灵活变换网络结构、智能重组系统架构、优化配置系统效能、提升电网服务质量，实现与传统电网截然不同的运营理念和体系。因此，国家电网公司将智能电网的主要特征概括为"坚强、自愈、兼容、经济、集成、优化"。

（1）坚强：在电网发生大扰动和故障时，仍能保持对用户的供电能力，而不发生大面积停电事故。在自然灾害、极端气候条件下或遭外力破坏时仍能保证电网的安全运行，具有确保电力信息安全的能力。

（2）自愈：具有实时、在线和连续的安全评估和分析能力，强大的预期和预防控制能力，以及自动故障诊断、故障隔离和系统自我恢复的能力。

（3）兼容：支持可再生能源的有序、合理接入，适应分布式电源和微电网的接入，能够实现与用户的交互和高效互动，满足用户多样化的电力需求，并提供对用户的增值服务。

（4）经济：支持电力市场运营和电力交易的有效开展，实现资源的优化配置，降低电网损耗，提高能源利用效率。

（5）集成：实现电网信息的高度集成和共享，采用统一的平台和模型，实现标准化、规范化和精细化管理。

（6）优化：优化资产的利用，降低投资成本和运行维护成本。

欧洲于 2005 年提出"智能电网"计划；美国科罗拉多州的波尔德市（Boulder）于 2008 年建设全美第一个"智能电网"城市。2011 年我国政府工作报告中明确提出要"加强智能电网建设"，2011 年 3 月 1 日，陕西延安洛川 750 kV 智能变电站正式投入运行，这是我国首批试点智能变电站，也是目前世界上电压等级最高的智能变电站，标志着中国智能电网建设开始迈出第一步。

第三节　电力系统的运行

一、电力系统运行的特点

电力系统的运行和其他工业系统比较起来，具有如下明显的特点：

（1）电能不能大量储存，电能的生产和使用只能同时完成。尽管人们对电能的储存进行了大量的研究，并在一些新的储存电能方式上（如超导储能、燃料电池储能等）取得了某些突破性进展，但迄今为止，储存大容量电能的问题仍未得到有效解决。因此，电能难以大量储存可以说是电能生产的最大特点。这一特点决定了电力系统中电能的生产和使用只能同时完成，即在任一时刻，系统的发电量都取决于同一时刻用户的用电量（包括输电、配电环节的损耗）。因此，在系统中必须保持电能的生产、输送和使用处于一种动态的平衡状态。如果电力系统在运行中发生了供电与用电（包括有功功率和无功功率）的不平衡，系统运行的稳定性就会遭到破坏，甚至发生事故。

（2）正常输电过程和故障过程都非常迅速。由于电能是以电磁波的形式传播的，其传播速度为光速（300 000 km/s），因此不论是正常的输电过程还是发生故障的过程都极为迅速。如开关的切换操作，发电机、变压器、线路和用电设备的投切都在瞬间完成。电网的短路过程、故障的发生和发展时间十分短暂，过渡过程时间一般以微秒（μs）或毫秒（ms）计。

因此，为了保证电力系统的正常运行，必须设置完善的自动控制和保护装置，以便对系统进行灵敏而迅速的测量和保护，完成各项调整和操作任务，将操作或故障引起的系统变化限制在尽可能小的范围之内。电力系统的这一特点给系统的运行、操作带来了许多复杂的课题。

（3）具有较强的地区性特点。电力系统的规模越来越大，其覆盖的地区也越来越广，各地区的自然资源情况存在较大差别。如我国西北煤资源丰富，以火力发电为主；而西南水能资源较为丰富，故以水力发电为主；沿海地区则主要发展核电。同时各地区的经济发展情况也不一样，工业布局、城市规划、电力负荷不尽相同。如我国的东部及东南沿海地区的工业比西部发达，因此，在制订电力系统的发展和运行规划时必须充分考虑地域特点。

（4）与国民经济各部门关系密切。由于电能具有方便、高效地转换成其他形式的能（如机械能、光能、热能等），使用灵活及易于实现工作过程自动化和远程控制等突出优点，因此被广泛应用于国民经济的各个部门和人民生活的各个方面；而且随着国民经济各部门的电气化、自动化和人民生活现代化水平的日益提高，整个社会对电能的依赖性也越来越强。由于电力供应不足或电力系统故障造成的停电，给国民经济造成的损失和对人们日常生活的影响也越来越严重。

二、电力系统运行的基本要求

由于电力系统与国民经济和人民日常生活密切相关，电能不足或质量不好以及停电等都将直接影响国民经济的发展和人民的日常生活。同时，电能的生产成本也会影响到国民经济各部门的生产成本，因此对电力系统运行的基本要求可以简单地概括为"安全、可靠、优质、经济、环保"。

1. 保证供电的安全可靠性

保证供电的安全可靠性是对电力系统运行的基本要求。这就要求从发电到输电以及配电，每个环节都必须安全可靠，不发生故障，以保证连续不断地为用户提供电能。为此，电力系统的各个部门应加强现代化管理，提高设备的运行和维护质量。例如：高压专业部门要做好电气设备绝缘的监督和过电压防护工作；通信部门要保证远动及信息畅通；继电保护及自动化部门要加强继电保护与自动化装置的设置与维护，保证保护和自动装置灵敏、快速、可靠，以维护电力系统的稳定运行；运行部门则要时刻关注电力系统的运行状态，合理调度和正确处理事故等。应当指出，要绝对防止事故的发生是不可能的，而各种用户对供电可靠性的要求也不一样。因此，应根据电力用户的重要性等级不同区别对待。通常将电力用户分为三类：

（1）一类用户：由于中断供电会造成人身伤亡的用户，如煤矿、大型医院等；或中断供电会在政治、经济上给国家造成重大损失的用户，如大型冶炼厂、军事基地等；或中断供电会影响国家重要部门正常工作的用户，如铁路枢纽、通信枢纽、国家重要机关以及大量人员集中的公共场所、城市公用照明等。对一类用户通常应设置两路以上相互独立的电源供电，其中每一路电源的容量均应保证在此电源单独供电的情况下就能满足用户的用电要求。确保任一路电源发生故障或检修时，都不会中断对用户的供电，即一类用户要求有很高的供电可靠性。

　　(2) 二类用户：由于中断供电会在政治、经济上造成较大损失的用户，或中断供电将影响重要单位正常工作的用户，以及大型影剧院、大型商场等。对二类用户应设专用供电线路，条件许可时也可采用双回路供电，并在电力供应出现不足时优先保证其电力供应。

　　(3) 三类用户：短时停电不会造成严重后果的用户，如小城镇、小加工厂及农村用电等。

　　当系统发生事故、出现供电不足的情况时，应当首先切除三类用户的用电负荷，以保证一、二类用户的用电。

2. 保证电能的良好质量

　　电力系统不仅要满足用户对电能的需要，而且还要保证电能的良好质量。电能质量是指通过公用电网供给用户端的交流电能的品质。频率、电压和波形是电能质量的三个基本指标，其额定值是电气设备设计的最佳运行条件。当系统的频率、电压和波形不符合电气设备的额定值要求时，往往会影响设备的正常工作，造成振动、损耗增加，使设备的绝缘加速老化甚至损坏，危及设备和人身安全，影响用户的产品质量等。因此要求系统所提供电能的频率、电压及波形必须符合其额定值的规定。

　　系统频率主要取决于系统中有功功率的平衡。发电机发出的有功功率不足，会使系统频率偏低。节点电压主要取决于系统中无功功率的平衡，无功功率不足，则电压偏低。波形质量是由谐波污染引起的，用总谐波畸变率来表示。正弦波的总谐波畸变率是指各次谐波有效值平方和的方根值占基波有效值的百分比。保证波形质量就是限制系统中电压、电流中的谐波成分。

　　我国规定电力系统的额定频率为 50 Hz，大容量系统允许频率偏差为 ± 0.2 Hz，中小容量系统允许频率偏差为 ± 0.5 Hz。35 kV 及以上的线路额定电压允许偏差为 $\pm 5\%$；10 kV 线路额定电压允许偏差为 $\pm 7\%$，电压总谐波畸变率不大于 4%；380 V/220 V 线路额定电压允许偏差为 $\pm 7\%$，电压总谐波畸变率不大于 5%。

　　电力系统的负荷是不断变化的，系统的电压和频率必然会随之变动。这就要求调度必须时刻注视电压、频率变化情况和系统的有功和无功负荷平衡情况，随时给发电厂及变电站下达指令，通过自动装置快速及时地调节发电机的励磁电流或原动力，停止或启动备用电源及切除部分负荷等，使电力系统中发出的无功和有功功率分别与负荷的无功和有功功率保持平衡，以保持系统额定电压和额定频率的稳定，确保系统的电能质量。

3. 保证电力系统运行的稳定性

　　电力系统在运行过程中不可避免地会发生短路事故，此时系统的负荷将发生突变。当电力系统的稳定性较差，或对事故处理不当时，局部事故的干扰有可能导致整个系统的全面瓦解(即大部分发电机和系统解列)，而且需要长时间才能恢复，严重时会造成大面积、长时间停电，因此稳定问题是影响大型电力系统运行可靠性的一个重要因素。为使电力系统保持稳定运行，除要求系统参数配置得当，自动装置灵敏、可靠、准确外，还应做到调度合理，处理事故果断、正确等。

4. 保证运行人员和电气设备工作的安全

　　保证运行人员和电气设备工作的安全是电力系统运行的基本原则，为此要求不断提高运行人员的技术水平和保持电气设备始终处于完好状态。这就要求在设计时一方面合理选择设备，使之在一定过电压和短路电流的作用下不致损坏；另一方面应按规程要求及时安排对电气设备进行预防性试验或实施在线监测和状态检修，及早发现隐患，及时进行维修。在运行和操作中要严格遵守有关的规章制度。

5. 保证电力系统运行的经济性

要使电能在生产、输送和分配过程中实现高效率、低损耗，以期最大限度地降低电能成本，实现发电厂和电网的经济运行，就要最大限度地降低发电厂的能源消耗率。为了实现电力系统的经济运行，除了进行合理的规划设计外，还需对整个系统实施最佳经济调度，实现火电厂、水电厂、核电厂负荷的合理分配，积极开发新能源发电等，同时还要提高整个系统的管理水平。

6. 减少污染、保护生态环境

电力系统要采用新技术、新方法，减少火电厂的温室气体排放，加大对废气、废物的无害化处理力度，提高无害化处理水平，最大限度地采用可再生清洁能源发电；要保护水体，保护生态环境，坚持科学发展，倡导绿色电力。

三、电力系统中性点的运行方式

电力系统的中性点是指星形联结的变压器或发电机的中性点。这些中性点的运行方式涉及系统的电压等级、绝缘水平、通信干扰、接地保护方式及保护整定等许多方面，是一个综合性的复杂问题。我国电力系统的中性点运行方式主要有三种：中性点不接地、中性点经消弧线圈接地和中性点直接接地（或经低电阻接地）。前两种系统称为小电流接地系统，亦称电源中性点非有效接地系统；后一种系统称为大电流接地系统，亦称电源中性点有效接地系统。

1. 中性点不接地的电力系统

我国 3～60 kV 的电力系统通常采用中性点不接地运行方式。中性点不接地的电力系统正常运行时的电路图和相量图如图 1-2 所示。各相导线之间、导线与大地之间都有分布电容，为了便于分析，假设三相电力系统的电压和线路参数都是对称的，把每相导线的对地电容用集中电容 C 表示，并忽略导线相间分布电容。

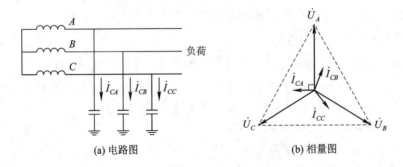

(a) 电路图　　　　　　　　　　(b) 相量图

图 1-2　中性点不接地系统正常运行时的电路图和相量图

电力系统正常运行时，由于三相电压 $\dot{U}_A$、$\dot{U}_B$、$\dot{U}_C$ 是对称的，三相导线对地电容电流 $\dot{I}_{CA}$、$\dot{I}_{CB}$、$\dot{I}_{CC}$ 也是对称的，其有效值为 $I_{C0}=\omega C U_\varphi$（$U_\varphi$ 为各相相电压有效值），所以三相

电容电流相量之和等于零，地中没有电容电流。此时，各相对地电压等于各相的相电压，电源中性点对地电压 $\dot{U}_N$ 等于零。

当电力系统发生单相（如 A 相）接地故障时，如图 1-3(a)所示，则故障相（A 相）对地电压降为零，中性点对地电压 $\dot{U}_N = -\dot{U}_A$，即中性点对地电压由原来的零升高为相电压，此时，非故障相（B、C 两相）对地电压分别为

$$\left.\begin{array}{l}\dot{U}'_B = \dot{U}_B + \dot{U}_N = \dot{U}_B - \dot{U}_A = \dot{U}_{BA} \\ \dot{U}'_C = \dot{U}_C + \dot{U}_N = \dot{U}_C - \dot{U}_A = \dot{U}_{CA}\end{array}\right\} \tag{1-2}$$

式(1-2)说明，此时 B 相和 C 相对地电压升高为原来的 $\sqrt{3}$ 倍，即变为线电压，如图 1-3(b)所示。但此时三相之间的线电压仍然对称，因此用户的三相用电设备仍能照常运行，这是中性点不接地系统的最大优点。但是，发生单相接地后，其运行时间不能太长，以免在另一相又发生接地故障时形成两相接地短路。因此，我国有关规程规定，中性点不接地系统发生单相接地故障后，允许继续运行的时间不能超过 2 h，在此时间内应设法尽快查出故障，予以排除；否则，就应将故障线路停电检修。

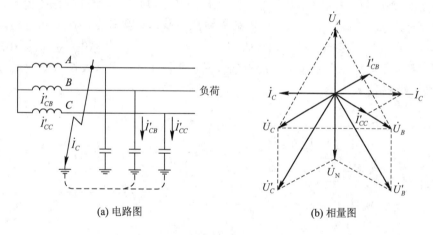

(a) 电路图   (b) 相量图

图 1-3 中性点不接地系统发生 A 相接地故障时的电路图和相量图

当 A 相接地时，流过接地点的故障电流（电容电流）为 B、C 两相的对地电容电流 $\dot{I}'_{CB}$、$\dot{I}'_{CC}$ 之和，但方向相反，即

$$\dot{I}_C = -(\dot{I}'_{CB} + \dot{I}'_{CC}) \tag{1-3}$$

由图 1-3(b)可知，由 $\dot{U}'_B$ 和 $\dot{U}'_C$ 产生的 $\dot{I}'_{CB}$、$\dot{I}'_{CC}$ 分别超前它们 90°，数值大小为正常运行时各相对地电容电流的 $\sqrt{3}$ 倍，即 $I_C = \sqrt{3}\,\dot{I}'_{CB}$，因此，短路点的接地电流有效值为

$$I_C = \sqrt{3}\,\dot{I}'_{CB} = \sqrt{3}\frac{\dot{U}'_B}{X_C} = \sqrt{3}\frac{\sqrt{3}U_B}{X_C} = 3I_{C0} \tag{1-4}$$

即单相接地的电容电流为正常情况下每相对地电容电流的 3 倍，且超前于故障相电压 $\dot{U}_A$ 90°。

由于线路对地电容 C 很难准确确定，因此单相接地电容电流通常按式(1-5)计算：

$$I_C = \frac{(l_{oh} + 35l_{cab})U_N}{350} \tag{1-5}$$

式中，U_N 为电网的额定线电压(kV)；l_{oh} 为同级电网具有电气联系的架空线路总长度(km)；l_{cab} 为同级电网具有电气联系的电缆线路总长度(km)。

必须指出，中性点不接地系统发生单相接地故障时，接地电流将在接地点产生稳定的或间歇性的电弧。若接地点的电流不大，在电流过零值时电弧将自行熄灭；当接地电流大于 30 A 时，将形成稳定电弧，成为持续性电弧接地，这将烧毁电气设备并可引起多相相间短路；当接地电流大于 10 A 而小于 30 A 时，则有可能形成间歇性电弧，这是由于电网中电感和电容形成了谐振回路所致，间歇性电弧容易引起弧光接地过电压，其幅值可达 $(2.5\sim3)U_\varphi$，将危及整个电网的绝缘安全。

因此，中性点不接地系统仅适用于单相接地电容电流不大的小电网。目前我国规定中性点不接地系统的适用范围为：单相接地电流不大于 30 A 的 3～10 kV 电力网和单相接地电流不大于 10 A 的 35～60 kV 电力网。

2. 中性点经消弧线圈接地的电力系统

中性点不接地系统具有发生单相接地故障时仍可在短时间内继续供电的优点，但当接地电流较大时，将产生间歇性电弧而引起弧光接地过电压，甚至发展成多相短路，造成严重事故。为了克服这一缺点，可采用中性点经消弧线圈接地(也称中性点谐振接地)的方式。消弧线圈实际上是一个铁芯可调的电感线圈，安装在变压器或发电机中性点与大地之间，如图 1-4 所示。

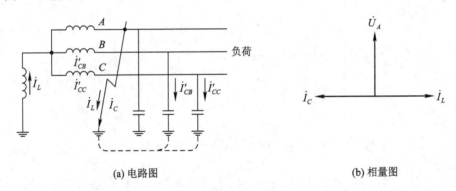

(a) 电路图　　　　　　　　　　　　　　(b) 相量图

图 1-4　中性点经消弧圈接地系统发生单相接地故障时的电路图和相量图

正常运行时，由于三相对称，中性点对地电压 $\dot{U}_N = 0$，消弧线圈中没有电流流过。当发生 A 相接地故障时，如图 1-4(a)所示，中性点对地电压 $\dot{U}_N = -\dot{U}_A$，即升高为电源相电压，消弧线圈中将有电感电流 $\dot{I}_L$(滞后于 $\dot{U}_A$ 90°)流过，其值为

$$\dot{I}_L = \frac{\dot{U}_A}{j\omega L_{ar}} \tag{1-6}$$

式中，L_{ar} 为消弧线圈的电感。

由图 1-4(b)可知，该电流与电容电流 $\dot{I}_C$(超前于 $\dot{U}_A$ 90°)方向相反，所以 $\dot{I}_L$ 和 $\dot{I}_C$ 在接地点互相补偿，使接地点的总电流减小，易于熄弧。

电力系统经消弧线圈接地时，有三种补偿方式，即全补偿、欠补偿和过补偿。

当 $I_L=I_C$ 时，接地点故障点的电流为零，称为全补偿方式。此时，由于感抗等于容抗，电网将发生串联谐振，产生危险的高电压和过电流，可能造成设备的绝缘损坏，影响系统的安全运行。因此，一般电网都不采用全补偿方式。

当 $I_L<I_C$ 时，接地点有未被补偿的电容电流流过，称为欠补偿方式。若采用欠补偿方式，则当电网运行方式改变而切除部分线路时，整个电网的对地电容电流将减少，有可能发展成为全补偿方式，从而出现上述严重后果，所以也很少被采用。

当 $I_L>I_C$ 时，接地点有剩余的电感电流流过，称为过补偿方式。在过补偿方式下，即使电网运行方式改变而切除部分线路，也不会发展成为全补偿方式，致使电网发生谐振。同时，由于消弧线圈有一定的裕度，即使今后电网发展，线路增多、对地电容增加后，原有消弧线圈仍可继续使用。因此，实际上大都采用过补偿方式。

选择消弧线圈时，应当考虑电力网的发展规划，通常按式(1-7)进行估算：

$$S_{\mathrm{ar}}=1.35I_C\frac{U_{\mathrm{N}}}{\sqrt{3}} \tag{1-7}$$

式中，S_{ar} 为消弧线圈的容量(kV·A)；I_C 为电网的接地电容电流(A)；U_{N} 为电网的额定电压(kV)。

需要指出，与中性点不接地的电力系统类似，中性点经消弧线圈接地的电力系统发生单相接地故障时，非故障相的对地电压也升高为原来的$\sqrt{3}$倍，三相导线之间的线电压也仍然平衡，电力用户也可以继续运行 2 h。

按我国有关规程规定，当 3～10 kV 系统单相接地时的电容电流超过 30 A，或 35～60 kV 系统单相接地时的电容电流超过 10 A 时，其系统的中性点应装设消弧线圈。

3. 中性点直接接地(或经低电阻接地)的电力系统

中性点直接接地的电力系统示意图如图 1-5 所示。在该系统中发生单相接地故障时即形成单相短路，用 $k^{(1)}$ 表示。此时，线路上将流过很大的单相短路电流 $I_k^{(1)}$，从而会烧坏电气设备，甚至影响电力系统运行的稳定性，为此，通常需要配置继电保护装置，以便与断路器共同作用，迅速地将故障部分切除。显然，中性点直接接地的电力系统发生单相接地故障时，是不能继续运行的，所以其供电可靠性不如小电流接地系统高。

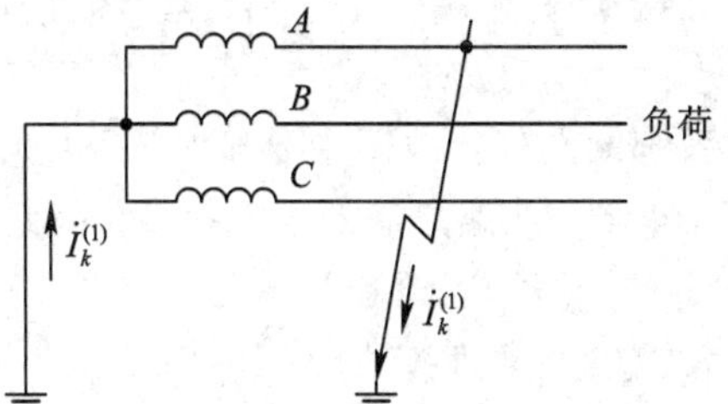

图 1-5　中性点直接接地的电力系统示意图

中性点直接接地电力系统发生单相接地时，中性点电位仍为零，非故障相对地电压不会升高，仍为相电压，因此电气设备的绝缘水平只需按电网的相电压考虑，可以降低工程造价。由于这一优点，我国 110 kV 及以上的电力系统基本上都采用中性点直接接地的方式。这种接地方式在发生单相接地故障时，接地相短路电流很大，会造成设备损坏，严重时会破坏系统的稳定性。为保证设备安全和系统的稳定运行，必须迅速切除故障线路，这将中断向用户供电，使供电可靠性降低。为了弥补这一缺点，可在线路上装设三相或单相自动重合闸装置，靠它来尽快恢复供电，以使供电可靠性大大提高。

我国的 380/220 V 低压配电系统也广泛采用中性点直接接地方式，而且引出中性线（N 线）、保护线（PE 线）或保护中性线（PEN 线）。中性线的作用，一是用来接额定电压为相电压的单相设备，二是用来传输三相系统中的不平衡电流和单相电流，三是减少负荷中性点的电位偏移。保护线的作用是保障人身安全，防止触电事故发生。通过公共 PE 线，将设备的外露可导电部分（指正常不带电而在故障时可带电且易被触及的部分，如金属外壳和构架等）连接到电源的接地点上，当系统中设备发生单相接地故障时，就形成单相短路，使线路上的过电流保护装置动作，迅速切除故障部分，从而防止人身触电。

在现代化城市的配网改造工程中，广泛用电缆线路代替架空线路，从而使单相接地电容电流增大，因此采取经消弧线圈接地的方式仍不能完全消除接地故障点的间歇性电弧，也无法抑制由此引起的弧光接地过电压。这时，可采用中性点经低电阻接地的运行方式。在这种接地方式中，装有零序电流互感器和零序电流保护，一旦发生单相接地故障，执行保护动作并跳闸，将故障线路切除。然后，可凭借安装三相或单相自动重合闸装置，来提高供电可靠性。现在城市配网系统已逐步形成"手拉手"、环网供电网络，一些重要用户由两路或多路电源供电，对供电的可靠性不再是依靠允许带着单相接地故障坚持 2 h 来保证，而是靠加强电网结构、调度控制和配网自动化来保证。

第四节　电力系统的接线方式和电压等级

一、接线方式

电力系统接线图是电力系统整体性质的图形表示，分为地理接线图和电气接线图。

（1）地理接线图。电力系统的地理接线图主要显示该系统中发电厂、变电站的地理位置，电力线路的路径，以及它们相互间的连接。因此，由地理接线图可获得对该系统的宏观印象。但由于地理接线图上难以表示各主要电机、电器间的联系，对该系统的进一步了解，还需阅读其电气接线图。

（2）电气接线图。电力系统的电气接线图主要显示该系统中发电机、变压器、母线、断路器、电力线路等主要电机、电器、线路之间的电气接线。因此，由电气接线图可获得对该系统更细致的了解。但由于电气接线图上难以反映各发电厂、变电站、电力线路的相对位置，阅读电气接线图时，又常需参阅地理接线图。图 1-1 中，表示发电机、变压器、母线、电力线路相互连接的部分实际上就是一种简化的电气接线图。

现实生活中的电力系统接线往往十分复杂，但仔细分析又可发现，尽管电力系统十分复杂，但基本可以看作是若干简单系统的复合。尤其是电力系统中的 500 kV 或 330 kV 网络，由于它们本身接线简洁，更易于分解。分解所得的简单系统，大致可分为无备用接线或有备用接线两类。无备用接线方式包括单回路放射式、干线式和链式网络，如图 1-6 所

示。有备用接线方式包括双回路放射式、干线式、链式、环式和两端供电网络，如图 1-7
所示。

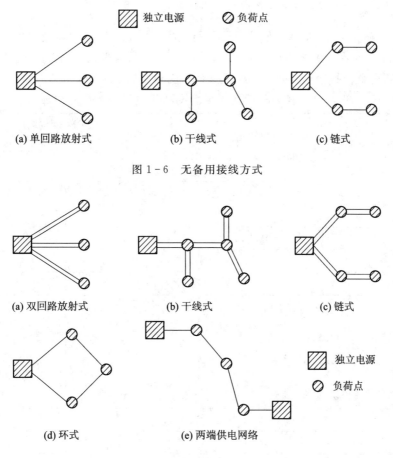

图 1-6　无备用接线方式

图 1-7　有备用接线方式

　　无备用接线方式的主要优点在于简单、经济、运行方便，主要缺点是供电可靠性差。
因此，这种接线方式不适用于一级负荷占很大比重的场合。但在一级负荷的比重不大，并
可为这些负荷单独设置备用电源时，仍可采用这种接线。这种接线方式之所以适用于二级
负荷是由于架空电力线路已广泛采用自动重合闸装置，而自动重合闸的成功率相当高。

　　有备用接线方式中，双回路的放射式、干线式、链式网络的优点在于供电可靠性和电
压质量高，缺点是不够经济。因双回路放射式接线对每一负荷都以双回路供电，每回路分
担的负荷不大，而在较高电压等级网络中，往往由于为避免发生电晕等原因，不得不选用
大于这些负荷所需的导线截面积，以致浪费有色金属。干线式或链式接线所需的断路器等
高压电器很多。有备用接线方式中的环式接线与其他接线方式具有相同的供电可靠性，但
却更为经济，缺点是运行调度复杂，且故障时的电压质量差。有备用接线方式中的两端供
电网络最常见，但采用这种接线的先决条件是必须有两个或两个以上独立电源，而且它们
与各负荷点的位置又决定了采用这种接线的合理性。

　　接线方式须经仔细比较后方能确定。所选接线除保证供电可靠、有良好的电能质量和
经济指标外，还应保证运行灵活和操作时的安全。

二、电压等级

1. 额定电压

电力系统的额定电压等级,是根据国民经济的发展需要和电力工业的发展水平,经全面的技术经济分析后,由国家制定颁布的。发电机、变压器以及各种用电设备在额定电压运行时,将获得最佳技术经济效果。我国公布的三相交流系统的额定电压见表 1-1。

表 1-1　我国三相交流电力网和用电设备的额定电压　　　　　　　　kV

分类	电力网和用电设备的额定电压	发电机额定电压	电力变压器额定电压	
			一次电压	二次电压
1 kV 以下	0.22	0.23	0.22	0.23
	0.38	0.40	0.38	0.40
	0.66	0.69	0.66	0.69
1 kV 以上	3	3.15	3 及 3.15	3.15 及 3.3
	6	6.3	6 及 6.3	6.3 及 6.6
	10	10.5	10 及 10.5	10.5 及 11
		13.8, 15.75, 18, 20, 22, 24, 26	13.8, 15.75, 18, 20, 22, 24, 26	
	35		35	38.5
	60		60	66
	110		110	121
	220		220	242
	330		330	363
	500		500	550
	750		750	825

注:20 kV 电压等级已在江苏南部电网使用。

由表 1-1 可以看出,在同一电压等级下,各种电气设备的额定电压并不完全相同。为了使各种互相连接的电气设备都能在较有利的电压水平下运行,各电气设备的额定电压之间应相互配合。

1) 用电设备的额定电压

由于通过线路输送电能时,在变压器和线路等元件上将产生电压损失,从而使线路上的电压处处不相等,其电压分布往往是始端高于末端,但成批生产的用电设备不可能按设备使用处线路的实际电压来制造,而只能按线路始端与末端的平均电压即电网的额定电压来制造。因此,规定用电设备的额定电压与同级电网的额定电压相同。

2) 发电机的额定电压

由于用电设备允许的电压偏差一般为 ±5%,即线路允许的电压损失为 10%,因此,应使线路始端电压比额定电压高 5%,而末端电压比额定电压低 5%。由于发电机多接于线路始端，因此其额定电压应比同级电网额定电压高5%。

3）变压器的额定电压

变压器的一次绕组相当于用电设备，其额定电压应等于电网的额定电压；对于直接与发电机连接的升压变压器，其额定电压应等于发电机的额定电压。

变压器二次绕组的额定电压是指在变压器一次绕组加额定电压，而二次绕组开路时的电压，即空载电压。而变压器在满载运行时，二次绕组内约有5%的阻抗压降。又因变压器的二次绕组对于用电设备而言相当于电源，因此其额定电压有以下两种情况：

（1）当变压器二次侧供电线路较长时（例如为高压输配电线路），除了考虑补偿二次绕组满载时内部5%的阻抗压降外，还应考虑补偿线路上5%的电压损失，因此，变压器二次绕组的额定电压应比同级电网额定电压高10%。

（2）当变压器二次侧供电线路较短时（例如直接供电给附近的高压用电设备或者为低压线路）时，只需考虑补偿二次绕组满载时内部5%的阻抗压降，因此，变压器二次绕组的额定电压应比同级电网额定电压高5%。

2. 电压等级的选择

在规划设计中，电压等级的选择是关系到电力系统的网架结构、建设费用的高低、运行是否方便灵活及设备制造是否经济合理的一个综合问题。我国国家标准规定的额定电压（三相交流系统的线电压）等级有 3 kV、6 kV、10 kV、20 kV、35 kV、63 kV、110 kV、220 kV、330 kV、500 kV、750 kV 及 1000 kV 等。

在相同的输送功率和输送距离下，所选用的电压等级越高，线路电流越小，则导线截面和线路中的功率损耗、电能损耗也就越小。但是电压等级越高，线路的绝缘越要加强，杆塔的尺寸也要随导线间及导线对地距离的增加而加大，变电所的变压器和开关设备的造价也要随电压的增高而增加。因此，采用过高的电压并不一定恰当，在设计时需经过技术经济比较后才能决定所选电压的高低。一般说来，传输的功率越大，传输距离越远时，选择较高的电压等级比较有利。根据设计和运行经验，电力网的额定电压、传输功率和传输距离之间的关系见表1-2所示。

表1-2　电力网的额定电压与传输功率和传输距离之间的关系

额定电压/kV	传输功率/MW	传输距离/km	额定电压/kV	传输功率/MW	传输距离/km
3	0.1～1	1～3	110	10～50	50～150
6	0.1～1.2	4～15	220	100～500	100～300
10	0.2～2	6～20	330	200～1000	200～600
35	2～10	20～50	500	1000～1500	250～850
60	3.5～30	30～100	750	2000～2500	500 以上

目前，在我国电力系统中，220 kV 及以上电压等级多用于大型电力系统的主干线；110 kV 多用于中小型电力系统的主干线及大型电力系统的二次网络；35 kV 多用于大型工业企业内部电力网，也广泛用于农村电力网；10 kV 是城乡电网最常用的高压配电电压，当负荷中拥有较多的 6 kV 高压用电设备时，也可考虑采用 6 kV 配电方案；3 kV 一般只限于发电厂用电，不宜推广；380/220 V 多作为工业企业的低压配电电压。

思 考 题

1. 什么是电力系统？什么是动力系统？什么是电力网？

2. 电力系统运行的特点是什么？对电力系统有哪些要求？

3. 什么是电力系统负荷？电力系统负荷有哪些？

4. 电力系统中描述电能质量最基本的指标是什么？各有怎样的要求？

5. 什么是无备用接线？什么是有备用接线？各有几种形式？各自的优缺点是什么？

6. 电力系统中性点运行方式有哪些？各有什么特点？

7. 直流输电与交流输电相比有什么特点？

8. 为什么要规定电力系统的电压等级？主要的电压等级有哪些？电力系统各个元件（设备）的额定电压是如何确定的？

第二章　电力系统各元件的参数及数学模型

　　电力系统以三相交流系统为主体,在研究电力系统运行时必须建立各种元件的数学模型,并在此基础上建立整个电力系统的数学模型,然后再进行电力系统的分析和计算。

　　三相电力系统的运行状态可分为稳态和暂态两种,并有三相对称运行和不对称运行的区别。电力系统处于稳态时,其运行参数并不是常量,而是持续地在某一平均值附近变化的量,因变化很小可认为是常量。本章主要介绍电力系统各组成部分的结构、元件稳态参数及数学模型。

第一节　三相电力线路

一、三相电力线路的基本结构

　　三相电力线路可分为架空线路和电缆线路,一般选用电阻率低、资源丰富的材料作导电部分。由于架空线路比电缆线路建造费用低、施工期短、维护方便,因此架空线路的应用更为广泛。

1. 架空线路

　　架空线路主要由导线、避雷线(又称架空地线)、杆塔、绝缘子和金具等部分组成,如图 2-1 所示。导线用来传导电流,输送电能。避雷线用来将雷电流引入大地,保护线路免遭直击雷的破坏。杆塔用来支撑导线和避雷线,并使导线和导线之间、导线与接地体之间保持必要的安全距离。绝缘子用来使导线与导线、导线与杆塔之间保持绝缘状态,它应能承受最高运行电压和各种过电压而不致被击穿或闪络。金具是用来固定、悬挂、连接和保护架空线路各主要元件的金属器件的总称。

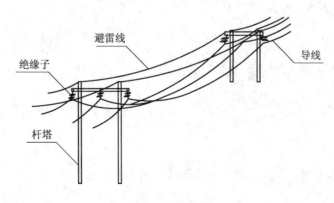

图 2-1　架空线

架空线路的导线和避雷线都架设在空中,要承受自重、风压、冰雪荷载等机械力的作用和空气中有害气体的侵蚀，同时还受温度变化的影响，运行条件相当恶劣。因此，它们的材料应有相当高的机械强度和抗化学腐蚀能力，而且导线还应有良好的导电性能。

导线主要由铝、钢、铜等材料制成，在特殊条件下也使用铝合金。导线和避雷线的材料型号，以不同的拉丁字母表示，如铝（L）、钢（G）、铜（T）、铝合金（HL）。

由于多股导线优于单股导线，因而架空线路一般采用绞合的多股导线。多股导线的型号为J，其结构如图2-2所示。由图可见，每股芯线的截面积相同时，多股导线的股数是这样安排的：除中心一股芯线外，由内向外数，第一层6股，第二层12股，第三层18股，其余类推。

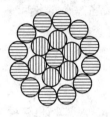

图2-2　多股导线

无论单股或多股、一种或两种金属制成的导线，其型号后的数字总是代表主要载流部分（并非整根导线）额定截面积的平方毫米数。例如，LGJQ-400表示轻型钢芯铝绞线主要载流部分（铝线部分）的额定截面积为400 mm²。架空线路广泛采用钢芯铝绞线，低压线路在机械强度允许时多用铝绞线。避雷线一般用钢绞线，也有用钢芯铝绞线的。

线路电压超过220 kV时，为减小电晕损耗或线路电抗，常需采用直径很大的导线，但就载流容量而言，却又不必采用如此大的截面积。较理想的方案是采用扩径导线或分裂导线。

扩径导线是人为地扩大导线直径但又不增大载流部分截面积的导线。例如，扩径导线K-272铝线部分截面积为300.8 mm²，相当于LGJQ-300；直径为27.44 m，又相当于LGJQ-400，这种导线的结构如图2-3所示。它和普通钢芯铝绞线的不同在于支撑层并不为铝线所填满，仅有6股，而这6股主要起支撑作用。

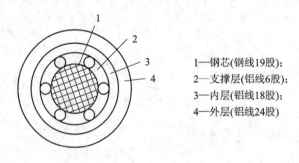

1—钢芯(钢线19股)；
2—支撑层(铝线6股)；
3—内层(铝线18股)；
4—外层(铝线24股)

图2-3　扩径导线(K-272)

分裂导线又称复导线，就是将每相导线分成若干根，相互间保持一定距离，如图2-4所示。这种分裂可使导线周围的电、磁场发生变化，减少电晕和线路电抗，但与此同时，线路电容也将增大。我国220 kV大多采用二分裂的导线，500 kV普遍采用四分裂，750 kV采用六分裂，而1000 kV则采用八分裂。

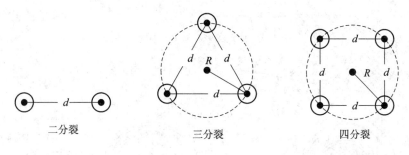

二分裂　　　　三分裂　　　　四分裂

图 2-4　分裂导线

图 2-4 中，d 表示每相分裂导线中两根导线之间的分裂间距，R 表示分裂导线的各根导线的轴心所在圆的半径。

架空线路的换位是为了减少三相参数的不平衡。例如，长度为 50～250 km 的 220 kV 架空线路，有一次整换位循环。和不换位的相比，由于三相参数不平衡而引起的不对称电流，前者仅为后者的 1/10。所谓整换位循环，是指在一定长度内使三相导线的每 1/3 长度分别处于三个不同位置，完成一次完整的循环，如图 2-5 所示。按规定，长于 200 km 的线路应进行换位。

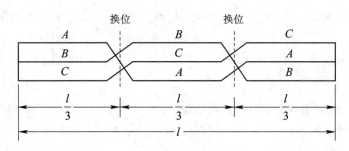

图 2-5　一次整换位循环

2. 电缆线路

电缆是将导电芯线用绝缘层及防护层包裹，敷设于地下、水中、沟槽等处的电力线路。电缆线路的造价较架空线路高，电压愈高，二者差别愈大，且检修电缆线路费工费时。但电缆线路有其优点，如不需在地面上架设杆塔，占用土地面积少；供电可靠，极少受外力破坏；对人身较安全，等等。因此，在大城市、发电厂和变电所内部或附近以及穿过江河、海峡时，往往采用电缆线路。

电缆的构造一般包括三部分，即导体、绝缘层和保护层，如图 2-6 所示。图 2-6(a)为铝（铜）芯纸绝缘铝（铅）包钢带铠装电力电缆。它的特点是扇形导线，三根芯线组成电缆后再外包铝（铅）内护层。这是 10 kV 及以下电压级电缆常用的结构。图 2-6(b)为铝（铜）芯纸绝缘分相铝（铅）包裸钢带铠装电力电缆。它的特点是每根圆形芯线绝缘后分别包铝（铅）层屏蔽电场，最后组成电缆。这是 20、35 kV 电压级电缆常用的结构。110 kV 及以上电压级的线路采用充油电缆，有单芯和三芯之分，这种电缆的最大特点是导体中空、内部充油。

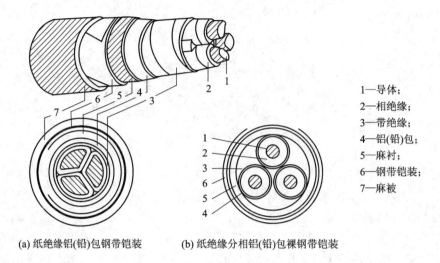

1—导体；
2—相绝缘；
3—带绝缘；
4—铝(铅)包；
5—麻衬；
6—钢带铠装；
7—麻被

(a) 纸绝缘铝(铅)包钢带铠装　　(b) 纸绝缘分相铝(铅)包裸钢带铠装

图 2-6　常用电缆的构造

二、三相电力线路的参数

三相电力线路实质上是分布参数的电路，沿导线每一长度单元各相都存在电阻、自感、对地电容和漏电导。对电力系统进行定量分析及计算时，必须知道其各元件的等值电路和电气参数。本节就架空线路参数进行讨论(架空线一般采用铝线、钢芯铝线和铜线)。

1. 电阻

有色金属导线(含铝线、钢芯铝线和铜线)每单位长度的电阻可引用电路课程中导体的电阻与长度、导体电阻率成正比，与横截面积成反比的原理计算：

$$r = \frac{\rho}{S} \ \Omega/km \tag{2-1}$$

式中，r 为导线单位长度的电阻(Ω/km)；ρ 为导线材料的电阻率($\Omega \cdot mm^2/km$)；S 为导线截面积(mm^2)。

在电力系统计算中，导线材料的电阻率采用下列数值：铜为 18.8 $\Omega \cdot mm^2/km$，铝为 31.5 $\Omega \cdot mm^2/km$。它们略大于这些材料的直流电阻率，其原因是：① 通过导线的三相工频交流电流，由于集肤效应和邻近效应，使导线内电流分布不均匀，截面积得不到充分利用等原因，交流电阻比直流电阻大；② 由于多股导线的扭绞，导线实际长度比导线长度长 2%～3%；③ 在制造中，导线的实际截面积比标称截面积略小。

由于用式(2-1)计算的电阻同导线的直流电阻相差很小，故在实际应用中就用导线的直流电阻替代，导线的直流电阻通常可从产品目录或手册中查得。但由于产品目录或手册中查得的是 20℃时的电阻值，而线路的实际运行温度又往往异于 20℃，因此要求较高精度时，t℃时的电阻值 r_t 可按式(2-2)计算：

$$r_t = r_{20}[1 + \alpha(t-20)] \tag{2-2}$$

式中，r_{20} 为 20℃时的电阻值(Ω/km)，α 为电阻温度系数，铜的 $\alpha = 0.00382(1/℃)$，铝的 $\alpha = 0.0036(1/℃)$。

2. 电抗

电力线路的电抗是由于导线中通过三相对称交流电流时，在导线周围产生交变磁场而形成的。对于三相输电线路，每相线路都存在有自感和互感，当三相线路对称排列或不对称排列经完整换位后，与自感和互感相对应的每相导线单位长度的电抗可以按式（2-3）计算：

1）单导线单位长度电抗

$$x = \omega L_1 = 2\pi f \left(4.6 \lg \frac{D_{\mathrm{m}}}{r} + 0.5 \mu_{\mathrm{r}} \right) \times 10^{-4} \tag{2-3}$$

式中，r 为导线的半径（mm 或 cm）；μ_{r} 为导线材料的相对导磁系数，铝和铜的 $\mu_{\mathrm{r}} = 1$；D_{m} 为三相导线几何均距（mm 或 cm），其单位与导线的半径相同，当三相导线相间距离为 D_{ab}、D_{bc}、D_{ca} 时，则几何均距为

$$D_{\mathrm{m}} = \sqrt[3]{D_{ab} D_{bc} D_{ca}} \tag{2-4}$$

若三相导线为如图 2-7(a) 所示的水平排列，即

$$D_{ab} = D_{bc} = D, \ D_{ca} = 2D$$

则

$$D_{\mathrm{m}} = \sqrt[3]{D_{ab} D_{bc} D_{ca}} = \sqrt[3]{D \times D \times 2D} = 1.26D$$

若三相导线为如图 2-7(b) 所示的等边三角形排列，即

$$D_{ab} = D_{bc} = D_{ca} = D$$

则

$$D_{\mathrm{m}} = \sqrt[3]{D_{ab} D_{bc} D_{ca}} = D$$

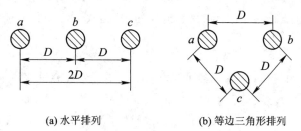

(a) 水平排列　　　　　　(b) 等边三角形排列

图 2-7　三相导线排列方式

将 $f = 50 \ \mathrm{Hz}$，$\mu_{\mathrm{r}} = 1$ 代入式（2-3）即可得

$$x = 0.1445 \lg \frac{D_{\mathrm{m}}}{r} + 0.0157 \ (\Omega / \mathrm{km}) \tag{2-5}$$

由上面的计算公式可见，由于输电线路单位长度的电抗与几何均距、导线半径呈对数关系，故导线在杆塔上的布置及导线截面积的大小对导线单位长度的电抗 x 影响不大，在工程的近似计算中一般可取 $x = 0.4 \ \Omega / \mathrm{km}$。

2）分裂导线单位长度电抗

分裂导线每相导线由多根分裂导线组成，各分导线布置在正多边形的顶点，由于分裂导线改变了导线周围的磁场分布，因而减小了导线的电抗。分裂导线线路每相单位长度的电抗可用式（2-6）计算，但式中的 r 要用分裂导线的等值半径 r_{eq} 替代，其值为

$$r_{eq} = \sqrt[n]{r \prod_{i=2}^{n} d_{1i}} \tag{2-6}$$

式中，n 为每相导线的分裂根数；r 为分裂导线中每一根导线的半径，d_{1i} 为分裂导线一相中第 1 根导线与第 i 根导线之间的距离，$i = 2, 3, \cdots, n$；$\prod$ 为连乘运算的符号。

当分裂导线经过完全换位后，其单位长度的电抗计算公式为

$$x = 0.1445 \lg \frac{D_m}{r_{eq}} + \frac{0.0157}{n} \quad (\Omega/km) \tag{2-7}$$

由分裂导线等值半径的计算公式可见，分裂的根数越多，电抗下降也越多，但分裂根数超过 3~4 根时，电抗下降逐渐减慢，所以实际应用中分裂根数一般不超过 4 根。分裂导线间距增大也可使电抗减小，但间距过大又不利于防止线路产生电晕，其导线间距系数一般取 1.12 左右。与单根导线相同，分裂导线的几何均距、等值半径与电抗呈对数关系，其电抗主要与分裂的根数有关，当分裂根数为 2、3、4 根时，每公里电抗分别为 0.33 Ω/km、0.30 Ω/km、0.28 Ω/km 左右。

3. 电导

架空输电线路的电导主要与线路电晕损耗以及绝缘子的泄漏电阻有关。通常前者起主要作用，而后者因线路的绝缘水平较高，往往可以忽略不计，只有在雨天或严重污染等情况下，泄漏电阻才会有所增加。所谓电晕现象，就是架空线路带有高电压的情况下，当导线表面的电场强度超过空气的击穿强度时，导体附近的空气游离而产生局部放电的现象。空气在游离放电时会产生蓝紫色的荧光、放电的"吱吱声"以及电化学产生的臭氧(O_3)气味，这些现象要消耗有功电能，就称为电晕损耗。电晕产生的条件与导线上施加的电压大小、导线的结构及导线周围的空气情况有关，线路开始出现电晕的电压称为临界电压 U_{cr}。当三相导线为三角形排列时，电晕临界相电压的经验公式为

$$U_{cr} = 49.3 \, m_1 m_2 \delta r \frac{n}{K_m} \lg \frac{D_m}{r_{eq}} \tag{2-8}$$

式中，n 为分裂导线的根数；r 为导线的半径(cm)；m_1 为考虑导线表面情况的系数，对于多股绞线 $m_1 = 0.83 \sim 0.87$；m_2 为考虑气象状况的系数，对于干燥和晴朗的天气 $m_2 = 1$，有雨雪雾等的恶劣天气 $m_2 = 0.8 \sim 1$；r_{eq} 为导线的等值半径；D_m 为几何均距；δ 为空气的相对密度，正常工作情况下，一般取 $\delta = 1$，K_m 为分裂导线表面的最大电场强度，即导线按正多角形排列时多角形顶点的电场强度与平均电场强度的比值：

$$K_m = 1 + 2(n-1) \frac{r}{d} \sin \frac{\pi}{4}$$

对于水平排列的线路，两根边线的电晕临界电压比式(2-8)算得的值高 6%，而中间相导线的电晕临界电压则较其低 4%。

当实际运行电压过高或气象条件变坏时，运行电压将超过临界电压而产生电晕。运行电压超过临界电压愈多，电晕损耗也愈大。如果三相电路每公里的电晕损耗为 ΔP_g，则每相等值电导为

$$g = \frac{\Delta P_g}{U_l^2} \quad (S/km) \tag{2-9}$$

式中，ΔP_g 的单位为 MW/km；U_l 为线电压，单位为 kV。

实际上，在线路设计时总是尽量避免在正常气象条件下发生电晕。从式(2-8)可以看出，线路结构方面能影响 U_{cr} 的两个因素是几何均距 D_m 和导线半径 r。由于 D_m 在对数符号内，故对 U_{cr} 的影响不大，而且增大 D_m 会增加杆塔尺寸，从而大大增加线路的造价；而 U_{cr} 却差不多与 r 成正比，所以，增大导线半径是防止和减小电晕损耗的有效方法。在设计时，对 220 kV 以下的线路通常按避免电晕损耗的条件选择导线半径，对于 220 kV 及以上的线路，为了减少电晕损耗，常常采用分裂导线来增大每相的等值半径，在特殊情况下也采用扩径导线。由于这些原因，在一般的电力系统计算中可以忽略电晕损耗，即认为 $g \approx 0$。

4. 电纳

在输电线路中，导线之间和导线对地都存在电容，当三相交流电源加在线路上时，随着电容的充放电便产生了电流，这就是输电线路的充电电流或空载电流。

反映电容效应的参数就是电容。三相对称排列或经完整循环换位后输电线路单位长度电纳可按以下公式计算(推导过程略)：

(1) 单导线单位长度电纳为

$$b = \omega C = 2\pi f C = \frac{7.58}{\lg \dfrac{D_m}{r}} \times 10^{-6} (\text{S/km}) \tag{2-10}$$

式中，D_m、r 代表的物理意义分别为三相导线几何均距、导线的半径。显然由于电纳与几何均距、导线半径也有对数关系，因此架空线路的电纳变化也不大，其值一般在 2.85×10^{-6} S/km 左右。

(2) 分裂导线单位长度电纳为

$$b = \frac{7.58}{\lg \dfrac{D_m}{r_{eq}}} \times 10^{-6} (\text{S/km}) \tag{2-11}$$

式中，r_{eq} 为分裂导线的等值半径，D_m 为三相导线几何均距(mm 或 cm)，其单位与导线的半径相同。当每相分裂导线根数分别为 2、3、4 根时，每公里电纳约分别为 3.4×10^{-6} S/km、3.8×10^{-6} S/km、4.1×10^{-6} S/km。采用分裂导线可改变导线周围的电场分布，等效于增大了导线半径，从而增大了每相导线的电纳。

关于电缆线路的电容，因不易计算，一般通过测量取得，或参考产品手册提供的典型数据。电缆的横向几何尺寸很小，绝缘的介电常数较大，所以它的电容比架空线大得多。例如 110 kV、185 mm² 的电缆，$b_1 \approx 72 \times 10^{-6}$ S/km，而普通架空线路的电缆，$b_1 \approx 2.58 \times 10^{-6}$ S/km，两者相差 20 多倍。

例 2.1 330 kV 线路如图 2-8 所示，导线结构有如下三种方案：

(1) 使用 LGJ-630/45 导线，铝线部分截面积为 623.45 mm²，直径为 33.6 mm。

(2) 使用 2×LGJ-300/50 分裂导线，每根导线铝线部分截面积为 299.54 mm²，直径为 24.26 mm，分裂间距为 400 mm。

(3) 使用 2×LGJK-300 分裂导线，每根导线铝线部分截面积为 300.8 mm²，直径为 27.44 mm，分裂间距为 400 mm。

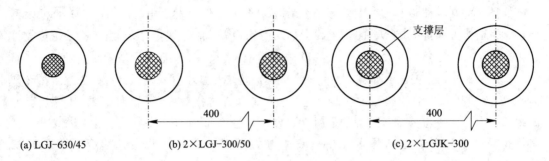

$$(a)\ LGJ-630/45 \qquad (b)\ 2\times LGJ-300/50 \qquad (c)\ 2\times LGJK-300$$

图 2-8　导线结构方案(尺寸与实物同)

三种方案中，导线都水平排列，相间间距为 8 m。试求这三种导线结构的线路单位长度的电阻、电抗、电纳和电晕临界电压。

解：(1) 线路电阻。

$$LGJ-630/45: r_1=\frac{\rho}{S}=\frac{31.5}{630}=0.0500\ (\Omega/km)$$

$$2\times LGJ-300/50: r_1=\frac{\rho}{S}=\frac{31.5}{2\times300}=0.0525\ (\Omega/km)$$

$$2\times LGJK-300: r_1=\frac{\rho}{S}=\frac{31.5}{2\times300}=0.0525\ (\Omega/km)$$

(2) 线路电抗。

$$D_m=\sqrt[3]{D_{ab}D_{bc}D_{ca}}=\sqrt[3]{8000\times8000\times2\times8000}=1.26\times8000=10\ 080\ (mm)$$

$$LGJ-630/45:$$

$$x_1=0.1445\lg\frac{D_m}{r}+0.0157=0.1445\lg\frac{10\ 080}{16.8}+0.0157$$

$$=0.1445\lg600+0.0157=0.417\ (\Omega/km)$$

$$2\times LGJ-300/50:$$

$$r_{eq}=\sqrt[n]{rd_m^{(n-1)}}=\sqrt[2]{12.13\times400^{(2-1)}}=\sqrt{4852}=69.66\ (mm)$$

$$x_1=0.1445\lg\frac{D_m}{r_{eq}}+\frac{0.0157}{n}=0.1445\lg\frac{10080}{69.66}+\frac{0.0157}{2}=0.320\ (\Omega/km)$$

$$2\times LGJK-300:$$

$$r_{eq}=\sqrt[n]{rd_m^{(n-1)}}=\sqrt[2]{13.72\times400^{(2-1)}}=\sqrt{5490}=74.10\ (mm)$$

$$x_1=0.1445\lg\frac{D_m}{r_{eq}}+\frac{0.0157}{n}=0.1445\lg\frac{10080}{74.10}+\frac{0.0157}{2}=0.316\ (\Omega/km)$$

(3) 线路电纳。

$$LGJ-630/45: b_1=\frac{7.58}{\lg\dfrac{D_m}{r}}\times10^{-6}=\frac{7.58}{\lg\dfrac{10080}{16.8}}\times10^{-6}=2.73\times10^{-6}\ (S/km)$$

$$2\times LGJ-300/50: b_1=\frac{7.58}{\lg\dfrac{D_m}{r_{eq}}}\times10^{-6}=\frac{7.58}{\lg\dfrac{10080}{69.66}}\times10^{-6}=3.51\times10^{-6}\ (S/km)$$

$2 \times$ LGJK － 300：$b_1 = \dfrac{7.58}{\lg \dfrac{D_m}{r_{eq}}} \times 10^{-6} = \dfrac{7.58}{\lg \dfrac{10080}{74.10}} \times 10^{-6} = 3.55 \times 10^{-6}$ （S/km）

（4）电晕临界电压。

取 $m_1 = 0.9$，$m_2 = 1.0$，$\delta = 1.0$。

LGJ － 630/45：

$U_{cr} = 49.3 m_1 m_2 \delta r \lg \dfrac{D_m}{r} = 49.3 \times 0.9 \times 1.0 \times 1.0 \times 1.68 \lg \dfrac{10080}{1.68} = 207.1$ （kV）

边相：$1.06 \times 207.1 = 219.5$（kV）

中间相：$0.96 \times 207.1 = 198.8$（kV）

$2 \times$ LGJ － 300/50：

$K_m = 1 + 2(n-1) \dfrac{r}{d} \sin \dfrac{\pi}{n} = 1 + 2(2-1) \times \dfrac{1.213}{40} \sin \dfrac{\pi}{2} = 1.061$

$U_{cr} = 49.3 m_1 m_2 \delta r \dfrac{n}{K_m} \lg \dfrac{D_m}{r_{eq}} = 49.3 \times 0.9 \times 1.0 \times 1.0 \times 1.213 \times \dfrac{2}{1.061} \lg \dfrac{10080}{6.97}$

　　$= 219.2$（kV）

边相：$1.06 \times 219.2 = 232.3$ （kV）

中间相：$0.96 \times 219.2 = 210.4$ （kV）

$2 \times$ LGJK － 300：

$K_m = 1 + 2(n-1) \dfrac{r}{d} \sin \dfrac{\pi}{n} = 1 + 2(2-1) \times \dfrac{1.372}{40} \sin \dfrac{\pi}{2} = 1.069$

$U_{cr} = 49.3 m_1 m_2 \delta r \dfrac{n}{K_m} \lg \dfrac{D_m}{r} = 49.3 \times 0.9 \times 1.0 \times 1.0 \times 1.372 \times \dfrac{2}{1.069} \lg \dfrac{10080}{7.41} = 243$ （kV）

边相：$1.06 \times 243 = 257.6$ （kV）

中间相：$0.96 \times 243 = 233.3$ （kV）

将计算结果归纳入表 2 － 1，分析此表可知：

（1）由于三个方案中导线主要载流部分的截面积相近，它们的电阻也相近。

（2）就减少线路电抗而言，采用分裂导线有利，两个分裂导线方案较单导线方案的电抗小 30％ 以上。

（3）电抗小的方案电纳必然大，因电抗中外电抗部分与电纳间成反比关系。

（4）就避免发生电晕而言，采用分裂扩径导线最合理。若取线路实际运行相电压为 $340/\sqrt{3} = 196.3$（kV），则单导线方案中间相恰处于临界状态。

表 2 － 1　不同导线结构方案参数表

导线结构	$r_1/(\Omega/km)$	$x_1/(\Omega/km)$	$b_1/(S/km)$	U_{cr}/kV	
				边相	中间相
LGJ － 630/45	0.0500	0.417	2.73×10^{-6}	219.5	198.8
$2 \times$ LGJ － 300/50	0.0525	0.320	3.51×10^{-6}	232.3	210.4
$2 \times$ LGJK － 300	0.0525	0.316	3.55×10^{-6}	257.6	233.3

三、电力线路的数学模型

电力线路正常运行时，三相电压和电流可认为都是完全对称的，在这种条件下，每一单位长度的线路，各相都可以用等值阻 $Z_1 = r_1 + jx_1$ 和等值对地导纳 $Y_1 = g_1 + jb_1$ 来表示。在电力系统稳态分析中，电力线路数学模型是以电阻、电抗、电纳、电导表示的等值电路，如图 2-9 所示。本节讨论电力线路单相回路的方程式及其等值电路。

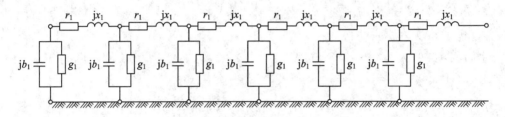

图 2-9 电力线路的单相等值电路

以单相等值电路代表三相虽已简化了不少计算，但由于电力线路的长度往往有数十乃至数百公里，如将每公里的电阻、电抗、电纳、电导都一一绘于图上，所得的等值电路仍十分复杂。何况，严格来说，电力线路的参数是均匀分布的，即使是极短的一段线段，都有相应大小的电阻、电抗、电纳、电导。换言之，即使是复杂的等值电路，也不能认为精确。但好在电力线路一般不长，需分析的只是它们的端点状况——两端电压、电流、功率，通常可不考虑线路的这种分布参数特性，只是在个别情况下才会用双曲函数研究具有均匀分布参数的线路。

1. 稳态方程

电力线路是参数均匀分布的传输线，线路任一处无限小长度 $\mathrm{d}x$ 都有阻抗 $Z_1\mathrm{d}x$ 和并联导纳 $Y_1\mathrm{d}x$，如图 2-10 所示。

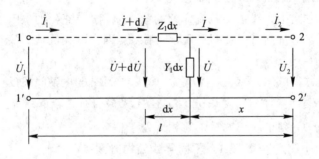

图 2-10 分布参数线路

设离线路末端（2 端）x 处的电压和电流为 $\dot{U}$ 和 $\dot{I}$，$x+\mathrm{d}x$ 处为 $\dot{U}+\mathrm{d}\dot{U}$ 和 $\dot{I}+\mathrm{d}\dot{I}$，则 $\mathrm{d}x$ 段的电压降 $\mathrm{d}\dot{U}$ 和 $\mathrm{d}x$ 两侧电流增量 $\mathrm{d}\dot{I}$ 可表示为

$$\mathrm{d}\dot{I} = \dot{U}Y_1\mathrm{d}x \qquad (2-12)$$

$$\mathrm{d}\dot{U} = (\dot{I}+\mathrm{d}\dot{I})Z_1\mathrm{d}x \qquad (2-13)$$

略去二阶无限小量后可得

$$\frac{\mathrm{d}\dot{I}}{\mathrm{d}x}=\dot{U}Y_1 \tag{2-14}$$

$$\frac{\mathrm{d}\dot{U}}{\mathrm{d}x}=\dot{I}Z_1 \tag{2-15}$$

上两式分别对 x 求导数，则得

$$\frac{\mathrm{d}^2\dot{I}}{\mathrm{d}x^2}=Y_1\frac{\mathrm{d}\dot{U}}{\mathrm{d}x}=Z_1Y_1\dot{I} \tag{2-16}$$

$$\frac{\mathrm{d}^2\dot{U}}{\mathrm{d}x^2}=Z_1\frac{\mathrm{d}\dot{I}}{\mathrm{d}x}=Z_1Y_1\dot{U} \tag{2-17}$$

这就是稳态时分布参数线路的微分方程式。已知线路末端电压 $\dot{U}_2$ 和电流 $\dot{I}_2$ 时，方程式(2-16)和式(2-17)的解为

$$\dot{U}=\dot{U}_2\cosh\gamma x+\dot{I}_2Z_c\sinh\gamma x \tag{2-18}$$

$$\dot{I}=\frac{\dot{U}_2}{Z_c}\sinh\gamma x+\dot{I}_2\cosh\gamma x \tag{2-19}$$

式中，Z_c 称为线路特征阻抗或波阻抗(Ω)，$Z_c=\sqrt{\frac{Z_1}{Y_1}}$；$\gamma$ 称为线路传播系数，$\gamma=\sqrt{Z_1Y_1}=\beta+\mathrm{j}\alpha$，实部 β 称为衰减系数，虚部 α 称为相位系数；γ 的量纲为 1/km，α 的单位为 rad/km(弧度/公里)。

由电路原理知，无损耗线路($g_1=0$，$r_1=0$)末端接有纯有功功率负荷，且功率 $P=P_e=U_2^2/Z_c$(P_e 称为自然功率)时，沿线各点的电压和电流有如下特点：

$$\dot{U}=\dot{U}_2\mathrm{e}^{\mathrm{j}\alpha x} \tag{2-20}$$

$$\dot{I}=\dot{I}_2\mathrm{e}^{\mathrm{j}\alpha x} \tag{2-21}$$

自然功率又称波阻抗负荷，是指线路输送有功功率过程中，使线路消耗和产生的无功功率正好平衡时所达到的某个值的功率。

满足式(2-20)和式(2-21)即全线电压有效值相等，电流有效值相等；而且同一点电压和电流都是同相的，即通过各点的无功功率都为零。这是由于线路的每一单位长度中电感消耗的无功功率与接地电容提供的无功功率完全平衡。另外，各点电压的相位都不相同，从线路末端起每公里相位前移 α 弧度，如图 2-11(b)所示；电流相位的变化和电压相同。

对于 50 Hz 的三相架空线路，$x_1b_1\approx1.1\times10^{-6}$ (1/km²)，所以 $\alpha=\sqrt{x_1b_1}\approx1.05\times10^{-3}(rad/km)\approx0.06$(deg/km，度/公里)，即每 100 公里相位改变 6°。所以 50 Hz 架空线的波长 $\lambda=2\pi/\alpha\approx6000$(km)。线路长度与波长可比时，称为远距离输电线(例如架空线长度为 500~600 km 以上)。因为电缆线路的 x_1b_1 乘积随额定电压和芯线截面积的不同，变化范围比较大，且比架空线路要大好几倍，所以电缆线路的波长比架空线路要短得多。由于经济上和技术上的原因，到现在为止还不能用电缆线路作交流远距离输电。

当线路输送功率不等于自然功率时,线路各点电压有效值将不再相同。设线路两端有电源保持各端口的电压不变,则当输电功率大于自然功率时,线路中间的电压将降低(见图 2-11(a)),线路两端都要输入无功功率;如果输电功率小于自然功率,则线路中间电压将升高,两端电源都要从线路吸取无功功率。这两种现象随线路长度的增大而愈加严重。所以,长输电线路必须采取措施解决这个问题。至于短线路,这种现象就不明显,其输电功率一般都可大于自然功率,且轻负荷时线路中间电压的上升值一般也不会超过允许范围。

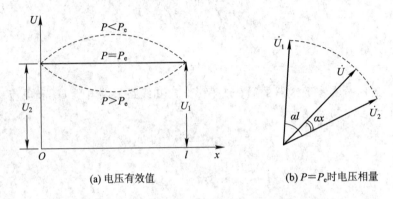

(a) 电压有效值　　　　　　　　(b) $P=P_e$ 时电压相量

图 2-11　线路沿线电压变化情况

长距离输电线路的输电能力常用自然功率 P_e 来衡量,220 kV 及以上电压等级的架空线路的输电能力大致接近于自然功率。远距离输电线路由于运行稳定性的限制,输电能力往往达不到自然功率,因此必须采取措施加以提高。

2. 一般线路的等值电路

所谓一般线路,是指中等及中等以下长度的线路。架空线路长度大约为 300 km,电缆线路长度大约为 100 km。线路长度不超过这些数值时,可不考虑它们的分布参数特性,而只需将线路参数简单地集中起来表示。

在以下的讨论中,以 $R(\Omega)$、$X(\Omega)$、$G(S)$、$B(S)$ 分别表示全线路每相的总电阻、电抗、电导、电纳。显然,线路长度为 $l(\mathrm{km})$ 时,有

$$\left.\begin{array}{l} R=r_1l\,;\ X=x_1l \\ G=g_1l\,;\ B=b_1l \end{array}\right\} \tag{2-22}$$

通常,对于线路导线截面积的选择,如前所述,以晴朗天气不发生电晕为前提,而沿绝缘子的泄露又很小,可设 $G=0$。

一般线路中,又有短线路和中等长度线路之分。

所谓短线路,是指长度不超过 100 km 的架空线路。线路电压不高时,电纳 B 的影响一般不大,可略去。可见,这种线路的等值电路最简单,只有一个串联的总阻抗 $Z=R+\mathrm{j}X$,如图 2-12 所示。

显然,当电缆线路不长、电纳的影响不大时,也可采用这种等值电路。

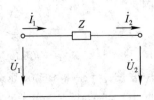

图 2-12　短线路的等值电路

由图 2 - 12 可得

$$\begin{bmatrix} \dot{U}_1 \\ \dot{I}_1 \end{bmatrix} = \begin{bmatrix} 1 & Z \\ 0 & 1 \end{bmatrix} \begin{bmatrix} \dot{U}_2 \\ \dot{I}_2 \end{bmatrix} \tag{2-23}$$

将式(2 - 23)与电路理论课程中介绍过的两端口或四端网络方程式

$$\begin{bmatrix} \dot{U}_1 \\ \dot{I}_1 \end{bmatrix} = \begin{bmatrix} A & B \\ C & D \end{bmatrix} \begin{bmatrix} \dot{U}_2 \\ \dot{I}_2 \end{bmatrix} \tag{2-24}$$

相比较,可得这种等值电路的通用常数 A、B、C、D 为

$$\left. \begin{aligned} A=1; \quad B=Z \\ C=0; \quad D=1 \end{aligned} \right\} \tag{2-25}$$

所谓中等长度线路,是指长度在 100～300 km 之间的架空线路和不超过 100 km 的电缆线路。这种线路的电纳 B 一般不能略去。中等长度线路的等值电路有 Π 形等值电路和 T 形等值电路,如图 2 - 13(a)、(b)所示。其中,常用的是 Π 形等值电路。

在 Π 形等值电路中,除串联的线路总阻抗 $Z=R+jX$ 外,还将线路的总导纳 $Y=jB$ 分为两半,分别并联在线路的始末端。在 T 形等值电路中,线路的总导纳集中在中间,而线路的总阻抗则分为两半,分别串联在它的两侧。因此,这两种电路都是近似的等值电路,而且相互之间并不等值,即它们不能用△- Y 变换公式相互变换。

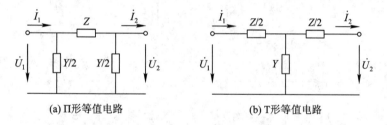

(a) Π形等值电路　　　　　　　　(b) T形等值电路

图 2 - 13　中等长度线路的等值电路

由图 2 - 13(a)可得,流过串联阻抗 Z 的电流为 $\dot{I}_2 + \dfrac{Y}{2}\dot{U}_2$,从而

$$\dot{U}_1 = \left(\dot{I}_2 + \frac{Y}{2}\dot{U}_2 \right) Z + \dot{U}_2$$

流入始端导纳 $\dfrac{Y}{2}$ 的电流为 $\dfrac{Y}{2}\dot{U}_1$,从而

$$\dot{I}_1 = \frac{Y}{2}U_1 + \frac{Y}{2}U_2 + \dot{I}_2$$

由此又可得

$$\begin{bmatrix} \dot{U}_1 \\ \dot{I}_1 \end{bmatrix} = \begin{bmatrix} \dfrac{ZY}{2}+1 & Z \\ Y\left(\dfrac{ZY}{4}+1 \right) & \dfrac{ZY}{2}+1 \end{bmatrix} \begin{bmatrix} \dot{U}_2 \\ \dot{I}_2 \end{bmatrix} \tag{2-26}$$

将式(2 - 24)与式(2 - 26)相比较,可得这种等值电路的通用常数为

$$A = \frac{ZY}{2} + 1; \qquad B = Z$$

$$C = Y\left(\frac{ZY}{4} + 1\right); \quad D = \frac{ZY}{2} + 1 \tag{2-27}$$

相似地，可得图 2-13(b)所示等值电路的通用常数为

$$A = \frac{ZY}{2} + 1; \quad B = Z\left(\frac{ZY}{4} + 1\right)$$

$$C = Y; \qquad D = \frac{ZY}{2} + 1 \tag{2-28}$$

3. 长线路的等值线路

长线路指长度超过 300 km 的架空线路和超过 100 km 的电缆线路。对于这种线路，不能不考虑它们的分布参数特性。

图 2-14 所示为长线路的示意图。图中，z_1、y_1 分别表示单位长度线路的阻抗和导纳，即 $z_1 = r_1 + jx_1$，$y_1 = g_1 + jb_1$；$\dot{U}$、$\dot{I}$ 分别表示距线路末端长度为 x 处的电压、电流；$\dot{U} + d\dot{U}$、$\dot{I} + d\dot{I}$ 分别表示距线路末端长度为 $x + dx$ 处的电压、电流；dx 为长度的微元。

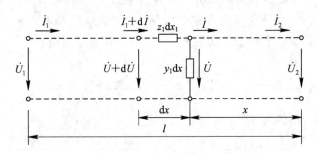

图 2-14　长线路——均匀分布参数电路

由图 2-14 可见，长度为 dx 的线路，串联阻抗中的电压降落为 $\dot{I}z_1 dx$，并联导纳中的分支电流为 $\dot{U}y_1 dx$，从而可列出

$$d\dot{U} = \dot{I}z_1 dx \ \text{或} \ \frac{d\dot{U}}{dx} = \dot{I}z_1 \tag{2-29}$$

$$d\dot{I} = \dot{U}y_1 dx \ \text{或} \ \frac{d\dot{I}}{dx} = \dot{U}y_1 \tag{2-30}$$

取式(2-29)、式(2-30)对 x 的微分，可得

$$\frac{d^2\dot{U}}{dx^2} = z_1 \frac{d\dot{I}}{dx} \tag{2-31}$$

$$\frac{d^2\dot{I}}{dx^2} = y_1 \frac{d\dot{U}}{dx} \tag{2-32}$$

分别以式(2-30)、式(2-29)代入上两式，又可得

$$\frac{d^2\dot{U}}{dx^2} = z_1 y_1 \dot{U} \tag{2-33}$$

$$\frac{\mathrm{d}^2 \dot{I}}{\mathrm{d}x^2} = z_1 y_1 \dot{I} \tag{2-34}$$

式(2-33)的解为

$$\dot{U} = C_1 \mathrm{e}^{\sqrt{z_1 y_1} x} + C_2 \mathrm{e}^{-\sqrt{z_1 y_1} x}$$

将其微分后代入式(2-29),又可得

$$\dot{I} = \frac{C_1}{\sqrt{z_1/y_1}} \mathrm{e}^{\sqrt{z_1 y_1} x} - \frac{C_2}{\sqrt{z_1/y_1}} \mathrm{e}^{-\sqrt{z_1 y_1} x}$$

上式中,$\sqrt{z_1/y_1} = Z_\mathrm{c}$ 称为线路特性阻抗,$\sqrt{z_1/y_1} = \gamma$ 称为相应的线路传播系数。将 Z_c、γ 分别取代上两式中 $\sqrt{z_1/y_1}$、$\sqrt{z_1 \cdot y_1}$,它们可改写为

$$\dot{U} = C_1 \mathrm{e}^{\gamma x} + C_2 \mathrm{e}^{-\gamma x} \tag{2-35}$$

$$\dot{I} = \frac{C_1}{Z_\mathrm{c}} \mathrm{e}^{\gamma x} - \frac{C_2}{Z_\mathrm{c}} \mathrm{e}^{-\gamma x} \tag{2-36}$$

计及 $x=0$ 时,$\dot{U} = \dot{U}_2$,$\dot{I} = \dot{I}_2$,可见

$$\dot{U}_2 = C_1 + C_2 , \quad \dot{I}_2 = \frac{C_1 - C_2}{Z_\mathrm{c}}$$

从而

$$C_1 = \frac{\dot{U}_2 + Z_\mathrm{c} \dot{I}_2}{2} , \quad C_2 = \frac{\dot{U}_2 - Z_\mathrm{c} \dot{I}_2}{2}$$

以此代入式(2-35)、式(2-36),可得

$$\dot{U} = \frac{\dot{U}_2 + Z_\mathrm{c} \dot{I}_2}{2} \mathrm{e}^{\gamma x} + \frac{\dot{U}_2 - Z_\mathrm{c} \dot{I}_2}{2} \mathrm{e}^{-\gamma x} \tag{2-37}$$

$$\dot{I} = \frac{\dot{U}_2/Z_\mathrm{c} + \dot{I}_2}{2} \mathrm{e}^{\gamma x} - \frac{\dot{U}_2/Z_\mathrm{c} - \dot{I}_2}{2} \mathrm{e}^{-\gamma x} \tag{2-38}$$

考虑到双曲函数有如下定义:

$$\sinh \gamma x = \frac{\mathrm{e}^{\gamma x} - \mathrm{e}^{-\gamma x}}{2} ; \quad \cosh \gamma x = \frac{\mathrm{e}^{\gamma x} + \mathrm{e}^{-\gamma x}}{2}$$

式(2-37)、式(2-38)又可改写为

$$\begin{bmatrix} \dot{U} \\ \dot{I} \end{bmatrix} = \begin{bmatrix} \cosh \gamma x & Z_\mathrm{c} \sinh \gamma x \\ \dfrac{\sinh \gamma x}{Z_\mathrm{c}} & \cosh \gamma x \end{bmatrix} \begin{bmatrix} \dot{U}_2 \\ \dot{I}_2 \end{bmatrix} \tag{2-39}$$

运用上式,可在已知末端电压、电流时,计算沿线路任意点的电压、电流。如以 $x=l$ 代入,则可得

$$\begin{bmatrix} \dot{U}_1 \\ \dot{I}_1 \end{bmatrix} = \begin{bmatrix} \cosh \gamma l & Z_\mathrm{c} \sinh \gamma l \\ \dfrac{\sinh \gamma l}{Z_\mathrm{c}} & \cosh \gamma l \end{bmatrix} \begin{bmatrix} \dot{U}_2 \\ \dot{I}_2 \end{bmatrix} \tag{2-40}$$

由上式又可见,这种长线路的两端口网络通用常数分别为

$$\left. \begin{array}{ll} A = \cosh \gamma l ; & B = Z_\mathrm{c} \sinh \gamma l \\[2mm] C = \dfrac{\sinh \gamma l}{Z_\mathrm{c}} ; & D = \cosh \gamma l \end{array} \right\} \tag{2-41}$$

于是又可知，如只要求计算线路始末端电压、电流、功率，仍可运用类似图 2-13 所示的 Ⅱ 形或 T 形等值电路。设长线路的等值电路如图 2-15 所示。图中，分别以 Z'、Y' 表示它们的集中参数阻抗、导纳，以与图 2-13 相区别。按图 2-15(a)，套用由图 2-13(a) 导出的式(2-27)，并计及式(2-41)，可得它的通用常数为

$$\left.\begin{array}{ll} A=\dfrac{Z'Y'}{2}+1=\cosh\gamma l\,; & B=Z'=Z_{\mathrm{c}}\sinh\gamma l \\[3mm] C=Y'\left(\dfrac{Z'Y'}{4}+1\right)=\dfrac{\sinh\gamma l}{Z_{\mathrm{c}}}\,; & D=\dfrac{Z'Y'}{2}+1=\cosh\gamma l \end{array}\right\}$$

由此可解得

$$\left.\begin{array}{l} Z'=Z_{\mathrm{c}}\sinh\gamma l \\[3mm] Y'=\dfrac{1}{Z_{\mathrm{c}}}\dfrac{2(\cosh\gamma l-1)}{\sinh\gamma l} \end{array}\right\} \tag{2-42}$$

相似地，对图 2-15(b)，可解得

$$\left.\begin{array}{l} Z'=Z_{\mathrm{c}}\dfrac{2(\cosh\gamma l-1)}{\sinh\gamma l} \\[3mm] Y'=\dfrac{1}{Z_{\mathrm{c}}}\sinh\gamma l \end{array}\right\} \tag{2-43}$$

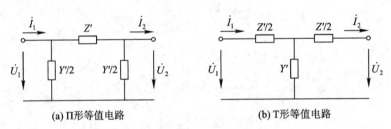

(a) Ⅱ形等值电路　　　　　　　　(b) T形等值电路

图 2-15　长线路的等值电路

显然，无论图 2-15(a) 或 2-15(b) 都是精确的。但 Z'、Y' 的表示式中 Z_{c}、γ 都是复数，它们仍不便于使用，为此将它们简化如下。

将式(2-42)改写为

$$\left.\begin{array}{l} Z'=\sqrt{\dfrac{Z}{Y}}\sinh\sqrt{ZY}=Z\dfrac{\sinh\sqrt{ZY}}{\sqrt{ZY}} \\[4mm] Y'=\sqrt{\dfrac{Y}{Z}}\dfrac{2(\cosh\sqrt{ZY}-1)}{\sinh\sqrt{ZY}}=Y\dfrac{2(\cosh\sqrt{ZY}-1)}{\sqrt{ZY}\sinh\sqrt{ZY}} \end{array}\right\} \tag{2-44}$$

将式中的双曲函数展开为级数：

$$\sinh\sqrt{ZY}=\sqrt{ZY}+\frac{(\sqrt{ZY})^3}{3!}+\frac{(\sqrt{ZY})^5}{5!}+\frac{(\sqrt{ZY})^7}{7!}+\cdots$$

$$\cosh\sqrt{ZY}=1+\frac{(\sqrt{ZY})^2}{2!}+\frac{(\sqrt{ZY})^4}{4!}+\frac{(\sqrt{ZY})^6}{6!}+\cdots$$

对不十分长的电力线路，这些级数收敛很快，从而可只取它们的前两三项代入式(2-44)。代入后，经不太复杂的运算，可得

第二章 电力系统各元件的参数及数学模型

• 41 •

$$Z' \approx Z\left(1+\frac{ZY}{6}\right) \left.\right\}$$
$$Y' \approx Y\left(1-\frac{ZY}{12}\right) \left.\right\}$$

$$(2-45)$$

将 $Z=R+\mathrm{j}X=r_1l+\mathrm{j}x_1l$，$Y=G+\mathrm{j}B=g_1l+\mathrm{j}b_1l$ 以及 $G=g_1l=0$ 代入，展开后可得

$$Z' \approx r_1l\left(1-x_1b_1\frac{l^2}{3}\right)+\mathrm{j}x_1l\left[1-\left(x_1b_1-\frac{r_1^2b_1}{x_1}\right)\frac{l^2}{6}\right] \left.\right\}$$
$$Y' \approx b_1l\times r_1b_1\frac{l^2}{12}+\mathrm{j}b_1l\left(1+x_1b_1\frac{l^2}{12}\right)$$

$$(2-46)$$

由式(2-46)可见，如将长线路的总电阻、电抗、电纳分别乘以适当的修正系数，就可绘制其简化Ⅱ形等值电路，如图 2-16 所示。这些修正系数分别为

$$k_r=1-x_1b_1\frac{l^2}{3} \left.\right\}$$
$$k_x=1-\left(x_1b_1-\frac{r_1^2b_1}{x_1}\right)\frac{l^2}{6}$$
$$k_b=1+x_1b_1\frac{l^2}{12}$$

$$(2-47)$$

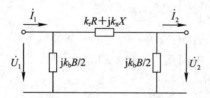

图 2-16 长线路的简化等值电路

但需注意，由于推导式(2-47)时，只取用了双曲函数的前两三项，在线路很长时，该式也不适用，应直接使用式(2-44)；反之，线路不长时，这些修正系数都接近于 1，可不必修正。

相似地，可作简化 T 形等值电路。但因这种等值电路一般不用，此处从略。

附带指出，双曲函数除展开为级数外，还可展开为如下的形式：

$$\sinh\gamma l=\sinh(\alpha+\mathrm{j}\beta)l=\sinh\alpha l\cos\beta l+\mathrm{j}\cosh\alpha l\sin\beta l$$
$$\cosh\gamma l=\cosh(\alpha+\mathrm{j}\beta)l=\cosh\alpha l\cos\beta l+\mathrm{j}\sinh\alpha l\sin\beta l$$

或

$$\sinh\gamma l=\sinh(\alpha+\mathrm{j}\beta)l=\frac{\mathrm{e}^{\alpha l}\mathrm{e}^{\mathrm{j}\beta l}-\mathrm{e}^{-\alpha l}\mathrm{e}^{-\mathrm{j}\beta l}}{2}=\frac{1}{2}(\mathrm{e}^{\alpha l}\angle\beta l-\mathrm{e}^{-\alpha l}\angle-\beta l)$$
$$\cosh\gamma l=\cosh(\alpha+\mathrm{j}\beta)l=\frac{\mathrm{e}^{\alpha l}\mathrm{e}^{\mathrm{j}\beta l}+\mathrm{e}^{-\alpha l}\mathrm{e}^{-\mathrm{j}\beta l}}{2}=\frac{1}{2}(\mathrm{e}^{\alpha l}\angle\beta l+\mathrm{e}^{-\alpha l}\angle-\beta l)$$

这些展开式也常用。

例 2.2 设 500 kV 线路有如下导线结构：使用 4×LGJ-300/50 分裂导线，直径为 24.26 mm，分裂间距为 450 mm。三相水平排列，相间距离为 13 m。设线路长 600 km，试作下列情况下该线路的等值电路：(1) 不考虑线路的分布参数特性；(2) 近似考虑线路的分布参数特性；(3) 精确考虑线路的分布参数特性。

解：先计算该线路单位长度电阻、电抗、电导、电纳。

$$r_1 = \frac{\rho}{S} = \frac{31.5}{4 \times 300} = 0.02625 \ (\Omega/\mathrm{km})$$

$$D_\mathrm{m} = \sqrt[3]{D_{ab}D_{bc}D_{ca}} = \sqrt[3]{13\,000 \times 13\,000 \times 2 \times 13\,000} = 16\,380 \ (\mathrm{mm})$$

$$r_\mathrm{eq} = \sqrt[4]{rd_{12}d_{13}d_{14}} = \sqrt[4]{12.13 \times 450 \times 450 \times \sqrt{2} \times 450} = 198.8 \ (\mathrm{mm})$$

$$x_1 = 0.1445\lg\frac{D_\mathrm{m}}{r_\mathrm{eq}} + \frac{0.0157}{n} = 0.1445\lg\frac{16380}{198.8} + \frac{0.0157}{4} = 0.281 \ (\Omega/\mathrm{km})$$

$$b_1 = \frac{7.58}{\lg\dfrac{D_\mathrm{m}}{r_\mathrm{eq}}} \times 10^{-6} = \frac{7.58}{\lg\dfrac{16380}{198.8}} \times 10^{-6} = 3.956 \times 10^{-6} (\mathrm{S/km})$$

取 $m_1 = 0.9$，$m_2 = 1.0$，$\delta = 1.0$，计算 U_cr。为此，先计算 K_m。

$$K_\mathrm{m} = 1 + 2(n-1)\frac{r}{d}\sin\frac{\pi}{n} = 1 + 2(4-1)\frac{1.213}{45}\sin\frac{\pi}{4} = 1.114$$

于是

$$U_\mathrm{cr} = 49.3 m_1 m_2 \delta r \frac{n}{K_\mathrm{m}} \lg\frac{D_\mathrm{m}}{r_\mathrm{eq}}$$

$$= 49.3 \times 0.9 \times 1.0 \times 1.0 \times 1.213 \times \frac{4}{1.114}\lg\frac{1638}{19.88} = 370.3 \ (\mathrm{kV})$$

$$\text{边相：} 1.06 \times 370.3 = 392.5 \ (\mathrm{kV})$$

$$\text{中间相：} 0.96 \times 370.3 = 355.4 \ (\mathrm{kV})$$

设线路的实际运行相电压为 $525/\sqrt{3} = 303.1(\mathrm{kV})$，则由 $U_\mathrm{cr} > U_\varphi$ 可知，线路不会发生电晕，取 $g_1 = 0$。

(1) 不考虑线路的分布参数特性时：

$$R = r_1 l = 0.02625 \times 600 = 15.75 \ (\Omega)$$

$$X = x_1 l = 0.281 \times 600 = 168.6 \ (\Omega)$$

$$B = b_1 l = 3.956 \times 10^{-6} \times 600 = 2.374 \times 10^{-3}(\mathrm{S})$$

$$\frac{B}{2} = \frac{1}{2} \times 2.374 \times 10^{-3} = 1.187 \times 10^{-3}(\mathrm{S})$$

按此可作等值电路，如图 2-17(a)所示。

(2) 近似考虑线路的分布参数特性时：

$$k_\mathrm{r} = 1 - x_1 b_1 \frac{l^2}{3} = 1 - 0.281 \times 3.956 \times 10^{-6} \times \frac{600^2}{3} = 0.867$$

$$k_\mathrm{x} = 1 - \left(x_1 b_1 - \frac{r_1^2 b_1}{x_1}\right)\frac{l^2}{6}$$

$$= 1 - \left(0.281 \times 3.956 \times 10^{-6} - \frac{0.026\,25^2 \times 3.956 \times 10^{-6}}{0.281}\right) \times \frac{600^2}{6} = 0.934$$

$$k_\mathrm{b} = 1 + x_1 b_1 \frac{l^2}{12} = 1 + 0.281 \times 3.956 \times 10^{-6} \times \frac{600^2}{12} = 1.033$$

于是

$$k_r R = 0.867 \times 15.75 = 13.65 \ (\Omega)$$

$$k_x X = 0.934 \times 168.6 = 157.50 \ (\Omega)$$

$$k_b B = 1.033 \times 2.374 \times 10^{-3} = 2.452 \times 10^{-3} (S)$$

$$\frac{1}{2} k_b B = \frac{1}{2} \times 2.452 \times 10^{-3} = 1.226 \times 10^{-3} (S)$$

按此可作等值电路，如图 2-17(b)所示。

（3）精确考虑线路的分布参数特征时：

先求取 Z_c、γl。为此，需先求取 z_1 和 y_1。

$$z_1 = r_1 + jx_1 = 0.026\,25 + j0.281 = 0.282\angle 84.66° \ (\Omega/km)$$

$$y_1 = jb_1 = j3.956 \times 10^{-6} = 3.956 \times 10^{-6} \angle 90° \ (S/km)$$

由此可得

$$Z_c = \sqrt{\frac{z_1}{y_1}} = \sqrt{\frac{0.282}{3.956 \times 10^{-6}}} \angle \frac{84.66° - 90°}{2} = 267.1\angle -2.67° \ (\Omega)$$

$$\gamma l = \sqrt{z_1 y_1}\, l = 600\sqrt{0.282 \times 3.956 \times 10^{-6}} \angle \frac{84.66° + 90°}{2}$$

$$= 0.634\angle 87.33°$$

$$= 0.0295 + j0.633 = \alpha l + j\beta l$$

将 $\sinh\gamma l$、$\cosh\gamma l$ 展开（需注意，βl 的单位为 rad）。

$$\sinh\gamma l = \sinh(\alpha l + j\beta l) = \sinh(0.0295 + j0.633)$$

$$= \sinh 0.0295\cos 0.633 + j\cosh 0.0295\sin 0.633$$

$$= 0.295 \times 0.806 + j1.0004 \times 0.592 = 0.0238 + j0.592 = 0.593\angle 87.7°$$

$$\cosh\gamma l = \cosh(\alpha l + j\beta l) = \cosh(0.0295 + j0.633)$$

$$= \cosh 0.0295\cos 0.633 + j\sinh 0.0295\sin 0.633$$

$$= 1.0004 \times 0.806 + j0.0295 \times 0.592 = 0.806 + j0.0175 = 0.806\angle 1.24°$$

最后可求取 Z'、Y' 为

$$Z' = Z_c\sinh\gamma l = 267.1\angle -2.67° \times 0.593\angle 87.7° = 158.4\angle 85.03° = 13.72 + j157.80 \ (\Omega)$$

$$\frac{Y'}{2} = \frac{1}{Z_c} \times \frac{\cosh\gamma l - 1}{\sinh\gamma l} = \frac{0.806 + j0.0175 - 1}{267.1\angle -2.67° \times 0.593\angle 87.7°}$$

$$= \frac{0.195\angle 174.85°}{158.4\angle 85.03°} = 0.001230\angle 89.82° \approx j1.230 \times 10^{-3} (S)$$

按此可作等值电路，如图 2-17(c)所示。

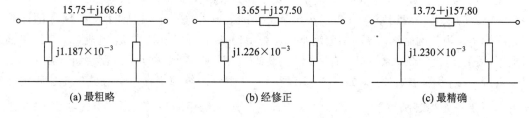

| (a) 最粗略 | (b) 经修正 | (c) 最精确 |

图 2-17　电力线路的等值电路

比较这三种等值电路可见，对这种长度超过 500 km 的线路，如不考虑其分布参数特性，将给计算结果带来相当大的误差，其中电阻最大，误差大于 10％，电抗次之，电纳更次之。但也可见，近似考虑其分布参数特性，即可得足够精确的结果。而重要的是，这种近似考虑仅需作简单的算术运算，不必像精确考虑时那样，要进行复数和双曲函数计算。

第二节　电力变压器

在交流输配电系统中，电力变压器是主要设备之一。据统计，电力系统中变压器的安装总容量约为发电机安装容量的 6～8 倍。对远距离用电中心输送一定的电功率，电压越高则电流越小，从而可使输电线的导线截面较小，以降低输电费用以及减少功率的损耗。所以变压器在电力系统的经济输送和分配中具有重要的意义。

按用途分，电力变压器可分为升压变压器、降压变压器、配电变压器和联络变压器（作连接几个不同电压等级的电网用）。本节在简单介绍电力变压器分类及基本结构的基础上，讨论电力变压器的参数及数学模型。

一、电力变压器的分类及结构

1. 分类

按相数分，电力变压器可分为单相式和三相式。现今生产的电力变压器大多是三相的，但特大型变压器鉴于运输上的考虑先制成单相的，安装好后再连接成三相变压器组。

按每相线圈数分，电力变压器可分为双绕组和三绕组变压器。前者联络两个电压等级，后者联络三个电压等级。三绕组变压器中三个绕组的容量可以不同，以最大的一个绕组的容量作为变压器的额定容量。

电力变压器的高压侧及中压侧除主接头外还引出多个分接头，并装有分接开关，以改变有效的匝数，进行分级调压。根据分接开关是否可在带负荷情况下操作，电力变压器又分为有载调压变压器和不加电压时方可切换分接头的普通变压器。

按线圈耦合的方式分，电力变压器可分为普通变压器和自耦变压器。电力系统中的自耦变压器一般设置有补偿绕组。它是一个低压绕组。高压、中压绕组之间存在自耦联系，而低压绕组与高、中压绕组之间只有磁的耦合。自耦变压器的损耗小、重量轻、成本低，但其漏抗较小，使短流电流增大。此外，由于高、中压绕组在电路上相通，为了过电压保护，自耦变压器的中性点必须直接接地。

2. 结构

变压器主要由铁芯与绕组两大部分组成。为了减小交变磁通在铁芯中引起的涡流损耗，变压器的铁芯一般用厚度为 0.35～0.5 mm 的硅钢片叠装而成；并且，硅钢片两面涂有绝缘漆，作为片间绝缘。变压器的绕组由原绕组（初级）和副绕组（次级）组成，原绕组接输入电压，副绕组接负载。原绕组只有一个，副绕组为一个或多个，并且原、副绕组套在一起。

双绕组变压器的内部结构如图 2-18 所示，其中双绕组缠绕在一个磁铁芯上。假定变压器运行于正弦稳态励磁下，由图中可知，$\dot{E}_1$ 和 $\dot{E}_2$ 为绕组的相量电压，相量电流 $\dot{I}_1$ 流进一次侧绕组（N_1 匝），相量电流 $\dot{I}_2$ 从二次侧绕组（N_2 匝）流出，铁芯磁通为 $\dot{\Phi}_c$，磁场强度为 $\dot{H}_c$。假定铁芯的横截面为 A_c，磁路的平均长度为 l_c，磁导率 μ_c 为常量。

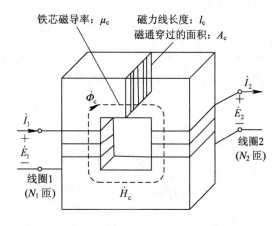

铁芯磁导率：μ_c　磁力线长度：l_c　磁通穿过的面积：A_c

图 2-18　双绕组变压器内部结构

二、双绕组变压器等值电路

在电机学课程中，已详细推导出正常运行时三相变压器的单相等值电路类似于 T 形，如图 2-19(a)所示。该图是归算到 1 侧的等值电路，R_1 和 X_1 分别为 1 侧绕组的电阻和漏抗，R_2' 和 X_2' 为 2 侧绕组电阻和漏抗的归算值，它与实际值的关系为 $R_2'=k^2R_2$，$X_2'=k^2X_2$。k 为变比，可用变压器两侧的额定电压 U_{1N} 和 U_{2N} 计算，即 $k=U_{1N}/U_{2N}$。2 侧电压和电流归算值与实际值的关系分别为 $\dot{U}_2'=k\dot{U}_2$，$\dot{I}_2'=\dot{I}_2/k$。

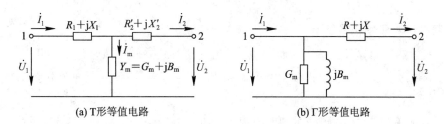

(a) T形等值电路　　　　　　(b) Γ形等值电路

图 2-19　双绕组变压器单相等值电路

电力变压器的励磁电流 I_m 很小，一般约为额定电流的 0.5%～2%，新产品大都小于 1%。为了简化计算，可将励磁支路 Y_m 移到外侧（一般移至近电源的一侧）。因此得到图 2-19(b)所示的 Γ 形等值电路，其中 $R=R_1+R_2'$，$X=X_1+X_2'$，分别称为变压器的绕组电阻和漏抗。变压器产品均提供短路试验和空载试验的数据，根据这些数据就可决定 R、X、G_m 和 B_m 四个参数。

1. 短路试验与绕组的电阻和漏抗

变压器的短路试验是将一侧（例如 2 侧）三相短接，在另一侧（1 侧）加上可调节的三相对称电压，逐渐增加电压使电流达到额定值 I_{1N}（2 侧为 I_{2N}）。这时测出三相变压器消耗的总有功功率称为短路损耗功率 P_k，同时测得 1 侧所加的线电压值 U_{1k}，称为短路电压。通常用额定电压的百分数表示：

$$U_k\%=\frac{U_{1k}}{U_{1N}}\times100 \qquad (2-48)$$

对于 35 kV 的双绕组变压器 $U_k\% \approx 6.5 \sim 8$；110 kV 变压器 $U_k\% \approx 10.5$；220 kV 的 $U_k\% \approx 12 \sim 14$。

短路电压比额定电压低很多，这时的励磁电流及铁芯损耗可以忽略不计，所以短路损耗 P_k 可看作是额定电流时高低压三相绕组的总铜耗，即

$$P_k = 3I_{1N}^2 R \tag{2-49}$$

三相变压器的额定容量定义为 $S_N = \sqrt{3} U_{1N} I_{1N} = \sqrt{3} U_{2N} I_{2N}$，因此有

$$P_k = 3\left(\frac{S_N}{\sqrt{3} U_{1N}}\right)^2 R = \frac{S_N^2}{U_{1N}^2} R \tag{2-50}$$

通常 S_N 用 MVA、U_{1N} 用 kV、P_k 用 kW 表示，由上式可推得

$$R = \frac{P_k}{1000} \times \frac{U_{1N}^2}{S_N^2} \ (\Omega) \tag{2-51}$$

电力变压器绕组的漏抗 X 比电阻 R 大许多倍，例如，110 kV、2.5 MVA 的变压器，$X/R \approx 9$；110 kV、25MVA 的变压器，$X/R \approx 16$，相应地，$\sqrt{R^2 + X^2}/X$ 分别约为 1.006 和 1.002，因此短路电压和 X 上的电压降相差甚小。所以

$$U_k\% = \frac{U_{1k}}{U_{1N}} \times 100 = \frac{\sqrt{3} I_{1N} X}{U_{1N}} \times 100 = \frac{S_N}{U_{1N}^2} X \times 100 \tag{2-52}$$

由此可得

$$X = \frac{U_k\%}{100} \frac{U_{1N}^2}{S_N} \ (\Omega) \tag{2-53}$$

2. 空载试验和励磁导纳

变压器空载试验是将一侧（例如 2 侧）三相开路，另一侧（1 侧）加上线电压为额定值 U_{1N} 的三相对称电压，测出三相有功空载损耗 P_0 和空载电流 I_{10}，即励磁电流 I_m。空载电流常用百分数表示：$I_0\% = (I_{10}/I_{1N}) \times 100$。

由于空载电流很小，1 侧绕组的电阻损耗 $I_{10}^2 R_1$ 可以略去不计，P_0 非常接近于铁芯损耗，所以励磁支路的电导为

$$G_m = \frac{P_0}{U_{1N}^2} \times 10^{-3} \ (\text{S}) \tag{2-54}$$

式中，P_0 的单位为 kW，U_{1N} 的单位为 kV。

励磁支路导纳中，电导 G_m 远小于电纳 B_m，空载电流与 B_m 支路中的电流有效值几乎相等，因此

$$I_0\% = \frac{I_{10}}{I_{1N}} \times 100 = \frac{U_{1N} B_m}{\sqrt{3}} \times \frac{1}{I_{1N}} \times 100 = \frac{U_{1N}^2}{S_N} B_m \times 100 \tag{2-55}$$

所以

$$B_m = \frac{I_0\%}{100} \times \frac{S_N}{U_{1N}^2} \ (\text{S}) \tag{2-56}$$

本书中复导纳定义为 $Y = G + jB$，所以感纳取负值，容纳取正值。变压器的 B_m 是感纳，式(2-56)只表示它的大小。

以上推导了归算到 1 侧的变压器参数计算式，将式(2-51)~式(2-56)中的 U_{1N} 换为 U_{2N}，即得到归算到 2 侧的参数值。

例 2.3　一台 242/13.8 kV、容量 80MVA 的三相双绕组降压变压器，短路电压 $U_k\% = 13$，短路损耗 $P_k = 430$ kW，空载电流 $I_0\% = 2$，空载损耗 $P_0 = 78$ kW。试画出单相等值电路并求归算到低压侧的阻抗和并联导纳。

解：绕组电阻：

$$R = \frac{P_k}{1000} \times \frac{U_{2N}^2}{S_N^2} = \frac{430}{1000} \times \frac{13.8^2}{80^2} = 0.0128(\Omega)$$

绕组电抗：

$$X = \frac{U_k\%}{100} \times \frac{U_{2N}^2}{S_N} = \frac{13}{100} \times \frac{13.8^2}{80} = 0.309(\Omega)$$

励磁支路电导：

$$G_m = \frac{P_0}{U_{2N}^2} \times 10^{-3} = \frac{78}{13.8^2} \times 10^{-3} = 4.1 \times 10^{-4}(S)$$

励磁支路电纳：

$$B_m = \frac{I_0\%}{100} \times \frac{S_N}{U_{2N}^2} = \frac{2}{100} \times \frac{80}{13.8^2} = 8.4 \times 10^{-3}(S)$$

等值电路如图 2-20 所示。

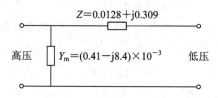

图 2-20　例 2.3 变压器的等值电路图

三、三绕组变压器等值电路

正常运行时三绕组变压器的单相等值电路如图 2-21(a)所示。图中 R_1 和 X_1 为 1 侧绕组的电阻和等值漏抗；R_2、X_2 和 R_3、X_3 分别为归算到 1 侧的 2 侧和 3 侧的绕组电阻和等值漏抗；变比 $k_{12} = U_{1N}/U_{2N}$，$k_{13} = U_{1N}/U_{3N}$。所以这是参数归算到 1 侧的等值电路。图 2-21(b)将励磁并联支路移到端部，是电力系统分析中常采用的等值电路。

三绕组变压器中同相的三个绕组漏磁通分布比较复杂，每个绕组的漏磁通可分为三个部分，其中一部分只穿链本身，称为自漏磁，可用自漏感(抗)表示；另两部分则分别穿链到另外两个绕组，称为互漏磁，也就是说与另两个绕组分别有漏磁互感(互漏感)。图 2-21 实质上是将实际变压器用一个只有自漏磁而没有互漏磁的变压器等值，所以得到的是各绕组的等值漏抗。等值漏抗与三个绕组的布置方式有关，居于中间的绕组受另两个绕组互漏磁的影响最大，使它的等值漏磁链很小甚至反向，所以它的等值漏抗很小或为负值。

图 2-21 中励磁并联支路的导纳 Y_m 用空载损耗 P_0 和空载电流 $I_0\%$ 计算，与双绕组

变压器相同。

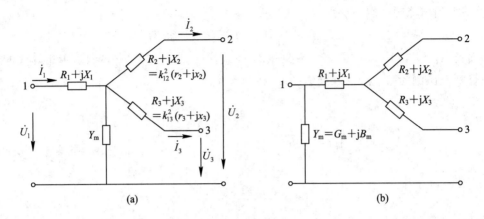

图 2-21　三绕组变压器单相等值电路

三侧绕组的电阻和等值漏抗取决于短路试验的数据。由于有三个待求的阻抗，所以要做三个短路试验。在讨论这个问题之前，先介绍三绕组变压器各侧绕组的额定容量问题。我国制造的变压器，三侧绕组的额定容量有如下三类：

（1）容量比为 100/100/100。这类变压器高/中/低压绕组的额定容量都等于变压器的额定容量，即 $S_N=\sqrt{3}U_{1N}I_{1N}=\sqrt{3}U_{2N}I_{2N}=\sqrt{3}U_{3N}I_{3N}$，它只作为升压型变压器。

（2）容量比为 100/100/50。与第（1）类不同之处在于，低压绕组的导线截面面积减小一半，额定电流值也相应减小，所以低压绕组的额定容量为变压器额定容量的 50%。此类变压器的价格较低，适用于低压绕组负载小于高、中压绕组负载的场合。

（3）容量比为 100/50/100，即中压绕组的额定容量为 50%。

我国制造的降压型三绕组变压器只有第（2）、（3）两类，升压型变压器则三类都有。

先讨论容量比为 100/100/100 变压器的短路试验。共进行三次额定电流短路试验：① 3 侧开路，1、2 侧短路试验，测得短路损耗 $P_{k(1-2)}$ 和短路电压 $U_{k(1-2)}\%$，等值电路见图 2-22(a)；② 2 侧开路，1、3 侧短路试验（见图 2-22(b)），测得短路损耗 $P_{k(1-3)}$ 和短路电压 $U_{k(1-3)}\%$；③ 1 侧开路，2、3 侧短路试验（见图 2-22(c)），测得短路损耗 $P_{k(2-3)}$ 和短路电压 $U_{k(2-3)}\%$。

设 P_{k1}、P_{k2} 和 P_{k3} 分别为三侧绕组额定电流下的电阻功率损耗，则有

$$\left.\begin{array}{l}P_{k(1-2)}=P_{k1}+P_{k2}\\P_{k(1-3)}=P_{k1}+P_{k3}\\P_{k(2-3)v}=P_{k2}+P_{k3}\end{array}\right\} \tag{2-57}$$

由上面三式可解得

$$\left.\begin{array}{l}P_{k1}=0.5(P_{k(1-2)}+P_{k(1-3)}-P_{k(2-3)})\\P_{k2}=0.5(P_{k(1-2)}+P_{k(2-3)}-P_{k(1-3)})\\P_{k3}=0.5(P_{k(1-3)}+P_{k(2-3)}-P_{k(1-2)})\end{array}\right\} \tag{2-58}$$

参照式(2-51)，可得三侧绕组的电阻：

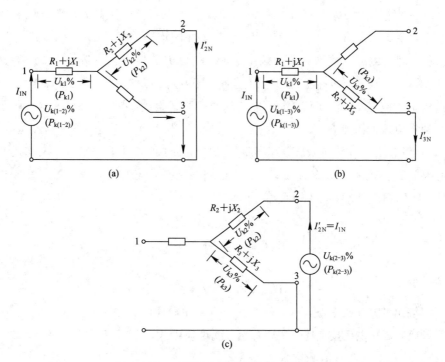

图 2 - 22　三绕组变压器短路试验等值电路

$$\left.\begin{aligned} R_1 &= \frac{P_{k1}}{1000} \times \frac{U_{1N}^2}{S_N^2} \ (\Omega) \\ R_2 &= \frac{P_{k2}}{1000} \times \frac{U_{1N}^2}{S_N^2} \ (\Omega) \\ R_3 &= \frac{P_{k3}}{1000} \times \frac{U_{1N}^2}{S_N^2} \ (\Omega) \end{aligned}\right\} \qquad (2-59)$$

设 $U_{k1}\%$、$U_{k2}\%$ 和 $U_{k3}\%$ 为短路试验时各侧绕组的短路电压百分数值，则有

$$\left.\begin{aligned} U_{k(1-2)}\% &= U_{k1}\% + U_{k2}\% \\ U_{k(1-3)}\% &= U_{k1}\% + U_{k3}\% \\ U_{k(2-3)}\% &= U_{k2}\% + U_{k3}\% \end{aligned}\right\} \qquad (2-60)$$

解得

$$\left.\begin{aligned} U_{k1}\% &= 0.5(U_{k(1-2)}\% + U_{k(1-3)}\% - U_{k(2-3)}\%) \\ U_{k2}\% &= 0.5(U_{k(1-2)}\% + U_{k(2-3)}\% - U_{k(1-3)}\%) \\ U_{k3}\% &= 0.5(U_{k(1-3)}\% + U_{k(2-3)}\% - U_{k(1-2)}\%) \end{aligned}\right\} \qquad (2-61)$$

参照式(2-53)，可得各侧绕组的等值漏抗：

$$\left.\begin{aligned} X_1 &= \frac{U_{k1}\%}{100} \times \frac{U_{1N}^2}{S_N} \ (\Omega) \\ X_2 &= \frac{U_{k2}\%}{100} \times \frac{U_{1N}^2}{S_N} \ (\Omega) \\ X_3 &= \frac{U_{k3}\%}{100} \times \frac{U_{1N}^2}{S_N} \ (\Omega) \end{aligned}\right\} \qquad (2-62)$$

现在讨论容量比为 100/100/50 或 100/50/100 的三绕组变压器的短路试验。为了便于叙述，设 3 侧绕组的额定容量 $S_{3N}=0.5S_N$，1、2 两侧均为 S_N。如果三个短路试验均按上述条件进行，即 1 侧或 2 侧均调节到额定电流，测出 $P_{k(1-2)}$、$U_{k(1-2)}\%$，$P_{k(1-3)}$、$U_{k(1-3)}\%$ 和 $P_{k(2-3)}$、$U_{k(2-3)}\%$，则完全可按上述方法计算各电阻和等值漏抗。实际上，只有 1、2 侧短路试验能按额定电流进行，而 1、3 侧及 2、3 侧的短路试验，如图 2-22(b)、(c)所示，由于受到 3 侧额定电流的限制，1 侧或 2 侧绕组电流只能调节到额定电流的一半，短路损耗和短路电压即 $P'_{k(1-3)}$、$U'_{k(1-3)}\%$ 及 $P'_{k(2-3)}$、$U'_{k(2-3)}\%$ 是在这种条件下测出的。因此，在使用这些数据时要先归算到额定电流时的值。因为短路损耗与电流的平方成正比，短路电压与电流成正比，所以归算到额定条件下的值为

$$P_{k(1-3)}=4P'_{k(1-3)} \tag{2-63}$$

$$P_{k(2-3)}=4P'_{k(2-3)} \tag{2-64}$$

$$U_{k(1-3)}\%=2U'_{k(1-3)}\% \tag{2-65}$$

$$U_{k(2-3)}\%=2U'_{k(2-3)}\% \tag{2-66}$$

当 2 侧绕组的额定容量 $S_{2N}=0.5S_N$ 时，也可用同样的方法归算。

短路损耗和短路电压按上述方法归算后，就可应用式(2-58)、式(2-59)和式(2-61)、式(2-62)计算各电阻和等值漏抗。

我国制造厂提供的短路损耗有的已经归算，有的未归算，而给出的短路电压则大多已经归算。使用这些数据时，务必注意阅读它的说明。

还有，产品手册中有的只提供一个短路损耗数值，称为最大短路损耗 P_{kmax}，它指的是两个 100% 容量绕组的短路损耗值。所以根据 P_{kmax} 只能求得两个 100% 绕组的电阻之和，而这两个绕组的电阻以及另一个绕组的电阻就只能估算了。假设各绕组导线的截面积是按同一电流密度选择的，各绕组每一匝的长度相等，则不难证明，归算到同一侧时，容量相同绕组的电阻相等，容量为 50% 的绕组电阻比容量为 100% 的绕组大一倍。按此原则可估算得

$$R_{(100)}=\frac{1}{2}\frac{P_{kmax}}{1000}\cdot\frac{U_{1N}^2}{S_N^2} \tag{2-67}$$

$$R_{(50)}=2R_{(100)} \tag{2-68}$$

上述各公式中的 U_{1N} 换为 U_{2N} 或 U_{3N}，即得到归算到 2 或 3 侧的参数。

最后需要指出，制造厂给出的短路损耗和短路电压是当分接头切换开关放在主接头上进行试验时的数据，所以求出的阻抗和导纳参数只适用于主接头。当切换开关转到其他分接头时这些参数将有所变化。一般变压器分接头调节的范围有限，所以可忽略。对于有些分接头调节范围很大的有载调压变压器，可要求制造厂提供各分接头的短路和空载试验数据。

例 2.4　一台 220/121/10.5 kV、120MVA、容量比为 100/100/50 的 $Y_0/Y_0/\triangle$ 三相三绕组变压器(降压型)，$I_0\%=0.9$，$P_0=123.1$ kW，短路损耗和短路电压如表 2-2 所示。试计算励磁支路的导纳、各绕组电阻和等值漏抗。各参数归算到中压侧。

表 2 - 2　变压器计算参数

	高中压	高压—低压	中压—低压	
短路损耗/kW	660	256	227	未归算到 S_N
短路电压/%	24.7	14.7	8.8	已归算

解：高、中、低压侧分别编为 1、2、3 侧。

（1）励磁支路导纳：

$$G_m = \frac{123.1}{121^2} \times 10^{-3} = 8.41 \times 10^{-6}(S)$$

$$B_m = \frac{0.9}{100} \times \frac{120}{121^2} = 73.8 \times 10^{-6}(S)$$

（2）各绕组电阻：

$$P_{k1} = 0.5(660 + 4 \times 256 - 4 \times 227) = 388 \ (kW)$$
$$P_{k2} = 0.5(660 + 4 \times 227 - 4 \times 256) = 272 \ (kW)$$
$$P_{k3} = 0.5(4 \times 256 + 4 \times 227 - 660) = 636 \ (kW)$$

$$R_1 = \frac{388}{1000} \times \left(\frac{121}{120}\right)^2 = 0.394 \ (\Omega)$$

$$R_2 = \frac{272}{1000} \times \left(\frac{121}{120}\right)^2 = 0.277 \ (\Omega)$$

$$R_3 = \frac{636}{1000} \times \left(\frac{121}{120}\right)^2 = 0.647 \ (\Omega)$$

（3）各绕组等值漏抗：

$$U_{k1}\% = 0.5(24.7 + 14.7 - 8.8) = 15.3$$
$$U_{k2}\% = 0.5(24.7 + 8.8 - 14.7) = 9.4$$
$$U_{k3}\% = 0.5(14.7 + 8.8 - 24.7) = -0.6$$

$$X_1 = \frac{15.3}{100} \times \frac{121^2}{120} = 18.67 \ (\Omega)$$

$$X_2 = \frac{9.4}{100} \times \frac{121^2}{120} = 11.47 \ (\Omega)$$

$$X_3 = \frac{-0.6}{100} \times \frac{121^2}{120} = -0.73 \ (\Omega)$$

四、自耦变压器及其等值电路

自耦变压器高压绕组与低压绕组之间除了有磁的耦合之外，还存在电的联系。三相自耦变压器只能用 $Y_0/Y_0 - 12$ 接法，现取其一相进行分析。

图 2 - 23 为自耦变压器的原理图，其中高低压公用的绕组（2～0 间）称为公共绕组，匝数为 ω_c；端子 1～2 之间的绕组称为串联绕组，匝数为 ω_s；两个绕组绕在同一铁芯柱上，它们的同名端已标在图上。

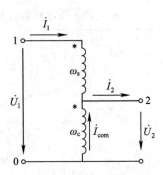

图 2-23　自耦变压器原理

空载运行时，1 侧加额定电压 U_{1N}，2 侧电压 U_{2N} 称为低压侧额定电压，可见变比为

$$k_{12}=\frac{U_{1N}}{U_{2N}}=\frac{\omega_c+\omega_s}{\omega_c} \tag{2-69}$$

自耦变压器带负载运行时，公共绕组的电流为

$$\dot{I}_{\omega m}=\dot{I}_2-\dot{I}_1 \tag{2-70}$$

不计励磁电流，按磁动势平衡关系，可得 $\omega_s\dot{I}_1=\omega_c\dot{I}_{com}$，由此可得

$$\frac{\dot{I}_{com}}{\dot{I}_1}=\frac{\omega_s}{\omega_c}=k_{12}-1 \tag{2-71}$$

$$\frac{\dot{I}_{com}}{\dot{I}_2}=\frac{\dot{I}_{com}}{\dot{I}_{com}+\dot{I}_1}=\frac{1}{1+\dot{I}_1/\dot{I}_{com}}=1-\frac{1}{k_{12}}=K_b \tag{2-72}$$

式中：

$$K_b=1-\frac{1}{k_{12}}=\frac{U_{1N}-U_{2N}}{U_{1N}}=\frac{\omega_s}{\omega_c+\omega_s} \tag{2-73}$$

称为效益系数。由于 $k_{12}>1$，所以 K_b 恒小于 1。k_{12} 愈接近于 1 则 K_b 愈小。例如 $k_{12}=3$，$K_b=2/3$；$k_{12}=1.5$，$K_b=1/3$。可见公共绕组电流小于 2 侧端口的电流 I_2。与同容量的双绕组变压器比较，公共绕组的用铜量为双绕组变压器低压绕组用铜量的 K_b 倍；串联绕组的用铜量为双绕组变压器高压绕组用铜量的 K_b 倍。可见自耦变压器总用铜量为同容量双绕组变压器总用铜量的 K_b 倍。

再观察 2 侧端口输出的复功率：

$$\tilde{S}_2=\dot{U}_2\overset{*}{I}_2=\dot{U}_2(\overset{*}{I}_1+\overset{*}{I}_{com})=\dot{U}_2\overset{*}{I}_1+\dot{U}_2\overset{*}{I}_{com} \tag{2-74}$$

它有两个分量：第一个分量 $\dot{U}_2\overset{*}{I}_1$ 是 1 侧通过串联绕组由电路传递到 2 侧的功率；另一分量 $\dot{U}_2\overset{*}{I}_{com}$ 是通过磁耦合由公共绕组传递到 2 侧的功率，它还可表示为

$$\dot{U}_2\overset{*}{I}_{com}=\dot{U}_2\overset{*}{I}_2K_b=K_b\tilde{S}_2 \tag{2-75}$$

这表明由磁耦合传递的容量仅为总容量的 K_b 倍。

当 2 侧电压和电流分别为额定值 U_{2N} 和 I_{2N} 时，通过磁耦合传递的最大功率为

$$S_{st}=K_bU_{2N}I_{2N}=K_bS_N \tag{2-76}$$

S_{st} 称为自耦变压器的标准容量，即设计容量。显然 S_{st} 小于变压器的额定容量 S_N（=

$U_{2N}I_{2N}=U_{1N}I_{1N}$）。标准容量也就是公共绕组的额定容量。

　　自耦变压器的磁路系统（铁芯）是按照标准容量设计的，所以理论上铁芯材料用量亦为同容量双绕组变压器用量的 K_b 倍。K_b 与自耦变压器的经济效益直接相关，所以称为效益系数。变比 $k_{12}=1.5\sim3$ 时，$K_b=1/3\sim2/3$，经济效益最为显著。

　　自耦变压器的等值电路与双绕组变压器相同，它的参数也由空载和短路试验的数据决定，但计算时要用额定容量，而不是标准容量。需要说明的是，自耦变压器绕组的电阻和漏抗都比同容量的双绕组变压器小，比较两者的短路试验回路就不难理解这一特点。图 2-24（a）为自耦变压器的短路试验回路。图 2-24（b）是它的等值回路，与变比为 ω_c/ω_s 的双绕组变压器的短路试验回路相同。设短路电压为 U_{kA}，短路损耗为 P_{kA}。图 2-24（c）为同容量双绕组变压器的短路试验回路，设短路电压为 U_k，短路损耗为 P_k。

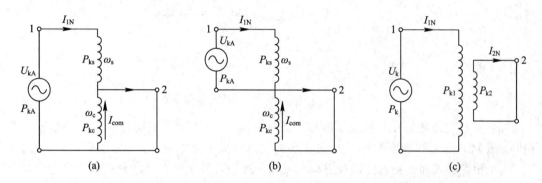

图 2-24　自耦变压器与双绕组变压器短路试验回路

如果两种变压器的漏磁系数相同（单位匝数所对应的漏抗相同），显然有

$$\frac{U_{kA}}{U_{1N}-U_{2N}}=\frac{U_k}{U_{1N}} \tag{2-77}$$

U_{kA} 归算到以 U_{1N} 为基准时，则

$$\frac{U_{kA}}{U_{1N}}=\frac{U_{1N}-U_{2N}}{U_{1N}}\frac{U_{kA}}{U_{1N}-U_{2N}}=K_b\frac{U_{kA}}{U_{1N}-U_{2N}}=K_b\frac{U_k}{U_{1N}} \tag{2-78}$$

　　这表明 $U_{kA}\%=K_bU_k\%$，即 $U_{kA}\%$ 较小。

　　再比较短路损耗。图 2-24（b）的串联绕组与图 2-24（c）的 1 侧绕组相比，这两个绕组的电流大小相同但匝数不同，而电阻与匝数成正比，所以 $P_{k3}=\omega_sP_{k1}/(\omega_c+\omega_s)=K_bP_{k1}$。而图 2-24（b）的公共绕组与图 2-24（c）的 2 侧绕组相比，前者的电流和导线截面面积均为后者的 K_b 倍，所以 $P_{kc}=K_bP_{k2}$。两者总的短路损耗关系为 $P_{kA}=K_bP_k$，即 P_{kA} 较小。

　　自耦变压器省铜、省铁，价格低，而且功率和电压损耗都较小，所以在变比不大于 $3\sim4$ 的场合得到了普遍使用。不过自耦变压器的中性点必须直接接地或经很小的电抗接地，否则在高压侧电力网发生单相接地故障而使中性点电压偏移时，低压侧电力网将发生严重的过电压。因此，自耦变压器只能用于两侧电力网都是中性点直接接地的场合，这就限制了它的应用范围。另外，高压电力网发生大气过电压（雷击）或操作过电压时，会通过公共绕组进入低压电力网，所以变压器两侧各相出线端都要装设避雷器，而且在任何情况下都不允许不带避雷器运行。

　　三相自耦变压器通常还加有磁耦合的第三绕组，如图 2-25 所示。第三绕组一般接成三角形,因为它具有削弱三次谐波电压等优点。但在第三绕组接到 35 kV 及以下的电力网,而又要求中性点经高电抗(消弧线圈)接地的情况时,则要采用星形接法。第三绕组的额定容量不得大于该变压器的标准容量,一般等于标准容量,即 $S_{3N} = S_{st} = K_b S_N$。

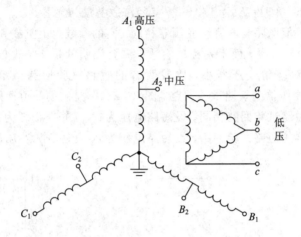

图 2 - 25   有第三绕组的三相自耦变压器

带有第三绕组的三相自耦变压器称三绕组自耦变压器,它的等值电路和三绕组变压器相同,各侧的电阻和等值漏抗以及并联导纳也是根据额定容量(不是标准容量)、额定电压、三个短路损耗和短路电压以及空载电流和损耗来计算的。必须注意的是,制造厂或产品手册给出的短路损耗大多未归算到额定容量,甚至连短路电压也未归算。

最后,有必要讨论三绕组自耦变压器运行的一个特殊问题:公共绕组过载问题。这种变压器在某些运行方式下,高压和中压侧的负载(视在功率)都没有超过额定容量 S_N,低压绕组也没有超过它的额定容量 S_{3N},但公共绕组的视在功率却有可能超过它的额定容量 S_{st} 即 $K_b S_N$。现按图 2 - 26 的单相图进行讨论。

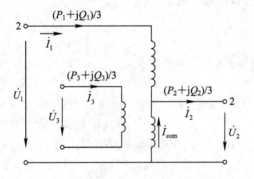

图 2 - 26   自耦变压器单相原理图

图中有功功率 P 和滞后无功功率 Q 为三相的值,$\dot{U}$ 为相电压,各侧 P、Q 和 $\dot{I}$ 的参考方向已标在图中,即设高压侧和低压侧是输入的,中压侧是输出的。不计变压器的有功和无功功率损耗和电压降时,有

$$P_2 = P_1 + P_3, \quad Q_2 = Q_1 + Q_3, \quad \dot{U}_1 = k_{12}\dot{U}_2$$

高压侧的三相复功率为

$$\widetilde{S}_1=3\dot{U}_1\overset{*}{I}_1=3k_{12}\dot{U}_2\overset{*}{I}_1=P_1+jQ_1 \tag{2-79}$$

可得

$$3\dot{U}_2\overset{*}{I}_1=\frac{(P_1+jQ_1)}{k_{12}} \tag{2-80}$$

中压侧的三相复功率为

$$\widetilde{S}_2=3\dot{U}_2\overset{*}{I}_2=P_2+jQ_2=P_1+P_3+j(Q_1+Q_3) \tag{2-81}$$

公共绕组的三相复功率为

$$\widetilde{S}_{com}=3\dot{U}_2\overset{*}{I}_{com}=3\dot{U}_2(\overset{*}{I}_2-\overset{*}{I}_1)$$

$$=P_1+P_3-\frac{P_1}{k_{12}}+j\left(Q_1+Q_3-\frac{Q_1}{k_{12}}\right) \tag{2-82}$$

考虑式（2-73），则有

$$\widetilde{S}_{com}=K_bP_1+P_3+j(K_bQ_1+Q_3) \tag{2-83}$$

公共绕组的负荷即视在功率为

$$S_{com}=\sqrt{(K_bP_1+P_3)^2+(K_bQ_1+Q_3)^2} \tag{2-84}$$

运行时必须满足公共绕组不过载的条件：

$$S_{com}\leqslant K_bS_N \tag{2-85}$$

现在讨论两种典型的运行方式：

（1）高压侧和低压侧同时向中压侧送有功和滞后无功功率，或中压侧同时向高压和低压侧送有功和滞后无功功率。根据图2-26的参考方向，这类运行方式P_1和P_3及Q_1和Q_3同为正值或负值，由式（2-84）可见，有可能出现$S_{com}>K_bS_N$，即公共绕组过载，这是不允许的。在运行和设计中选择变压器时，都要注意这种情况。

（2）高压侧同时向中压和低压侧送有功和滞后无功功率，或中、低压侧同时向高压侧送有功和滞后无功功率。这类运行方式的P_1和P_3及Q_1和Q_3总是一正一负的，由式（2-84）可知，公共绕组是不会过载的。

对于其他各种运行方式，均可根据图2-26的参考方向和式（2-84）进行具体计算和分析。

例2.5　一台三相三绕组降压型自耦变压器的额定值为242/121/10.5 kV/120MVA，容量比为100/100/50；空载电流$I_0\%=0.5$，空载损耗$P_0=90$ kW；短路损耗：$P_{k(1-2)}=430$ kW，$P'_{k(1-3)}=228.8$ kW，$P'_{k(2-3)}=280.3$ kW（未归算）；短路电压：$U_{k(1-2)}\%=12.8$，$U_{k(1-3)}\%=11.8$，$U_{k(2-1)}\%=17.58$（已归算）。试求：

（1）等值电路及各参数（归算到中压侧）；

（2）变压器某一运行方式，高压侧向中压侧输送功率$P_1+jQ_1=108+j15.4$(MVA)，低压侧向中压侧输送功率$P_3+jQ_3=-6+j42.3$(MVA)，中压侧输出功率$P_2+jQ_2=101.8+j40.2$(MVA)。试检查变压器是否过载。

解：该变压器额定容量$S_N=120$ MVA，低压绕组额定容量$S_{3N}=0.5S_N=60$ MVA，自耦部分变比$k_{12}=242/121=2$，效益系数$K_b=1-1/2=0.5$，公共绕组额定容量$S_{st}=0.5\times120=60$(MVA)。

（1）等值电路。

励磁并联支路导纳：

$$G_m = \frac{90}{121^2} \times 10^{-3} = 6.15 \times 10^{-6} \,(\text{S})$$

$$B_m = \frac{0.5}{100} \frac{120}{121^2} = 41.0 \times 10^{-6} \,(\text{S})$$

短路损耗归算：

$$P_{k(1-2)} = 430 \text{ kW}$$

$$P_{k(1-3)} = \left(\frac{S_N}{S_{3N}}\right)^2 P'_{k(1-3)} = 4 \times 228.8 = 915.2 \,(\text{kW})$$

$$P_{k(2-3)} = 4 \times 280.3 = 1121.2 \,(\text{kW})$$

$$P_{k1} = 0.5(430 + 915.2 - 1121.2) = 112 \,(\text{kW})$$

$$P_{k2} = 0.5(430 + 1121.2 - 915.2) = 318 \,(\text{kW})$$

$$P_{k3} = 0.5(915.2 + 1121.2 - 430) = 803.2 \,(\text{kW})$$

各绕组电阻：

$$R_1 = \frac{112}{1000}\left(\frac{121}{120}\right)^2 = 0.1139 \,(\Omega)$$

$$R_2 = \frac{318}{1000}\left(\frac{121}{120}\right)^2 = 0.323 \,(\Omega)$$

$$R_3 = \frac{803.2}{1000}\left(\frac{121}{120}\right)^2 = 0.816 \,(\Omega)$$

各绕组等值漏抗：

$$U_{k1}\% = 0.5(12.8 + 11.8 - 17.58) = 3.51$$

$$U_{k2}\% = 0.5(12.8 + 17.58 - 11.8) = 9.29$$

$$U_{k3}\% = 0.5(11.8 + 17.58 - 12.8) = 8.29$$

$$X_1 = \frac{3.51}{100} \times \frac{121^2}{120} = 4.28 \,(\Omega)$$

$$X_2 = \frac{9.29}{100} \times \frac{121^2}{120} = 11.33 \,(\Omega)$$

$$X_3 = \frac{8.29}{100} \times \frac{121^2}{120} = 10.11 \,(\Omega)$$

等值电路如图 2 - 27 所示。

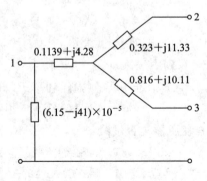

图 2 - 27　例 2.5 的等值电路

　　与例 2.4 同电压等级、同容量的三绕组变压器相比：自耦变压器自耦部分电阻 $R_1+R_2=0.437\Omega$，$X_1+X_2=15.61\Omega$；例 2.4 的三绕组变压器 $R_1+R_2=0.671\Omega$，漏抗 $X_1+X_2=30.14\Omega$。可见自耦变压器电阻和漏抗分别减小了 34.9% 和 48.2%。

　　（2）负载检查。

　　高压侧负载：$S_1=\sqrt{108^2+15.4^2}=109.1(\text{MVA})<S_N$

　　中压侧负载：$S_2=\sqrt{101.8^2+40.2^2}=109.4(\text{MVA})<S_N$

　　低压侧负载：$S_3=\sqrt{6^2+42.3^2}=42.7(\text{MVA})<0.5S_N$

　　公共绕组负载：

$$S_{com}=\sqrt{(K_bP_1+P_3)^2+(K_bQ_1+Q_3)^2}$$
$$=\sqrt{(0.5\times108-6)^2+(0.5\times15.4+42.3)^2}$$
$$=69.3(\text{MVA})>K_bS_N(60\text{MVA})$$

变压器三侧均未过载，但公共绕组过载约 15%。

第三节　发　电　机

　　现代电力工业中，无论是火力发电、水力发电或核能发电，几乎全部采用同步交流发电机。同步发电机是电力系统的电源，其功能是将原动机（汽轮机或水轮机）通过转轴传送来的旋转机械功率变换为电的功率。本节在简介发电机结构的基础上主要阐述同步发电机稳态数学模型及运行特性，包括向量图和等值电路。

一、发电机的结构

　　同步发电机主要由定子（电枢）和转子两大部分构成。定子也叫电枢，主要包括导磁的铁芯和导电的电枢绕组。转子有凸极式和隐极式两种。凸极式转子磁极是明显凸出的，这种结构机械强度较差，只用于低速电机中；隐极式转子呈圆柱形，圆周长的 2/3 范围内冲有槽，槽内嵌放激磁绕组，这种结构的转子机械强度好，常用于高速电机中。如图 2-28 所示是三相同步发电机的结构。

　　对称的三相电枢绕组 AX、BY、CZ 在定子铁芯槽中以互差 120° 电角度分布。当磁极线圈借助汇流环通入激磁电流时，将在同步发电机定子和转子的气隙中产生磁场。如果转子在驱动电机拖动下旋转，

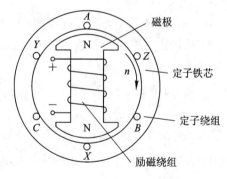

图 2-28　三相同步发电机结构

那么磁场也随转子在空间一起旋转，这个磁场就是旋转磁场。因此在电枢绕组中感应出三相交流电势。

　　由于转子旋转时，各相绕组所交链的磁通按正弦规律变化，因此各相绕组中的感应电势对时间而言，也必然依正弦规律变化。各相绕组的几何形状、尺寸和匝数既然完全相同，又以同一速度切割转子磁极的磁力线，因此各相绕组中的电势必然是频率相同而且幅值相等。但由于 AX、BY、CZ 三相绕组依次切割转子磁力线（亦即它们所交链的磁通依次达到

最大值),因而出现电动势幅值的时间就有所不同。在一对磁极的发电机中,三相电势之间的相位差与三相绕组之间的空间角是一致的。若以 A 相绕组的电势作为计算时间的起点,则各相绕组中感应电势瞬时表达式可写成

$$e_A = E_m \cos\omega t$$
$$e_B = E_m \cos(\omega t - 120°)$$
$$e_C = E_m \cos(\omega t - 240°)$$

定子感应电势频率,是由转子转速和磁极对数决定的,一对磁极的转子磁场在空间旋转一周时,电枢绕组中的感应电势也变化一周。按照这个道理,具有 P 对磁极的转子磁场在空间旋转一周时,电枢绕组中的感应电势交变 P 周。当转子每分钟在空间旋转 n 转时,感应电势每分钟变化 Pn 周,而频率 f 是指每秒钟电势变化的次数,于是电枢绕组感应电势的频率是

$$f = \frac{Pn}{60}$$

或者说,转子转速 n 与电枢绕组电势频率 f 的关系为

$$n = \frac{60f}{P} \qquad\qquad (2-86)$$

式中, P 为电机的极对数。

二、发电机稳态数学模型

同步电机是一种交流电机,主要作发电机用,也可作电动机用,一般用于功率较大、转速不要求调节的生产机械,例如大型水泵、空压机和矿井通风机等。近年由于永磁材料和电子技术的发展,微型同步电机得到越来越广泛的应用。同步电机的特点之一是稳定运行时的转速 n 与定子电流的频率 f 之间有严格不变的关系,即同步电机的转速 n 与旋转磁场的转速 n_0 相同。

同步发电机是电力系统中的电源,它的稳态特性与暂态行为在电力系统中具有支配地位。虽然在电机学中已经学过同步电机,但那时侧重于基本电磁关系,而现在则从系统运行的角度审视发电机组。

1. 同步发电机的相量图

设发电机以滞后功率因数运行。三相同步发电机正常运行时,定子某一相空载电势为 $\dot{E}_q$,输出电压或端电压 $\dot{U}$ 和输出电流 $\dot{I}$ 间的相位关系如图 2-29 所示。δ 是 $\dot{E}_q$ 领先 $\dot{U}$ 的角度;φ 称为功角,是功率因数角,即 $\dot{U}$ 与 $\dot{I}$ 的相位差;$\dot{E}_q$ 与 q 轴(横轴或交轴)重合,d 为纵轴或直轴。$\dot{U}$ 和 $\dot{I}$ 的 d、q 分量为

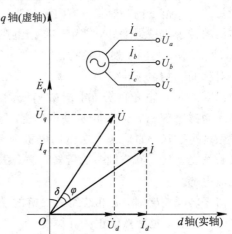

图 2-29　同步发电机电势、电压和电流的向量图

$$\begin{cases} \dot{U}_q = \dot{U}\cos\delta \\ \dot{U}_d = \dot{U}\sin\delta \end{cases} \tag{2-87}$$

$$\begin{cases} \dot{I}_q = \dot{U}\cos(\delta+\varphi) \\ \dot{I}_d = \dot{U}\sin(\delta+\varphi) \end{cases} \tag{2-88}$$

电机学课程中已经讨论过，端电压和电流的分量与 $\dot{E}_q$ 间的关系为

$$\begin{cases} \dot{U}_q = \dot{E}_q - x_d\dot{I}_d - r\dot{I}_q \\ \dot{U}_d = x_q\dot{I}_q - r\dot{I}_d \end{cases} \tag{2-89}$$

式中，r 为定子每相绕组的电阻，x_d 为定子纵轴同步电抗，x_q 为定子横轴同步电抗。其中空载电势 E_q 与转子励磁绕组中的励磁电流成正比，其比例系数可从空载试验中得到。

为了便于绘制相量图，令 d 轴作正实轴，q 轴作正虚轴，则各相量可表示为

$$\dot{E}_q = jE_q \tag{2-90}$$

$$\dot{U} = U_d + jU_q \tag{2-91}$$

$$\dot{I} = I_d + jI_q \tag{2-92}$$

所以

$$\dot{U} = jE_q - j(x_d - x_q)I_d - (r+jx_d)\dot{I} \tag{2-93}$$

对于隐极式同步发电机(汽轮发电机)，因气隙均匀，直轴和交轴同步电抗相等($x_d = x_q$)，故上式变为

$$\dot{U} = jE_q - (r+jx_d)\dot{I} \tag{2-94}$$

此即隐极式同步发电机的方程，由此可作出它的等值电路和相量图，如图 2-30 所示。

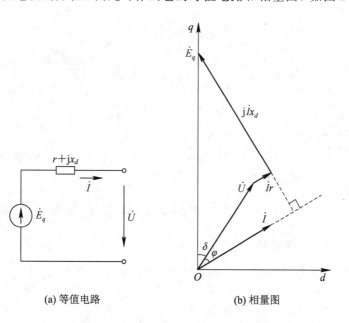

(a) 等值电路　　　　　(b) 相量图

图 2-30　隐极式同步发电机等值电路和相量图

凸极式同步发电机(水轮发电机)把电枢反应磁势分解为 d 轴及 q 轴两个分量,d 轴电枢反应磁势的位置固定在转子 d 轴上,q 轴电枢反应磁势的位置固定在转子 q 轴上,从而解决了合成磁势遇到的不同气隙宽度的困难。d 轴及 q 轴电枢反应磁势所产生的气隙磁通密度虽不是正弦波(气隙不均匀),但由于磁路的对称性,其基波轴线仍分别处在 d 轴及 q 轴线上,从而可以用叠加定理求取合成电势。因气隙不均匀,直轴和交轴同步电抗不相等,只能用式(2-93)表示,为便于计算,定义了一个与 $\dot{E}_q$ 同相的虚构电势 $\dot{E}_Q$,发电机电压方程为

$$\dot{E}_Q = \mathrm{j}E_q - \mathrm{j}(x_d - x_q)I_d \qquad (2-95)$$

则有

$$\dot{U} = \dot{E}_Q - (r + \mathrm{j}x_q)\dot{I} \qquad (2-96)$$

式中,$\dot{E}_q$ 相量由 $\dot{E}_Q$ 和 $\mathrm{j}\dot{I}_d(x_d - x_q)$ 两个相量组成,均在 q 轴上,而 $\dot{E}_Q$ 由 $\dot{U}$ 及 $\mathrm{j}\dot{I}x_q$ 求得。凸极式发电机正常运行时的相量图如图 2-31(b) 所示,在图中利用 $\dot{E}_Q$ 决定 q 轴及 d 轴,即可求得 $\dot{I}_d$,再求得 $\dot{E}_q$,其等值电路如图 2-31(a) 所示。

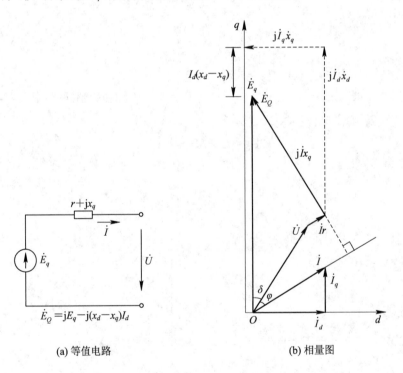

(a) 等值电路　　　　　　　　　　(b) 相量图

图 2-31　凸极式同步发电机等值电路和相量图

2. 同步发电机的功率特性

若取 $\dot{U}$ 为参考向量,$\dot{E}_q$ 领先 $\dot{U}$ 的角度设为 δ,则有

$$\dot{I} = \frac{\dot{E}_q - \dot{U}}{\mathrm{j}x_d} = \frac{E_q\angle\delta - U}{\mathrm{j}x_d} \qquad (2-97)$$

隐极式同步发电机输出的电磁功率为

$$P + \mathrm{j}Q = \dot{U}\overset{*}{I} = \frac{UE_q\angle(-\delta) - U^2}{-\mathrm{j}x_d} = \frac{E_qU}{x_d}\sin\delta + \mathrm{j}\left(\frac{E_qU}{x_d}\cos\delta - \frac{U^2}{x_d}\right) \qquad (2-98)$$

其中：

$$P = \frac{E_qU}{x_d}\sin\delta \qquad (2-99)$$

$$Q = \left(\frac{E_qU}{x_d}\cos\delta - \frac{U^2}{x_d}\right) \qquad (2-100)$$

式(2-99)和式(2-100)就是隐极式发电机的功率与功率角 δ 的关系式。其中同步电抗 $x_d = x_s + x_{ad}$，以 Ω 为单位，x_s 为电枢漏抗，x_{ad} 为直轴电枢反应电抗。电势与电压取线电势及线电压的有效值，则功率表示为三相功率的有效值。

定义角 ψ 为功率角 δ 和功率因数角 φ 的和，称为功率因数角，则凸极式同步发电机输出的电磁功率为

$$P + \mathrm{j}Q = \dot{U}\overset{*}{I} = UI\cos\varphi + \mathrm{j}UI\sin\varphi \qquad (2-101)$$

其中：

$$
\begin{aligned}
P &= UI\cos\delta = UI\cos(\psi - \delta) \\
&= UI\cos\psi\cos\delta - UI\sin\psi\sin\delta \\
&= U_qI_q + U_dI_d \\
&= \frac{E_qU_d}{x_d} - \frac{U_dU_q}{x_d} + \frac{U_dU_q}{x_q} \\
&= \frac{E_qU}{x_d}\sin\delta + \frac{U^2}{2}\left(\frac{1}{x_q} - \frac{1}{x_d}\right)\sin2\delta \qquad (2-102)
\end{aligned}
$$

$$
\begin{aligned}
Q &= UI\sin\varphi = UI\sin(\psi - \delta) \\
&= UI\sin\psi\cos\delta - UI\cos\psi\sin\delta \\
&= U_qI_d + U_dI_q \\
&= \frac{E_qU_q}{x_d} - \left(\frac{U_d^2}{x_q} + \frac{U_q^2}{x_d}\right) \\
&= \frac{E_qU}{x_d}\cos\delta - U^2\left(\frac{\sin^2\delta}{x_q} + \frac{\cos^2\delta}{x_d}\right) \\
&= \frac{E_qU}{x_d}\cos\delta - \frac{U^2}{2}\left(\frac{1}{x_q} - \frac{1}{x_d}\right)\cos2\delta - \frac{U^2}{2}\left(\frac{1}{x_q} + \frac{1}{x_d}\right) \qquad (2-103)
\end{aligned}
$$

式中，直轴同步电抗 $x_d = x_s + x_{ad}$，交轴同步电抗 $x_q = x_s + x_{aq}$，以 Ω 为单位。其中，x_s 为电枢漏抗，x_{ad} 为直轴电枢反应电抗，x_{aq} 为交轴电枢反应电抗。

以上各定子回路方程和功率方程就是同步发电机正常运行状态的数学模型。

第四节　调相机及无功功率补偿设备

一、同步调相机

同步调相机是电力系统的一种无功功率电源。实质上，它是专用的空载运行的大容量同步电动机。同步调相机运行时，由电力网供给的有功功率约为其额定容量的 1.5% ~

3%，功率因数 $\cos\varphi \approx 0.015 \sim 0.03$。

　　同步调相机正常运行时的数学模型与同步发电机的相同。现在介绍它的实用简化模型。简化的条件是忽略它所需要的有功功率，认为 $\cos\varphi = 0$，即电压和电流的相量正交。因此，它输出的电流只有纵轴分量，$I = I_d$，$I_q = 0$；电压只有横轴分量，$U = U_q$，$U_d = 0$。根据式(2-93)可得到调相机的简化回路方程：

$$\dot{U} = \dot{E}_q - \mathrm{j} x_d \dot{I} \tag{2-104}$$

　　图 2-32 为调相机的相量图，其中图 2-32(a)为过励磁(相位滞后)运行时的相量图，图 2-32(b)为欠励磁(进相)运行时的相量图。

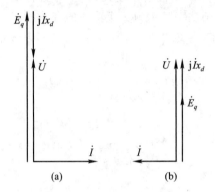

图 2-32　调相机相量图

　　调相机输出的无功功率(滞后)为

$$Q = UI = \frac{(E_q - U)U}{x_d} = \frac{E_q U}{x_d} - \frac{U^2}{x_d} \tag{2-105}$$

当 E_q 和 U 用线电势和线电压表示时，Q 为三相无功功率。

　　式(2-105)表明，当 $E_q > U$(即过励磁运行)时，Q 为正值，调相机输出滞后的无功功率，起着电容器的作用。调相机的额定容量 $S_N = \sqrt{3} U_N I_N$ 是指过励磁时的额定无功功率。当 $E_q < U$(即欠励磁运行)时，Q 为负值，调相机输出超前的无功功率或吸收滞后的无功功率，起着电抗器的作用。欠励磁的极限是励磁电流为零，$E_q = 0$，这时 $Q = -U^2/x_d$，达到极限值。

　　式(2-105)也可用标幺值表示。取 S_N 为功率的基准值，U_N 为线电势和线电压的基准值，阻抗的基准值为 $Z_N = U_N/\sqrt{3} I_N = U_N^2/S_N$，则式(2-105)可表示为

$$Q_* = \frac{E_{q*} U_*}{x_{d*}} - \frac{U_*^2}{x_{d*}} \tag{2-106}$$

　　调相机过励磁运行时输出的最大无功功率取决于它的额定容量；进相运行时吸收的最大无功功率为 U_*^2/x_d，通常 $x_{d*} = 1.5 \sim 2$，所以吸收的最大无功功率 $Q_* = 0.5 \sim 0.65$，即为额定容量的 $50\% \sim 65\%$。有些调相机的进相运行还受定子端部发热的限制，最大进相容量小于由 x_d 决定的值。

　　调相机及其他无功补偿设备控制电压的作用，常用 $\dfrac{\mathrm{d}Q_*}{\mathrm{d}U_*}$ 表示，称为电压调节效应。此导数为负值，说明电压升高时输出的无功功率减小，因而能抑制电压升高的幅度；或者当

电压降低时输出的无功功率增加，能减小电压的下降值。导数为正值时的控制电压性能不好，正值愈大控制电压性能愈差。根据式(2-106)可求得调相机的电压调节效应：

$$\frac{\mathrm{d}Q_*}{\mathrm{d}U_*} = \frac{E_{q*}}{x_{d*}} - \frac{2U_*}{x_{d*}} = \frac{1}{U_*}\left(\frac{E_{q*}U_*}{x_{d*}} - \frac{U_*^2}{x_{d*}}\right) - \frac{U_*}{x_{d*}} = \frac{Q_*}{U_*} - \frac{U_*}{x_{d*}} \qquad (2-107)$$

$U_* = 1$、$x_{d*} = 2$ 和 Eq 无自动控制时，调相机的电压调节效应如图 2-33 所示。可见无功功率小于 $0.5S_N$ 时电压调节效应均为负值；大于 $0.5S_N$ 时虽为正值但不大。

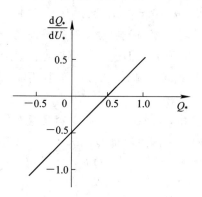

图 2-33　调相机电压调节效应

一般调相机均设有自动电压调节器，它根据电压的变化自动改变励磁电流，从而改变输出的无功功率，保持电压在给定的范围内。有自动电压调节器时，调相机的电压调节效应大为改善。

调相机的优点是，它不但能输出无功功率，还能吸收无功功率，而且具有良好的电压调节特性，对提高电力系统运行性能和稳定性都有作用。它的缺点是价格高，运行维护复杂，有功功率消耗较大。

二、无功功率补偿设备

电力系统需要的无功功率比有功功率大，若综合有功发电最大负荷为100％，则无功功率的总值约为120％～140％，它包括负荷的无功功率和线路、变压器的无功功率。发电机的额定功率因数一般大于0.8，同时也不允许长距离输送无功功率，单靠发电机发出的无功功率(加上线路电容产生的无功功率)不能平衡电力系统的无功需求，因此要进行无功功率补偿。

另外，高压架空线路和电缆线路的相间对地分布式电容都会产生较大的充电无功功率，在系统中处于负荷低谷的情况下，由于无功功率过剩，系统局部地区的电压有可能过高，这时也需要有相应设备来消耗这些过剩的无功功率。

常用的无功功率补偿设备，除了同步调相机外，还有并联电容器、并联电抗器和静止补偿器等。相对于旋转机械的同步调相机而言，后三种可称为静止的设备。

1. 并联电容器

并联电容器又称移相电容器，广泛地应用于改善负荷的功率因数，是电力系统中一种重要的无功功率电源。我国生产的移相电容器额定电压有 10.5 kV、6.3 kV、3.15 kV、525 V、

400 V 等多种。额定电压 $U_N=3.15\sim10.5$ kV 的移相电容器均为单相式的，单台容量 $Q_N=U_N^2\omega C$ 可达 40 kvar；额定电压 525 V 及以下的多为三相式的，单台三相容量可达到 $25\sim30$ kvar。由于单台容量有限，一般要用多台电容器并联，用以组成三相并联电容装置；用于 35 kV 电力网时，除了并联以外还需多个串联。大容量并联电容装置一般分为数组，各设有开关，操作开关就可分级调节输出的无功功率。

在电力系统常用的无功功率补偿设备中，并联电容器的单位容量费用最低，有功功率损耗最小（约为额定容量的 $0.3\%\sim0.5\%$），运行维护最简便。它可以分散安装在用户处或靠近负荷中心的地点，实现无功功率就地补偿，获得最好的技术经济效果。此外，并联电容器改变容量方便，还可根据需要分散拆迁到其他地点。基于上述优点，并联电容器得到了广泛的应用。它的主要缺点是电压调节效应差，而且不能像同步调相机那样可以连续调节无功功率和吸收滞后的无功功率。

在电力系统正常运行计算中，可将三相并联电容器组看作星形接法，每相用并联导纳 $Y_c=jB_c$ 表示。已知三相电容器组的总容量 Q_N(Mvar)和额定线电压 U_N(kV)时，有

$$B_c=\frac{Q_N}{U_N^2}(\text{S}) \tag{2-108}$$

当运行电压 $U\neq U_N$ 时，电容器组输出的无功功率为

$$Q=U^2B_c \tag{2-109}$$

用 $Q_N=U_N^2B_c$ 除上式可得

$$Q_*=U_*^2 \tag{2-110}$$

式中，$Q_*=Q/Q_N$，$U_*=U/U_N$，分别为无功功率和电压的标幺值。

并联电容器的电压调节效应为

$$\frac{dQ_*}{dU_*}=2U_* \tag{2-111}$$

在 $U_*=1$ 附近，$dQ_*/dU_*\approx2$，可见电压调节效应为正值且相当大，这对电力系统运行是不利的。由式(2-109)可知，电容器输出的无功功率与电压平方成正比，例如电压变化 1%，无功功率将变化约 2%，所以当电力网电压下降时，它输出的无功功率反而减小，这将使电力网的电压更为下降。

2. 并联电抗器

并联电抗器用于吸收高压电力网过剩的无功功率和远距离输电线的参数补偿。

含有超高压架空线路或（和）高压电缆的电力网中，在轻负荷运行时各线路分布电容产生的无功功率大于线路电抗中消耗的无功功率，因此会出现无功功率过剩的现象。解决无功功率过剩的措施之一，是在适当地点接入并联电抗器，就近吸收线路的无功功率，防止电力网的电压过高。

在超高压远距离架空输电线路中，可用并联电抗器和串联电容器补偿线路的参数，如图 2-34 所示。这相当于减小线路单位长度的电抗 x_1 和电纳 b_1，使线路的等效传播系数 $\gamma\approx j\alpha\approx j\sqrt{x_1b_1}$ 大为减小，线路的波长 $\lambda=2\pi/\alpha$ 显著增加。相对于线路的波长而言，这相当于缩短了线路的长度，因而能有效地提高线路的输电能力，改善沿线电压分布，提高运行稳定性。此外，并联电抗器还有降低线路过电压等作用。

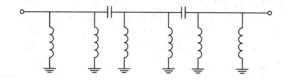

图 2 - 34　远距离输电线参数补偿

在电力网正常运行的计算中，并联电抗器可用接地的阻抗或导纳表示。根据三相并联电抗器的额定容量 S_N(MVA)、额定线电压 U_N(kV) 和三相功率损耗 ΔP_0(MW)，可求得每相导纳：

$$Y_L = G_L + jB_L = \frac{\Delta P_0}{U_N^2} - j\frac{S_N}{U_N^2}(S) \tag{2-112}$$

并联电抗器上的电压为 U 时，吸收的无功功率为

$$Q_L = U^2 B_L \tag{2-113}$$

3. 静止补偿器

现代的静止补偿器有静止无功补偿器和静止无功发生器两种。

1）静止无功补偿器

静止无功补偿器(Static Var Compensator，SVC)简称静止补偿器，它由静电电容器和电抗器并联组成。电容器可发出无功功率，电抗器可吸收无功功率，两者结合起来，再配以适当的控制装置，就成为能平滑地改变发出(或吸收)无功功率的静止无功补偿器。

组成静止无功补偿器的元件主要有饱和电抗器、固定电容器、晶闸管控制电抗器和晶闸管开关电容器。实际上应用的静止无功补偿器大多是由上述元件组成的混合型静止补偿器。目前常用的有晶闸管控制电抗器型(TCR 型)、晶闸管开关电容器型(TSC 型)和饱和电抗器型(SR 型)3 种静止补偿器，如图 2 - 35 所示。

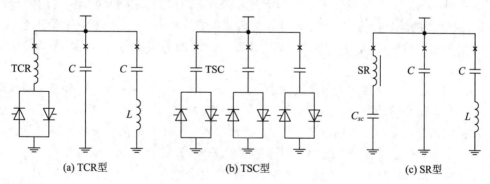

(a) TCR型　　　　　(b) TSC型　　　　　(c) SR型

图 2 - 35　静止无功补偿器类型

2）静止无功发生器

20 世纪 80 年代出现了一种更为先进的静止无功补偿设备——静止无功发生器(Static Var Generator，SVG)。它的主体部分是一个电压型逆变器，如图 2 - 36 所示，其基本原理就是将桥式变流电路通过电抗器或者直接并联到电网上，适当调节桥式电路的交流侧电压的幅值和相位就可以使该电路吸收或发出所要求的无功电流，实现无功补偿的目的。静止

无功发生器也被称为静止同步补偿器(STATic synchronous COMpensator，STATCOM)。

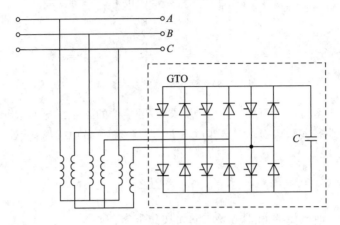

图 2 - 36　静止无功发生器原理图

与静止无功补偿器相比，静止无功发生器具有如下优点：响应速度更快，运行范围更宽，谐波电流含量更少，尤其重要的是，当电压较低时仍然可向系统注入较大的无功电流，它的储能元件(如电容器)的容量远比它所提供的无功容量小。

第五节　　电力系统负荷

发电厂所生产的电能，除了一小部分在传输和分配过程中损失外，全部供给了用户，而把所有用户消耗的总功率叫作电力系统负荷，常用一个等值负荷 $P+jQ$ 表示，称为综合负荷。因此，负荷具有综合特性，是指各种用电设备。一个综合负荷包括的范围随所研究的问题而定，例如当研究电力系统中 110 kV 及以上电压等级的电网时，可将 110 kV 变电所二次侧母线的总供电功率用一个综合负荷来表示，也可将变压器包括在内用一个接在110 kV 母线上的综合负荷来表示。因此综合负荷可能表示一个企业，或是一个工业区、一个城市甚至一个地区的总用电功率。按综合负荷连接处的电压等级，又可分为 220 kV、110 kV、35 kV、10 kV 等。

一个综合负荷包含种类繁多的负荷成分，如照明设备、大容量异步电动机、同步电动机、电力电子设备(如整流器)、电热设备以及电力网的有功和无功损耗等。不同综合负荷包含的各种负荷成分所占比例也是变化的。所以要建立一个准确的综合负荷模型是相当困难的。综合负荷模型可分为动态模型和静态模型两类。动态模型描述电压和频率急剧变化时，负荷有功和无功功率随时间变化的动态特性可表示为

$$P = \varphi_p\left(U, f, \frac{dU}{dt}, \frac{df}{dt}, \frac{dU}{df}\cdots\right)$$

$$Q = \varphi_q\left(U, f, \frac{dU}{dt}, \frac{df}{dt}, \frac{dU}{df}\cdots\right) \tag{2-114}$$

由于负荷中异步电动机的比例相当大，所以负荷的功率不仅与电压 U、频率 f 有关，而且与电压、频率的变化速度有关。通常情况下，根据所研究问题的特点，可用不同的近似数学模型表示负荷。

负荷的动态模型用于电力系统受到大扰动时的暂态过程分析。综合负荷的静态模型描述有功和无功功率稳态值与电压及频率的关系，可表示为

$$P = F_p(U, f)$$
$$Q = F_q(U, f) \tag{2-115}$$

此式称为负荷的静态特性。当频率不变时，负荷功率只是电压的函数，称为负荷的电压静态特性，当电压不变时，负荷功率与频率的关系称为负荷的频率静态特性。通常，电力系统综合负荷可以简单地表示为一个静态(不旋转)负荷与一台等值异步电动机的组合。综合负荷用静态特性表示的模型可用于电力系统正常稳态运行情况的计算，也可用于电压和频率变化缓慢的暂态过程计算。

一、用电压静态特性表示的综合负荷模型

在电力系统稳态运行分析中，一般不考虑频率变化，某些暂态过程中频率变化很小可以忽略不计，这时负荷可以用电压静态特性表示。实际上，负荷的电压静态特性可用二次多项式表示，即

$$P = P_N \left[a_p \left(\frac{U}{U_N} \right)^2 + b_p \frac{U}{U_N} + c_p \right]$$
$$Q = Q_N \left[a_q \left(\frac{U}{U_N} \right)^2 + b_q \frac{U}{U_N} + c_q \right] \tag{2-116}$$

式中，U_N 为额定电压，P_N 和 Q_N 为额定电压下的有功功率和无功功率。由上式可知，有功功率和无功功率都含有三个分量：第一个与电压比的平方成正比，相当于恒定阻抗消耗的功率；第二个与电压比成正比，是恒定电流分量；第三个是恒定功率分量。各个系数根据实际的电压静态特性用最小二乘法拟合求得，满足

$$\left. \begin{array}{l} a_p + b_p + c_p = 1 \\ a_q + b_q + c_q = 1 \end{array} \right\} \tag{2-117}$$

在负荷电压与额定值偏移较小的场合，电压静态特性在额定电压附近可用直线逼近，即用线性方程表示为

$$P = P_N \left[1 + k_{pU} \frac{U - U_N}{U_N} \right]$$
$$Q = Q_N \left[1 + k_{qU} \frac{U - U_N}{U_N} \right] \tag{2-118}$$

式中，k_{pU}、k_{qU} 为有功功率和无功功率随电压变化的系数。

在进行电力系统规划设计时，由于各负荷都是估计值，因此潮流计算时负荷的 P 和 Q 可粗略地按恒定值处理。

二、用电压及频率静态特性表示的综合负荷模型

一般频率变化幅度较小，在额定频率附近负荷的频率静态特性可用直线表示。同时考虑电压和频率的负荷模型可表示为

$$\left. \begin{array}{l} P = P_N \left[a_p \left(\frac{U}{U_N} \right)^2 + b_p \frac{U}{U_N} + c_p \right] \left(1 + k_{pf} \frac{f - f_N}{f_N} \right) \\ Q = Q_N \left[a_q \left(\frac{U}{U_N} \right)^2 + b_q \frac{U}{U_N} + c_q \right] \left(1 + k_{qf} \frac{f - f_N}{f_N} \right) \end{array} \right\} \tag{2-119}$$

或

$$P=P_{\mathrm{N}}\left[1+k_{pU}\frac{U-U_{\mathrm{N}}}{U_{\mathrm{N}}}\right]\left(1+k_{pf}\frac{f-f_{\mathrm{N}}}{f_{\mathrm{N}}}\right)$$
$$Q=Q_{\mathrm{N}}\left[1+k_{qU}\frac{U-U_{\mathrm{N}}}{U_{\mathrm{N}}}\right]\left(1+k_{qf}\frac{f-f_{\mathrm{N}}}{f_{\mathrm{N}}}\right)$$

$$(2-120)$$

式中，f_{N} 为额定频率，k_{pf}、k_{qf} 为有功功率和无功功率随频率变化的系数。

目前，针对电力系统不同区域的负荷进行建模分析，是电力系统分析的重要课题之一。

第六节　多级电压电力系统

在电力系统正常运行状态的计算中，同步发电机、调相机和无功功率静止补偿器等均作为向电力网注入有功功率和无功功率的电源处理，负荷用有功和无功功率表示，而电力网部分则用单相等值电路描述。

一、多电压等级网络中参数及变量的归算

求得各电力线路和变压器的等值电路以后，就可以根据网络的电气接线图绘制整个网络的等值电路。这时，对多电压等级网络，还需要注意一个不同电压级之间的归算问题，在多电压等级的网络计算时，常见阻抗、导纳以及相应的电压、电流归算到同一个电压等级——基本级。多电压等级电力网及等值电路如图 2-37 所示。

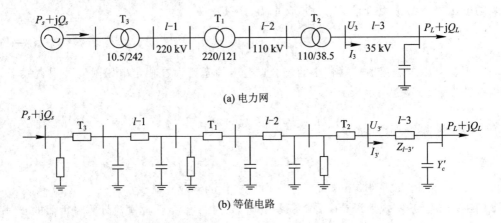

图 2-37　多电压等级电力网及等值电路

通常取网络中的最高电压级为基本级，归算时按下式计算：

$$R=R'(k_1k_2k_3\cdots)^2$$
$$X=X'(k_1k_2k_3\cdots)^2$$
$$G=G'\left(\frac{1}{k_1k_2k_3\cdots}\right)^2$$
$$B=B'\left(\frac{1}{k_1k_2k_3\cdots}\right)^2$$

$$(2-121)$$

式中，k_1，k_2，k_3，…为变压器的变比；R'、X'、G'、B'、U'、I'分别为归算前电阻、电抗、电导、电纳、相应的电压、电流的值，R、X、G、B、U、I分别为归算后的值。

式(2-121)中的变比应从基本级取到待归算级，例如图2-37中35 kV侧的参数和变量归算到220 kV侧，则变压器T_2和T_1的变比应分别取110/38.5、220/121，即变比的分子是向基本级一侧的电压，分母则是向待归算级一侧的电压。在进行电力系统稳态分析时，如采用手算，变压器的变比往往取实际变比。在运用计算机计算时，则变压器的变比常取各侧线路的额定电压的比值，例如图2-37中的110/35、220/110等。这样处理，对于绘制等值电路而言，将带来很多方便。

例2.6 某电力网电气接线如图2-38(a)所示，各元件参数如表2-3和表2-4所示，其中变压器T_2高压侧接在-2.5%分接头运行，其他变压器接在主接头运行，35 kV和10 kV线路的并联导纳忽略不计，图中的负荷均用三相功率表示。试绘制电力网的等值电路，取220 kV级为基本级。

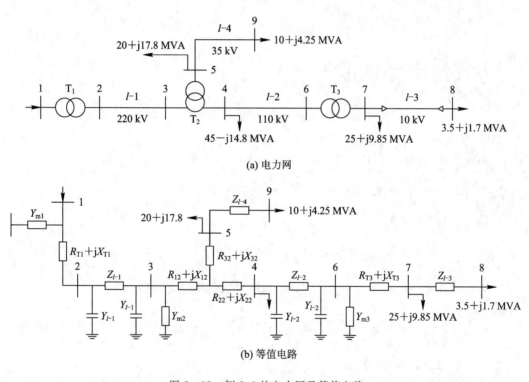

图2-38 例2.6的电力网及等值电路

表2-3 电力线路技术参数

线路	长度/km	电压/kV	电阻/(Ω/km)	电抗/(Ω/km)	电纳/(S/km)
$l-1$(架空线路)	150	220	0.080	0.406	2.81×10^{-6}
$l-2$(架空线路)	60	110	0.105	0.383	2.98×10^{-6}
$l-3$(电缆线路)	3	10	0.450	0.080	
$l-4$(架空线路)	15	35	0.170	0.380	

表 2-4   电力变压器技术参数

变压器	容量/MVA	电压/kV	$U_k/\%$	P_k/kW	$I_0/\%$	P_0/kW	备注
T_1	180	13.8/242	13	893	0.5	175	
T_2	120	220/121/38.5	9.6(1-2) 35(3-1) 23(2-3)	448(1-2) 1652(3-1) 1512(2-3)	0.35	89	已归算
T_3	63	110/10.5	10.5	280	0.61	60	

解：电力网等值电路如图 2-38(b)所示，各元件参数计算如下。

变压器 T_1 参数（归算到 220 kV 侧，上标一撇略去不计，下同）：

$$R_{T1} = \frac{P_k}{1000}\frac{U_{1N}^2}{S_N^2} = \frac{893}{1000} \times \frac{242^2}{180^2} = 1.614\ (\Omega)$$

$$X_{T1} = \frac{U_k\%}{100}\frac{U_{1N}^2}{S_N} = \frac{13}{100} \times \frac{242^2}{180} = 42.3\ (\Omega)$$

$$Y_{m1} = \frac{P_0}{1000U_{1N}^2} - j\frac{I_0\%}{100}\frac{S_N}{U_{1N}^2} = \frac{175}{1000 \times 242^2} - j\frac{0.5}{100} \times \frac{180}{242^2} = (2.99 - j15.37) \times 10^{-6}\ (S)$$

220 kV 线路 l-1 的参数：

$$Z_{l-1} = (r_1 + jx_1)l = (0.08 + j0.406) \times 150 = 12 + j60.9\ (\Omega)$$

$$Y_{l-1} = \frac{jB_{l-1}}{2} = \frac{jb_1 l}{2} = j2.81 \times 10^{-6} \times \frac{150}{2} = j2.11 \times 10^{-4}\ (S)$$

自耦变压器 T_2 参数：

$$P_{k1} = \frac{1}{2}(P_{k(1-2)} + P_{k(3-1)} - P_{k(2-3)}) = \frac{1}{2}(448 + 1625 - 1512) = 294\ (kW)$$

$$P_{k2} = \frac{1}{2}(P_{k(1-2)} + P_{k(2-3)} - P_{k(3-1)}) = \frac{1}{2}(448 + 1512 - 1625) = 154\ (kW)$$

$$P_{k3} = \frac{1}{2}(P_{k(2-3)} + P_{k(3-1)} - P_{k(1-2)}) = \frac{1}{2}(1512 + 1652 - 448) = 1358\ (kW)$$

$$R_{12} = \frac{P_{k1}}{1000}\frac{U_N^2}{S_N^2} = \frac{294}{1000} \times \frac{220^2}{120^2} = 0.988\ (\Omega)$$

$$R_{22} = \frac{P_{k2}}{1000}\frac{U_N^2}{S_N^2} = \frac{154}{1000} \times \frac{220^2}{120^2} = 0.517\ (\Omega)$$

$$R_{32} = \frac{P_{k3}}{1000}\frac{U_N^2}{S_N^2} = \frac{1358}{1000} \times \frac{220^2}{120^2} = 4.56\ (\Omega)$$

各绕组等值漏抗：

$$U_{k1}\% = \frac{1}{2}[(U_{k(1-2)}\% + U_{k(1-3)}\%) - U_{k(2-3)}\%] = \frac{1}{2}[(9.6 + 35) - 23] = 10.8$$

$$U_{k2}\% = \frac{1}{2}[(U_{k(1-2)}\% + U_{k(2-3)}\%) - U_{k(1-3)}\%] = \frac{1}{2}[(9.6 + 23) - 35] = -1.2$$

$$U_{k3}\% = \frac{1}{2}\left[(U_{k(1-3)}\% + U_{k(2-3)}\%) - U_{k(1-2)}\%\right] = \frac{1}{2}\left[(23+35) - 9.6\right] = 24.2$$

$$X_{T12} = \frac{U_{k1}\%}{100} \cdot \frac{U_N^2}{S_N} = \frac{10.8}{100} \times \frac{220^2}{120} = 43.6\ (\Omega)$$

$$X_{T22} = \frac{U_{k2}\%}{100} \cdot \frac{U_N^2}{S_N} = \frac{-1.2}{100} \times \frac{220^2}{120} = -4.84\ (\Omega)$$

$$X_{T32} = \frac{U_{k3}\%}{100} \cdot \frac{U_N^2}{S_N} = \frac{24.2}{100} \times \frac{220^2}{120} = 97.6\ (\Omega)$$

$$Y_{m2} = \frac{P_0}{1000U_N^2} - j\frac{I_0\%}{100} \times \frac{S_N}{U_N^2} = \frac{89}{1000 \times 220^2} - j\frac{0.35}{100} \times \frac{120}{220^2} = (1.84 - j8.68) \times 10^{-6}\ (\text{S})$$

实际变比：

$$k_{12} = \frac{220(1-0.025)}{121} = \frac{214.5}{121}$$

$$k_{13} = \frac{214.5}{38.5}$$

110 kV 线路 $l-2$ 的参数：

$$Z_{l-2} = (r_2 + jx_2)l = (0.105 + j0.383) \times 60 \times \left(\frac{214.5}{121}\right)^2 = 19.8 + j72.2\ (\Omega)$$

$$Y_{l-2} = \frac{jB_{l-2}}{2} = \frac{jb_2 l}{2} = j2.98 \times 10^{-6} \times \frac{60}{2} \times \left(\frac{121}{214.5}\right)^2 = j2.84 \times 10^{-5}\ (\text{S})$$

变压器 T_3 参数(归算到 220 kV 侧)：

$$R_{T3} = \frac{P_k}{1000} \times \frac{U_{1N}^2}{S_N^2} \times k_{12}^2 = \frac{280}{1000} \times \frac{110^2}{63^2} \times \left(\frac{214.5}{121}\right)^2 = 2.68\ (\Omega)$$

$$X_{T3} = \frac{U_k\%}{100} \times \frac{U_{1N}^2}{S_N} \times k_{12}^2 = \frac{10.5}{100} \times \frac{110^2}{63} \times \left(\frac{214.5}{121}\right)^2 = 63.4\ (\Omega)$$

$$Y_{m3} = \left(\frac{P_0}{1000U_{1N}^2} - j\frac{I_0\%}{100} \times \frac{S_N}{U_{1N}^2}\right) \times \left(\frac{1}{k_{12}}\right)^2 = \left(\frac{60}{1000 \times 110^2} - j\frac{0.61}{100} \times \frac{63}{110^2}\right) \times \left(\frac{214.5}{121}\right)^2$$
$$= (1.58 - j10.1) \times 10^{-6}\ (\text{S})$$

10 kV 线路 $l-3$ 的参数：

$$Z_{l-3} = (r_3 + jx_3)l = (0.45 + j0.08) \times 5 \times \left(\frac{214.5}{121} \times \frac{110}{10.5}\right)^2 = 776 + j138\ (\Omega)$$

35 kV 线路 $l-4$ 的参数：

$$Z_{l-4} = (r_4 + jx_4)l = (0.17 + j0.38) \times 15 \times \left(\frac{214.5}{38.5}\right)^2 = 79.15 + j176.88\ (\Omega)$$

二、三相系统的标幺制

在电力系统计算中，功率、电压、电流和阻抗等物理量可用 MVA、kV、kA 和 Ω 等有名单位值进行运算，也可以用没有量纲的相对值——标幺值进行运算。

1. 标幺值的定义

有名值：用实际有名单位表示物理量的方法。

标幺值：用实际值（有名单位值）与某一选定的基准值的比值表示，即

$$\text{标幺值} = \frac{\text{实际值}}{\text{基准值}}$$

在电气量中可先选定两个基准值，通常先选定基准功率 S_B 和基准电压 U_B，在 S_B 和 U_B 选定后，基准电流 I_B 和基准阻抗 Z_B 也随之而定。

功率、电压、电流、阻抗的实际值为 S、U、I、Z，它们的基准值分别为 S_B、U_B、I_B 和 Z_B，则标幺值分别为

$$S_* = \frac{S}{S_B}, U_* = \frac{U}{U_B}, I_* = \frac{I}{I_B}, Z_* = \frac{Z}{Z_B} \tag{2-122}$$

在单相电路中有以下关系：

$$U_\phi = ZI, \quad S_\phi = U_\phi I$$

式中：U_ϕ 为相电压，S_ϕ 为单相功率。则标幺值与有名值各量间的关系具有完全相同的方程式：

$$U_{\phi *} = Z_* I_*, \quad S_{\phi *} = U_{\phi *} I_*$$

基准值满足：

$$U_{\phi B} = Z_B I_B, \quad S_{\phi B} = U_{\phi B} I_B$$

在对称的三相交流系统中，习惯上多采用线电压 U、线电流（即相电流）I、三相功率 S 和一相等值阻抗 Z。在三相电路中，三相功率与单相功率、线电压与相电压基准值的关系为

$$S = 3S_\phi; \quad U = \sqrt{3} U_\phi$$
$$S_B = 3S_{\phi B}; \quad U_B = \sqrt{3} U_{\phi B}$$

两式相除得

$$U_* = Z_* I_* = U_{\phi *}$$
$$S_* = U_* I_* = U_{\phi *} I_* = S_{\phi *}$$

说明：在标幺制中三相功率与单相功率标幺值相同，线电压与相电压标幺值相同。

由基准功率与基准电压可求得线电流和阻抗的基准值为

$$\left.\begin{array}{l} I_B = \dfrac{S_B}{\sqrt{3} U_B} \\[3mm] Z_B = \dfrac{U_B^2}{S_B} \end{array}\right\} \tag{2-123}$$

于是，导纳的基准值为

$$Y_B = \frac{1}{Z_B} = \frac{S_B}{U_B^2} \tag{2-124}$$

式中：S_B 是三相功率的基准值，U_B 是线电压的基准值。为简化公式，电流与阻抗的标幺值为

$$I_* = \frac{I}{I_B} = \frac{\sqrt{3} U_B I}{S_B} \tag{2-125}$$

$$Z_* = Z \cdot \frac{S_B}{U_B^2} \tag{2-126}$$

按照惯例，基准值的选取一般遵循以下两个原则：

（1）S_B 的设定在整个电力系统都是相同的。

（2）规定基于变压器任一侧的电压基准值的比与变压器额定电压的比相等。

只要符合这两个原则，当从变压器一侧归算到另一侧时，标幺阻抗就保持不变。

2. 统一基准值的选定和标幺值的换算

当仅有一个元件（如变压器）时，通常采用该元件的铭牌额定值作为基准值。当涉及很多元件时，电力系统中各元件阻抗的基准值互不相同，系统基准值可能与特殊设备的铭牌额定值不同。计算设备的标幺阻抗时，将铭牌额定值转换为系统基准值。标幺值由"原"向"新"值转换，发电机和变压器的标幺电抗的换算为

$$X_{*(N)} = X \frac{S_N}{U_N^2} \tag{2-127}$$

电抗器标幺值的换算如下：

$$X_{*(B)} = X \frac{S_B}{U_B^2} = X_{*(N)} \cdot \frac{S_B}{S_N} \cdot \frac{U_N^2}{U_B^2} = X_{*(N)} \frac{I_B}{I_N} \cdot \frac{U_N}{U_B} \tag{2-128}$$

对于输电线只要以统一的基准值对其有名值阻抗进行标幺值计算即可。

$$Z_{*新} = \frac{Z}{Z_{B新}} = \frac{Z_{*原} Z_{B原}}{Z_{B新}}$$

或者由式（2-128）得

$$Z_{*新} = Z_{*原} \left(\frac{U_{B原}}{U_{B新}} \right)^2 \left(\frac{S_{B新}}{S_{B原}} \right) \tag{2-129}$$

三、多电压级电力网等值电路参变数的标幺值

单一电压级电力网等值电路中各元件参变数的标幺值计算很简单，只要将各参变数的有名值除以选定的相应基准值即可。对于多电压级电力网的等值电路，各元件参变数的标幺值要分两步计算：先将各电压级的参变数的有名值归算到基本级，然后再对基本级的基准值计算标幺值。

设基本级选择的三相功率和线电压基准值为 S_B 和 U_B，按式（2-123）和式（2-124）求出 I_B、Z_B 和 Y_B。又设从基本级到某电压级之间串联有 n 台变比为 $k_1, k_2, \cdots, k_n$ 的变压器，该电压级的 $\dot{U}$、$\dot{I}$、Z 和 Y 有名值归算到基本级为 $\dot{U}'$、$\dot{I}'$、Z' 和 Y'，则相应的标幺值为

$$\dot{U}_* = \frac{\dot{U}'}{U_B} = \frac{\dot{U}}{U_B}(k_1 k_2 \cdots k_n) \tag{2-130}$$

$$\dot{I}_* = \frac{\dot{I}'}{I_B} = \frac{\dot{I}}{I_B(k_1 k_2 \cdots k_n)} \tag{2-131}$$

$$Z_* = \frac{Z'}{Z_B} = \frac{Z}{Z_B}(k_1 k_2 \cdots k_n)^2 \tag{2-132}$$

$$Y_* = \frac{Y'}{Y_B} = \frac{Y}{Y_B(k_1 k_2 \cdots k_n)^2} \tag{2-133}$$

为了便于计算，令

$$\dot{U}_B' = \frac{U_B}{(k_1 k_2 \cdots k_n)} \tag{2-134}$$

$$I'_B = I_B(k_1 k_2 \cdots k_n) \tag{2-135}$$

$$Z'_B = \frac{Z_B}{(k_1 k_2 \cdots k_n)^2} \tag{2-136}$$

$$Y'_B = Y_B(k_1 k_2 \cdots k_n)^2 \tag{2-137}$$

称为基本级基准值归算到所计算电压级的基准值，则式(2-130)~式(2-133)可简化为

$$\dot{U}_* = \frac{\dot{U}}{U'_B} \tag{2-138}$$

$$\dot{I}_* = \frac{\dot{I}}{I'_B} \tag{2-139}$$

$$Z_* = \frac{Z}{Z'_B} \tag{2-140}$$

$$Y_* = \frac{Y}{Y'_B} \tag{2-141}$$

以上说明，可以应用归算到所计算电压级的基准值，直接对未归算的有名值求取标幺值。实际上，这是用基准值的归算代替各参变数的归算。由于一个电压级只有一组基准值，而元件数可能很多，所以用式(2-138)~式(2-141)可以节省计算工作量。

基准值的归算还可以简化。因为 $I_B = S_B/\sqrt{3} U_B$，$Z_B = U_B^2/S_B$，$Y_B = 1/Z_B$，所以式(2-135)~式(2-137)中：

$$I'_B = \frac{S_B}{\sqrt{3} U_B}(k_1 k_2 \cdots k_n) = \frac{S_B}{\sqrt{3} U'_B} \tag{2-142}$$

$$Z'_B = \frac{U_B^2}{S_B} \frac{1}{(k_1 k_2 \cdots k_n)^2} = \frac{U'_B{}^2}{S_B} \tag{2-143}$$

$$Y'_B = \frac{(k_1 k_2 \cdots k_n)^2}{Z_B} = \frac{1}{Z'_B} = \frac{S_B}{U'_B{}^2} \tag{2-144}$$

因此，只需计算出基准电压的归算值 U'_B，其余基准的归算值可直接用上面三式求得。另外，由式(2-142)可知 $S_B = \sqrt{3} U'_B I'_B$，亦即各电压级的功率基准值是相同的，这与功率归算到另一电压级数值不变的道理是一样的。

四、具有非标准变比变压器的多电压级电力网等值电路

在电力系统正常运行状态计算中，往往需要改变某些变压器分接头的位置，调整有关母线的电压。使用前述的等值电路，在变压器分接头改变时，有关电压级电力网中电压、电流和阻抗等的有名值或标幺值都要重新计算。对于大规模的电力网，这需要很大的计算工作量。为了克服这一缺点，本节将讨论变压器的实际变比与两侧额定电压(或基准电压)之比不同时的等值电路，简称非标准变比变压器的等值电路，并介绍采用这种等值电路时，电力网等值电路各参数的计算方法。

先讨论包括变比在内的变压器等值电路。图 2-39(a)所示为变比为 k 的双绕组变压器，图 2-39(b)为它的单相等值图。这里用一变比为 k 的理想变压器和归算到 1 侧的原变压器阻抗来代替实际的变压器，如图中虚线框所示。所谓理想变压器，是指励磁电流、电阻和漏抗均为零的变压器。另外，归算到 1 侧的变压器励磁导纳 Y_m 作为变压器外的并联

支路处理。对图 2-39(b)虚线框内的变压器，可列出如下方程：

$$\dot{U}_1 = \dot{U}'_2 + \dot{I}_1 Z_T \tag{2-145}$$

$$\dot{U}_2 = k\dot{U}'_2 \tag{2-146}$$

$$\dot{I}_2 = \frac{\dot{I}_1}{k} \tag{2-147}$$

将后两式代入第一式，可得

$$\dot{U}_1 = \frac{\dot{U}_2}{k} + kZ_T \dot{I}_2 = A\dot{U}_2 + B\dot{I}_2 \tag{2-148}$$

$$\dot{I}_1 = k\dot{I}_2 = C\dot{U}_2 + D\dot{I}_2 \tag{2-149}$$

这是用传输参数表示的双口网络方程，其中 $A = 1/k$，$B = kZ_T$，$C = 0$，$D = k$。由于 $AD - BC = 1$，所以该变压器可用图 2-39(c)所示的 Π 等值电路表示，其中三个参数分别为

$$Z_e = B = kZ_T \tag{2-150}$$

$$Y_{1e} = \frac{D-1}{B} = \frac{k-1}{kZ_T} \tag{2-151}$$

$$Y_{2e} = \frac{A-1}{B} = \frac{1/k-1}{kZ_T} = \frac{1-k}{k^2 Z_T} \tag{2-152}$$

式中，Y_{1e} 为阻抗 Z_T 侧的并联导纳，Y_{2e} 为理想变压器侧的并联导纳，两者不同。

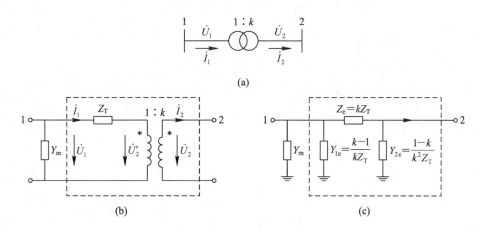

图 2-39　变压器等值电路

变压器采用这种等值电路时，不管变比 k 变化与否，两侧电压和电流都是实际值，不存在归算问题。

现在讨论应用这种变压器等值电路建立多电压级电力网等值电路的方法。图 2-40(a)为有两个电压级的电力网，取 Z_1 所在的电压级作为基本级。将实际变压器用它的阻抗 Z_T 和两个串联的变比分别为 k_* 和 U_{B2}/U_{B1} 的理想变压器等值。Z_T 和励磁导纳 Y_m 均为归算到 1 侧的值，Y_m 作为变压器外的并联导纳处理。显然，两个理想变压器变比的乘积必须等于变压器的实际变比，即

$$k_* \frac{U_{B2}}{U_{B1}} = \frac{U_{2T}}{U_{1T}} \text{ 或 } k_* = \frac{\left(\dfrac{U_{2T}}{U_{1T}}\right)}{\left(\dfrac{U_{B2}}{U_{B1}}\right)} \qquad (2-153)$$

式中，U_{B2}/U_{B1} 称为标准变比，通常取变压器两侧电力网额定电压之比作为常数处理；k_* 称为非标准变比或变比的标幺值，当实际变比改变时，k_* 将随之变化。

进行非基本级参变数归算时，可将图 2-40(b)中虚线框内的变压器看作基本级的一个元件。变压器 2 侧网络中的阻抗 Z_2 和 Y_2 导纳归算到基本级的计算式为

$$Z_2' = Z_2 \left(\frac{U_{B1}}{U_{B2}}\right)^2 \qquad (2-154)$$

$$Y_2' = Y_2 \left(\frac{U_{B2}}{U_{B1}}\right)^2 \qquad (2-155)$$

虚线框内的变压器称为非标准变比变压器，将它用图 2-39(c)的 Ⅱ 形等值电路表示，就可得到图 2-40(c)所示的电力网等值电路。该等值电路的特点是，当变压器分接头切换而使 k_* 改变时，除了此变压器等值电路的三个参数需要修改外，其他参变数的归算值都保持不变。

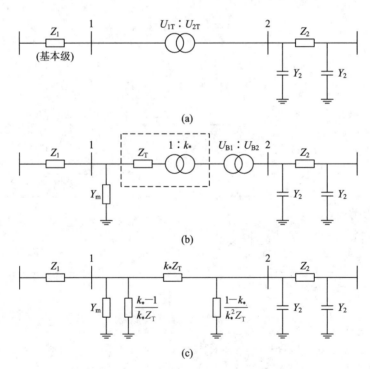

图 2-40　具有非标准变比变压器的电力网等值电路

以上是用有名单位进行计算，同样也可以用标幺值计算。设功率基准值为 S_B，基本级基准电压为 U_{B1}，即图 2-40(b)中标准变比理想变压器靠近基本级侧的电压，则另一电压级的电压基准值为 $U_{B1}/(U_{B1}/U_{B2}) = U_{B2}$，可见这种取法可省去归算。实际上可以反过来做：先选择各电压级的基准电压，然后用变压器两侧电压基准值之比作为标准变比，这样

就可省去电压基准值的归算，而且不必明确指定基本级。图 2-40(c)中各参数的标幺值为

$$Z_{1*} = Z_1 \frac{S_B}{U_{B1}^2}, \ Z_{T*} = Z_T \frac{S_B}{U_{B1}^2}, \ Y_{m*} = Y_m \frac{U_{B1}^2}{S_B}$$

$$Z_{2*} = Z_2 \frac{S_B}{U_{B2}^2}, \ Y_{2*} = Y_2 \frac{U_{B2}^2}{S_B}$$

对于电压级更多的电力网，同样可用上述方法得到它的等值电路。

非标准变比三绕组变压器也可根据上述原理作出等值电路，如图 2-41 所示。图 2-41(a)所示的三绕组变压器，实际变比为 $U_{1T}/U_{2T}/U_{3T}$。取标准变比为 $U_{B1}/U_{B2}/U_{B3}$，可作出图 2-41(b)所示的等值电路，其中 Z_{T1}、Z_{T2}、Z_{T3} 和 Y_m 为归算到 3 侧的三侧绕组等值阻抗和励磁导纳。高、中压侧各串联两个理想变压器，非标准变比为 $k_{1*} = (U_{1T}/U_{3T})/(U_{B1}/U_{B3})$ 和 $k_{2*} = (U_{2T}/U_{3T})/(U_{B2}/U_{B3})$。这样就把三绕组变压器转变为两个非标准变比的双绕组变压器，接下去可按双绕组变压器作出等值电路，进行参数归算或标幺值计算。必须说明，理想变压器可以安排在任意两侧端点 处，而变压器参数则需归算到不加理想变压器的那一侧。

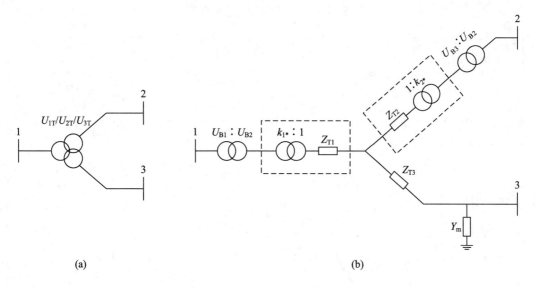

图 2-41 非标准变比三绕组变压器

处理复杂的电力系统时，普遍使用本小节介绍的等值电路，并用标幺值进行计算。

思 考 题

1. 什么是分裂导线？架空线路采用分裂导线有什么好处？

2. 什么是电晕？为什么会发生电晕？电晕有什么危害？

3. 架空线路单位长度的阻抗和导纳是怎么计算的？这些参数的物理意义是什么？

4. 设 500 kV 线路有如下导线结构：使用 4×LGJ-300/5 分裂导线，直径为 24.26 mm，分裂间距 d=450 mm。三相水平排列，相间距离为 13 mm。设线路长 600 km，试作下列情况该线路的等值电路：

(1) 不考虑线路的分布参数特性；

(2) 近似计算；

(3) 精确计算。

5. 一台 121/10.5 kV、容量为 40500 kVA 的三相双绕组变压器，短路损耗 $P_k=234.41$ kW，短路电压 $U_k\%=11$，空载损耗 $P_0=93.6$ kW，空载电流 $I_0\%=2.315$。求该变压器归算到高压侧的参数，并作出等值电路。

6. 对于一台额定容量为 30/30/20 MVA 的变压器，额定电压为 110/38.5/11 kV，空载损耗为 67.4 W，空载电流百分数为 30.1，其短路损耗、短路电压百分数如下，试计算变压器等值阻抗与导纳。

$$U_{k(1-2)}\%=11.55,\quad P_{k(1-2)}=454\ \text{kW}$$
$$U_{k(2-3)}\%=20.55,\quad P'_{k(2-3)}=273\ \text{kW}$$
$$U_{k(1-3)}\%=8.47,\quad P'_{k(1-3)}=243\ \text{kW}$$

7. 图 2-42 所示的电力网络中，各元件技术数据如表 2-5 和表 2-6 所示，试分别以有名制和标幺制表示归算至 220 kV 侧的该网络等值电路。

表 2-5　电力线路技术参数

线路	长度/km	电压/kV	电阻/(Ω/km)	电抗/(Ω/km)	电纳/(S/km)
l-1(架空线路)	13	220	0.170	0.380	
l-2(架空线路)	150	110	0.080	0.406	2.81×10^{-6}
l-3(架空线路)	60	35	0.105	0.383	2.98×10^{-6}
l-4(电缆线路)	2.5	10	0.450	0.080	

表 2-6　电力变压器技术参数

变压器	容量/MVA	电压/kV	$U_k/\%$	P_k/kW	$I_0/\%$	P_0/kW	备注
T_1	180	13.8/242	13	893	0.5	175	
T_2	63	110/10.5	10.5	280	0.61	60	
T_3	15	35/6.6	8	122	3	39	
T_4	120/120/60	220/121/38.5	9/30/20	228/202/98	14	185	未归算

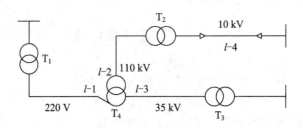

图 2-42　题 7 图

第三章　电力系统稳态运行分析与计算

电力系统的稳态是指电力系统正常的、相对静止的状态，电力系统的稳态分析主要讨论电力系统的潮流计算。本章着重阐述电力系统正常运行状态即电力系统稳态运行的分析和计算。首先引入电力线路的电压降落、功率损耗及电能损耗等基本概念，介绍潮流计算的基础知识，然后介绍辐射形网络和简单环网的潮流分析与计算，最后介绍复杂电力网络潮流计算的计算机解法。

第一节　潮流计算的基础

所谓潮流，是指电力系统的功率流动，主要包括电力系统中各元件（如发电机、电力线路、变压器等）运行时的功率（包括有功功率和无功功率）、电压（包括大小和相位）等运行参数。

潮流计算是电力系统分析中最基本的计算，它的任务是根据给定的运行条件确定网络中的功率分布、功率损耗及各母线的电压，用于检查系统各元件是否过负荷、各点电压是否满足要求、功率的分布和分配是否合理以及功率损耗等。对现有电力系统的运行和扩建、对新的电力系统进行规划设计，以及对电力系统进行静态和状态稳定分析等，都是以潮流计算为基础的。

一、节点电压方程与节点导纳矩阵

电力系统潮流计算的基本方法是节点电压法，主要变量包括节点电压和节点注入电流。通常，以大地作为电压幅值的参考，而以系统中某一指定母线的电压角度作为电压相角的参考，并以支路导纳作为电力网的参数进行计算。

将节点 i 和 j 的电压表示为 $\dot{U}_i$ 和 $\dot{U}_j$，将它们之间的支路导纳表示为 y_{ij}（即支路阻抗的倒数值 $1/z_{ij}$，为复数），如图 $3-1$(a)所示。在此支路中从节点 i 流向 j 的电流为

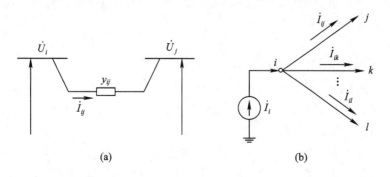

图 $3-1$　节点电压和支路电流的关系

$$\dot{I}_{ij} = y_{ij}(\dot{U}_i - \dot{U}_j) \tag{3-1}$$

根据克希荷夫电流定律, 注入节点 i 的电流 $\dot{I}_i$ (设流入节点的电流为正)等于离开节点 i 的电流之和, 如图 3-1(b)所示, 因此

$$\dot{I}_i = \sum_{\substack{j=0 \\ \neq i}}^{n} \dot{I}_{ij} = \sum_{\substack{j=0 \\ \neq i}}^{n} y_{ij}(\dot{U}_i - \dot{U}_j) \tag{3-2}$$

式中, n 为电力网的节点数, 不包含地节点在内。下标 0 表示地节点, 且有 $U_0 = 0$, 所以

$$\dot{I}_i = \dot{U}_i \sum_{\substack{j=0 \\ \neq i}}^{n} y_{ij} - \sum_{\substack{j=1 \\ \neq i}}^{n} y_{ij}\dot{U}_j \tag{3-3}$$

如令

$$\sum_{\substack{j=0 \\ \neq i}}^{n} y_{ij} = Y_{ii}, \quad -y_{ij} = Y_{ij}$$

则式(3-3)可以改写为

$$\dot{I}_i = \sum_{j=1}^{n} Y_{ij}\dot{U}_j \quad i = 1, 2, \cdots, n \tag{3-4}$$

也可以写成矩阵形式:

$$\boldsymbol{I} = \boldsymbol{Y}\boldsymbol{U} \tag{3-5}$$

此即为电力网的节点电压方程, $\boldsymbol{Y}$ 称为节点导纳矩阵。

1. 节点导纳矩阵的形成

节点导纳矩阵的各元素可以由其定义直接求得。在式(3-5)中, 由定义 $Y_{ij} = -y_{ij}$ 可知, 导纳矩阵的第 i 行第 j 列的非对角元素为节点 i、j 间支路导纳的负值, 称为节点 i 和节点 j 间的互导纳或转移导纳。若节点 i 和 j 之间无直接联系, 则两节点间的支路阻抗为无穷大, 支路导纳为零, 相应的互导纳也为零。

从式(3-4)也可以看出, 当在节点 i 上加一单位值电压, 而其他节点均接地时(见图 3-2), 节点 $j(j=1,2,\cdots,n,j \neq i)$ 的注入电流为

$$\dot{I}_j = Y_{ij} = -y_{ij} \tag{3-6}$$

因为 $\dot{I}_j$ 为自节点 j 流入的电流, 所以为支路导纳 y_{ij} 的负值。

导纳矩阵的第 i 个对角元素 Y_{ii} 为所有与节点 i 相连支路(包括接地支路)导纳之和, 称为节点 i 的自导纳, 也称为输入导纳。从图 3-2 可以看出, 自导纳的值在数值上等于在节点 i 上加一单位值电压时流入节点 i 的电流值。

n 个节点的电力网络的节点导纳矩阵具有以下特点:

(1) 导纳矩阵是 $n \times n$ 阶方阵。

(2) 导纳矩阵是对称矩阵。

(3) 导纳矩阵是复数矩阵。

(4) 导纳矩阵是高度稀疏矩阵。每一非对角元素 Y_{ij} 是节点 i 和 j 间支路导纳的负值, 当 i 和 j 间没有直接相连的支路时, 即为零。根据一般电力系统的特点, 每一节点平均与 3~5 个相邻节点有直接联系, 所以导纳矩阵是一高度稀疏的矩阵。

（5）对角线元素 Y_{ii} 为所有连接于节点 i 的支路（包括节点 i 的接地支路）的导纳之和。

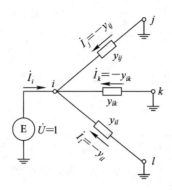

图 3-2　在节点上加一单位电压

2. 节点导纳矩阵的修改

在电力系统的分析计算中，往往要作不同运行方式下的潮流计算，每种方式只是对局部区域或个别元件作一些变化，例如投入或切除一条线路或一台变压器。由于改变一条支路的状态或参数只影响该支路两端节点的自导纳和它们之间的互导纳，因而对每一种运行方式不必重新形成导纳矩阵，只需对原有导纳矩阵作相应修改。修改方法如下：

（1）原网络节点增加一接地支路。设在节点 i 增加一对地支路，如图 3-3(a)所示。由于没有增加节点数，节点导纳矩阵的阶数不变，只有自导纳 Y_{ii} 发生变化，变化量为节点 i 新增的接地支路的导纳 y_i：

$$Y_{ii}' = Y_{ii} + \Delta Y_{ii} = Y_{ii} + y_i \tag{3-7}$$

（2）原网络节点 i、j 间增加一条支路。如图 3-3(b)所示，在节点 i、j 间增加一条支路。此时节点导纳矩阵的阶数不变，只是由于节点 i 和 j 间增加了一个支路导纳 y_{ij}，而使节点 i 和节点 j 间的互导纳、节点 i 和 j 的自导纳发生变化，变化量为

$$\Delta Y_{ii} = y_{ij}, \quad \Delta Y_{jj} = y_{ij}, \quad \Delta Y_{ij} = \Delta Y_{ji} = -y_{ij} \tag{3-8}$$

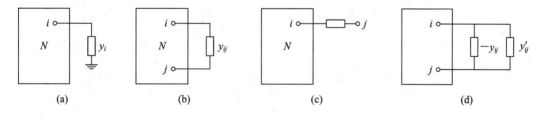

图 3-3　电力网的变化

（3）从原网络引出一条新支路，同时增加一个新节点。设原网络有 n 个节点，现从节点 $i(i \leqslant n)$ 引出一条支路及新增一个节点 j，如图 3-3(c)所示。由于网络节点多了一个，所以节点导纳矩阵也增加一阶。新增支路与原网络节点 i 相连，因而原节点导纳矩阵元素 Y_{ii} 将发生变化，而其余元素则不变；新增节点 j 只通过支路导纳 y_{ij} 与原网络中节点 i 相连，而与其他节点不直接相连，因此新的节点导纳矩阵中第 j 列和第 j 行中非对角元素除 Y_{ij} 和 Y_{ji} 外其余都为零，如下所示：

$$
\begin{array}{c}
\quad\quad\quad\quad\quad i\ \text{列}\quad\quad\quad j\ \text{列} \\
\begin{bmatrix}
Y_{11} & Y_{12} & \cdots & Y_{1i} & \cdots & Y_{1n} & 0 \\
Y_{21} & Y_{22} & \cdots & Y_{2i} & \cdots & Y_{2n} & 0 \\
 & & & \vdots & & & \\
Y_{i1} & Y_{i2} & \cdots & Y'_{ii} & \cdots & Y_{in} & Y_{ij} \\
Y_{n1} & Y_{n2} & \cdots & Y_{ni} & \cdots & Y_{nn} & 0 \\
 & & & \vdots & & & \\
0 & 0 & \cdots & Y_{ji} & \cdots & 0 & Y_{jj}
\end{bmatrix}
\begin{array}{l}
\\ \\ \\ i\ \text{行} \\ \\ \\ j\ \text{行}
\end{array}
\end{array}
$$

其中，原节点导纳矩阵的对角元素 Y_{ii} 应修正为 $Y'_{ii}=Y_{ii}+y_{ij}$；新增导纳矩阵元素 $Y_{jj}=y_{ij}$，$Y_{ij}=Y_{ji}=-y_{ij}$。

（4）修改原网络中的支路参数。修改原网络中的支路参数，可以理解成先将被修改支路切除，然后再投入以修改后参数为导纳值的支路。因而，修改原网络中的支路参数可通过给原网络支路并联两条支路来实现。如图 3-3(d) 所示，一条支路的参数为原来该支路导纳的负值 $-y_{ij}$（相当于切除该支路），另一条支路的参数为修改后支路的导纳 y'_{ij}。

（5）网络中增加一台变压器。增加一台变压器时，可以先将变压器用含有非标准变比的 Π 形等值电路替代，然后按以上三种基本方法处理。例如节点 i、j 间增加一台变压器，如图 3-4(a) 所示，节点导纳矩阵有关元素的变化量可由 Π 形等值电路求得，见图 3-4(b) 所示。

$$\Delta Y_{ii}=\frac{y_{\text{T}}}{k}+y_{\text{T}}\left(1-\frac{1}{k}\right)=y_{\text{T}} \tag{3-9}$$

$$\Delta Y_{jj}=\frac{y_{\text{T}}}{k}+y_{\text{T}}\left(\frac{1}{k^2}-\frac{1}{k}\right)=\frac{y_{\text{T}}}{k^2} \tag{3-10}$$

$$\Delta Y_{ij}=\Delta Y_{ji}=\frac{-y_{\text{T}}}{k} \tag{3-11}$$

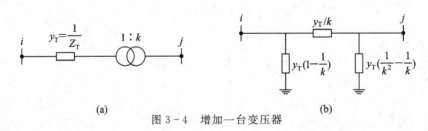

（a）　　　　　　　　　　　　　　　　（b）

图 3-4　增加一台变压器

3. 节点阻抗矩阵

由式（3-7）可得到

$$\boldsymbol{U}=\boldsymbol{Y}^{-1}\boldsymbol{I}=\boldsymbol{Z}\boldsymbol{I} \tag{3-12}$$

式中，$\boldsymbol{Y}^{-1}$ 为节点导纳矩阵的逆矩阵，称作节点阻抗矩阵，也是一个 n 阶的对称复数方阵。节点阻抗矩阵中各元素的物理意义是：在电力网中任一节点 i 注入一单位电流，而其余节点均为开路（即注入电流为零）时的节点电压值。

$$\dot{U}_i=Z_{ii} \tag{3-13}$$

$$\dot{U}_j=Z_{ji}\quad j=1,2,\cdots,n,\ j\neq i \tag{3-14}$$

节点阻抗矩阵的对角元素 Z_{ii} 叫自阻抗，非对角元素 Z_{ji} 叫互阻抗。在一般情况下，注入单位电流的节点 i 的电压要大于其他节点的电压，所以 $Z_{ii} > Z_{ji}$。在一个有 n 个节点相连成网的系统中，当节点 i 注入单位电流时，其他任一节点上均会出现电压，所以 $Z_{ji} \neq 0$，因而阻抗矩阵中的元素一般不可能为零，它是一个满矩阵。

例 3.1　试求图 3-5 所示电力网的节点导纳矩阵，图中给出了各支路阻抗和对地导纳的标幺值。节点 2 和节点 4 间、节点 3 和节点 5 间为变压器支路，其漏抗和变比如图 3-5 所示。

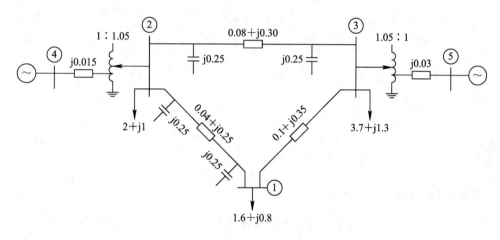

图 3-5　例 3.1 的电力系统接线图

解：根据上述节点导纳矩阵的定义，可求得节点导纳矩阵各元素：

$$Y_{11} = y_{10} + y_{12} + y_{13}$$
$$= j0.25 + \frac{1}{0.04 + j0.25} + \frac{1}{0.1 + j0.35}$$
$$= j0.25 + 0.624025 - j3.900156 + 0.754717 - j2.641509$$
$$= 1.378742 - j6.291665$$

与节点 1 有关的互导纳为

$$Y_{12} = Y_{21} = -y_{12} = -0.624025 + j3.900156$$
$$Y_{31} = Y_{13} = -y_{13} = -0.754717 + j2.641509$$

支路 2-4 为变压器支路，可以求出节点 2 的自导纳

$$Y_{22} = y_{20} + y_{12} + y_{23} + y_{42}/k_{42}^2$$
$$= j0.25 + j0.25 + 0.624025 - j3.900156$$
$$\qquad + 0.829876 - j3.112033 - j66.666666/1.05^2$$
$$= 1.453901 - j66.980821$$

与节点 2 有关的互导纳为

$$Y_{23} = Y_{32} = -0.829876 + j3.112033$$

$$Y_{24} = Y_{42} = -\frac{y_{42}}{k_{42}} = -j63.492063$$

用类似的方法可以求出导纳矩阵的其他元素，最后可得到节点导纳矩阵为

$$Y= \begin{bmatrix} \begin{matrix} 1.378742 \\ -j6.291665 \end{matrix} & \begin{matrix} -0.624025 \\ +j3.900156 \end{matrix} & \begin{matrix} -0.754717 \\ +j2.641509 \end{matrix} & \\[2em] \begin{matrix} -0.624025 \\ +j3.900156 \end{matrix} & \begin{matrix} 1.453901 \\ -j66.980821 \end{matrix} & \begin{matrix} -0.829876 \\ +j3.112033 \end{matrix} & \begin{matrix} 0.000000 \\ +j63.492063 \end{matrix} \\[2em] \begin{matrix} -0.754717 \\ +j2.641509 \end{matrix} & \begin{matrix} -0.829876 \\ +j3.112033 \end{matrix} & \begin{matrix} 1.584593 \\ -j35.737858 \end{matrix} & \begin{matrix} 0.000000 \\ +j31.746032 \end{matrix} \\[2em] & \begin{matrix} 0.000000 \\ +j63.492063 \end{matrix} & & \begin{matrix} 0.000000 \\ -j66.666667 \end{matrix} \\[2em] & & \begin{matrix} 0.000000 \\ +j31.746032 \end{matrix} & \begin{matrix} 0.000000 \\ -j33.333333 \end{matrix} \end{bmatrix}$$

二、功率方程和变量、节点的分类

节点电压方程 $Y_B U_B = I_B$ 是潮流计算的基本方程式，建立了节点导纳矩阵 Y_B 就可以进行潮流分布计算了。如果已知的是各节点电流 I_B，直接解线性的节点电压方程就相当简捷。但是，由于工程实践中通常已知的既不是节点电压 U_B，也不是节点电流 I_B，往往是各节点的负荷和发电机的功率 S_B，所以实际计算时，就必须在网络方程的基础上，用已知的节点注入功率来代替未知的节点注入电流，建立起潮流计算用的功率方程，才能求出各节点的电压，进而求出整个系统的潮流分布。也就是说，要迭代解非线性的节点电压方程 $Y_B U_B = \left[\dfrac{S}{U} \right]_B^*$ ①。因此，本书中将仅介绍与各种迭代解非线性节点电压方程有关的方法。

1. 功率方程

设简单系统如图 3-6 所示。图中 $\tilde{S}_{G1}$、$\tilde{S}_{G2}$ 分别为母线 1、2 的等值电源功率；$\tilde{S}_{L1}$、$\tilde{S}_{L2}$ 分别为母线 1、2 的等值负荷功率；它们的合成 $\tilde{S}_1 = \tilde{S}_{G1} - \tilde{S}_{L1}$、$\tilde{S}_2 = \tilde{S}_{G2} - \tilde{S}_{L2}$ 则分别为母线 1、2 的注入功率。于是

$$\tilde{S} = P + jQ = \dot{U}\overset{*}{I} = \dot{U}[Y\overset{*}{U}], \quad i = 1, 2, \cdots, n \tag{3-15}$$

$$\dot{I}_1 = Y_{11}\dot{U}_1 + \dot{Y}_{12}\dot{U}_2 = \frac{\overset{*}{S}_1}{\overset{*}{U}_1}; \quad \dot{I}_2 = Y_{22}\dot{U}_2 + Y_{21}\dot{U}_1 = \frac{\overset{*}{S}_2}{\overset{*}{U}_2} \tag{3-16}$$

$$\tilde{S}_1 = \dot{U}_1\overset{*}{Y}_{11}\overset{*}{U}_1 + \dot{U}_1\overset{*}{Y}_{12}\overset{*}{U}_2; \quad \tilde{S}_2 = \dot{U}_2\overset{*}{Y}_{22}\overset{*}{U}_2 + \dot{U}_2\overset{*}{Y}_{21}\overset{*}{U}_1 \tag{3-17}$$

---

① 本书中，为简略计，以 $\left[\dfrac{s}{U} \right]_*$ 表示列向量 $[\dot{S}_1/\dot{U}_1\ \dot{S}_2/\dot{U}_2\ \dot{S}_3/\dot{U}_3 \cdots \dot{S}_m/\dot{U}_m]^T$。类似这样书写的列向量还有后文中将出现的 $\Delta U/U$、$\Delta P/U$、$\Delta Q/U$、$U\Delta\delta$。由于不会发生混淆，因此不再一一说明。

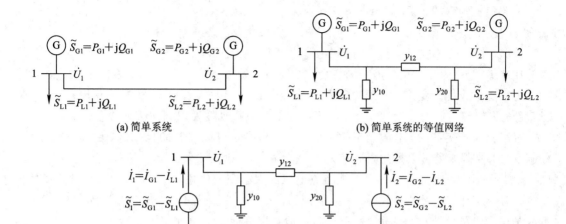

图 3-6　简单系统及其等值网络

如令

$$Y_{11}=Y_{22}=y_{10}+y_{12}=y_{20}+y_{21}=y_s e^{-j(90°-\alpha_s)}$$
$$Y_{12}=Y_{21}=-y_{12}=-y_{21}=-y_m e^{-j(90°-\alpha_m)}$$

$$\dot{U}_1=U_1 e^{j\delta_1}\ ;\ \dot{U}_2=U_2 e^{-j\delta_2}$$

并将它们代入式(3-17)展开，将有功、无功功率分列，可得

$$\left. \begin{aligned}
P_1 &= P_{G1}-P_{L1}=y_s U_1^2 \sin\alpha_s+y_m U_1 U_2 \sin[(\delta_1-\delta_2)-\alpha_m] \\
P_2 &= P_{G2}-P_{L2}=y_s U_2^2 \sin\alpha_s+y_m U_2 U_1 \sin[(\delta_2-\delta_1)-\alpha_m] \\
Q_1 &= Q_{G1}-Q_{L1}=y_s U_1^2 \cos\alpha_s-y_m U_1 U_2 \cos[(\delta_1-\delta_2)-\alpha_m] \\
Q_2 &= Q_{G2}-Q_{L2}=y_s U_2^2 \cos\alpha_s-y_m U_2 U_1 \cos[(\delta_2-\delta_1)-\alpha_m]
\end{aligned} \right\} \quad (3-18)$$

这些就是这个简单系统的功率方程。显然，它们是各母线电压相量的非线性方程。

将式(3-18)中的第一、二式相加，第三、四式相加，又可得这个系统的有功、无功功率平衡关系

$$\left. \begin{aligned}
P_{G1}+P_{G2} &= P_{L1}+P_{L2}+y_s(U_1^2+U_2^2)\sin\alpha_s-2y_m U_1 U_2 \cos(\delta_1-\delta_2)\sin\alpha_m \\
Q_{G1}+Q_{G2} &= Q_{L1}+Q_{L2}+y_s(U_1^2+U_2^2)\cos\alpha_s-2y_m U_1 U_2 \cos(\delta_1-\delta_2)\cos\alpha_m
\end{aligned} \right\} \quad (3-19)$$

在功率方程中，母线电压的相位角是以差值$(\delta_1-\delta_2)$的形式出现的，亦即决定功率大小的是相对相位角或相对功率角$\delta_1-\delta_2=\delta_{12}$，而不是绝对相位角或绝对功率角$\delta_1$或$\delta_2$。

由式(3-19)可见，这个简单系统的有功和无功功率损耗分别为

$$\left. \begin{aligned}
\Delta P &= y_s(U_1^2+U_2^2)\sin\alpha_s-2y_m U_1 U_2 \cos(\delta_1-\delta_2)\sin\alpha_m \\
\Delta Q &= y_s(U_1^2+U_2^2)\cos\alpha_s-2y_m U_1 U_2 \cos(\delta_1-\delta_2)\cos\alpha_m
\end{aligned} \right\} \quad (3-20)$$

它们也都是母线电压U_1、U_2和相位角δ_1、δ_2或相对相位角δ_{12}的非线性函数。

2. 变量的分类

由式(3-18)还可见，在这 4 个一组的功率方程式组中，除网络参数y_s、y_m、α_s、α_m外，共有 12 个变量，它们是：

负荷消耗的有功、无功功率——P_{L1}、Q_{L1}、P_{L2}、Q_{L2}；

电源发出的有功、无功功率——P_{G1}、Q_{G1}、P_{G2}、Q_{G2}；

母线或节点电压的大小和相位角——U_1、U_2、δ_1、δ_2。

因此，除非已知或给定其中的 8 个变量，否则将无法求解。

在这 12 个变量中，负荷消耗的有功、无功功率无法控制，因它们取决于用户。它们就称不可控变量或扰动变量。之所以称扰动变量是由于这些变量出现事先没有预计的变动时，系统将偏离它们的原始运行状况。不可控变量或扰动变量以列向量 d 表示。

余下的 8 个变量中，电源发出的有功、无功功率是可以控制的自变量，因而它们就称控制变量。控制变量常以列向量 u 表示。

最后余下的 4 个变量——母线或节点电压的大小和相位角——是受控制变量控制的因变量。其中，U_1、U_2 主要受 Q_{G1}、Q_{G2} 的控制，δ_1、δ_2 主要受 P_{G1}、P_{G2} 的控制。这 4 个变量就是这简单系统的状态变量。状态变量一般都以列向量 x 表示。

无疑，变量的这种分类也适用于具有 n 个节点的复杂系统。只是对这种系统，变量数将增加为 $6n$ 个，其中扰动变量、控制变量、状态变量各 $2n$ 个，换言之，扰动向量 d、控制向量 u、状态向量 x 都是 $2n$ 阶列向量。

看来似乎将变量作如上分类后，只要已知或给定扰动变量和控制变量，就可运用功率方程式(3-18)解出状态变量。其实不然。因已如上述，功率方程中，母线或节点电压的相位角是以相对值出现的，以致式(3-18)中 δ_1 和 δ_2 变化同样大小时，功率的数值不变，从而不可能运用它们求取绝对相位角。也如上述，系统中的功率损耗本身是状态变量的函数，在解得状态变量前，不可能确定这些功率损耗，从而也不可能按功率平衡关系式(3-19)给定所有控制变量，因它们的总和，如式(3-19)中的 $P_{G1}+P_{G2}$、$Q_{G1}+Q_{G2}$ 尚属未知。

为克服上述困难，可对变量的给定稍作调整：

在一具有 n 个节点的系统中，只给定 $n-1$ 对控制变量 P_{Gi}、Q_{Gi}，余下一对控制变量 P_{Gs}、Q_{Gs} 待定。这一对控制变量 P_{Gs}、Q_{Gs} 将使系统功率，包括电源功率、负荷功率和损耗功率保持平衡。

在这系统中，给定一对状态变量 δ_s、U_s，只要求确定 $n-1$ 对状态变量 δ_i、U_i。给定的 δ_s 通常就赋以零值。这实际上就相当于取节点 s 的电压相量为参考轴。给定的 U_s 一般可取标幺值 1.0 左右，以使系统中各节点的电压水平在额定值附近。

这样，原则上已可从 $2n$ 个方程式中解出 $2n$ 个未知变量。但实际上，这个解还应满足如下的一些约束条件，这些约束条件是保证系统正常运行所不可少的，其中，对控制变量的约束条件是

$$P_{Gimin}<P_{Gi}<P_{Gimax}；Q_{Gimin}<Q_{Gi}<Q_{Gimax}$$

对没有电源的节点则为

$$P_{Gi}=0；Q_{Gi}=0$$

对状态变量 U_i 的约束条件则是

$$U_{imin}<U_i<U_{imax}$$

这表示系统中各节点电压的大小不得越出一定的范围，因系统运行的基本要求之一就是要保证良好的电压质量。

对某些状态变量 δ_i 还有如下的约束条件：

$$|\delta_i-\delta_j|<|\delta_i-\delta_j|\max$$

这条件主要是保证系统运行的稳定性所需求的。由于扰动变量 P_{Gi}、Q_{Gi} 不可控，因此对它们没有约束。

3. 节点的分类

考虑到各种约束条件后，有时，对某些节点，不是给定控制变量 P_{Gi}、Q_{Gi} 而留下状态变量 U_i、δ_i 待求，而是给定这些节点的 P_{Gi} 和 U_i 而留下 Q_{Gi} 和 δ_i 待求。这其实意味着让这些电源调节它们发出的无功功率 Q_{Gi} 以保证与之连接的节点电压 U_i 为定值。

这样，系统中的节点就因给定变量的不同而分为以下三类：

第一类称 PQ 节点。对这类节点，等值负荷功率 P_{Li}、Q_{Li} 和等值电源功率 P_{Gi}、Q_{Gi} 是给定的，从而注入功率 P_i、Q_i 是给定的，待求的则是节点电压的大小 U_i 和相位角 δ_i。属于这一类节点的有按给定有功、无功功率发电的发电厂母线和没有其他电源的变电所母线。

第二类称 PV 节点，对这类节点，等值负荷和等值电源的有功功率 P_{Li}、P_{Gi} 是给定的，从而注入有功功率 P_i 是给定的。等值负荷的无功功率 Q_{Li} 和节点电压的大小 U_i 也是给定的。待求的则是等值电源的无功功率 Q_{Gi}，从而注入无功功率 Q_i 和节点电压的相位角 δ_i。有一定无功功率储备的发电厂和有一定无功功率电源的变电所母线都可选作为 PV 节点。

第三类称平衡节点。潮流计算时，一般只设一个平衡节点。对这节点，等值负荷功率 P_{Ls}、Q_{Ls} 是给定的，节点电压的大小和相位角 U_s、δ_s 也是给定的，如给定 $U_s=1.0$，$\delta_s=0$。待求的则是等值电源功率 P_{Gs}、Q_{Gs}，从而注入功率 P_s、Q_s。担负调整系统频率任务的发电厂母线往往被选作为平衡节点。

在电力系统稳态分析过程中进行潮流计算时，平衡节点是不可少的；PQ 节点是大量的；PV 节点较少，甚至可能没有。

第二节　简单电力系统的潮流计算

前已述及，电力系统计算中常用的是功率而不是电流，这是因为实际电力系统中的电源、负荷通常是以功率形式给出的，而电流是未知量。当电流（功率）在电力网络中的各个元件上流过的时候，将产生电压降落，这将影响到用户端的电压质量。电压是电能质量的指标之一，电力网络在运行过程中必须把某些母线上的电压保持在一定范围内，以满足用户电气设备的电压处于额定电压附近的允许范围内。因此，电压降落的计算是分析电力网运行状态所必需的。

一、电力线路的电压损耗与功率损耗

电力线路最简单的模型是连接两节点间的一条阻抗支路（如图 3-7 所示）。首先讨论这种模型中的电压损耗与功率损耗。图 3-7 中，$R+jX$ 为线路阻抗，$P+jQ$ 为节点 j 负荷的一相功率。

当以节点 j 的相电压 U_j 为参考相量，即 $\dot{U}_j=U_j\angle 0°$，可求出线路始端的相电压：

$$\dot{U}_i=\dot{U}_j+\dot{I}(R+jX)=U_j+\frac{P-jQ}{U_j}(R+jX)$$

$$=U_j+\frac{PR+QX}{U_j}+j\frac{PX-QR}{U_j}=U_j+\Delta U+j\delta U \qquad (3-21)$$

式中：

$$\Delta U = \frac{PR + QX}{U_j} \qquad (3-22a)$$

$$\delta U = \frac{PX - QR}{U_j} \qquad (3-22b)$$

线路的电压相量图见图 3-7(b)。线路电压降落(两端电压相量差)为

$$\Delta \dot{U}_d = \dot{U}_i - \dot{U}_j = \Delta U + j\delta U$$

式中，ΔU 称作电压降落纵分量，δU 称作电压降落横分量。

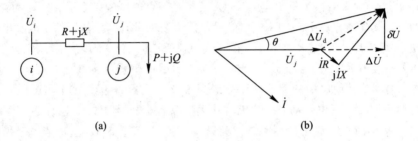

(a)　　　　　　　　　　　　(b)

图 3-7　电力线路模型和电压相量图

从相量图中可以求得线路始端相电压有效值和相位角：

$$U_i = \sqrt{(U_j + \Delta U)^2 + \delta U^2}$$
$$= \sqrt{\left(U_j + \frac{PR + QX}{U_j}\right)^2 + \left(\frac{PX - QR}{U_j}\right)^2} \qquad (3-23)$$

$$\theta = \arctan \frac{\delta U}{U_j + \Delta U} \qquad (3-24)$$

长度较短的电力线路两端电压相角差一般都不大，可近似地认为

$$U_i \approx U_j + \frac{PR + QX}{U_j} \qquad (3-25)$$

亦即线路的电压损耗(两端电压有效值之差)可近似地用电压降落纵分量 ΔU 表示。

在电力系统正常运行情况的分析计算中，通常使用线电压和三相功率表示。式(3-21)~式(3-24)中，将电压改为线电压，同时将功率改为三相功率，关系式仍是正确的；各量用标幺值表示时也同样适用。以后均采用线电压和三相功率表示，或用标幺制。

通过线路输送的负荷在线路电阻电抗上产生的功率损耗就是线路的功率损耗：

$$\Delta \widetilde{S} = \Delta P + j\Delta Q = 3I^2(R + jX) = \frac{P^2 + Q^2}{U_j^2}(R + jX) \qquad (3-26)$$

电力线路常用的模型为 Π 形等值电路，如图 3-8(a)所示。与图 3-7(a)相比，线路两端各多了一条数值为线路等值导纳 B 一半的对地支路。如以 $P' + jQ'$ 代表通过线路等值阻抗 $R+jX$ 靠 j 侧的功率，则有

$$P' + jQ' = P + jQ - j\frac{B}{2}U_j^2 \qquad (3-27)$$

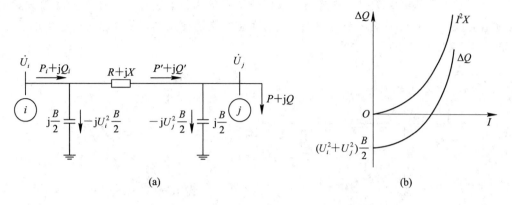

图 3-8　电力线路 Ⅱ 形模型和线路的无功功率损耗

线路始端电压：

$$U_i = U_j + \frac{P'R + Q'X}{U_j} + j\frac{P'X - Q'R}{U_j} \tag{3-28}$$

$$\text{线路电压损耗} \approx \frac{P'R + Q'X}{U_j} \tag{3-29}$$

线路功率损耗：

$$\Delta \widetilde{S} = \Delta P + j\Delta Q = \frac{P'^2 + Q'^2}{U_j^2}(R + jX) - j\frac{U_i^2}{2}B - j\frac{U_j^2}{2}B \tag{3-30}$$

线路送端的功率：

$$P_i + jQ_i = P + \Delta P + j(Q + \Delta Q) \tag{3-31}$$

　　从式(3-30)可以看出，线路的无功功率损耗由两部分组成：其一为线路等值电抗中消耗的无功功率，这部分功率与负荷的平方成正比；其二为对地等值电纳消耗的无功功率（又称充电功率），由于这一部分无功功率是容性的，因而事实上是发出无功功率，它的大小与所加电压的平方成正比，而与线路流过的负荷无直接关系。线路消耗的无功功率与通过负荷电流的近似关系见图 3-8(b)。可以看出，当线路轻载运行时，线路只消耗很少的无功功率，甚至发出无功功率，因而，线路损耗的无功功率是一个与负荷有关的量。

　　高压线路在轻载运行时发出的无功功率，对无功功率缺乏的系统可能是有益的，但对于超高压输电线路却是不利的。超高压线路等值对地电容产生的无功功率比较大，而超高压线路输送的无功功率又比较小，或者说输送功率的功率因数比较高，这样就有可能会产生在轻载时线路充电功率大于线路输送的无功功率。从式(3-28)可以看出，当 Q' 出现负值时，线路始端电压有可能会低于末端电压，或者说，线路末端电压高于始端电压。当线路始端电压保持在正常水平时，末端电压的升高会导致设备绝缘的损坏，这是不允许的。因而在 500 kV 系统中，线路末端常连接有并联电抗器，以在空载或轻载时抵消充电功率，避免在线路上出现过电压现象。

二、变压器中的功率损耗与电压损耗

　　与电力线路一样，变压器的电压和功率损耗也可按其等值电路计算，如图 3-9(a)所示。变压器的电压损耗计算与线路的计算相同，如式(3-21)~式(3-24)所示，但在式中要用变压器的等值电阻 R_T 和电抗 X_T 来代替线路的阻抗。在计算变压器的功率损耗时，要注意到变压器的对地支路是电感性的，因而它始终消耗无功功率，总无功功率损耗与负荷的关系如图 3-9(b)所示。

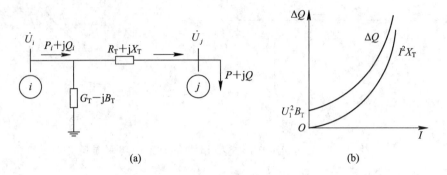

(a)　　　　　　　　　　　　　(b)

图 3-9　变压器等值电路和无功功率损耗

另外，接地支路还消耗有功功率，即变压器的铁芯损耗。这两部分损耗在等值电路中可用接于供电端的并联电纳和电导支路来表示。变压器的功率损耗如下：

$$\Delta P = \frac{P^2 + Q^2}{U_j^2} R_T + U_i^2 G_T \tag{3-32}$$

$$\Delta Q = \frac{P^2 + Q^2}{U_j^2} X_T + U_i^2 B_T \tag{3-33}$$

$$P_i + jQ_i = P + \Delta P + j(Q + \Delta Q) \tag{3-34}$$

由式(3-32)与式(3-33)可见，变压器的有功损耗与无功损耗都是由两部分组成的：一部分为与负荷无关的分量，另一部分是与通过的负荷平方成正比的损耗。

三、辐射形网络的潮流计算

电力系统中的接线方式包括开式网络和闭式网络。开式网络又称辐射形网络，闭式网络又包括两端供电网络和简单环形网络。辐射形网络是电力系统中结构最简单的网络，电力系统中很多情况采用的是辐射形电力网，如图 3-10 所示。

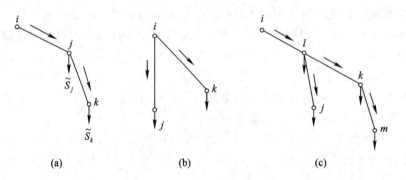

(a)　　　　　　　　(b)　　　　　　　　(c)

图 3-10　辐射形电力网

最简单的辐射形网络如图 3-11(a)所示，它是一个只包含升、降压变压器和一段单回路输电线的输电系统。这个输电系统的等值电路如图 3-11(b)所示。作图 3-11(b)时，以发电机端点为始端，并将发电厂变压器的励磁支路移至负荷侧以简化分析。图 3 - 11(b)可简化为图 3 - 11(c)，在简化的同时，将各阻抗、导纳重新编号。

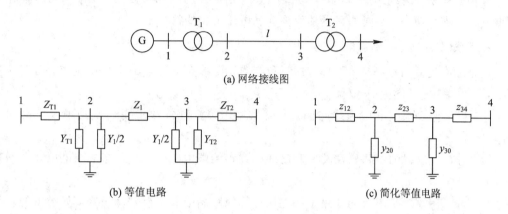

(a) 网络接线图

(b) 等值电路　　　　　　　　　　　　(c) 简化等值电路

图 3 - 11　最简单辐射形网络

辐射形电力网的分析计算就是利用已知的负荷、节点电压求取未知的节点电压、线路功率分布、功率损耗及始端输出功率。由于辐射形电力网结构简单，因此计算比较方便。

辐射形电力网的分析计算，根据已知条件的不同，一般可分为如下两种情况。

1. 已知末端功率与电压

这是最简单的情形，可利用前一节所述的方法，从末端逐级往上推算，直至求得各要求的量。

如图 3 - 12 所示的电路中，末端电压 U_k 及功率 P_k 和 Q_k 为已知，可以得到线路 j - k 阻抗末端的功率：

$$\widetilde{S}'_{jk} = P'_k + jQ'_k = P_k + j\left(Q_k - \frac{U_k^2}{2}B\right)$$

线路 j - k 阻抗的功率损耗：

$$\Delta\widetilde{S}_{jk} = \frac{P'^2_k + Q'^2_k}{U_k^2}(P_{jk} + jX_{jk})$$

节点 j 的电压：

$$U_j = \sqrt{\left(U_k + \frac{P'_k R_{jk} + Q'_k X_{jk}}{U_k}\right)^2 + \left(\frac{P'_k X_{jk} + Q'_k R_{jk}}{U_k}\right)^2}$$

线路 j - k 的始端功率：

$$\widetilde{S}_{jk} = \widetilde{S}'_{jk} + \Delta\widetilde{S}_{jk} - j\frac{U_j^2}{2}B$$

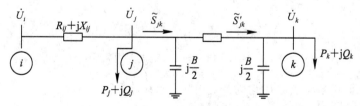

图 3 - 12　辐射形电力网的功率分布

这样，在线路 i-j 末端节点 j 上的负荷为 $\widetilde{S}_{jk}+\widetilde{S}_j$。同理可以从节点 j 点推算至 i 点。

如果已知条件为线路始端电压与始端功率，则可采用同样的方法，从线路始端推算出各点电压与支路功率，不同的只是功率损耗和电压损失的符号不同。

2. 已知末端功率、始端电压

这是最常见的情形。末端可理解成一负荷点，始端为电源点或电压中枢点。对于这种情形，可以采用迭代法来求解。

第一步：假设末端电压为线路额定电压，利用第一种方法求得始端功率及全网功率分布；

第二步：用求得的线路始端功率和已知的线路始端电压，计算线路末端电压和全网功率分布；

第三步：用第二步求得的线路末端电压计算线路始端和全网功率分布，如求得的各线路功率与前一次相同计算的结果相差小于允许值，就可认为本步求得的线路电压和全网功率分布为最终计算结果；否则，返回第二步重新进行计算。

例 3.2 电网结构如图 3-13 所示，其额定电压为 10 kV。已知各节点的负荷功率及线路参数：

$$\widetilde{S}_2=0.3+\text{j}0.2\ (\text{MVA})$$

$$\widetilde{S}_3=0.5+\text{j}0.3\ (\text{MVA})$$

$$\widetilde{S}_4=0.2+\text{j}0.15\ (\text{MVA})$$

$$Z_{12}=1.2+\text{j}2.4\ (\Omega)$$

$$Z_{23}=1.0+\text{j}2.0\ (\Omega)$$

$$Z_{24}=1.5+\text{j}3.0\ (\Omega)$$

试作功率和电压计算。

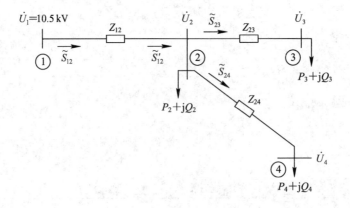

图 3-13　例 3.2 的电力网

解：（1）先假设各结点电压均为额定电压，求线路始端功率。

$$\Delta\widetilde{S}_{23}=\frac{P_3^2+Q_3^2}{U_N^2}(R_{23}+\text{j}X_{23})=\frac{0.5^2+0.3^2}{10^2}(1+\text{j}2)=0.0034+\text{j}0.0068$$

$$\Delta \widetilde{S}_{24} = \frac{P_4^2 + Q_4^2}{U_N^2}(R_{24} + jX_{24}) = \frac{0.2^2 + 0.15^2}{10^2}(1.5 + j3) = 0.0009 + j0.0019$$

$$\widetilde{S}_{23} = \widetilde{S}_3 + \Delta \widetilde{S}_{23} = 0.5034 + j0.3068$$

$$\widetilde{S}_{24} = \widetilde{S}_4 + \Delta \widetilde{S}_{24} = 0.2009 + j0.1519$$

$$\widetilde{S}_{12}' = \widetilde{S}_{23} + \widetilde{S}_{24} + \widetilde{S}_2 = 1.0043 + j0.6587$$

$$\Delta \widetilde{S}_{12} = \frac{P_{12}'^2 + Q_{12}'^2}{U_N^2}(R_{12} + jX_{12})$$

$$= \frac{1.0043^2 + 0.6587^2}{10^2}(1.2 + j2.4)$$

$$= 0.0173 + j0.0346$$

$$\widetilde{S}_{12} = \widetilde{S}_{12}' + \Delta \widetilde{S}_{12} = 1.0216 + j0.6933$$

（2）用已知的线路始端电压 $U_1 = 10.5$ kV 及上述求得的线路始端功率 $\widetilde{S}_{12}$，求出线路各点电压：

$$\Delta U_{12} = \frac{(P_{12}R_{12} + Q_{12}X_{12})}{U_1} = 0.2752$$

$$U_2 \approx U_1 - \Delta U_{12} = 10.2248 \text{ (kV)}$$

$$\Delta U_{24} = \frac{(P_{24}R_{24} + Q_{24}X_{24})}{U_2} = 0.0740$$

$$U_4 \approx U_2 - \Delta U_{24} = 10.1508 \text{ (kV)}$$

$$\Delta U_{23} = \frac{(P_{23}R_{23} + Q_{23}X_{23})}{U_2} = 0.1100$$

$$U_3 \approx U_2 - \Delta U_{23} = 10.0408 \text{ (kV)}$$

（3）根据上述求得的线路各点电压，重新计算各线路的功率损耗和线路始端功率：

$$\Delta \widetilde{S}_{23} = \frac{0.5^2 + 0.3^2}{10.04^2}(1 + j2) = 0.0034 + j0.0068$$

$$\Delta \widetilde{S}_{24} = \frac{0.2^2 + 0.15^2}{10.15^2}(1.5 + j3) = 0.0009 + j0.0018$$

$$\widetilde{S}_{23} = \widetilde{S}_3 + \Delta \widetilde{S}_{23} = 0.5034 + j0.3068$$

$$\widetilde{S}_{24} = \widetilde{S}_4 + \Delta \widetilde{S}_{24} = 0.2009 + j0.1518$$

$$\widetilde{S}_{12}' = \widetilde{S}_{23} + \widetilde{S}_{24} + \widetilde{S}_2 = 1.0043 + j0.6586$$

$$\Delta \widetilde{S}_{12} = \frac{1.0043^2 + 0.6586^2}{10.22^2}(1.2 + j2.4) = 0.0166 + j0.0331$$

$$\widetilde{S}_{12} = 1.0209 + j0.6917$$

与第（1）步所得的计算结果比较，所有误差相差小于 0.3%，故第（2）步和第（3）步的结果可作为最终计算结果。

例 3.3 电力线路长 80 km，额定电压为 110 kV，末端连接一容量为 20 MVA、变比为 110/38.5 kV 的降压变压器。变压器低压侧负荷为 15＋j11.25（MVA），正常运行时要求电压达 36 kV。试求电源处母线上应有的电压和功率。

计算时：

(1) 采用有名制；

(2) 采用标幺制。

$S_B=15MVA$, $U_B=110$ kV。

线路采用旧标准 LGJ - 120 导线，其单位长度阻抗、导纳为：$r_1=0.27$ Ω/km，$x_1=0.412$ Ω/km，$g_1=0$，$b_1=2.76\times10^{-6}$S/km。归算至 110 kV 侧的变压器阻抗、导纳为：$R_T=4.93$ Ω，$X_T=63.5$ Ω，$G_T=4.95\times10^{-6}$S，$B_T=49.5\times10^{-6}$S。

网络接线如图 3 - 14 所示。

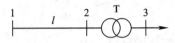

图 3 - 14 例 3.3 网络接线图

解：首先分别绘出以有名制和标幺制表示的等值电路，如图 3 - 15(a)、(b)所示。

其次分别以有名制和标幺制计算潮流分布，如表 3 - 1 所示。

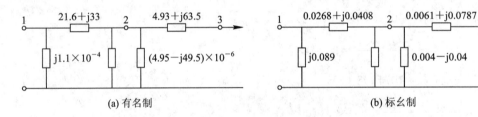

(a) 有名制   (b) 标幺制

图 3 - 15 例 3.3 等值电路

表 3 - 1 以有名制和标幺制计算潮流分布

(1) 运用有名制计算的图 3 - 15(a)中	(2) 运用标幺制计算的图 3 - 15(b)中
$R_l=r_1l=0.27\times80=21.6$ (Ω) $X_l=x_1l=0.412\times80=33.0$ (Ω) $\frac{1}{2}B_l=\frac{1}{2}b_1l=\frac{1}{2}\times2.76\times10^{-6}\times80=1.1\times10^{-4}$ (S) $R_T=4.93$ (Ω) $X_T=63.5$ (Ω) $G_T=4.95\times10^{-6}$ (S) $B_T=49.5\times10^{-6}$ (S)	$R_{l*}=r_1l\dfrac{S_B}{U_B^2}=0.27\times80\times\dfrac{15}{110^2}=0.0268$ $X_{l*}=x_1l\dfrac{S_B}{U_B^2}=0.412\times80\times\dfrac{15}{110^2}=0.0408$ $\frac{1}{2}B_{l*}=\frac{1}{2}b_1l\dfrac{U_B^2}{S_B}=\frac{1}{2}\times2.76\times10^{-6}\times80\times\dfrac{110^2}{15}$ $=0.089$ $R_{T*}=R_T\dfrac{S_B}{U_B^2}=4.93\times\dfrac{15}{110^2}=0.0061$ $X_{T*}=X_T\dfrac{S_B}{U_B^2}=63.5\times\dfrac{15}{110^2}=0.0787$ $G_{T*}=G_T\dfrac{U_B^2}{S_B}=4.95\times10^{-6}\times\dfrac{110^2}{15}=0.004$ $B_{T*}=B_T\dfrac{U_B^2}{S_B}=49.5\times10^{-6}\times\dfrac{110^2}{15}=0.04$

（1）运用有名制计算	（2）运用标幺制计算

$$\widetilde{S}_3 = 15 + j11.25 \ (\text{MVA})$$

$$U_3 = 36 \times \frac{110}{38.5} = 102.85 \ (\text{kV})$$

$$\Delta P_{zT} = \frac{P_3^2 + Q_3^2}{U_3^2} R_T = \frac{15^2 + 11.25^2}{102.85^2} \times 4.93$$
$$= 0.16 \ (\text{MW})$$

$$\Delta Q_{zT} = \frac{P_3^2 + Q_3^2}{U_3^2} X_T = \frac{15^2 + 11.25^2}{102.85^2} \times 63.5$$
$$= 2.11 \ (\text{M var})$$

$$\Delta U_T = \frac{P_3 R_T + Q_3 X_T}{U_3}$$
$$= \frac{15 \times 4.93 + 11.25 \times 63.5}{102.85}$$
$$= 7.67 \ (\text{kV})$$

$$\widetilde{S}_{3*} = \frac{\widetilde{S}_3}{S_B} = \frac{15 + j11.25}{15} = 1.00 + j0.75$$

$$\widetilde{U}_{3*} = \frac{U_3}{U_B} = \frac{36 \times 110}{110 \times 38.5} = 0.935$$

$$\Delta P_{zT*} = \frac{P_{3*}^2 + Q_{3*}^2}{U_{3*}^2} R_{T*}$$
$$= \frac{1.00^2 + 0.75^2}{0.935^2} \times 0.0061 = 0.0109$$

$$\Delta Q_{zT*} = \frac{P_{3*}^2 + Q_{3*}^2}{U_{3*}^2} X_{T*}$$
$$= \frac{1.00^2 + 0.75^2}{0.935^2} \times 0.0787 = 0.141$$

$$\Delta U_{T*} = \frac{P_{3*} R_{T*} + Q_{3*} X_{T*}}{U_{3*}}$$
$$= \frac{1.00 \times 0.0061 + 0.75 \times 0.0787}{0.935}$$
$$= 0.0697$$

$$\delta U_T = \frac{P_3 X_T - Q_3 R_T}{U_3} = \frac{15 \times 63.5 - 11.25 \times 4.93}{102.85}$$
$$= 8.71 \ (\text{kV})$$

$$U_2 = \sqrt{(U_3 + \Delta U_T)^2 + (\delta U_T)^2}$$
$$= \sqrt{(102.85 + 7.67)^2 + 8.71^2} = 110.86 \ (\text{kV})$$

不计 δU_T 时：

$$U_2 = U_3 + \Delta U_T = 102.85 + 7.67$$
$$= 110.52 \ (\text{kV})$$

$$\delta_T = \arctan \frac{\delta U_T}{U_3 + \Delta U_T} = \arctan \frac{8.71}{110.52} = 4.51°$$

$$\Delta P_{yT} = G_T U_2^2 = 4.95 \times 10^{-6} \times 110.52^2 = 0.06 (\text{MW})$$

$$\Delta Q_{yT} = B_T U_2^2 = 49.5 \times 10^{-6} \times 110.52^2 = 0.06 (\text{Mvar})$$

$$\widetilde{S}_2 = P_2 + jQ_2 = (P_3 + \Delta P_{zT} + \Delta P_{yT}) + j(Q_3 + \Delta Q_{zT} + \Delta Q_{yT}) = (15 + 0.16 + 0.06) + j(11.25 + 2.11 + 0.6) = 15.22 + j13.96 \ (\text{MVA})$$

$$\Delta Q_{yl2} = \frac{1}{2} B_l U_2^2 = 1.1 \times 10^{-4} \times 110.52^2$$
$$= 1.34 (\text{Mvar})$$

$$\widetilde{S}_2' = P_2 + j(Q_2 - \Delta Q_{yl2})$$
$$= 15.22 + j(13.96 - 1.34)$$
$$= 15.22 + j12.62 \ (\text{MVA})$$

$$\delta U_{T*} = \frac{P_{3*} X_{T*} - Q_{3*} R_{T*}}{U_{3*}}$$
$$= \frac{1.00 \times 0.0787 - 0.75 \times 0.0061}{0.935} = 0.0793$$

$$U_{2*} = \sqrt{(U_{3*} + \Delta U_{T*})^2 + (\delta U_{T*})^2}$$
$$= \sqrt{(0.935 + 0.0697)^2 + (0.0793)^2} = 1.008$$

$$U_{2*} = U_{3*} + \Delta U_{T*} = 0.935 + 0.0697 = 1.005$$

$$\delta U_{T*} = \arctan \frac{\delta U_{T*}}{U_{3*} + \Delta U_{T*}} = \arctan \frac{0.0793}{1.005} = 0.0787$$

$$\Delta P_{yT*} = G_{T*} U_{2*}^2 = 0.004 \times 1.005^2 \approx 0.004$$

$$\Delta Q_{yT*} = B_{T*} U_{2*}^2 = 0.04 \times 1.005^2 \approx 0.04$$

$$\widetilde{S}_{2*} = P_{2*} + jQ_{2*} = (P_{3*} + \Delta P_{zT*} + \Delta P_{yT*}) + j(Q_{3*} + \Delta Q_{zT*} + \Delta Q_{yT*})$$
$$= (1.00 + 0.0109 + 0.004) + j(0.75 + 0.141 + 0.04)$$
$$= 1.015 + j0.931$$

$$\Delta Q_{yl2*} = \frac{1}{2} B_{l*} U_{2*}^2 = 0.089 \times 1.005^2 = 0.090$$

$$\widetilde{S}_{2*}' = P_{2*} + j(Q_{2*} - Q_{yl2*})$$
$$= 1.015 + j(0.931 - 0.090)$$
$$= 1.015 + j0.841$$

（1）运用有名制计算	（2）运用标幺制计算

$$\Delta P_{zl}=\frac{P_2'^2+Q_2'^2}{U_2^2}R_l=\frac{15.22^2+12.62^2}{110.52^2}\times21.6$$
$$=0.691\ (\text{MW})$$

$$\Delta Q_{zl}=\frac{P_2'^2+Q_2'^2}{U_2^2}X_l=\frac{15.22^2+12.62^2}{110.52^2}\times33.0$$
$$=1.056\ (\text{M var})$$

$$\Delta U_l=\frac{P_2'+Q_2'X_l}{U_2}=\frac{15.22\times21.6+12.62\times33.0}{110.52}$$
$$=6.74\ (\text{kV})$$

$$\delta U_l=\frac{P_2'X_l-Q_2'R_l}{U_2}=\frac{15.22\times33.0-12.62\times21.6}{110.52}$$
$$=2.08\ (\text{kV})$$

不计 δU_l 时：
$$U_1=U_2+\Delta U_l=110.52+6.74$$
$$=117.26\ (\text{kV})$$
$$\delta_l=\arctan\frac{\delta U_l}{U_2+\Delta U_l}=\arctan\frac{2.08}{117.26}=1°$$
$$\Delta Q_{yl1}=\frac{1}{2}B_lU_1^2=1.1\times10^{-4}\times117.26^2$$
$$=1.512(\text{Mvar})$$
$$\widetilde{S}_1=P_1+jQ_1=(P_2'+\Delta P_{zl})+j(Q_2'+\Delta Q_{zl}-\Delta Q_{yl1})$$
$$=(15.22+0.691)+j(12.62+1.056-1.512)$$
$$=15.91+j12.16\ (\text{MVA})$$

$$\Delta P_{zl*}=\frac{P_2'^2_*+Q_2'^2_*}{U_{2*}^2}R_{l*}=\frac{1.015^2+0.841^2}{1.005^2}\times0.0268=0.0461$$

$$\Delta Q_{zl*}=\frac{P_2'^2_*+Q_2'^2_*}{U_{2*}^2}X_{l*}=\frac{1.015^2+0.841^2}{1.005^2}\times0.0408=0.0701$$

$$\Delta U_{l*}=\frac{P_2'_*R_{l*}+Q_2'_*X_{l*}}{U_{2*}}$$
$$=\frac{1.015\times0.0268+0.841\times0.0408}{1.005}=0.0612$$

$$\delta U_{l*}=\frac{P_2'_*X_{l*}-Q_2'_*R_{l*}}{U_{2*}}$$
$$=\frac{1.015\times0.0408-0.841\times0.0268}{1.005}=0.0188$$

不计 δU_{l*} 时：
$$U_{1*}=U_{2*}+\Delta U_{l*}=1.005+0.0612=1.066$$
$$\delta_{l*}=\arctan\frac{\delta U_{l*}}{U_{2*}+\Delta U_{l*}}=\arctan\frac{0.0188}{1.066}=0.0176$$
$$Q_{yl1*}=\frac{1}{2}B_{l*}U_{1*}^2=0.089\times1.066^2=0.101$$
$$\widetilde{S}_{1*}=P_{1*}+jQ_{1*}=(P_2'_*+\Delta P_{zl*})+j(Q_2'_*+\Delta Q_{zl*}-\Delta Q_{yl1*})=(1.015+0.0461)$$
$$+j(0.841+0.0701-0.101)$$
$$=1.061+j0.810$$

由上可得本输电系统的有关技术经济指标如下：

始端电压偏移 $\%=\dfrac{U_1-U_N}{U_N}\times100=\dfrac{117.26-110}{110}\times100=6.60$

末端电压偏移 $\%=\dfrac{U_3-U_N}{U_N}\times100=\dfrac{36-35}{35}\times100=2.86$

电压损耗 $\%=\dfrac{U_1-U_3}{U_N}\times100=\dfrac{117.26-102.85}{110}\times100=13.1$

输电效率 $\%=\dfrac{P_3}{P_1}\times100=\dfrac{15}{15.91}\times100=94.3$

这些指标都较为理想，因为所计算的是一个负荷较轻的运行状况。由于负荷较轻，加之负荷功率因数较低、线路电阻 R_l 又较大，线路始末端电压间的相位角很小，$\delta_l=1°$。

由上还可得出如下具有一定普遍意义的结论：

（1）如只要求计算电压的数值，略去电压降落的横分量 δU 不会产生很大误差。如本例中，略去 δU_T 时，误差仅 $110.86-110.52=0.34(\text{kV})$，即 0.3%。因而，近似计算公式 $U_1=U_2+\Delta U$ 有较大的适用范围。

（2）变压器中电压降落的纵分量 ΔU_T 主要取决于变压器电抗。如本例中，$P_3R_T/U_3=$

$0.72(\mathrm{kV})$，而 $Q_3 X_T / U_3 = 6.95(\mathrm{kV})$，即后者较前者大 9 倍以上。

（3）变压器中无功功率损耗远大于有功功率损耗。如本例中，$\Delta Q_{zT} + \Delta Q_{yT} = 2.11 + 0.6 = 2.71(\mathrm{Mvar})$，而 $\Delta P_{zT} + \Delta P_{yT} = 0.16 + 0.06 = 0.22(\mathrm{MW})$，即相差 10 倍以上。

（4）线路负荷较轻时，线路电纳中吸收的容性无功功率大于电抗中消耗的感性无功功率的现象并不罕见。如本例中，$\Delta Q_{yl1} + \Delta Q_{yl2} = 1.512 + 1.34 = 2.852(\mathrm{Mvar})$，而 $\Delta Q_{zl} = 1.056(\mathrm{Mvar})$，即这时的线路元件是一个感性无功功率电源。

（5）至于有名制和标幺制的计算结果完全一致则无须解释。本例中，$U_1 \cdot U_B = 1.066 \times 110 = 117.3(\mathrm{kV})$，$S_1 \cdot S_B = (1.061 + \mathrm{j}0.810)15 = 15.92 + \mathrm{j}12.15(\mathrm{MVA})$，与有名制计算结果相差极小。

最后，附带指出，本例中 $\dot{U}_1$、$\dot{U}_2$、$\dot{U}_3$ 间的相位关系如图 3 - 16 所示，即计算 ΔU_T、δU_T 时，以 $\dot{U}_3$ 为参考轴；计算 ΔU_l、δU_l 时，以 $\dot{U}_2$ 为参考轴；$\dot{U}_1$ 与 $\dot{U}_3$ 间的相位角即 $\delta_l + \delta_T$。

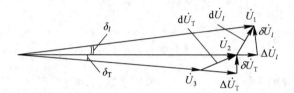

图 3 - 16　$\dot{U}_1$、$\dot{U}_2$、$\dot{U}_3$ 间的相位关系（示意图）

例 3.4　试运用以 Π 形等值电路表示的变压器模型，重新计算例 3.3 中输电系统的运行状况，并将计算结果与例 3.3 比较。计算时采用有名制。

解： 首先将变压器阻抗归算回低压侧。

归算时，变压器变比取实际变比 $k = \dfrac{U_1}{U_{\Pi}} = \dfrac{110}{38.5} = 2.857143$，从而

$$Z_T = \frac{(4.93 + \mathrm{j}63.5)}{k^2} = 0.603925 + \mathrm{j}7.778750 \ (\Omega)$$

变压器的励磁支路虽以连接在低压端为宜，但为使本例的计算结果与例 3.3 可比，仍将其连接在高压端。因此，其数值不必重新归算。

据此，即可作接入理想变压器后的等值网络，如图 3 - 17 所示。图中，理想变压器的变比显然为

$$k = \frac{U_1}{U_{\Pi}} = 2.857143$$

然后计算：

$$Y_T = \frac{1}{Z_T} = 0.009921 - \mathrm{j}0.127785 \ (\mathrm{S})$$

$$y_{20} = Y_T \frac{(1 - k)}{k^2} = -0.002257 + \mathrm{j}0.029071 \ (\mathrm{S})$$

$$y_{30} = Y_T \frac{(k - 1)}{k} = 0.006449 - \mathrm{j}0.083060 \ (\mathrm{S})$$

$$z_{23} = Z_T k = 1.725500 + \mathrm{j}22.225000 \ (\Omega)$$

为在本例中仍能运用手算，宜采用由阻抗支路和导纳支路混合组成的变压器 Π 形等值电路，即其中的接地支路参数仍取 y_{20}、y_{30}，节点间互连支路则以 z_{23} 取代 y_{23}，因此，由如上计算结果即可作图 3-18。

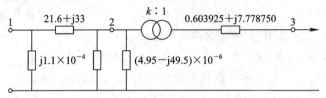

图 3-17　接入理想变压器后的等值网络

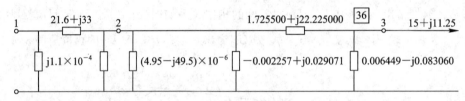

图 3-18　变压器以混合参数表示时的等值网络

至此，就可以常规的手算方法计算这一输电系统的运行状况。

由 $U_3 = 36$ kV 可得

$$\tilde{S}_{30} = U_3^2 \overset{*}{y}_{30} = 36^2 \times (0.006449 + j0.083060) = 8.357904 + j107.645760 \text{(MVA)}$$

$$\tilde{S}_3' = \tilde{S}_3 + \tilde{S}_{30} = (15 + j11.25) + (8.357904 + j107.645760)$$

$$= 23.357904 + j118.895760 \text{ (MVA)}$$

$$\Delta\tilde{S}_{23} = \frac{S_3'^2}{U_3^2} z_{23} = \frac{S_3'^2}{U_3^2} (1.725500 + j22.225000) = 19.547403 + j251.776897 \text{ (MVA)}$$

$$\Delta U_{23} = \frac{P_3' r_{23} + Q_3' x_{23}}{U_3} = \frac{23.357904 \times 1.725500 + 118.895760 \times 22.225000}{36}$$

$$= 74.521176 \text{ (kV)}$$

$$\delta U_{23} = \frac{P_3' x_{23} - Q_3' r_{23}}{U_3} = \frac{23.357904 \times 22.225000 - 118.895760 \times 1.725500}{36}$$

$$= 8.721522 \text{ (kV)}$$

$$U_2 = \sqrt{(U_3 + \Delta U_{23})^2 + \delta U_{23}^2} = \sqrt{(36 + 74.521176)^2 + 8.721522^2} = 110.864761 \text{ (kV)}$$

$$(U_2 = 110.86 \text{ (kV)})$$

$$\delta_{23} = \arctan \frac{\delta U_{23}}{U_3 + \Delta U_{23}} = \arctan \frac{8.721522}{36 + 74.521176} = 4.5120°(\delta_T = 4.51°)$$

$$\tilde{S}_{20} = U_2^2 \overset{*}{y}_{20} = 110.864761^2 \times (-0.002257 - j0.029071)$$

$$= -27.740776 - j357.311524 \text{(MVA)}$$

于是，变压器阻抗中的功率损耗为

$$\Delta\tilde{S}_{zT} = \tilde{S}_{30} + \Delta\tilde{S}_{23} + \tilde{S}_{20} = (8.357904 + j107.645760) + (19.547403 + j251.776897)$$

$$+ (-27.740776 - j357.311524) = 0.164531 + j2.111133 \text{ (MVA)}$$

$$(\Delta\tilde{S}_{zT} = 0.16 + j2.11 \text{(MVA)})$$

$$\Delta \widetilde{S}_{yT} = U_2^2 \overset{*}{Y}_T = 110.864761^2 \times (4.95 + j49.5) \times 10^{-6}$$
$$= 0.060840 + j0.608404 (\text{MVA}) \quad (\Delta S_{yT} = 0.06 + j0.60 (\text{MVA}))$$

$$\widetilde{S}_2 = \widetilde{S}_3 + \Delta \widetilde{S}_{zT} + \Delta \widetilde{S}_{yT} = (15 + j11.25) + (0.164531 + j2.111133) + (0.060840$$
$$+ j0.608404)$$

$$= 15.225371 + j13.969537 (\text{MVA}) \quad (\widetilde{S}_2 = 15.22 + j13.96 (\text{MVA}))$$

鉴于本例与例 3.3 中求得的节点 2 功率和电压(括号内数据)之间有微小的、显然为舍入误差的差别,因此已没有必要继续后续的计算。比较这两种计算所得的有用数据 $\dot{U}_2$、$\widetilde{S}_2$、$\Delta \widetilde{S}_{zT}$、$\Delta \widetilde{S}_{yT}$ 可见,从端点条件来看,它们是完全一致的。尽管变压器以 Ⅱ 形等值电路表示时,计算过程中出现了某些没有实际意义的中间结果,如 $\widetilde{S}_{30}$、$\Delta \widetilde{S}_{23}$、$\widetilde{S}_{20}$ 且数值都很大,但是它们的代数和却又等于相对很小的变压器阻抗中损耗。因而这种变压器模型主要适用于具有高精确度的计算机计算。基于同样原因,本例所取有效数字的位数较多。

四、环形网络中的潮流分布

就潮流分布而言,环形网络可理解为包括图 1-7 中所示的环式和两端供电网络。以下分别讨论这两种网络中的功率分布。

1. 环式供电网络中的功率分布

最简单的环式供电网络如图 3-19(a)所示,它只有一个单一的环,其等值电路如图 3-19(b)所示。作图 3-19(b)时,与作图 3-11(b)时相同,也以发电机端点为始端,并将发电厂变压器的励磁支路移至负荷侧。图 3-19(b)也可简化为图 3-19(c),在简化的同时,也将各阻抗、导纳重新编号。

由图 3-19(c)可见,这种最简单的单一环网的简化等值电路已相当复杂,需将其进一步简化。所谓进一步简化,即在全网电压都为额定电压的假设下,计算各变电所的运算负荷和发电厂的运算功率,并将它们接在相应的节点上。这时,等值电路中就不再包含该变压器的阻抗支路和母线上并联的导纳支路,如图 3-19(d)所示。在以下所有关于环式和两端供电网络手算方法的讨论中,设电路都已经过这种简化。显然,如对单回路输电系统的简化等值电路(见图 3-11(c))也作这种简化,简化后就只剩一个线路阻抗支路。

对图 3-19(d)所示的等值电路原则上也可运用节点电压法、回路电流法等求解。但问题仍在于已知的往往是节点功率而不是电流,由节点功率求取节点电流时,需已知节点电压,而节点电压本身待求。因而,仍无法避免迭代求解复数方程式。

对于单一环网,待解的只有一个回路方程式:

$$0 = z_{12} \dot{I}_a + z_{23} (\dot{I}_a + \dot{I}_2) + z_{31} (\dot{I}_a + \dot{I}_2 + \dot{I}_3) \tag{3-35}$$

式中,$\dot{I}_a$ 为流经阻抗 z_{12} 的电流;$\dot{I}_2$、$\dot{I}_3$ 为节点 2、3 的注入电流。

如仍采用全网电压都为额定电压的假设,回路电流法仍不失为可取的方法。

因此,如认为计算简单辐射形网路的方法运用了节点电压法中的节点电流平衡关系,则计算简单环式供电网络的方法就是简化的回路电流法。

这种简化就是运用近似的方法从功率 $\widetilde{S}$ 求取相应的电流 $\dot{I}$,即设电流 $\dot{I}$ 正比于复功率

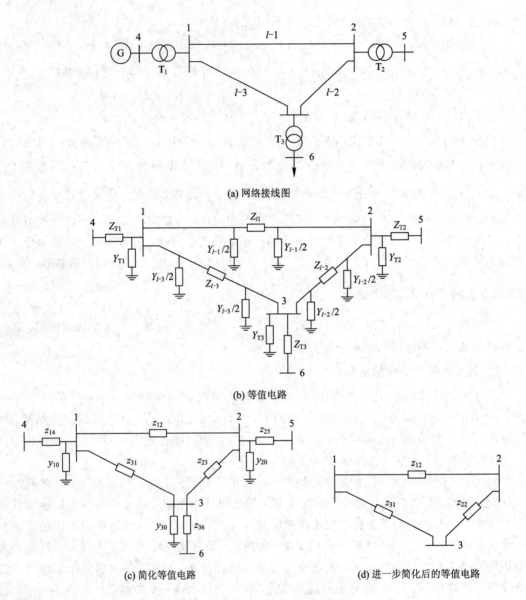

(a) 网络接线图

(b) 等值电路

(c) 简化等值电路

(d) 进一步简化后的等值电路

图 3-19 最简单的环式供电网络

的共轭值 $\overset{*}{S}$，或 $\overset{*}{I}=\overset{*}{S}/U_N$。再设图 3-19(d)中节点 2、3 的运算负荷 $\widetilde{S}_2$、$\widetilde{S}_3$ 已知，则由式 (3-35)，并计及运算负荷的符号与注入功率即注入电流的符号相反，可得

$$z_{12}\overset{*}{S}_a+z_{23}(\overset{*}{S}_a-\overset{*}{S}_2)+z_{31}(\overset{*}{S}_a-\overset{*}{S}_2-\overset{*}{S}_3)=0$$

式中，$\widetilde{S}_a$ 是与 $\overset{*}{I}_a$ 相对应的、流经阻抗 z_{12} 的功率。

由上式可解得

$$\widetilde{S}_a=\frac{(\overset{*}{z}_{23}+\overset{*}{z}_{31})\widetilde{S}_2+\overset{*}{z}_{31}S_3}{\overset{*}{z}_{12}+\overset{*}{z}_{23}+\overset{*}{z}_{31}} \tag{3-36a}$$

相似地，流经阻抗 z_{31} 的功率 $\widetilde{S}_b$ 为

$$\widetilde{S}_b = \frac{(\overset{*}{z}_{32} + \overset{*}{z}_{21})\widetilde{S}_3 + \overset{*}{z}_{21}\widetilde{S}_2}{\overset{*}{z}_{31} + \overset{*}{z}_{23} + \overset{*}{z}_{21}} \tag{3-36b}$$

对上两式可作如下理解：将节点 1 一分为二，可得等值两端供电网络的等值电路，如图 3-20 所示。其两端电压大小相等、相位相同。令图中节点 2、3 与节点 1 之间的总阻抗分别为 Z'_2、Z'_3，与节点 $1'$ 之间的总阻抗分别为 Z_2、Z_3；环网的总阻抗为 Z_Σ，则它们可分别改写为

$$\left. \begin{aligned} \widetilde{S}_a &= \frac{\widetilde{S}_2 \overset{*}{Z}_2 + \widetilde{S}_3 \overset{*}{Z}_3}{\overset{*}{Z}_\Sigma} = \frac{\sum \widetilde{S}_m \overset{*}{Z}_m}{\overset{*}{Z}_\Sigma} \, (m=2、3) \\ \widetilde{S}_b &= \frac{\widetilde{S}_2 \overset{*}{Z}'_2 + \widetilde{S}_3 \overset{*}{Z}'_3}{\overset{*}{Z}_\Sigma} = \frac{\sum \widetilde{S}_m \overset{*}{Z}'_m}{\overset{*}{Z}_\Sigma} \, (m=2、3) \end{aligned} \right\}$$

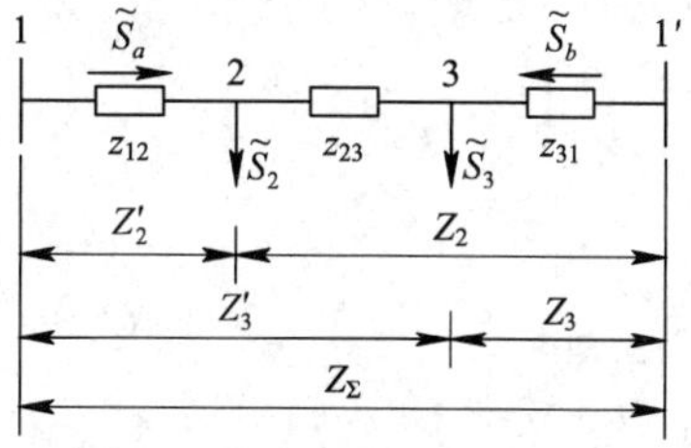

图 3-20　等值两端供电网络的等值电路

$$\tag{3-37}$$

式(3-37)与力学中梁的反作用力的计算公式很相似，网络中的负荷相当于梁的集中载荷，电源供应的功率则相当于梁的支点的反作用力，这样便于记忆。

还应指出，由于采用了 $\dot{I} = \overset{*}{S}/U_N$ 的假设，式(3-37)实质上是用电流计算的公式。在这种假设下，有如下的关系：

$$\widetilde{S}_a + \widetilde{S}_b = \widetilde{S}_2 + \widetilde{S}_3 = \sum \widetilde{S}_m (m=2、3) \tag{3-38}$$

式(3-38)可用以校核式(3-37)的计算结果。无疑，这两式可推广应用于有更多节点的环网。

式(3-37)需作大量复数乘除，虽便于记忆，却不实用。为此，要对其作某些形式上的变更。

令 $1/\overset{*}{Z}_\Sigma = \overset{*}{Y}_\Sigma = G_\Sigma + jB_\Sigma$，$G_\Sigma = R_\Sigma/(R_\Sigma^2 + X_\Sigma^2)$，$B_\Sigma = X_\Sigma/(R_\Sigma^2 + X_\Sigma^2)$。

以此代入式(3-37)，得

$$\widetilde{S}_a = (G_\Sigma + jB_\Sigma) \sum \widetilde{S}_m \overset{*}{Z}_m$$

或

$$\begin{aligned} \widetilde{S}_a &= (G_\Sigma + jB_\Sigma) \sum (P_m + jQ_m)(R_m - jX_m) \\ &= G_\Sigma \sum (P_m R_m + Q_m X_m) + B_\Sigma \sum (P_m X_m - Q_m R_m) \\ &\quad + j[B_\Sigma \sum (P_m R_m + Q_m X_m) - G_\Sigma \sum (P_m X_m - Q_m R_m)] \end{aligned}$$

从而

$$\left. \begin{aligned} P_a &= G_\Sigma \sum (P_m R_m + Q_m X_m) + B_\Sigma \sum (P_m X_m - Q_m R_m) \\ Q_a &= B_\Sigma \sum (P_m R_m + Q_m X_m) - G_\Sigma \sum (P_m X_m - Q_m R_m) \end{aligned} \right\} \tag{3-39a}$$

相似地

$$\left. \begin{aligned} P_b &= G_\Sigma \sum (P_m R'_m + Q_m X'_m) + B_\Sigma \sum (P_m X'_m - Q_m R'_m) \\ Q_b &= B_\Sigma \sum (P_m R'_m + Q_m X'_m) - G_\Sigma \sum (P_m X'_m - Q_m R'_m) \end{aligned} \right\} \tag{3-39b}$$

求得 $\widetilde{S}_a$ 或 $\widetilde{S}_b$ 后，即可求取环网各线段中流通的功率。通过求得这些功率可发现，网络中某些节点的功率是由两侧向其流动的。这种节点称为功率分点。通常在功率分点上加

"▼"以示区别。如有功、无功功率的分点不一致，则以"▼"、"▽"分别表示有功功率分点、无功功率分点。

如果网络中所有线段单位长度的参数完全相等，则式(3-37)可改写为

$$\widetilde{S}_a = \frac{\sum \widetilde{S}_m l_m}{l_\Sigma}; \quad \widetilde{S}_b = \frac{\sum \widetilde{S}_m l'_m}{l_\Sigma} \tag{3-40}$$

从而

$$\left. \begin{aligned} P_a &= \frac{\sum P_m l_m}{l_\Sigma}; \quad P_b = \frac{\sum P_m l'_m}{l_\Sigma} \\ Q_a &= \frac{\sum Q_m l_m}{l_\Sigma}; \quad Q_b = \frac{\sum Q_m l'_m}{l_\Sigma} \end{aligned} \right\} \tag{3-41}$$

式中，l_m、l'_m、l_Σ 分别为与 Z_m、Z'_m、Z_Σ 相对应的线路长度。显然，该公式更接近于力学中计算反作用力的公式。

2. 两端供电网络中的功率分布

回路电压为零的单一环网既可等值于两端电压大小相等、相位相同的两端供电网络，以及两端电压大小不等、相位不同的两端供电网络，如图 3-21(a)所示，也可等值于回路电压不为零的单一环网，如图 3-21(b)所示。

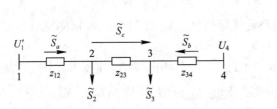
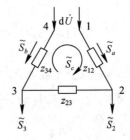

(a) 两端供电网络的等值电路   (b) 等值环式网络的等值电路

图 3-21 两端供电网络与环式网络的等值

图 3-21(b)中，令节点 1、4 的电压相差 $\dot{U}_1 - \dot{U}_4 = \mathrm{d}\dot{U}$，可得如下的回路方程式：

$$\mathrm{d}\dot{U} = z_{12}\dot{I}_a + z_{23}(\dot{I}_a + \dot{I}_2) + z_{34}(\dot{I}_a + \dot{I}_2 + \dot{I}_3)$$

计及 $\dot{I} = \dfrac{\overset{*}{S}}{U_N}$，上式可改写为

$$U_N \mathrm{d}\dot{U} = z_{12}\overset{*}{\widetilde{S}}_a + z_{23}(\overset{*}{\widetilde{S}}_a - \overset{*}{\widetilde{S}}_2) + z_{34}(\overset{*}{\widetilde{S}}_a - \overset{*}{\widetilde{S}}_2 - \overset{*}{\widetilde{S}}_3)$$

式中的负荷功率已改变符号。由上式可解得流经阻抗 z_{12} 的功率 $\widetilde{S}_a$ 为

$$\widetilde{S}_a = \frac{(\overset{*}{z}_{23} + \overset{*}{z}_{34})\widetilde{S}_2 + \overset{*}{z}_{34}\widetilde{S}_3}{\overset{*}{z}_{12} + \overset{*}{z}_{23} + \overset{*}{z}_{34}} + \frac{U_N \mathrm{d}\overset{*}{U}}{\overset{*}{z}_{12} + \overset{*}{z}_{23} + \overset{*}{z}_{34}} \tag{3-42a}$$

相似地，流经阻抗 z_{43} 的功率 $\widetilde{S}_b$ 为

$$\widetilde{S}_b = \frac{(\overset{*}{z}_{32} + \overset{*}{z}_{21})\widetilde{S}_3 + \overset{*}{z}_{21}\widetilde{S}_2}{\overset{*}{z}_{43} + \overset{*}{z}_{32} + \overset{*}{z}_{21}} - \frac{U_N \mathrm{d}\overset{*}{U}}{\overset{*}{z}_{43} + \overset{*}{z}_{32} + \overset{*}{z}_{21}} \tag{3-42b}$$

由式(3-42a)和式(3-42b)可见，两端电压不相等的两端供电网络中，各线段中流通的功率可看作是两个功率分量的叠加：一个分量为两端电压相等时的功率，即图3-21(b)中设 $d\dot{U}=0$ 时的功率；另一个分量为取决于两端电压的差值 $d\dot{U}$ 和环网总阻抗 $Z_\Sigma=z_{12}+z_{23}+z_{34}$ 的功率，称循环功率，以 $\tilde{S}_c$ 表示：

$$\tilde{S}_c = \frac{U_N d\overset{*}{\dot{U}}}{\overset{*}{Z}_\Sigma} \tag{3-43}$$

于是，套用式(3-37)可将式(3-42a)和式(3-42b)改写为

$$\tilde{S}_a = \frac{\sum \tilde{S}_m \overset{*}{Z}_m}{\overset{*}{Z}_\Sigma} + \tilde{S}_c ; \quad \tilde{S}_b = \frac{\sum \tilde{S}_m \overset{*}{Z}'_m}{\overset{*}{Z}_\Sigma} - \tilde{S}_c \tag{3-44}$$

注意：循环功率的正向与 $d\dot{U}$ 的取向有关。取 $d\dot{U}=\dot{U}_1-\dot{U}_4$，则循环功率由节点1流向节点4时为正；反之，取 $d\dot{U}=\dot{U}_4-\dot{U}_1$，则循环功率由节点4流向节点1时为正。

式(3-44)还可用以计算环网中变压器变比不匹配时的循环功率。为此，先观察图3-22所示环式供电网络。设图中变压器 T_1、T_2 的变比分别为 $242/10.5$、$231/10.5$，则在网络空载且开环运行时，开口两侧将有电压差；闭环运行时，网络中将有功率循环。例如，将图中断路器1断开时，其左侧电压为 $10.5 \times 242/10.5 = 242(kV)$，右侧电压为 $10.5 \times 231/10.5 = 231(kV)$；从而，将该断路器闭合时，将有顺时针方向的循环功率流动。

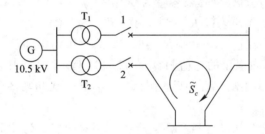

图 3-22 环式网络

显然，这个循环功率的大小就取决于断路器两侧的电压差和环网的总阻抗，其表达式仍为式(3-43)。不同的是，式中的 $d\dot{U}$ 此处为环网开环时开口两侧的电压差，并非两个电源电压的差值。如果近似取两个变压器的变比相等(均为两侧线路额定电压的比值)，则无法计算这种循环功率。

3. 环形网络中的电压降落和功率损耗

在求得环形网络中的功率分布后，还必须计算网络中各线段的电压降落和功率损耗，方能获得潮流分布计算的最终结果。

这种计算并不困难。因求得网络中的功率分布后，就可确定其功率分点以及流向功率分点的功率。由于功率分点总是网络中的最低电压点，因而可在该点将环网解开，即将环形网络看作两个辐射形网络，由功率分点开始，分别从其两侧逐段向电源端推算电压降落和功率损耗。这时运用的计算公式与计算辐射形网络时完全相同。

进行上述计算时，可能会出现两个问题：有功功率分点和无功功率分点不一致，应以哪个分点作为计算的起点？已知的是电源端电压而不是功率分点电压，应按什么电压起

算？对前者可作如下考虑：鉴于较高电压级网络中，电压损耗主要是无功功率流动所引起的，无功功率分点电压往往低于有功功率分点，一般可以无功功率分点为计算的起点。对后者则要再次设网络中各点电压均为额定电压，先计算各线段功率损耗，求得电源端功率后，再运用已知的电源端电压和求得的电源端功率计算各线段电压降落。

例 3.5 网络接线图如图 3-23 所示。图中，发电厂 F 母线 Ⅱ 上所连发电机发给定运算功率 $(40+j30)$MVA，其余功率由母线 Ⅰ 上所连发电机供给。

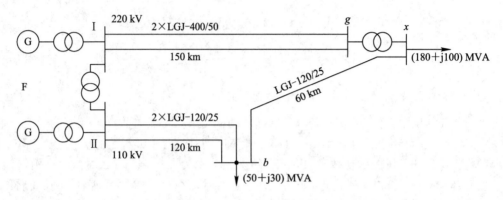

图 3-23　例 3.5 网络接线图

设连接母线 Ⅰ、Ⅱ 的联络变压器容量为 60 MVA，$R_T=3\ \Omega$，$X_T=110\ \Omega$；线路末端降压变压器的总容量为 240 MVA，$R_T=0.8\ \Omega$，$X_T=23\ \Omega$；220 kV 线路中，$R_l=5.9\ \Omega$，$X_l=31.5\ \Omega$；110 kV 线路中，xb 段，$R_l=65\ \Omega$，$X_l=100\ \Omega$，bⅡ段，$R_l=65\ \Omega$，$X_l=100\ \Omega$。所有阻抗均已按线路额定电压的比值归算至 220 kV 侧。降压变压器电导可略去，电纳中功率与 220 kV 线路电纳中功率合并后，作为一 10 Mvar 无功功率电源连接在降压变压器高压侧。

设联络变压器的变比为 231/110 kV，降压变压器的变比为 231/121 kV；发电厂母线 Ⅰ 上电压为 242 kV，试计算网络中的潮流分布。

解：（1）计算初步功率分布。

按给定条件作等值电路，如图 3-24 所示。

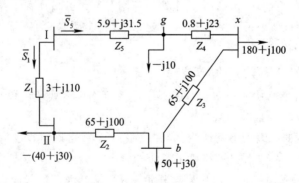

图 3-24　等值电路图

设全网电压均为额定电压，以等电压两端供电网络的计算方法计算功率分布，则

$$\widetilde{S}_1 = \frac{\sum \widetilde{S}_m \overset{*}{\overset{}{Z}}_m}{\overset{*}{Z}_\Sigma} = \frac{\widetilde{S}_g \overset{*}{Z}_5 + \widetilde{S}_x (\overset{*}{Z}_5 + \overset{*}{Z}_4) + \widetilde{S}_b (\overset{*}{Z}_5 + \overset{*}{Z}_4 + \overset{*}{Z}_3) + \widetilde{S}_\mathrm{II} (\overset{*}{Z}_5 + \overset{*}{Z}_4 + \overset{*}{Z}_3 + \overset{*}{Z}_2)}{\overset{*}{Z}_1 + \overset{*}{Z}_2 + \overset{*}{Z}_3 + \overset{*}{Z}_4 + \overset{*}{Z}_5}$$

$$= \frac{1}{139.7 + j364.5} \times [-j10 \times (5.9 + j31.5) + (180 + j100) \times (6.7 + j54.5)$$

$$+ (50 + j30) \times (71.7 + j154.5) - (40 + j30) \times (136.7 + j254.5)]$$

$$= 22.13 - j4.48 (\mathrm{MVA})$$

$$\widetilde{S}_5 = \frac{\sum \widetilde{S}_m \overset{*}{Z}'_m}{\overset{*}{Z}_\Sigma} = \frac{\widetilde{S}_\mathrm{II} \overset{*}{Z}_1 + \widetilde{S}_b (\overset{*}{Z}_1 + \overset{*}{Z}_2) + \widetilde{S}_x (\overset{*}{Z}_1 + \overset{*}{Z}_2 + \overset{*}{Z}_3) + \widetilde{S}_g (\overset{*}{Z}_1 + \overset{*}{Z}_2 + \overset{*}{Z}_3 + \overset{*}{Z}_4)}{\overset{*}{Z}_1 + \overset{*}{Z}_2 + \overset{*}{Z}_3 + \overset{*}{Z}_4 + \overset{*}{Z}_5}$$

$$= \frac{1}{139.7 + j364.5} \times [-(40 + j30) \times (3 + j110) + (50 + j30) \times (68 + j210)$$

$$+ (180 + j100) \times (133 + j310) - j10 \times (133.8 + j333)]$$

$$= 167.87 + j94.48 (\mathrm{MVA})$$

校核：

$$\widetilde{S}_1 + \widetilde{S}_5 = (22.13 - j4.48) + (167.87 + j94.48) = 190 + j90 (\mathrm{MVA})$$

$$\widetilde{S}_\mathrm{II} + \widetilde{S}_b + \widetilde{S}_x + \widetilde{S}_g = -(40 + j30) + (50 + j30) + (180 + j100) - j10$$

$$= 190 + j90 (\mathrm{MVA})$$

可见计算无误。接下来可作初步功率分布，如图 3-25 所示。

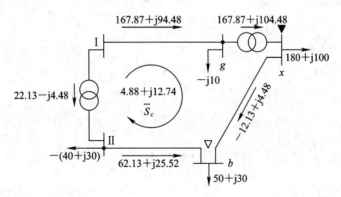

图 3-25 初步功率分布

（2）计算循环功率。

如在联络变压器高压侧将环网解开，则开口上方电压即发电厂母线 Ⅰ 上的电压为 242 kV；开口下方电压为

$$242 \times \frac{121}{231} \times \frac{231}{110} = 266.2 (\mathrm{kV})$$

由此可见，循环功率的流向为顺时针方向，其值为

$$\widetilde{S}_c = \frac{U_N \mathrm{d} \overset{*}{U}}{\overset{*}{Z}_\Sigma} = \frac{220(266.2 - 242)}{139.7 + j364.5} = 4.88 + j12.74 (\mathrm{MVA})$$

求得循环功率后，即可计算计及循环功率时的功率分布，计算结果如图 3-26 所示。

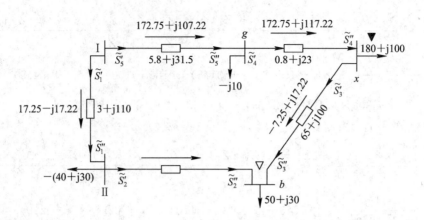

图 3 − 26　计及循环功率时的功率分布

（3）计算各线段的功率损耗。

由图 3 − 26 可见，此处有两个功率分点，选无功功率分点为计算功率损耗的起点，并按网络额定电压 220 kV 计算功率损耗。

$$\widetilde{S}_2'' = 57.25 + j12.78 \ (\text{MVA})$$

$$\Delta P_2 = \frac{57.25^2 + 12.78^2}{220^2} \times 65 = 4.62 (\text{MW})；\Delta Q_2 = \frac{57.25^2 + 12.78^2}{220^2} \times 100 = 7.11 \ (\text{Mvar})$$

$$\widetilde{S}_2' = \widetilde{S}_2'' + \Delta \widetilde{S}_2 = (57.25 + j12.78) + (4.62 + j7.11) = 61.87 + j19.89 \ (\text{MVA})$$

$$\widetilde{S}_3'' = -7.25 + j17.22 \ (\text{MVA})$$

$$\Delta P_3 = \frac{7.25^2 + 17.22^2}{220^2} \times 65 = 0.47 (\text{MW})；\Delta Q_3 = \frac{7.25^2 + 17.22^2}{220^2} \times 100 = 0.72 \ (\text{Mvar})$$

$$\widetilde{S}_3' = \widetilde{S}_3'' + \Delta \widetilde{S}_3 = (-7.25 + j17.22) + (0.47 + j0.72) = -6.78 + j17.94 \ (\text{MVA})$$

$$\widetilde{S}_4'' = \widetilde{S}_3' + \widetilde{S}_x = (-6.78 + j17.94) + (180 + j100) = 173.22 + j117.94 \ (\text{MVA})$$

$$\Delta P_4 = \frac{173.22^2 + 117.94^2}{220^2} \times 0.8 = 0.73 (\text{MW})；\Delta Q_4 = \frac{173.22^2 + 117.94^2}{220^2} \times 23 = 20.87 (\text{M var})$$

$$\widetilde{S}_4' = \widetilde{S}_4'' + \Delta \widetilde{S}_4 = (173.22 + j117.94) + (0.73 + j20.87) = 173.95 + j138.81 \ (\text{MVA})$$

$$\widetilde{S}_5'' = \widetilde{S}_4' + \widetilde{S}_g = (173.95 + j138.81) - j10 = 173.95 + j128.81 \ (\text{MVA})$$

$$\Delta P_5 = \frac{173.95^2 + 128.81^2}{220^2} \times 5.9 = 5.71 (\text{MW})；\Delta Q_5 = \frac{173.95^2 + 128.81^2}{220^2} \times 31.5$$
$$= 30.49 (\text{M var})$$

$$\widetilde{S}_5' = \widetilde{S}_5'' + \Delta \widetilde{S}_5 = (173.95 + j128.81) + (5.71 + j30.49) = 179.66 + j159.30 \ (\text{MVA})$$

$$\widetilde{S}_1'' = \widetilde{S}_2' + \widetilde{S}_{\text{II}} = (61.87 + j19.89) - (40 + j30) = 21.87 - j10.11 \ (\text{MVA})$$

$$\Delta P_1 = \frac{21.87^2 + 10.11^2}{220^2} \times 3 = 0.04 (\text{MW})；\Delta Q_1 = \frac{21.87^2 + 10.11^2}{220^2} \times 110 = 1.32 \ (\text{Mvar})$$

$$\widetilde{S}_1' = \widetilde{S}_1'' + \Delta \widetilde{S}_1 = (21.87 - j10.11) + (0.04 + j1.32) = 21.91 - j8.79 \ (\text{MVA})$$

$$\widetilde{S}_1 = \widetilde{S}_5' + \widetilde{S}_1' = (179.66 + j159.30) + (21.91 - j8.79) = 201.57 + j150.51 \ (\text{MVA})$$

（4）计算各线段的电压降落。

由 U_1、$\tilde{S}'_5$ 求 U_g：

$$\Delta U_5 = \frac{179.66 \times 5.9 + 159.30 \times 31.5}{242} = 25.12 \ (\text{kV})$$

$$\delta U_5 = \frac{179.66 \times 31.5 - 159.30 \times 5.9}{242} = 19.50 \ (\text{kV})$$

$$U_g = \sqrt{(242 - 25.12)^2 + 19.50^2} = 217.75 \ (\text{kV})$$

由 U_g、$\tilde{S}'_4$ 求 U_x：

$$\Delta U_4 = \frac{173.95 \times 0.8 + 138.81 \times 23}{217.75} = 15.30 \ (\text{kV})$$

$$\delta U_4 = \frac{173.95 \times 23 - 138.81 \times 0.8}{217.75} = 17.86 \ (\text{kV})$$

$$U_x = \sqrt{(217.75 - 15.30)^2 + 17.86^2} = 203.24 \ (\text{kV})$$

由 U_x、$\tilde{S}'_3$ 求 U_b：

$$\Delta U_3 = \frac{-6.78 \times 65 + 17.94 \times 100}{203.24} = 6.66 \ (\text{kV})$$

$$\delta U_3 = \frac{-6.78 \times 100 - 17.94 \times 65}{203.24} = -9.07 \ (\text{kV})$$

$$U_b = \sqrt{(203.24 - 6.66)^2 + 9.07^2} = 196.79 \ (\text{kV})$$

由 U_b、$\tilde{S}''_2$ 求 U_{II}：

$$\Delta U_2 = \frac{57.25 \times 65 + 12.78 \times 100}{196.79} = 25.40 \ (\text{kV})$$

$$\delta U_2 = \frac{57.25 \times 100 - 12.78 \times 65}{196.79} = 24.87 \ (\text{kV})$$

$$U_{\text{II}} = \sqrt{(196.79 + 25.40)^2 + 24.87^2} = 223.57 \ (\text{kV})$$

由 U_{II}、$\tilde{S}''_1$ 求 U_{I}：

$$\Delta U_1 = \frac{21.87 \times 3 - 10.11 \times 110}{223.58} = -4.68 \ (\text{kV})$$

$$\delta U_1 = \frac{21.87 \times 110 + 10.11 \times 3}{223.58} = 10.90 \ (\text{kV})$$

$$U_{\text{I}} = \sqrt{(223.58 - 4.68)^2 + 10.90^2} = 219.17 \ (\text{kV})$$

顺时针 $\text{I}—g—x—b—\text{II}—\text{I}$ 逐段求得 $U_{\text{I}} = 219.17 \ \text{kV}$，与起始的 $U_{\text{I}} = 242 \ \text{kV}$ 相差很大。这一差别就是变压器的变比不匹配形成的。如仍顺时针按给定的变压器变比将各点电压折算为实际值，余下的就是计算方法上的误差。这时有

$$U_{\text{I}} = 242 \ \text{kV} ; \quad U_g = 217.75 \ \text{kV}$$

$$U'_x = 203.24 \times \frac{121}{231} = 106.46 (\text{kV}) ; \quad U'_b = 196.79 \times \frac{121}{231} = 103.08 \ (\text{kV})$$

$$U'_{\text{II}} = 223.58 \times \frac{121}{231} = 117.11 (\text{kV}) ; \quad U'_{\text{I}} = 219.17 \times \frac{121}{231} \times \frac{121}{110} = 241.09 \ (\text{kV})$$

最后计算结果如图 3-27 所示。

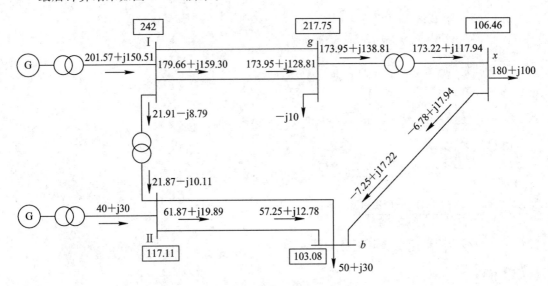

图 3-27　潮流分布计算结果

第三节　复杂电力系统的潮流计算

实际电力系统是一个包含大量母线和支路的复杂大系统。上节介绍的是简单电力系统的潮流计算方法，但随着电力系统的不断扩大、电力网结构的日益复杂，已经不能再用这种简单的方法来分析复杂的电力系统。电力系统的潮流计算就是对复杂电力系统正常和故障条件下稳态运行状态的计算。

目前，电子计算机已广泛应用于电力系统的分析计算，潮流计算是其基本应用软件之一。用计算机进行潮流计算时，一般需要完成以下几个步骤：建立电力网的数学模型，确定求解数学模型的计算方法，制定计算流程图，编制计算程序，上机调试与运算。现在已有很多种潮流计算方法，不管采用哪种方法，一般都需要满足以下几个方面的要求：

（1）计算速度快；

（2）计算精度高；

（3）输入、输出方便，人-机互动性好；

（4）适应性强，能与其他程序配合。

另外，潮流计算结果的用途，如用于电力系统稳定研究、安全估计或最优潮流等，也对潮流计算的模型和方法有直接影响。

一、高斯-塞德尔法潮流计算

描述电力系统功率与电压关系的方程式(3-15)是一组关于电压 U 的非线性代数方程式，不能用解析法直接求解。高斯迭代法是一种简单可行的求解方法。

先假设有 n 个节点的电力系统，没有 PV 节点，平衡节点编号为 s，$1 \leqslant s \leqslant n$，则式(3-15)可写成下列复数方程式：

$$\dot{U}_i = \frac{1}{Y_{ii}}\left(\frac{P_i - \mathrm{j}Q_i}{\overset{*}{U}_i} - \sum_{\substack{j=1 \\ \neq i}}^{n} Y_{ij}\dot{U}_j\right) \begin{aligned} & i = 1,\ 2,\ \cdots,\ n \\ & i \neq s \end{aligned} \qquad (3-45)$$

对每一个 PQ 节点都可列出一个方程式,因而有 $n-1$ 个方程式。在这些方程式中,注入功率 P_i 和 Q_i 都是给定的,平衡节点电压也是已知的,因而只有 $n-1$ 个节点的电压为未知量。这样,用 $n-1$ 个方程式求解 $n-1$ 个变量,有可能求得惟一解。

高斯法的基本思想是用迭代计算来求解式(3-45),其等号右边是前一次迭代的计算值,等号左边为新值。

$$\dot{U}_i^{(k+1)} = \frac{1}{Y_{ii}}\left(\frac{P_i - \mathrm{j}Q_i}{\overset{*}{U}_i^{(k)}} - \sum_{\substack{j=1 \\ \neq i}}^{n} Y_{ij}\dot{U}_j^{(k)}\right) \begin{aligned} & i = 1,\ 2,\ \cdots,\ n \\ & i \neq s \end{aligned} \qquad (3-46)$$

式中,k 为迭代的次数。在给定节点电压的初值后,对所有的 PQ 节点逐个进行式(3-46)的迭代计算,求得所有 PQ 节点的电压新值,然后以新值代入式(3-46)右边,进行下一次迭代。这样反复迭代,直至所有节点电压前一次的迭代值与后一次迭代值相量差的模小于给定的允许误差值 ε 后,结束迭代,即

$$|\dot{U}_i^{(k+1)} - \dot{U}_i^{(k)}| \leqslant \varepsilon \quad i = 1,\ 2,\ \cdots,\ n \quad i \neq s \qquad (3-47)$$

迭代计算求得了所有节点的电压之后,就可以利用式(3-15)求出平衡节点的注入功率及利用电路基本定理求取支路功率和支路功率损耗。因此,用高斯法求解潮流的基本步骤如下:

(1) 设定各节点电压的初值 $\dot{U}_i^{(0)}$ 并给定迭代误差判据;

(2) 对每一个 PQ 节点,以前一次迭代的节点电压值代入式(3-46)右边,求出新值;

(3) 判别各节点电压前后两次迭代值相量差的模是否小于规定误差 ε,如不小于 ε,则回到第(2)步,继续进行计算,否则转到第(4)步;

(4) 按式(3-15)求平衡节点注入功率;

(5) 求支路功率分布和支路功率损耗。

如系统内存在 PV 节点,假设节点 p 为 PV 节点,设定的节点电压为 U_{p0}。假定高斯法已完成第 k 次迭代,接着要进行第 $k+1$ 次迭代,此时应先按下式求出节点 p 的注入无功功率(符号 Im 为取复数的虚部):

$$Q_p^{(k+1)} = \mathrm{Im}\left[\dot{U}_p^{(k)} \sum_{j=1}^{n} \overset{*}{Y}_{pj}\overset{*}{U}_j^{(k)}\right] \qquad (3-48)$$

然后将其代入下式,求出节点 p 的电压:

$$\dot{U}_p^{(k+1)} = \frac{1}{Y_{pp}}\left[\frac{P_p - \mathrm{j}Q_p^{(k+1)}}{\overset{*}{U}_p^{(k)}} - \sum_{\substack{j=1 \\ \neq p}}^{n} Y_{pj}\dot{U}_j^{(k)}\right] \qquad (3-49)$$

在迭代过程中,按式(3-49)求得的节点 p 的电压大小不一定等于设定的节点电压 U_{p0},所以在下一次的迭代中,应以设定的 U_{p0} 对 $\dot{U}_p^{(k+1)}$ 进行修正,但其相角仍应保持式(3-49)所求得的值,使得 $\dot{U}_p^{(k+1)}$ 成为 $U_{p0}\angle\theta_p^{(k+1)}$。

如果系统有多个 PV 节点,可按相同方法处理。

高斯法在第 $k+1$ 次迭代时,式(3-46)右边出现的都是节点电压第 k 次迭代值 $\dot{U}_j^{(k)}$。事实上,在计算第 $k+1$ 次迭代的 $\dot{U}_i$ 时,前面 $i-1$ 个节点电压的第 $k+1$ 次迭代值已经求

得。所以，如果稍加改进，在第 $k+1$ 次迭代计算第 i 个节点电压时，前面 $i-1$ 个节点电压用其第 $k+1$ 次的迭代值，而后面的节点 $(i，\cdots，n)$ 电压仍用第 k 次的迭代值，如式 $(3-50)$ 所示，则将对收敛速度有所改进。这种方法称之为高斯-塞德尔(Gauss-Seidel)法。

$$\dot{U}_i^{(k+1)} = \frac{1}{Y_{ii}}\left[\frac{P_i - \mathrm{j}Q_i}{\dot{U}_i^{*(k)}} - \sum_{j=1}^{i-1} Y_{ij}\dot{U}_j^{(k+1)} + \sum_{j=i+1}^{n} Y_{ij}\dot{U}_j^{(k)}\right] \qquad (3-50)$$

高斯-塞德尔法计算潮流的框图见图 $3-28$ 所示。

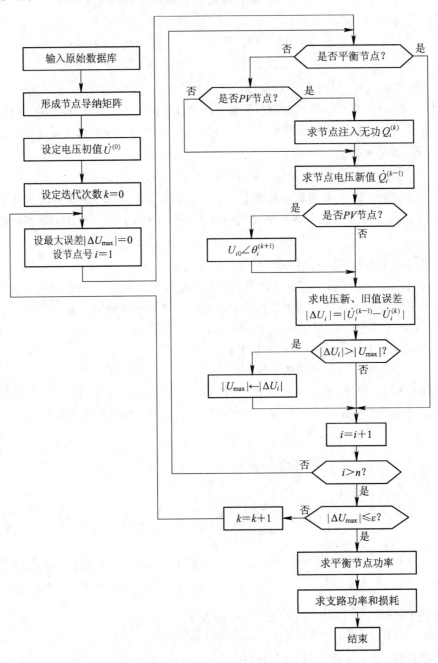

图 3-28　高斯-塞德尔法潮流计算框图

二、牛顿-拉夫逊法潮流计算

1. 牛顿-拉夫逊算法原理

牛顿-拉夫逊(Newton-Raphson)算法是求解非线性代数方程有效的迭代计算方法。在每一次的迭代过程中，非线性问题通过线性化逐步近似。下面以一个变量为 x 的非线性函数求解过程为例加以说明。设一维非线性方程为

$$f(x)=0 \tag{3-51}$$

求解 x，设真值为 x^*。

首先在 x^* 附近选一初值 $x^{(0)}$，则误差为

$$\Delta x^{(0)}=x^{(0)}-x^*$$

式(3-51)写为

$$f(x^{(0)}-\Delta x^{(0)})=0 \tag{3-52}$$

将上式展开成泰勒级数，即

$$f(x^{(0)}-\Delta x^{(0)})=f(x^{(0)})-f'(x^{(0)})\Delta x^{(0)}+f''(x^{(0)})\frac{\left[\Delta x^{(0)}\right]^2}{2!}-\cdots$$

$$+(-1)^n f^n(x^{(0)})\frac{\left[\Delta x^{(0)}\right]^n}{n!}+\cdots=0$$

如果初值 $x^{(0)}$ 接近真值，则误差足够小，可略去上式中的高阶项，则有

$$f(x^{(0)})-f'(x^{(0)})\Delta x^{(0)}=0 \tag{3-53}$$

可得

$$\Delta x^{(0)}=\frac{f(x^{(0)})}{f'(x^{(0)})} \tag{3-54}$$

将 $x^{(0)}$ 代入式(3-54)，求得误差修正量，即可得到所求解，即

$$x^{(1)}=x^{(0)}-\Delta x^{(0)} \tag{3-55}$$

如此继续下去，即可得到充分逼近解，即

$$\Delta x^{(1)}=\frac{f(x^{(1)})}{f'(x^{(1)})}$$

$$x^{(2)}=x^{(1)}-\Delta x^{(1)}$$

$$f(x^{(v)})-f'(x^{(v)})\Delta x^{(v)}=0 \tag{3-56}$$

$$\Delta x^{(v)}=\frac{f(x^{(v)})}{f'(x^{(v)})} \tag{3-57}$$

$$x^{(v+1)}=x^{(v)}-\Delta x^{(v)} \tag{3-58}$$

理论上有

$$x^*=x^{(\infty)}$$

收敛条件为

$$|f'(x^{(v)})\cdot\Delta x^{(v)}|<\varepsilon_1$$
$$|\Delta x^{(v)}|<\varepsilon_2 \tag{3-59}$$

图 3-29(a)所示为牛顿-拉夫逊法的解算过程，可见 $x^{(v+1)}$ 更接近于真值。运用这种方法时，初值要选取地接近于精确解，否则迭代过程可能不收敛，如图 3-29(b)所示。

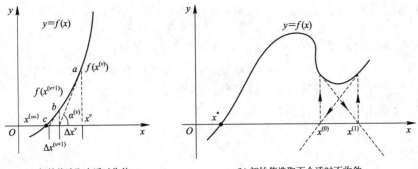

(a) 初始值选取合适时收敛　　　　　　　(b) 初始值选取不合适时不收敛

图 3-29　牛顿-拉夫逊的解算过程

对于 n 维非线性方程组：

$$\left.\begin{array}{r}f_1(x_1,\ x_2,\ \cdots,\ x_n)=0\\ f_2(x_1,\ x_2,\ \cdots,\ x_n)=0\\ \vdots\\ f_n(x_1,\ x_2,\ \cdots,\ x_n)=0\end{array}\right\} \qquad (3-60)$$

令 $\qquad\qquad \Delta x_i^{(0)}=x_i^{(0)}-x_i^*\qquad i=1,\ 2,\ \cdots,\ n$

则有

$$\left.\begin{array}{r}f_1(x_1^{(0)}-\Delta x_1^{(0)},\ x_2^{(0)}-\Delta x_2^{(0)},\ \cdots,\ x_n^{(0)}-\Delta x_n^{(0)})=0\\ f_2(x_1^{(0)}-\Delta x_1^{(0)},\ x_2^{(0)}-\Delta x_2^{(0)},\ \cdots,\ x_n^{(0)}-\Delta x_n^{(0)})=0\\ \vdots\\ f_n(x_1^{(0)}-\Delta x_1^{(0)},\ x_2^{(0)}-\Delta x_2^{(0)},\ \cdots,\ x_n^{(0)}-\Delta x_n^{(0)})=0\end{array}\right\} \qquad (3-61)$$

展开成泰勒级数，并略去二阶以上项：

$$\left.\begin{array}{r}f_1(x_1^{(0)},\ x_2^{(0)},\ \cdots,\ x_n^{(0)})-\left[\dfrac{\partial f_1}{\partial x_1}\bigg|_0\Delta x_1^{(0)}+\dfrac{\partial f_1}{\partial x_2}\bigg|_0\Delta x_2^{(0)}+\cdots+\dfrac{\partial f_1}{\partial x_n}\bigg|_0\Delta x_n^{(0)}\right]=0\\[3mm] f_2(x_1^{(0)},\ x_2^{(0)},\ \cdots,\ x_n^{(0)})-\left[\dfrac{\partial f_2}{\partial x_1}\bigg|_0\Delta x_1^{(0)}+\dfrac{\partial f_2}{\partial x_2}\bigg|_0\Delta x_2^{(0)}+\cdots+\dfrac{\partial f_2}{\partial x_n}\bigg|_0\Delta x_n^{(0)}\right]=0\\[3mm] \vdots\\[2mm] f_n(x_1^{(0)},\ x_2^{(0)},\ \cdots,\ x_n^{(0)})-\left[\dfrac{\partial f_n}{\partial x_1}\bigg|_0\Delta x_1^{(0)}+\dfrac{\partial f_2}{\partial x_2}\bigg|_0\Delta x_2^{(0)}+\cdots+\dfrac{\partial f_n}{\partial x_n}\bigg|_0\Delta x_n^{(0)}\right]=0\end{array}\right\}$$

$$(3-62)$$

整理成为如下的矩阵方程：

$$\begin{bmatrix}f_1(x_1^{(0)},\ x_2^{(0)},\ \cdots,\ x_n^{(0)})\\ f_2(x_1^{(0)},\ x_2^{(0)},\ \cdots,\ x_n^{(0)})\\ \vdots\\ f_n(x_1^{(0)},\ x_2^{(0)},\ \cdots,\ x_n^{(0)})\end{bmatrix}=\begin{bmatrix}\dfrac{\partial f_1}{\partial x_1}&\dfrac{\partial f_1}{\partial x_2}&\cdots&\dfrac{\partial f_1}{\partial x_n}\\[2mm] \dfrac{\partial f_2}{\partial x_1}&\dfrac{\partial f_2}{\partial x_2}&\cdots&\dfrac{\partial f_2}{\partial x_n}\\[2mm] \vdots&\vdots&&\vdots\\[2mm] \dfrac{\partial f_n}{\partial x_1}&\dfrac{\partial f_n}{\partial x_2}&\cdots&\dfrac{\partial f_n}{\partial x_n}\end{bmatrix}\begin{bmatrix}\Delta x_1^{(0)}\\ \Delta x_2^{(0)}\\ \vdots\\ \Delta x_n^{(0)}\end{bmatrix} \qquad (3-63)$$

式(3-63)等号右边矩阵中的$\dfrac{\partial f_i}{\partial x_j}$是分别对于$x_1,x_2,\cdots,x_n$求导的值，这一矩阵称为雅可比(Jacobi)矩阵，简记为

$$F(x^{(0)})=J^{(0)}\Delta x^{(0)}$$

可解出

$$\Delta x_i^{(0)},\ i=1,2,\cdots,n$$
$$\left.\begin{array}{l}x_1^{(1)}=x_1^{(0)}-\Delta x_1^{(0)}\\x_2^{(1)}=x_2^{(0)}-\Delta x_2^{(0)}\\\qquad\vdots\\x_n^{(1)}=x_n^{(0)}-\Delta x_n^{(0)}\end{array}\right\}$$

求解形式如下：

$$F(x^{(v)})=J^{(v)}\Delta x^{(v)}$$
$$\Delta x^{(v)}=[J^{(v)}]^{-1}F(x^{(v)})$$
$$x^{(v+1)}=x^{(v)}-\Delta x^{(v)} \tag{3-64}$$

收敛条件为

$$\max|\Delta x^{(v)}|<\varepsilon_1 \tag{3-65}$$
$$\max|F(x^{(v)})|<\varepsilon_2 \tag{3-66}$$

2. 直角坐标系下的牛顿-拉夫逊算法

运用牛顿-拉夫逊法计算潮流时，节点导纳矩阵的形成、平衡节点和线路功率的计算与运用高斯-塞德尔法时相同，不同的只是迭代过程。迭代过程中，两种方法应用的基本方程都是$\dot{Y}U=\left(\dfrac{\tilde{S}}{\dot{U}}\right)^*$，运用高斯-赛德尔法时将其展开为电压方程，而运用牛顿-拉夫逊法时将其展开为功率方程，即

$$P_i+jQ_i-\dot{U}_i\Big[\sum_{j=1}^n Y_{ij}\dot{U}_j\Big]^*=0\quad i=1,2,\cdots,n \tag{3-67}$$

式中，第一部分为给定的节点注入功率，第二部分为由节点电压求得的节点注入功率，二者之差就是节点功率的误差，当节点功率误差趋近于零时，各节点电压即为所求方程的解。

在采用直角坐标系下，节点电压和导纳可表示成

$$\begin{cases}\dot{U}_i=e_i+jf_i\\Y_{ij}=G_{ij}+jB_{ij}\end{cases} \tag{3-68}$$

将式(3-68)代入式(3-67)，展开取出实部和虚部，得到

$$\begin{cases}P_i=e_i\sum_{j=1}^n(G_{ij}e_j-B_{ij}f_j)+f_i\sum_{j=1}^n(G_{ij}f_j+B_{ij}e_j)\\Q_i=f_i\sum_{j=1}^n(G_{ij}e_j-B_{ij}f_j)-e_i\sum_{j=1}^n(G_{ij}f_j+B_{ij}e_j)\end{cases} \tag{3-69}$$

　　根据节点分类，若第 i 个节点为 PQ 节点，给定功率设为 P_{is} 和 Q_{is}，则功率误差方程可列为

$$\begin{cases} \Delta P_i = P_{is} - P_i = P_{is} - e_i \sum_{j=1}^{n} (G_{ij}e_j - B_{ij}f_j) - f_i \sum_{j=1}^{n} (G_{ij}f_j + B_{ij}e_j) = 0 \\ \Delta Q_i = Q_{is} - Q_i = Q_{is} - f_i \sum_{j=1}^{n} (G_{ij}e_j - B_{ij}f_j) + e_i \sum_{j=1}^{n} (G_{ij}f_j + B_{ij}e_j) = 0 \end{cases}$$

$$(3-70)$$

　　若第 i 个节点为 PV 节点，P_{is} 和 U_{is} 给定，则功率和电压的误差方程可列为

$$\begin{cases} \Delta P_i = P_{is} - P_i = P_{is} - e_i \sum_{j=1}^{n} (G_{ij}e_j - B_{ij}f_j) - f_i \sum_{j=1}^{n} (G_{ij}f_j + B_{ij}e_j) = 0 \\ \Delta U_i^2 = U_{is}^2 - U_i^2 = U_{is}^2 - (e_i^2 + f_i^2) = 0 \end{cases}$$

$$(3-71)$$

式中，节点电压大小（模数）的误差表示为给定的节点电压的平方与求得的节点电压的平方之差。

　　上述功率和电压误差方程即为牛顿-拉夫逊法潮流计算所要求解的非线性方程组。非线性方程组的待求量为各节点的电压的实部 e_i 和虚部 f_i。对于含 n 个节点的系统而言，第 $s=n$ 号节点为平衡节点，除平衡节点电压为已知外，式（3-70）和式（3-71）共包含 $2(n-1)$ 个方程，待求变量也有 $2(n-1)$ 个。除平衡节点外的所有节点有功功率不平衡量 ΔP_i 的表达式有 $n-1$ 个，即 $i=1,2,\cdots,n,i\neq s$；除平衡节点外的所有节点无功功率不平衡量 ΔQ_i 的表达式有 $m-1$ 个，即 $i=1,2,\cdots,m,i\neq s$；所有 PV 节点电压大小不平衡量 ΔU_i^2 的表达式有 $n-1-(m-1)=n-m$ 个，即 $i=m+1,m+2,\cdots,n,i\neq s$；平衡节点功率和电压方程不包括在这组方程之内，其电压相量 $\dot{U}_s = e_s + \mathrm{j}f_s$ 是给定的，故不需要求取，当上述各点电压迭代收敛后再求取平衡节点的注入功率。把各节点的电压变量用初始值与修正量的形式表示为

$$e_i^{(1)} = e_i^{(0)} - \Delta e_i^{(0)}$$
$$f_i^{(1)} = f_i^{(0)} - \Delta f_i^{(0)}$$

　　将此关系代入到式（3-70）和式（3-71）中，在 $e_i^{(1)}$、$f_i^{(1)}$ 附近的 $\Delta e_i^{(0)}$、$\Delta f_i^{(0)}$ 范围内将其展开为泰勒级数并略去高阶项，可得

$$\Delta W = -J \Delta U \qquad\qquad (3-72)$$

式中：

$$\Delta W = [\Delta P_1 \ \Delta Q_1 \cdots \ \Delta P_m \ \Delta Q_m \ \Delta P_{m+1} \ \Delta U_{m+1}^2 \cdots \ \Delta P_{n-1} \ \Delta U_{n-1}^2]^T$$
$$\Delta U = [\Delta e_1 \ \Delta f_1 \cdots \ \Delta e_m \ \Delta f_m \ \Delta e_{m+1} \ \Delta f_{m+1} \cdots \ \Delta e_{n-1} \ \Delta f_{n-1}]^T$$

$$J=\begin{bmatrix}
\dfrac{\partial \Delta P_1}{\partial e_1} & \dfrac{\partial \Delta P_1}{\partial f_1} & \cdots & \dfrac{\partial \Delta P_1}{\partial e_m} & \dfrac{\partial \Delta P_1}{\partial f_m} & \dfrac{\partial \Delta P_1}{\partial e_{m+1}} & \dfrac{\partial \Delta P_1}{\partial f_{m+1}} & \cdots & \dfrac{\partial \Delta P_1}{\partial e_{n-1}} & \dfrac{\partial \Delta P_1}{\partial f_{n-1}} \\[2mm]
\dfrac{\partial \Delta Q_1}{\partial e_1} & \dfrac{\partial \Delta Q_1}{\partial f_1} & \cdots & \dfrac{\partial \Delta Q_1}{\partial e_m} & \dfrac{\partial \Delta Q_1}{\partial f_m} & \dfrac{\partial \Delta Q_1}{\partial e_{m+1}} & \dfrac{\partial \Delta Q_1}{\partial f_{m+1}} & \cdots & \dfrac{\partial \Delta Q_1}{\partial e_{n-1}} & \dfrac{\partial \Delta Q_1}{\partial f_{n-1}} \\[2mm]
\vdots & \vdots & & \vdots & \vdots & \vdots & \vdots & & \vdots & \vdots \\[2mm]
\dfrac{\partial \Delta P_m}{\partial e_1} & \dfrac{\partial \Delta P_m}{\partial f_1} & \cdots & \dfrac{\partial \Delta P_m}{\partial e_m} & \dfrac{\partial \Delta P_m}{\partial f_m} & \dfrac{\partial \Delta P_m}{\partial e_{m+1}} & \dfrac{\partial \Delta P_m}{\partial f_{m+1}} & \cdots & \dfrac{\partial \Delta P_m}{\partial e_{n-1}} & \dfrac{\partial \Delta P_m}{\partial f_{n-1}} \\[2mm]
\dfrac{\partial \Delta Q_m}{\partial e_1} & \dfrac{\partial \Delta Q_m}{\partial f_1} & \cdots & \dfrac{\partial \Delta Q_m}{\partial e_m} & \dfrac{\partial \Delta Q_m}{\partial f_m} & \dfrac{\partial \Delta Q_m}{\partial e_{m+1}} & \dfrac{\partial \Delta Q_m}{\partial f_{m+1}} & \cdots & \dfrac{\partial \Delta Q_m}{\partial e_{n-1}} & \dfrac{\partial \Delta Q_m}{\partial f_{n-1}} \\[2mm]
\dfrac{\partial \Delta P_{m+1}}{\partial e_1} & \dfrac{\partial \Delta P_{m+1}}{\partial f_1} & \cdots & \dfrac{\partial \Delta P_{m+1}}{\partial e_m} & \dfrac{\partial \Delta P_{m+1}}{\partial f_m} & \dfrac{\partial \Delta P_{m+1}}{\partial e_{m+1}} & \dfrac{\partial \Delta P_{m+1}}{\partial f_{m+1}} & \cdots & \dfrac{\partial \Delta P_{m+1}}{\partial e_{n-1}} & \dfrac{\partial \Delta P_{m+1}}{\partial f_{n-1}} \\[2mm]
\dfrac{\partial \Delta U_{m+1}^2}{\partial e_1} & \dfrac{\partial \Delta U_{m+1}^2}{\partial f_1} & \cdots & \dfrac{\partial \Delta U_{m+1}^2}{\partial e_m} & \dfrac{\partial \Delta U_{m+1}^2}{\partial f_m} & \dfrac{\partial \Delta U_{m+1}^2}{\partial e_{m+1}} & \dfrac{\partial \Delta U_{m+1}^2}{\partial f_{m+1}} & \cdots & \dfrac{\partial \Delta U_{m+1}^2}{\partial e_{n-1}} & \dfrac{\partial \Delta U_{m+1}^2}{\partial f_{n-1}} \\[2mm]
\vdots & \vdots & & \vdots & \vdots & \vdots & \vdots & & \vdots & \vdots \\[2mm]
\dfrac{\partial \Delta P_{n-1}}{\partial e_1} & \dfrac{\partial \Delta P_{n-1}}{\partial f_1} & \cdots & \dfrac{\partial \Delta P_{n-1}}{\partial e_m} & \dfrac{\partial \Delta P_{n-1}}{\partial f_m} & \dfrac{\partial \Delta P_{n-1}}{\partial e_{m+1}} & \dfrac{\partial \Delta P_{n-1}}{\partial f_{m+1}} & \cdots & \dfrac{\partial \Delta P_{n-1}}{\partial e_{n-1}} & \dfrac{\partial \Delta P_{n-1}}{\partial f_{n-1}} \\[2mm]
\dfrac{\partial \Delta U_{n-1}^2}{\partial e_1} & \dfrac{\partial \Delta U_{n-1}^2}{\partial f_1} & \cdots & \dfrac{\partial \Delta U_{n-1}^2}{\partial e_m} & \dfrac{\partial \Delta U_{n-1}^2}{\partial f_m} & \dfrac{\partial \Delta U_{n-1}^2}{\partial e_{m+1}} & \dfrac{\partial \Delta U_{n-1}^2}{\partial f_{m+1}} & \cdots & \dfrac{\partial \Delta U_{n-1}^2}{\partial e_{n-1}} & \dfrac{\partial \Delta U_{n-1}^2}{\partial f_{n-1}}
\end{bmatrix}$$

$$(3-73)$$

其中，雅可比矩阵 J 中的各元素可以通过对式(3-70)和式(3-71)求偏导数得到。

当 $j=i$ 时，对角线元素为

$$\begin{cases}
\dfrac{\partial \Delta P_i}{\partial e_i} = -\sum_{j=1}^n (G_{ij}e_j - B_{ij}f_j) - G_{ii}e_i - B_{ii}f_i \\[3mm]
\dfrac{\partial \Delta P_i}{\partial f_i} = -\sum_{j=1}^n (G_{ij}f_j + B_{ij}e_j) + B_{ii}e_i - G_{ii}f_i \\[3mm]
\dfrac{\partial \Delta Q_i}{\partial e_i} = \sum_{j=1}^n (G_{ij}f_j + B_{ij}e_j) + B_{ii}e_i - G_{ii}f_i \\[3mm]
\dfrac{\partial \Delta Q_i}{\partial f_i} = -\sum_{j=1}^n (G_{ij}e_j - B_{ij}f_j) + G_{ii}e_i + B_{ii}f_i \\[3mm]
\dfrac{\partial \Delta U_i^2}{\partial e_i} = -2e_i \\[3mm]
\dfrac{\partial \Delta U_i^2}{\partial f_i} = -2f_i
\end{cases} \qquad (3-74)$$

当 $j\neq i$ 时，非对角线元素为

$$\begin{cases}
\dfrac{\partial \Delta P_i}{\partial e_j} = -\dfrac{\partial \Delta Q_i}{\partial f_j} = -(G_{ij}e_i + B_{ij}f_i) \\[3mm]
\dfrac{\partial \Delta P_i}{\partial f_j} = \dfrac{\partial \Delta Q_i}{\partial e_j} = B_{ij}e_i - G_{ij}f_i \\[3mm]
\dfrac{\partial \Delta U_i^2}{\partial e_j} = \dfrac{\partial \Delta U_i^2}{\partial f_j} = 0
\end{cases} \qquad (3-75)$$

由以上表达式可得出雅可比矩阵的特点：

(1) 矩阵中的元素是节点电压的函数，在迭代过程中将随着节点电压的变化而改变。

(2) 矩阵是不对称的。

(3) 当导纳矩阵中的非对角线元素 Y_{ij} 为零时，雅克比矩阵中相应的元素也为零。矩阵是稀疏的，可以应用稀疏矩阵的求解技巧。

3. 极坐标系中的牛顿-拉夫逊法潮流算法

以极坐标表示时，节点电压和导纳可表示为

$$\begin{cases} \dot{U}_i = U_i e^{j\delta_i} = U_i(\cos\delta_i + j\sin\delta_i) \\ Y_{ij} = G_{ij} + jB_{ij} \end{cases}$$

功率误差方程可表示为

$$\begin{cases} \Delta P_i = P_{is} - P_i = P_{is} - U_i \sum_{j=1}^n U_j \left[G_{ij}\cos(\delta_i - \delta_j) + B_{ij}\sin(\delta_i - \delta_j) \right] = 0 \\ \Delta Q_i = Q_{is} - Q_i = Q_{is} - U_i \sum_{j=1}^n U_j \left[G_{ij}\sin(\delta_i - \delta_j) - B_{ij}\cos(\delta_i - \delta_j) \right] = 0 \end{cases}$$

$$(3-76)$$

对一个具有 n 个独立节点，其中有 $n-m-1$ 个 PV 节点的网络，式(3-76)组成的方程组共有 $n-1+m$ 个方程式。采用极坐标时，方程组个数较采用直角坐标表示时少了 $n-m-1$ 个。因为 PV 节点采用极坐标时，待求的只有电压的相位和注入的无功功率；而采用直角坐标时，待求量为电压的实数部分、虚数部分和注入的无功功率，因此采用极坐标可使未知变量少了 $n-m-1$ 个，方程数也少了 $n-m-1$ 个，这样建立修正方程式的矩阵形式为

$$\begin{bmatrix} \Delta \boldsymbol{P} \\ \Delta \boldsymbol{Q} \end{bmatrix} = \begin{bmatrix} \boldsymbol{H} & \boldsymbol{N} \\ \boldsymbol{M} & \boldsymbol{L} \end{bmatrix} \begin{bmatrix} \Delta \boldsymbol{\delta} \\ \Delta \boldsymbol{U}/\boldsymbol{U} \end{bmatrix} \qquad (3-77)$$

式中：

$$\Delta \boldsymbol{P} = \begin{bmatrix} \Delta P_1 \\ \Delta P_2 \\ \vdots \\ \Delta P_{n-1} \end{bmatrix}, \ \Delta \boldsymbol{Q} = \begin{bmatrix} \Delta Q_1 \\ \Delta Q_2 \\ \vdots \\ \Delta Q_m \end{bmatrix}, \ \Delta \boldsymbol{\delta} = \begin{bmatrix} \Delta \delta_1 \\ \Delta \delta_2 \\ \vdots \\ \Delta \delta_{n-1} \end{bmatrix}$$

$$\Delta \boldsymbol{U} = \begin{bmatrix} \Delta U_1 \\ \Delta U_2 \\ \vdots \\ \Delta U_m \end{bmatrix}, \ \boldsymbol{U} = \begin{bmatrix} U_1 & & & \\ & U_2 & & \\ & & \ddots & \\ & & & U_m \end{bmatrix}$$

$\boldsymbol{H}$ 是 $(n-1) \times (n-1)$ 阶方阵，$\boldsymbol{N}$ 是 $(n-1) \times m$ 阶矩阵，$\boldsymbol{M}$ 是 $m \times (n-1)$ 阶矩阵，$\boldsymbol{L}$ 是 $m \times m$ 阶矩阵。各矩阵种元素分别为

$$\left. \begin{aligned} H_{ij} &= \frac{\partial \Delta P_i}{\partial \delta_j}; \ N_{ij} = \frac{\partial \Delta P_i}{\partial U_j} U_j \\ M_{ij} &= \frac{\partial \Delta Q_i}{\partial \delta_j}; \ L_{ij} = \frac{\partial \Delta Q_i}{\partial U_j} U_j \end{aligned} \right\} \qquad (3-78)$$

在式(3-77)中，电压幅值的修正量采用 $\Delta U_i/U_i$ 的形式，是为了使雅可比矩阵中各元素有比较相似的形式。矩阵中各元素可对式(3-76)取偏导数求得，雅可比矩阵中各元素具有比较整齐的形式。

$$\left.\begin{aligned}H_{ij}&=\frac{\partial \Delta P_i}{\partial \delta_j}=-U_iU_j(G_{ij}\sin\delta_{ij}-B_{ij}\cos\delta_{ij})\quad,i\neq j\\H_{ii}&=\frac{\partial \Delta P_i}{\partial \delta_i}=U_i\sum_{\substack{j=1\\j\neq i}}^{n}U_j(G_{ij}\sin\delta_{ij}-B_{ij}\cos\delta_{ij})\end{aligned}\right\}\quad(3-79a)$$

$$\left.\begin{aligned}L_{ij}&=\frac{\partial \Delta Q_i}{\partial U_j}U_j=-U_iU_j(G_{ij}\sin\delta_{ij}-B_{ij}\cos\delta_{ij})\quad,i\neq j\\L_{ii}&=\frac{\partial \Delta Q_i}{\partial U_i}U_i=-U_i\sum_{\substack{j=1\\j\neq i}}^{n}U_j(G_{ij}\sin\delta_{ij}-B_{ij}\cos\delta_{ij})+2U_i^2B_{ii}\end{aligned}\right\}\quad(3-79b)$$

$$\left.\begin{aligned}N_{ij}&=\frac{\partial \Delta P_i}{\partial U_j}U_j=-U_iU_j(G_{ij}\cos\delta_{ij}+B_{ij}\sin\delta_{ij})\quad,i\neq j\\N_{ii}&=\frac{\partial \Delta P_i}{\partial U_i}U_i=-U_i\sum_{\substack{j=1\\j\neq i}}^{n}U_j(G_{ij}\cos\delta_{ij}+B_{ij}\sin\delta_{ij})-2U_i^2G_{ii}\end{aligned}\right\}\quad(3-79c)$$

$$\left.\begin{aligned}M_{ij}&=\frac{\partial \Delta Q_i}{\partial \delta_j}U_iU_j(G_{ij}\cos\delta_{ij}+B_{ij}\sin\delta_{ij})\quad,i\neq j\\M_{ii}&=\frac{\partial \Delta Q_i}{\partial \delta_i}=-U_i\sum_{\substack{j=1\\j\neq i}}^{n}U_j(G_{ij}\cos\delta_{ij}+B_{ij}\sin\delta_{ij})\end{aligned}\right\}\quad(3-79d)$$

式中，δ_{ij} 为 i、j 两节点电压相位之差($\delta_{ij}=\delta_i-\delta_j$)。

4. 牛顿-拉夫逊法的程序计算步骤及流程图

本节以直角坐标系为例对牛顿-拉夫逊法的计算步骤说明如下：

(1) 形成网络导纳矩阵 $\boldsymbol{Y}$，设定各节点电压的初值 $e^{(0)}$、$f^{(0)}$；

(2) 将以上电压初始值代入式(3-70)和式(3-71)，求取修正方程式中的误差函数值 $\Delta P_i^{(0)}$、$\Delta Q_i^{(0)}$、$(\Delta U_i^2)^{(0)}$；

(3) 将电压初始值再代入式(3-73)，求取雅可比矩阵中的各个元素；

(4) 解修正方程式，求出节点电压修正量 $\Delta e^{(0)}$、$\Delta f^{(0)}$；

(5) 修正各节点电压，即

$$e_i^{(1)}=e_i^{(0)}-\Delta e_i^{(0)}$$
$$f_i^{(1)}=f_i^{(0)}-\Delta f_i^{(0)}$$

(6) 将新值 $e^{(1)}$、$f^{(1)}$ 再代入式(3-70)和式(3-71)，计算新的各节点功率及电压误差函数值 $\Delta P_i^{(1)}$、$\Delta Q_i^{(1)}$、$(\Delta U_i^2)^{(1)}$；

(7) 检查计算是否收敛，当电压趋于真实值时，其功率误差趋于零。收敛判据为 $\max\{\Delta P_i^{(k)},\Delta Q_i^{(k)}\}\leqslant\varepsilon$ 或 $\max\{\Delta e_i^{(k)},\Delta f_i^{(k)}\}\leqslant\varepsilon$，其中 ε 为是预先给定的小数。

(8) 若收敛，则迭代到此结束，计算平衡节点功率、各支路潮流、损耗及输电效率，并输出结果；若不收敛，则转回第(2)步，以 $e^{(2)}$、$f^{(2)}$ 代替 $e^{(1)}$、$f^{(1)}$ 进行下一次迭代，直至收敛。平衡节点功率计算如式(3-69)，计算线路功率和线路损耗调用相应公式。牛顿-拉夫逊法潮流计算流程如图 3-30 所示。利用极坐标系计算潮流的过程与此类似。

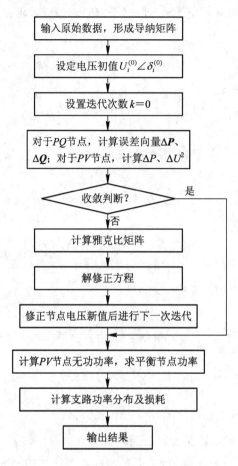

图 3-30 牛顿-拉夫逊法潮流计算流程图

运用牛顿-拉夫逊法计算潮流时，由于初值要选取的比较接近于精确解，否则可能使迭代过程不收敛。实际计算程序中，往往采用高斯-塞德尔法与牛顿-拉夫逊算法配合使用的方案，即在前几次迭代时采用高斯-塞德尔法，得到牛顿-拉夫逊算法的初值，之后再利用后一种方法求解。

若计算过程中每次迭代计算得到的 x 变化不大，则可以经多次迭代后才重新计算一次雅可比矩阵各元素。因此牛顿-拉夫逊法获得了广泛的应用。

三、$P-Q$ 分解法潮流计算

1. 原理分析

$P-Q$ 分解法是从简化牛顿-拉夫逊法极坐标的形式上提出来的。它的基本思想是根据电力系统的实际运行特点（通常网络上各支路的电抗远大于电阻值）。因此，节点功率方程在用极坐标形式表示时，牛顿-拉夫逊法的修正方程为式(3-77)，由该式可知系统母线电压幅值的微小变化 ΔU 对母线有功功率的改变 ΔP 影响很小。同样，母线电压相位的少许变化 $\Delta \delta$ 也对母线无功功率的变化 ΔQ 影响很小。因此，节点功率方程在采用极坐标形式

表示时,修正方程可简化为

$$\begin{bmatrix} \Delta\boldsymbol{P} \\ \Delta\boldsymbol{Q} \end{bmatrix} = \begin{bmatrix} \boldsymbol{H} & 0 \\ 0 & \boldsymbol{L} \end{bmatrix} \begin{bmatrix} \Delta\boldsymbol{\delta} \\ \Delta\boldsymbol{U}/\boldsymbol{U} \end{bmatrix} \tag{3-80}$$

这就是把 $2(n-1)$ 阶的线性方程组变成了两个 $n-1$ 阶的线性方程组,将 $\boldsymbol{P}$ 和 $\boldsymbol{Q}$ 分开来进行迭代计算,因而大大减少了计算工作量。但是 $\boldsymbol{H}$、$\boldsymbol{L}$ 在迭代过程中仍然在不断地变化,而且又都是不对称的矩阵。对牛顿-拉夫逊法进一步简化(也是最关键的一步),即把式(3-80)中的系数矩阵简化为在迭代过程中不变的对称矩阵。

在一般情况下,线路两端电压的相位差 δ_{ij} 小于 $10°\sim20°$,且 $|G_{ij}|\ll|B_{ij}|$,可认为

$$\begin{cases} \cos\delta_{ij}\approx1 \\ G_{ij}\sin\delta_{ij}\ll B_{ij} \end{cases} \tag{3-81}$$

此外,与节点无功功率相对应的导纳 Q_i/U_i^2 通常远小于节点自导纳的虚部 B_{ii},即

$$Q_i\ll U_i^2 B_{ii} \tag{3-82}$$

考虑以上关系,式(3-79a、b)的系数矩阵中的各元素可表示为

$$H_{ij}=U_i B_{ij}U_j \quad i,j=1,2,\cdots,n-1 \tag{3-83a}$$

$$L_{ij}=U_i B_{ij}U_j \quad i,j=1,2,\cdots,m \tag{3-83b}$$

而稀疏矩阵 $\boldsymbol{H}$ 和 $\boldsymbol{L}$ 则可以分别写成:

$$\boldsymbol{H}=\begin{bmatrix} U_1 B_{11}U_1 & U_1 B_{12}U_2 & \cdots & U_1 B_{1,n-1}U_{n-1} \\ U_2 B_{21}U_1 & U_2 B_{22}U_2 & \cdots & U_2 B_{2,n-1}U_{n-1} \\ \vdots & \vdots & & \vdots \\ U_{n-1}B_{n-1,1}U_1 & U_{n-1}B_{n-1,1}U_2 & \cdots & U_{n-1}B_{n-1,n-1}U_{n-1} \end{bmatrix}$$

$$=\begin{bmatrix} U_1 & & & \\ & U_2 & & \\ & & \ddots & \\ & & & U_{n-1} \end{bmatrix}\begin{bmatrix} B_{11} & B_{12} & \cdots & B_{1,n-1} \\ B_{21} & B_{22} & \cdots & B_{2,n-1} \\ \vdots & \vdots & & \vdots \\ B_{n-1,1} & B_{n-1,2} & \cdots & B_{n-1,n-1} \end{bmatrix}\begin{bmatrix} U_1 & & & \\ & U_2 & & \\ & & \ddots & \\ & & & U_{n-1} \end{bmatrix}$$

$$\tag{3-84}$$

$$=\boldsymbol{U}_{D1}\boldsymbol{B}'\boldsymbol{U}_{D1}$$

$$\boldsymbol{L}=\begin{bmatrix} U_1 B_{11}U_1 & U_1 B_{12}U_2 & \cdots & U_1 B_{1m}U_m \\ U_2 B_{21}U_1 & U_2 B_{22}U_2 & \cdots & U_2 B_{2m}U_m \\ \vdots & \vdots & & \vdots \\ U_m B_{m1}U_m & U_m B_{m2}U_2 & \cdots & U_m B_{mm}U_m \end{bmatrix}$$

$$=\begin{bmatrix} U_1 & & & \\ & U_2 & & \\ & & \ddots & \\ & & & U_m \end{bmatrix}\begin{bmatrix} B_{11} & B_{12} & \cdots & B_{1m} \\ B_{21} & B_{22} & \cdots & B_{2m} \\ \vdots & \vdots & & \vdots \\ B_{m1} & B_{m2} & \cdots & B_{mm} \end{bmatrix}\begin{bmatrix} U_1 & & & \\ & U_2 & & \\ & & \ddots & \\ & & & U_m \end{bmatrix} \tag{3-85}$$

$$=\boldsymbol{U}_{D2}\boldsymbol{B}''\boldsymbol{U}_{D2}$$

将式(3-84)和式(3-85)代入式(3-80)中,得到

$$[\Delta\boldsymbol{P}]=-[\boldsymbol{U}_{D1}][\boldsymbol{B}'][\boldsymbol{U}_{D1}][\Delta\boldsymbol{\delta}]$$

$$[\Delta\boldsymbol{Q}]=-[\boldsymbol{U}_{D2}][\boldsymbol{B}''][\Delta\boldsymbol{U}] \tag{3-86}$$

经进一步整理得到简化后的修正方程：

$$
\begin{bmatrix} \dfrac{\Delta P_1}{U_1} \\[2mm] \dfrac{\Delta P_2}{U_2} \\[1mm] \vdots \\[1mm] \dfrac{\Delta P_m}{U_m} \end{bmatrix} = - \begin{bmatrix} B_{11} & B_{12} & \cdots & B_{1n} \\ B_{21} & B_{22} & \cdots & B_{2n} \\ \vdots & \vdots & & \vdots \\ B_{n1} & B_{n2} & \cdots & B_{nn} \end{bmatrix} \times \begin{bmatrix} U_1 \Delta\delta \\ U_2 \Delta\delta \\ \vdots \\ U_n \Delta\delta \end{bmatrix} \tag{3-87}
$$

简记为

$$\Delta P/U = -B'U\Delta\delta$$

$$
\begin{bmatrix} \dfrac{\Delta Q_1}{U_1} \\[2mm] \dfrac{\Delta Q_2}{U_2} \\[1mm] \vdots \\[1mm] \dfrac{\Delta Q_m}{U_m} \end{bmatrix} = - \begin{bmatrix} B_{11} & B_{12} & \cdots & B_{1m} \\ B_{21} & B_{22} & \cdots & B_{2m} \\ \vdots & \vdots & & \vdots \\ B_{m1} & B_{m1} & \cdots & B_{mm} \end{bmatrix} \times \begin{bmatrix} \Delta U_1 \\ \Delta U_2 \\ \vdots \\ \Delta U_m \end{bmatrix} \tag{3-88}
$$

简记为

$$\Delta Q/U = -B''\Delta U$$

在这两个修正方程式中，系数矩阵元素就是系统导纳矩阵的虚部，因而系数矩阵是对称矩阵，且在迭代过程中保持不变。这就大大减少了计算工作量。式(3-87)和式(3-88)为 P-Q 分解法迭代过程中的基本方程，用极坐标表示的节点功率误差仍如式(3-76)。

P-Q 分解法迭代公式的特点是，P-δ 和 Q-V 迭代分别交替进行，功率偏差计算时使用最近修正过的电压值，且有功和无功偏差都用电压幅值去除，B'' 和 B' 的构成不同，在形成 B' 时，忽略所有接地支路，对于非标准变比变压器，变比取 1。在形成 B'' 时忽略串联元件的电阻。

2. 计算步骤及流程

运用 P-Q 分解法计算潮流分布时的步骤如下：

(1) 形成系数矩阵 B'、B''，并求其逆阵；

(2) 设各节点电压初值 $U_i^{(0)}(i=1,2,\cdots,m,i\neq s)$ 和 $\delta_i^{(0)}(i=1,2,\cdots,n,i\neq s)$；

(3) 按式(3-76)计算有功功率的不平衡量 $\Delta P_i^{(0)}$，从而求得 $\Delta P_i^{(0)}/U_i^{(0)}(i=1,2,\cdots,n,i\neq s)$；

(4) 解修正方程式(3-87)，求各节点电压相位的变化量 $\Delta\delta_i^{(0)}(i=1,2,\cdots,n,i\neq s)$；

(5) 求各节点电压相位的新值 $\delta_i^{(1)}=\delta_i^{(0)}+\Delta\delta_i^{(0)}(i=1,2,\cdots,n,i\neq s)$；

(6) 按式(3-76)计算无功功率的不平衡量 $\Delta Q_i^{(0)}$，从而求得 $\Delta Q_i^{(0)}/U_i^{(0)}(i=1,2,\cdots,m,i\neq s)$；

(7) 解修正方程式(3-88)，求各节点电压的变化量 $\Delta U_i^{(0)}(i=1,2,\cdots,m,i\neq s)$；

(8) 求各节点电压的新值 $U_i^{(1)}=U_i^{(0)}+\Delta U_i^{(0)}(i=1,2,\cdots,m,i\neq s)$；

（9）检查是否收敛，收敛判据为 $\max\{\Delta P_i^{(k)}/U_i^{(k)},\ \Delta Q_i^{(k)}/U_i^{(k)}\}\leqslant\varepsilon$，若不收敛，则运用各节点电压大小的新值自第（3）步开始进入下一次迭代；

（10）若迭代收敛，计算平衡节点的功率、支路功率及损耗。

P-Q 分解法潮流计算流程如图 3-31 所示。

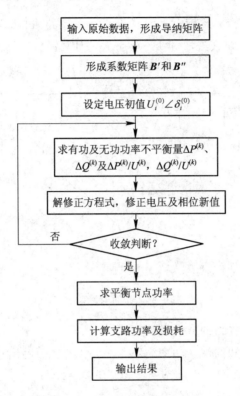

图 3-31　P-Q 分解法潮流计算流程图

由上述计算过程可知，P-Q 分解法与牛顿-拉夫逊法有以下不同：

（1）P-Q 分解法中用两个阶数几乎减半的方程组（$n-1$、$m-1$）代替牛顿-拉夫逊法中的 $n+m-2$ 阶方程组，显著地减少了所需内存和计算量。

（2）B'、B'' 矩阵的元素源于系统导纳矩阵的虚部。B'、B'' 都是对称的稀疏常数矩阵，因此在迭代前只需进行一次三角分解形成因子表，并只存储上三角部分，就可以在迭代过程中反复使用，这样不仅减少了计算量，而且节约了内存及计算时间。据统计，P-Q 分解法所需的内存量约为牛顿-拉夫逊法的 60%，而且每次迭代所需的时间仅约为牛顿-拉夫逊法的 1/5。

（3）由于 B'、B'' 为常数，使 P-Q 分解法具有线性收敛特性，这样达到收敛所需的迭代次数要比牛顿-拉夫逊法多。但由于每次迭代所需的时间少，P-Q 分解法总的计算速度仍比牛顿-拉夫逊法快，从而使这种算法不但可用于离线计算，而且可用于在电力系统的在线安全分析中。

（4）P-Q 分解法的应用具有局限性，从牛顿-拉夫逊法到 P-Q 分解法的演化是在元件的 $R\ll X$ 以及线路两端相位差比较小等假设的基础上进行的，实际计算中对 $R\gg X$ 的情况不收敛，因此当系统存在不符合这些假设的因素时，就会出现迭代次数大大增加或甚至不收敛的情况。实际上，R/X 大比值病态问题已经成为 $P-Q$ 分解法应用中的最大障碍之一。

例 3.6 图 3-32 所示的五节点电力网中，节点 1、2 和 3 为 PQ 节点，各节点的负荷分别为：$\tilde{S}_1=1.6+\mathrm{j}0.8$，$\tilde{S}_2=2+\mathrm{j}1$，$\tilde{S}_3=3.7+\mathrm{j}1.3$；节点 4 为 PV 节点，给定 $P_4=5$，$U_4=1.05$；节点 5 为平衡节点，给定 $\dot{U}_5=1.05\angle0°$。各支路阻抗、对地导纳标于图中，与例 3.1 相同。试分别用牛顿-拉夫逊法和 $P-Q$ 分解法计算潮流。

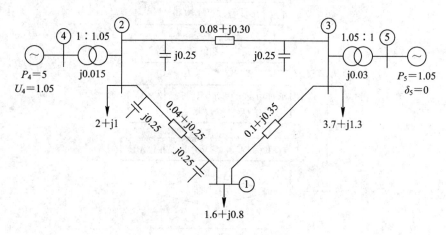

图 3-32 例 3.6 的电力系统接线图

解： 例 3.1 已求得该网络的节点导纳矩阵。

各 PQ 和 PV 节点已知的注入功率为：$P_{1S}=-1.6$，$Q_{1S}=-0.8$，$P_{2S}=-2$，$Q_{2S}=-1$，$P_{3S}=-3.7$，$Q_{3S}=-1.3$，$P_{4S}=5$。节点 4 电压 $U_{4S}=1.05$。

设各节点电压初值如下：

节点	1	2	3	4	5
$\dot{U}_i^{(0)}=e_i^{(0)}+\mathrm{j}f_i^{(0)}$	$1.0+\mathrm{j}0.0$	$1.0+\mathrm{j}0.0$	$1.0+\mathrm{j}0.0$	$1.05+\mathrm{j}0.0$	$1.05+\mathrm{j}0.0$

（1）牛顿-拉夫逊法。

用牛顿-拉夫逊法计算潮流，要求建立修正方程式，然后解出电压修正量。

根据式（3.70）、式（3.71），可写出本例修正方程式常数项（误差项）的计算式：

$$\Delta P_1=P_{1s}-e_1[(G_{11}e_1-B_{11}f_1)+(G_{12}e_2-B_{12}f_2)+(G_{13}e_3-B_{13}f_3)]$$
$$-f_1[(G_{11}f_1+B_{11}e_1)+(G_{12}f_2+B_{12}e_2)+(G_{13}f_3+B_{13}e_3)]$$
$$\Delta Q_1=Q_{1s}-f_1[(G_{11}e_1-B_{11}f_1)+(G_{12}e_2-B_{12}f_2)+(G_{13}e_3-B_{13}f_3)]$$
$$+e_1[(G_{11}f_1+B_{11}e_1)+(G_{12}f_2+B_{12}e_2)+(G_{13}f_3+B_{13}e_3)]$$
$$\vdots$$
$$\Delta P_4=P_{4s}-e_4[(G_{42}e_2-B_{42}f_2)+(G_{44}e_4-B_{44}f_4)]$$
$$-f_4[(G_{42}f_2+B_{42}e_2)+(G_{44}f_4+B_{44}e_4)]$$
$$\Delta U_4^2=U_{4s}^2-(e_4^2+f_4^2)$$

将各节点电压初值代入，可求得首次迭代的误差项向量：

$$\Delta \boldsymbol{P}^{(0)} = \begin{bmatrix} \Delta P_1^{(0)} \\ \Delta Q_1^{(0)} \\ \Delta P_2^{(0)} \\ \Delta Q_2^{(0)} \\ \Delta P_3^{(0)} \\ \Delta Q_3^{(0)} \\ \Delta P_4^{(0)} \\ \Delta U_4^{2(0)} \end{bmatrix} = \begin{bmatrix} -1.60000 \\ -0.55000 \\ -2.00000 \\ 5.69803 \\ -3.70000 \\ 2.04901 \\ 5.00000 \\ 0.00000 \end{bmatrix}$$

本例的雅可比矩阵为

$$\begin{bmatrix} H_{11} & N_{11} & H_{12} & N_{12} & H_{13} & N_{13} & & \\ J_{11} & L_{11} & J_{12} & L_{12} & J_{13} & L_{13} & & \\ H_{21} & N_{21} & H_{22} & N_{22} & H_{23} & N_{23} & H_{24} & N_{24} \\ J_{21} & L_{21} & J_{22} & L_{22} & J_{23} & L_{23} & J_{24} & L_{24} \\ H_{31} & N_{31} & H_{32} & N_{32} & H_{33} & N_{33} & & \\ J_{31} & L_{31} & J_{32} & L_{32} & J_{33} & L_{33} & & \\ & & H_{42} & N_{42} & & & H_{44} & N_{44} \\ & & R_{42} & S_{42} & & & R_{44} & S_{44} \end{bmatrix}$$

其中各元素的算式为

$$H_{11} = \frac{\partial \Delta P_1}{\partial f_1} = -[(G_{11}f_1 + B_{11}e_1) + (G_{12}f_2 + B_{12}e_2) + (G_{13}f_3 + B_{13}e_3)]$$
$$+ B_{11}e_1 - G_{11}f_1$$

$$N_{11} = \frac{\partial \Delta P_1}{\partial e_1} = -[(G_{11}e_1 - B_{11}f_1) + (G_{12}e_2 - B_{12}f_2) + (G_{13}e_3 - B_{13}f_3)]$$
$$- G_{11}e_1 - B_{11}f_1$$

$$J_{11} = \frac{\partial \Delta Q_1}{\partial f_1} = -[(G_{11}e_1 - B_{11}f_1) + (G_{12}e_2 - B_{12}f_2) + (G_{13}e_3 - B_{13}f_3)]$$
$$+ G_{11}e_1 + B_{11}f_1$$

$$L_{11} = \frac{\partial \Delta Q_1}{\partial e_1} = -[(G_{11}f_1 + B_{11}e_1) + (G_{12}f_2 + B_{12}e_2) + (G_{13}f_3 + B_{13}e_3)]$$
$$+ B_{11}e_1 - G_{11}f_1$$

$$H_{12} = \frac{\partial \Delta P_1}{\partial f_2} = B_{12}e_1 - G_{12}f_1$$

$$N_{12} = \frac{\partial \Delta P_1}{\partial e_2} = -G_{12}e_1 - B_{12}f_1$$

$$J_{12} = \frac{\partial \Delta Q_1}{\partial f_2} = -N_{12}$$

$$L_{12} = \frac{\partial \Delta Q_1}{\partial e_2} = H_{12}$$

$$\vdots$$

$$H_{44} = \frac{\partial \Delta P_4}{\partial f_4} = -[(G_{42}f_2 + B_{42}e_2) + (G_{44}f_4 + B_{44}e_4)] - B_{44}e_4 - G_{44}f_4$$

$$N_{44} = \frac{\partial \Delta P_1}{\partial e_4} = -[(G_{42}e_2 - B_{42}f_2) + (G_{44}e_4 - B_{44}f_4)] - G_{44}e_4 - B_{44}f_4$$

$$R_{44} = \frac{\partial \Delta U_4^2}{\partial f_4} = -2f_4$$

$$S_{44} = \frac{\partial \Delta U_4^2}{\partial e_4} = -2e_4$$

将各节点电压初值代入以上各式，求得首次迭代的雅可比矩阵如下：

$$J^{(0)} = \begin{bmatrix}
-6.54166 & -1.37874 & 3.90015 & 0.62402 & 2.64150 & 0.75471 & & \\
1.37847 & -6.04166 & -0.62402 & 3.90015 & -0.75471 & 2.64150 & & \\
3.90015 & 0.62402 & -73.6783 & -1.45392 & 3.11203 & 0.829876 & 3.49206 & 0.00000 \\
-0.62402 & 3.90015 & 1.45390 & -60.2828 & -0.82987 & 3.11203 & 0.00000 & 63.49206 \\
2.64150 & -0.75471 & 3.11203 & 0.82987 & -39.0869 & -1.58459 & & \\
-0.75471 & 2.64150 & -0.82987 & 3.11203 & 1.58459 & -32.3688 & & \\
& & 3.49206 & 0.00000 & & & -63.4921 & 0.00000 \\
& & 0.00000 & 0.00000 & & & 0.0000 & -2.10000
\end{bmatrix}$$

上式中各行的最大元素都在对角元素位置上，这种情况不是偶然的。矩阵中各行的对角元素是 $H_{ii} = \frac{\partial \Delta P_i}{\partial f_i}$ 或 $L_{ii} = \frac{\partial \Delta Q_i}{\partial e_i}$。

对于高压电力系统来说，某节点 i 的有功功率主要和节点电压横分量（虚部）有关，即 f_i 的影响最大，所以 H_{ii} 大于 H_{ij}、N_{ii} 及 N_{ij}。节点 i 的无功功率主要和电压的纵分量（实部）有关，即 e_i 的影响最大，所以 L_{ii} 大于 L_{ij}、J_{ii} 及 J_{ij}。应用高斯消去法对修正方程 $J^{(0)} \cdot \Delta U^{(0)} = \Delta P^{(0)}$ 进行求解，可得第一次迭代的节点电压修正 $\Delta U^{(0)}$。

$$\Delta U^{(0)} = \begin{bmatrix} \Delta f_1^{(0)} \\ \Delta e_1^{(0)} \\ \Delta f_2^{(0)} \\ \Delta e_2^{(0)} \\ \Delta f_3^{(0)} \\ \Delta e_3^{(0)} \\ \Delta f_4^{(0)} \\ \Delta e_4^{(0)} \end{bmatrix} = \begin{bmatrix} 0.03348 \\ 0.03357 \\ -0.36070 \\ -0.10538 \\ 0.06900 \\ -0.05881 \\ -0.45749 \\ 0.00000 \end{bmatrix}$$

按 $U^{(1)} = U^{(0)} - \Delta U^{(0)}$ 修正各节点电压，即得到第一次迭代后各节点的电压：

$$
U^{(1)} = \begin{bmatrix} f_1^{(0)} \\ e_1^{(0)} \\ f_2^{(0)} \\ e_2^{(0)} \\ f_3^{(0)} \\ e_3^{(0)} \\ f_4^{(0)} \\ e_4^{(0)} \end{bmatrix} = \begin{bmatrix} -0.03348 \\ 0.96643 \\ 0.36070 \\ 1.10538 \\ -0.06900 \\ 1.05881 \\ 0.45749 \\ 1.05000 \end{bmatrix}
$$

按以上步骤反复进行迭代，当收敛指标取 $\varepsilon = 10^{-6}$ 时，需要进行五次迭代。迭代过程中各节点电压及功率误差的变化情况如表 3-2 和表 3-3 所示。

表 3-2　迭代过程中各节点电压的变化情况

迭代次数	e_1	f_1	e_2	f_2	e_3	f_3	e_4	f_4
1	0.96643	-0.03348	1.10538	0.36070	1.05881	-0.06900	1.05000	0.15749
2	0.87115	-0.06989	1.03041	0.32997	1.03514	-0.07698	0.97868	0.39243
3	0.85937	-0.07178	1.02604	0.33046	1.03354	-0.07737	0.97463	0.39066
4	0.85915	-0.07182	1.02601	0.33047	1.03352	-0.07738	0.97462	0.39067
5	0.85915	-0.07182	1.02601	0.33047	1.03352	-0.07738	0.97462	0.39067

表 3-3　迭代过程中各节点功率误差的变化情况

迭代次数	ΔQ_1	ΔP_1	ΔQ_2	ΔP_2	ΔQ_3	ΔP_3	ΔP_4
1	-0.55000	-1.60000	5.69803	-2.00000	2.04901	-3.70000	5.00000
2	-0.07204	-0.03473	0.91801	2.77526	-0.37145	0.04904	-3.06101
3	-0.02656	-0.00676	0.06541	0.16660	-0.00948	0.00328	-0.17049
4	-0.00064	-0.00020	-0.00002	0.00069	-0.00002	0.00000	-0.00062
5	0.00000	0.00000	0.00000	0.00000	0.00000	0.00000	0.00000

迭代结果各节点电压大小和相位角 $U_i \angle \theta_i = e_i + jf_i$ 列于表 3-4 中。

表 3-4　计算结果

节点号	1	2	3	4	5
U_i	0.86215	1.07792	1.03641	1.05000	1.05000
$\theta_i/(°)$	-4.77859	17.85341	-4.28195	21.84320	0.00000

各支路功率计算过程略。

（2）P-Q 分解法。

用 P-Q 分解法计数潮流时，除了已求得的节点导纳矩阵外，还需要求出系数矩阵 B' 和 B''。

形成 $\boldsymbol{B}'$ 时可不计线路的充电电容和变压器 Π 形等值电路的对地导纳支路。本例 $\boldsymbol{B}'$ 为四阶,不包括平衡节点 5,各元素计算如下:

$$B'_{11} = \text{Im}\left(\frac{1}{0.04+\text{j}0.25} + \frac{1}{0.1+\text{j}0.35}\right) = -6.541665$$

$$B'_{12} = B'_{21} = -\text{Im}\left(\frac{1}{0.04+\text{j}0.25}\right) = 3.900156$$

$$\vdots$$

$$B'_{22} = \text{Im}\left(\frac{1}{0.04+\text{j}0.25} + \frac{1}{0.08+\text{j}0.3} + \frac{1}{\text{j}0.015 \times k}\right) = -70.504253$$

$$B'_{23} = B'_{32} = -\text{Im}\left(\frac{1}{0.08+\text{j}0.3}\right) = 3.112033$$

$$\vdots$$

$$B'_{44} = \text{Im}\left(\frac{1}{\text{j}0.015 \times 1.05}\right) = -63.492064$$

最后可得

$$\boldsymbol{B}' = \begin{bmatrix} -6.541665 & 3.900156 & 2.641509 & 0.000000 \\ 3.900156 & -70.504253 & 3.112033 & 3.492064 \\ 2.641509 & 3.112033 & -37.499574 & 0.000000 \\ 0.000000 & 63.492064 & 0.000000 & -63.492064 \end{bmatrix}$$

$\boldsymbol{B}''$ 是由节点导纳矩阵的虚部构成的,本例为三阶方阵,不包括 PV 节点 4 和平衡节点 5。

$$\boldsymbol{B}'' = \begin{bmatrix} -6.291665 & 3.900156 & 2.641509 \\ 3.900156 & -66.980820 & 3.112033 \\ 2.641509 & 3.112033 & -35.737860 \end{bmatrix}$$

功率误差的计算式为

$$\Delta P_1 = P_{1s} - U_1[U_1 G_{11} + U_2(G_{12}\cos\theta_{12} + B_{12}\sin\theta_{12}) + U_3(G_{13}\cos\theta_{13} + B_{13}\sin\theta_{13})]$$

$$\Delta Q_1 = Q_{1s} - U_1[-U_1 B_{11} + U_2(G_{12}\sin\theta_{12} - B_{12}\cos\theta_{12}) + U_3(G_{13}\sin\theta_{13} - B_{13}\cos\theta_{13})]$$

$$\vdots$$

$$\Delta P_4 = P_{4s} - U_4[U_2(G_{24}\cos\theta_{42} + B_{24}\sin\theta_{42}) + U_4 G_{44}]$$

将电压初值:$U_1^{(0)} = U_2^{(0)} = U_3^{(0)} = 1.0$,$U_4^{(0)} = U_5^{(0)} = 1.05$,$\theta_1^{(0)} = \theta_2^{(0)} = \theta_3^{(0)} = \theta_4^{(0)} = \theta_5^{(0)} = 0$ 代入,可以求得各节点的有功功率误差:

$$\Delta \boldsymbol{P}^{(0)} = \begin{bmatrix} \Delta P_1^{(0)} \\ \Delta P_2^{(0)} \\ \Delta P_3^{(0)} \\ \Delta P_4^{(0)} \end{bmatrix} = \begin{bmatrix} -1.60000 \\ -2.00000 \\ -3.70000 \\ 5.00000 \end{bmatrix}$$

除以相应的节点电压,得到 $\boldsymbol{P}\text{-}\boldsymbol{\theta}$ 修正方程的常数项:

$$(\boldsymbol{U}^{-1}\Delta \boldsymbol{P})^{(0)} = \begin{bmatrix} -1.60000 \\ -2.00000 \\ -3.70000 \\ 4.76190 \end{bmatrix}$$

解修正方程$(\boldsymbol{U}^{-1}\Delta\boldsymbol{P})^{(0)}=\boldsymbol{B}'(\boldsymbol{U}^{(0)}\Delta\boldsymbol{\theta}^{(0)})$，得到$\boldsymbol{U}^{(0)}\Delta\boldsymbol{\theta}^{(0)}$，再将各元素除以相应的$U_1^{(0)}$可得

$$\Delta\boldsymbol{\theta}^{(0)}=\begin{bmatrix} 0.09453 \\ -0.30583 \\ 0.07995 \\ -0.36270 \end{bmatrix}$$

对各θ进行修正，得到第一次迭代后的各节点电压相位角：

$$\boldsymbol{\theta}^{(1)}=\boldsymbol{\theta}^{(0)}-\Delta\boldsymbol{\theta}^{(0)}=\begin{bmatrix} -0.09453 \\ 0.30583 \\ -0.07995 \\ 0.36297 \end{bmatrix}$$

接着进行 Q - U 迭代。根据$\boldsymbol{U}^{(0)}$、$\boldsymbol{\theta}^{(1)}$求出各节点无功功率误差：

$$\Delta\boldsymbol{Q}^{(0)}=\begin{bmatrix} -1.11293 \\ 5.60861 \\ 1.41229 \end{bmatrix}$$

由于$U_1^{(0)}=U_2^{(0)}=U_3^{(0)}=1.0$，所以修正方程常数项$(\boldsymbol{U}^{-1}\Delta\boldsymbol{U})^{(0)}=\Delta\boldsymbol{Q}^{(0)}$。

解修正方程$(\boldsymbol{U}^{-1}\Delta\boldsymbol{Q})^{(0)}=\boldsymbol{B}''\Delta\boldsymbol{U}^{(0)}$，得到电压修正量：

$$\Delta\boldsymbol{U}^{(0)}=\begin{bmatrix} 0.11192 \\ -0.07899 \\ -0.03812 \end{bmatrix}$$

修正后的节点电压：

$$\boldsymbol{U}^{(1)}=\boldsymbol{U}^{(0)}-\Delta\boldsymbol{U}^{(0)}=\begin{bmatrix} 0.88808 \\ 1.07899 \\ 1.03812 \end{bmatrix}$$

这样就完成了第一次迭代计算。

按照以上步骤继续迭代下去，当收敛指标取 $\varepsilon=10^{-5}$ 时，迭代 10 次收敛。迭代过程中各节点电压的变化情况列于表 3 - 5 中，最大功率误差和电压误差（修正量）的变化情况见表 3 - 6。

表 3 - 5　迭代过程中各节点电压的变化情况

迭代次数	θ_1	U_1	θ_2	U_2	θ_3	U_3	θ_4
1	-0.09453	0.88808	0.30583	1.07899	-0.07995	1.03812	0.36270
2	-0.07516	0.86960	0.31460	1.07839	-0.07334	1.03692	0.38473
3	-0.08463	0.86351	0.31004	1.07803	-0.07478	1.03664	0.37951
4	-0.08287	0.86271	0.31149	1.07796	-0.07465	1.03647	0.38116
5	-0.08346	0.86228	0.31145	1.07793	-0.07473	1.03643	0.38108
6	-0.08337	0.86220	0.31158	1.07792	-0.07473	1.03642	0.38122
7	-0.08340	0.86216	0.31159	1.07792	-0.07473	1.03641	0.38122
8	-0.08340	0.86216	0.31160	1.07792	-0.07473	1.03641	0.38123
9	-0.08340	0.86215	0.31160	1.07792	-0.07473	1.03641	0.38123
10	-0.08340	0.86215	0.31160	1.07792	-0.07473	1.03641	0.38124

表 3 - 6　最大功率误差和电压误差的变化情况

迭代次数	$\Delta P_{\max}$	$\Delta Q_{\max}$	$\Delta\theta_{\max}$	$\Delta U_{\max}$
1	5.00000	5.60861	0.36270	0.11192
2	0.96076	0.09836	0.02203	0.01848
3	0.04129	0.03148	0.00947	0.00609
4	0.01141	0.00380	0.00176	0.00080
5	0.00496	0.00214	0.00059	0.00043
6	0.00050	0.00037	0.00013	0.00008
7	0.00044	0.00018	0.00004	0.00004
8	0.00006	0.00004	0.00001	0.00001
9	0.00004	0.00002	0.000003	0.000003
10	0.000008	0.000004	0.000000	0.000001

若收敛指标取为 $\varepsilon=10^{-6}$，则需迭代 12 次。

以上表中相位角均为弧度。

四、直流法潮流计算与开断处理

1. 直流法潮流计算

在电力系统规划和运行计算中，往往需要对很多运行方式进行潮流计算。例如，在电力系统规划和电力系统静态安全分析时，需要进行一种所谓 $N-1$ 校核计算，即对某一种运行方式要逐一开断系统中的线路或变压器，检查是否存在支路过载情况。用牛顿-拉夫逊法虽然也可以解决这类问题，但如前几节所述，对应于每一种开断，牛顿-拉夫逊法必须求解新的修正方程。所以，对于大的电力系统来说，用牛顿-拉夫逊法进行诸如 $N-1$ 校核计算将要花费大量的计算时间，这是不切实际的。对于电力系统规划来说，由于系统数据的不完整性和不确定性，用牛顿-拉夫逊法计算往往不能收敛。直流法潮流计算具有简单、计算工作量小、没有收敛性问题和易于快速地处理投入或开断线路操作等优点。在需要计算大量潮流运行方式的场合，直流法与 P-Q 分解法都是应用得很广泛的方法。以下简单介绍直流法潮流计算方法及其对追加或开断支路的处理。

电力网中每条支路 i-j 中通过的有功功率为

$$P_{ij}=\mathrm{Re}[\dot U_i\dot I_{ij}^*]=\mathrm{Re}[\dot U_i y_{ij}^*(\dot U_i-\dot U_j)] \qquad (3-89)$$

当节点电压用极坐标形式表示时，式(3-89)可改写成

$$P_{ij}=U_i^2 g_{ii}-U_i U_j[g_{ij}\cos\theta_{ij}+b_{ij}\sin\theta_{ij}] \qquad (3-90)$$

考虑到实际电力系统中输电线路(或变压器)的电阻远小于其电抗，对地电导也可忽略不计；在正常运行时线路两端相位差很少超过 $20°$；节点电压值的偏移很少超过 10%，且对有功功率分布影响不大，因而可以作如下假设：

(1) $g_{ij}\approx0$，$b_{ij}\approx-1/x_{ij}$，x_{ij} 为节点 i 与节点 j 间支路的电抗；

(2) $\sin\theta_{ij}\approx\theta_i-\theta_j$，$\cos\theta_{ij}\approx1$；

（3）$U_i \approx U_j \approx 1$；

（4）不考虑变压器和接地支路对有功分布的影响。

将以上假设代入式（3-90）可得

$$P_{ij} = -b_{ij}(\theta_i - \theta_j) = \frac{(\theta_i - \theta_j)}{x_{ij}} \qquad (3-91)$$

各节点的注入功率为与该节点相连各支路功率之和，同时将支路电纳的负值$-b_{ij}$改写为导纳矩阵$\boldsymbol{B}$中的相应元素B_{ij}，可得节点i注入功率的表示式：

$$P_i = \sum_{j \in i} B_{ij}(\theta_i - \theta_j) = -(-\sum_{j \in i} B_{ij}\theta_i + \sum_{j \in i} B_{ij}\theta_j)$$

式中，$j \in i$表示所有与节点i直接相连的节点，$j \neq i$。由于忽略了对地支路，由节点导纳矩阵的定义可知：

$$-\sum_{j \in i} B_{ij} = B_{ii}$$

因而，上式可写成

$$P_i = -(B_{ii}\theta_i + \sum_{j \in i} B_{ij}\theta_j) = \sum_{j=1}^{n} (-B_{ij}\theta_j) \qquad (3-92)$$

令$\boldsymbol{B}_0$表示正常运行时电力网节点导纳矩阵的负数，则所有节点注入功率可用矩阵表示为

$$\boldsymbol{P} = \boldsymbol{B}_0 \boldsymbol{\theta} \qquad (3-93)$$

式中，$\boldsymbol{P}$为节点注入有功功率向量；$\boldsymbol{\theta}$为节点电压相角向量。

可以用矩阵求逆法、高斯消去法或因子表等方法求解式（3-93），得出在给定注入功率条件下的节点相角向量$\boldsymbol{\theta} = \boldsymbol{B}_0^{-1}\boldsymbol{P}$，并可用式（3-91）求出各支路的有功潮流。

如果将式（3-93）中的节点注入功率当作直流电路的注入电流，节点电压相角当作直流电路的电压，节点导纳矩阵$\boldsymbol{B}_0$当作直流电路的节点电导矩阵，则式（3-93）式与直流电路中电压和电流的关系具有相同的形式，不同的只是在直流电路中电流从电压高处向电压低处流动，而在交流电网中，有功功率从电压相角大的节点向电压相角小的节点流动。这种与直流电路计算的相似性，使人们对这种方法冠以直流法的称呼。

直流法潮流计算需要求解的式（3-93）是线性方程组。采用直流法求解不存在收敛性问题，具有速度快、不存在收敛性问题等优点，可广泛地应用在电力系统规划、静态安全分析以及牛顿-拉夫逊法潮流的初值计算等需要大量计算或运行条件不十分理想的场合。由于直流法对节点功率方程进行了简化，或者说对潮流计算的模型作了简化，因而它是一种近似的计算法。

2. 直流法潮流计算的开断处理

当系统内两节点间投入或开断一条线路时，系统的节点注入功率不变，只是系统的节点导纳矩阵中与该线路有关的元素有所改变。在式（3-91）中应用经过修改的节点导纳矩阵可以求得系统投入或开断一条支路后的节点电压相角。虽然式（3-91）是一个线性代数方程，可以直接求解，但对于大量开断操作的计算，比如$N-1$校核，仍然显得工作量太大。人们希望找到不必重复求解式（3-91）的快速算法。下面介绍一种实用的，利用节点导纳矩阵的变化量直接求出节点电压相角的近似算法。

假设系统内节点k和节点m之间要校验断开$k-m$支路时有功功率潮流的变化。这

时，$\boldsymbol{B}_0$ 中 B_{km} 和 B_{mk} 两个非对角线元素，以及 B_{kk} 和 B_{mm} 两个对角线元素发生变化，新的 $\boldsymbol{B}$ 矩阵为

$$\boldsymbol{B}_1 = \boldsymbol{B}_0 + b_{km}\boldsymbol{M}^{\mathrm{T}}\boldsymbol{M} \tag{3-94}$$

式中，b_{km} 为断开支路的串联电抗倒数的负值，即 $-1/x_{km}$；$\boldsymbol{M}$ 为第 k 个元素为 1、第 m 个元素为 -1、其余元素均为 0 的行向量。

根据矩阵的反演公式可得

$$\boldsymbol{B}_1^{-1} = \boldsymbol{B}_0^{-1} - c\boldsymbol{W}\boldsymbol{M}\boldsymbol{B}_0^{-1} \tag{3-95}$$

式中，$c = (1/b_{km} + \boldsymbol{M}\boldsymbol{W})^{-1}$ 是一个标量，而 $\boldsymbol{W} = \boldsymbol{B}_0^{-1}\boldsymbol{M}^{\mathrm{T}}$ 表示在原始网络母线 k 和 m 间注入单位有功功率所得到的母线电压相位角的向量。可利用原始网络的 $\boldsymbol{B}_0^{-1}$ 矩阵直接求出 c 和 $\boldsymbol{W}$。

这样，就可在断开线路后不重新形成矩阵而算出各母线电压相位角为

$$\boldsymbol{\theta}' = \boldsymbol{B}_1^{-1}\boldsymbol{P} = \boldsymbol{\theta}_0 - c\boldsymbol{W}\boldsymbol{M}\boldsymbol{\theta}_0 \tag{3-96}$$

式中，$\boldsymbol{\theta}_0$ 是未断开 $k-m$ 支路时原始的母线电压相位角的向量；$\boldsymbol{M}\boldsymbol{\theta}_0$ 是一个标量。

定义 A 为 $-c\boldsymbol{M}\boldsymbol{\theta}_0$，是节点 k 和 m 间接入的并联电抗 $-x_{km}$（相当于使 $k-m$ 支路断开）中的功率，其方向如图 3-33 所示。当断开支路 $k-m$ 后，系统中各母线电压相位角的变化为

$$\Delta\theta_i = AW_i \tag{3-97}$$

式中，W_i 为向量 $\boldsymbol{W}$ 中的第 i 个元素。

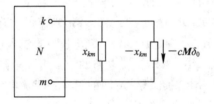

图 3-33　断开支路等值图

因此，断开支路 $k-m$ 后，支路 $i-j$ 中的有功功率为

$$P_{ij} = \frac{\theta_i' - \theta_j'}{x_{ij}} = \frac{\theta_{i0} - \theta_{j0}}{x_{ij}} + \frac{(W_i - W_j)A}{x_{ij}} \tag{3-98}$$

这样，就可根据式(3-98)来校核支路有功功率是否超过规定的极限。

对于断开发电机的情况，只需将式(3-93)中 $\boldsymbol{P}$ 改为 $\boldsymbol{P} + \Delta\boldsymbol{P}$，就可求出相应的母线电压相位角的变化，并利用式(3-98)来校核通过各支路的有功功率潮流。

利用上述方法时只需进行一次基本运行方式的潮流计算，对于大量的开断操作只需用基本运行方式的节点导纳矩阵和节点电压相角，加上开断操作引起的支路导纳改变量进行修正，大大减少了计算工作量。

例 3.7　在图 3-32 所示的电力系统接线图中，如忽略线路(变压器)的电阻和电容，并假设变压器的变比为 1，只考虑各节点负荷的有功功率。给定支路 4-5 的极限负荷为 2 (标幺值)，试用直流法计算支路 2-3 断开后，支路 2-1 的过载情况。

解：由给定的数据，根据式(3-93)可求出正常时各节点的相位角。

$$\begin{bmatrix} 6.857 & -\dfrac{1}{0.25} & -\dfrac{1}{0.35} & 0 \\[2mm] -\dfrac{1}{0.25} & 74 & -\dfrac{1}{0.3} & -\dfrac{1}{0.015} \\[2mm] -\dfrac{1}{0.35} & -\dfrac{1}{0.3} & 39.523 & 0 \\[2mm] 0 & -\dfrac{1}{0.015} & 0 & -\dfrac{1}{0.015} \end{bmatrix} \begin{bmatrix} \theta_1 \\ \theta_2 \\ \theta_3 \\ \theta_4 \end{bmatrix} = \begin{bmatrix} -1.6 \\ -2 \\ -3.7 \\ 5 \end{bmatrix}$$

由上式解得

$$\boldsymbol{\theta}_0 = \begin{bmatrix} \theta_1 \\ \theta_2 \\ \theta_3 \\ \theta_4 \end{bmatrix} = \begin{bmatrix} -0.061(-3.508°) \\ 0.344(19.729°) \\ -0.069(-3.953°) \\ 0.419(24.026°) \end{bmatrix}$$

所以正常通过支路 2-1 的有功功率为

$$P_{21} = \frac{\theta_2 - \theta_1}{x_{12}} = \frac{0.344 + 0.061}{0.25} = 1.622$$

当断开支路 2-3 后，有

$$\boldsymbol{M} = \begin{bmatrix} 0 & 1 & -1 & 0 \end{bmatrix}$$

$$\boldsymbol{W} = \boldsymbol{B}_0^{-1} \boldsymbol{M}^T = \begin{bmatrix} 0.117 \\ 0.200 \\ 0.000 \\ 0.200 \end{bmatrix}$$

$$c = (-0.3 + \boldsymbol{MW})^{-1} = -10$$

根据式(3-96)，可得

$$\boldsymbol{\theta}' = \boldsymbol{\theta}_0 - c\boldsymbol{WM}\boldsymbol{\theta}_0 = \begin{bmatrix} -0.061 \\ 0.344 \\ -0.069 \\ 0.419 \end{bmatrix} + \begin{bmatrix} 0.482 \\ 0.827 \\ 0.000 \\ 0.827 \end{bmatrix} = \begin{bmatrix} 0.421(24.121°) \\ 1.171(67.093°) \\ -0.069(-3.953°) \\ 1.246(71.390°) \end{bmatrix}$$

因此，通过支路 2-1 的有功功率为

$$P'_{21} = \frac{1.171 - 0.421}{0.25} = 3$$

支路 2-1 的极限负荷为 2，所以在断开支路 2-3 后，支路 2-1 的负荷超过其极限值。

思 考 题

1. 输电线路和变压器的功率损耗如何计算？它们在导纳支路上的损耗有什么不同？
2. 电压降落、电压损耗、电压偏移、电压调整是如何定义的？
3. 输电线路和变压器阻抗元件上的电压降落如何计算？电压降落的大小主要由什么决定？电压降落的相位主要由什么决定？什么情况下会出现末端电压高于首端电压的情况？

4. 运算功率是什么? 运算负荷是什么? 如何计算升压变电所的运算功率和降压变电所的运算负荷?

5. 什么是潮流? 电力网络潮流计算的目的是什么?

6. 辐射型网络潮流分布的计算可以分为哪两种类型? 分别怎样进行计算?

7. 已知某均一两端供电网如图 3-34 所示, 单位长度阻抗为 $r_1 + jx_1 = (0.1 + j0.4\Omega)$ km, 求功率分点。

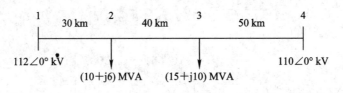

图 3-34 题 7 图

8. 某 220 kV 单回架空电力线路, 长度为 200 km, 导线单位长度的参数为 $r_1 = 0.108 \ \Omega/\text{km}$, $x_1 = 0.42 \ \Omega/\text{km}$, $b_1 = 2.66 \times 10^{-6} \text{S/km}$。已知其始端输入功率为 $(120 + j50)\text{MVA}$, 始端电压为 240 kV, 求末端电压及功率, 并作出电压相量图。

9. 节点导纳矩阵是怎样形成的? 各元素的物理含义是什么?

10. 图 3-35 所示的五节点电力网中, 节点 1、2 和 3 为 PQ 节点, 各节点的负荷分别为: $\tilde{S}_1 = 1.6 + j0.8$, $\tilde{S}_2 = 2 + j1$, $\tilde{S}_3 = 3.7 + j1.3$; 节点 4 为 PV 节点, 给定 $P_4 = 5$, $U_4 = 1.05$; 节点 5 为平衡节点, 给定 $\dot{U}_5 = 1.05\angle 0°$。各支路阻抗、对地导纳标于图中。试分别用高斯-赛德尔法、牛顿-拉夫逊法和 P-Q 分解法编程计算潮流。

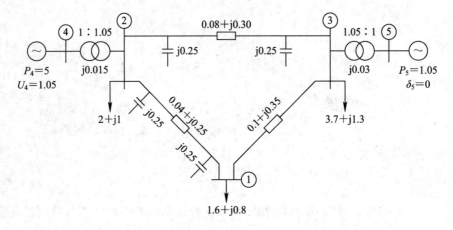

图 3-35 题 10 图

第四章　电力系统控制

频率与电压是衡量电能质量的两个重要指标，是电力系统稳定运行需要重点控制的参数。本章围绕这两个指标，首先介绍电力系统的频率特性、频率调整方法以及有功功率平衡的基本知识，然后介绍电力系统电压调整的概念、电压调整的常用方法以及无功功率平衡的基本知识，最后围绕典型装备的电力系统，对频率和电压的调节控制过程进行分析和说明。

第一节　电力系统的有功功率及频率控制

一、频率调整的基本概念

1. 频率调整的必要性

电力系统中许多设备的运行状况都与频率密切相关，所以必须保持频率在额定值 50 Hz 上下，偏移不超过一定范围。频率波动对用户、发电厂和电力系统本身都会产生不良影响，具体如下：

用户使用的电动机的转速与系统频率有关，频率变化将引起电动机转速的变化从而影响产品质量。例如，纺织工业、造纸工业等都将因频率变化而出现残次品。

近代工业、国防和科学技术都已广泛使用电子设备，系统频率的不稳定将会影响电子设备的工作。雷达、计算机等重要设施将因频率过低而无法运行。

频率变动对发电厂和电力系统本身也有影响：火力发电厂的主要厂用机械——风机和泵，在频率降低时，所能供应的风量和水量将迅速减少，影响锅炉的正常运行。

低频率运行时，汽轮机叶片所受的应力将增加，会引起叶片的共振，缩短叶片的寿命，甚至使叶片断裂。

低频率运行时，发电机的通风量将减少，而为了维持正常电压，又要求增加励磁电流，以致使发电机定子和转子的温升都将增加。为了不超越温升限额，不得不降低发电机所发功率。

低频率运行时，由于磁通密度的增大，变压器的铁芯损耗和励磁电流都将增大。为了不超越温升限额，不得不降低变压器的负荷。

频率降低时，系统中的无功功率负荷将增大。而无功功率负荷的增大又将促使系统电压水平的下降。

总之，由于所有设备都是按系统额定频率设计的，系统频率质量的下降将影响各行各业，而频率过低时，甚至会使整个系统瓦解，造成大面积停电。

2. 有功功率负荷的变动和调整控制

电力系统作为一个动态平衡的网络，额定工况下所有的发电机以额定转速同步运行，一起产生有功功率，并在每一时刻被所有的负荷及网络损耗所消耗。系统频率与发电机转速成正比，当原动机的输入功率与发电机输出的电磁功率相平衡时，能维持发电机一定的转速和频率。但由于电能传输速度快、存储难度大，而电力系统的负荷是时刻变化的，功率平衡并不能随时维持，系统负荷的任何变化都会影响发电机的电磁功率，从而影响转速（频率）。电力系统中的负荷无时无刻不在变动，它的实际变动规律曲线如图 4-1 所示。

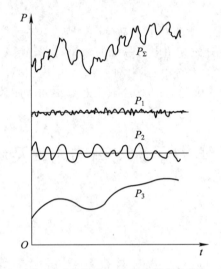

P_1—第一种负荷变动；P_2—第二种负荷变动；
P_3—第三种负荷变动；P_Σ—实际不规则的负荷变动

图 4-1　有功功率负荷的变动

　　深入分析这种不规则的负荷变动规律可见，它其实是几种负荷变动规律的综合。换句话说，可以将这种不规则的负荷变动规律分解为几种有规律可循的负荷变动。如图 4-1 中，根据负荷变化的幅度大小及周期，可将其分解为以下三种：

　　第一种变动幅度很小，周期又很短，这种负荷变动有很大的偶然性，如图 4-1 中的 P_1，是变化周期在 10 s 以内的随机负荷。

　　第二种变动幅度越大，周期也越长，主要有电炉、压延机械、电气机车等带有冲击性的负荷变动。如图 4-1 中的 P_2，是变化周期在 10～180 s、幅度较大的负荷。

　　第三种变动幅度最大，周期也最长，是由生产、生活、气象等变化引起的负荷变动。如图 4-1 中的 P_3，产生的原因包括工厂的作息制度、人员生活习惯或气象条件变化等。这种负荷变动基本上可以预计。

　　简而言之，电力系统负荷变动的幅度越大，周期就越长。对应负荷的变动规律，电力系统的有功功率和频率调整大体上也可分一次、二次、三次调整三种，如图 4-2 所示。一次调整或频率的一次调整是指对第一种负荷变动引起的频率偏移的调整，通常

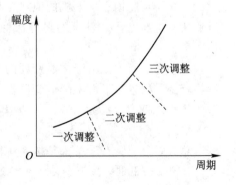

图 4-2　调频任务的分配

由发电机组的调速器进行。二次调整或频率的二次调整是对第二种负荷变动引起的频率偏移的调整，通常由发电机的调频器进行。三次调整针对第三种有规律变动的负荷，根据预测的负荷曲线，按最优化原则在各机组间进行经济负荷分配，即分配给各机组按事先给定的发电负荷曲线发电。在潮流计算中，除平衡节点外其他节点的注入有功功率之所以周期给定，就是由于系统中绝大部分发电厂属于这种类型。这类发电厂又称负荷监视厂。至于潮流计算中的平衡节点，如前所述，一般可取系统中担负调频任务的发电厂母线。这其实是指担负二次调整任务的发电厂母线。

　　由于缺电，在我国还有一种与上述一次、二次、三次调整迥然不同的调整手段，称负荷控制。所谓负荷控制，是指个别负荷量大或长时间超计划用电以致影响系统运行质量时，由系统运行管理部门在远方将其部分或全部切除的控制方式。这种控制方式目前在技术上还不够成熟，本书不作深入介绍。

二、电力系统的频率特性

　　电力系统的频率特性是电力系统中频率调整的依据。这里所谓频率特性，是指有功功率-频率静态特性，包括系统负荷的频率特性与发电机组的频率特性。

1. 电力系统综合负荷的有功功率-频率静态特性

　　描述电力系统负荷的有功功率随频率变化的关系曲线，称为电力系统负荷的有功功率-静态特性，简称为负荷的频率特性。

　　电力系统负荷的功频特性依赖于负荷的构成，其中包括与频率变化无关的负荷，如照明等电阻性负荷；与频率变化成正比的负荷，如驱动磨粉机的固定力矩电机等；与频率高次方成正比的负荷，如拖动鼓风机、离心水泵的异步电动机等。负荷的频率特性主要取决于异步电动机，整体上呈现非线性关系。但在实际系统中允许的频率变化范围很小，在额定频率附近系统负荷与频率近似呈线性关系，如图 4-3 所示。

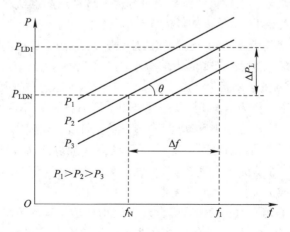

图 4-3　负荷的频率静态特性

　　由图 4-3 中的负荷频率特性 P_2 可知，当频率由 f_N 升高到 f_1 时，负荷有功功率就自动由 P_{LDN} 增加到 P_{LD1}；反之，负荷有功功率就自动减少。负荷有功功率随频率变化的大小由图 4-3 中直线的斜率确定，具体为

$$k_{LD} = \tan\theta = \frac{\Delta P_L}{\Delta f} \qquad (4-1)$$

式中，ΔP_L 为有功负荷变化量（MW）；Δf 为频率变化量（Hz）；k_{LD} 为有功负荷频率调节效应系数（MW/Hz），表示负荷随频率的变化程度。

若将式（4-1）中的 ΔP_L 和 Δf 分别以额定有功负荷和额定频率为基准值的标幺值表示，则频率静态特性斜率的标幺值为

$$k_{LD*} = \frac{\Delta P_L / P_{LDN}}{\Delta f / f_N} = \frac{\Delta P_*}{\Delta f_*} \qquad (4-2)$$

式中，k_{LD*} 为有功负荷频率调节效应系数的标幺值。当频率下降时，负荷吸收的有功功率自动减小；当频率上升时，负荷吸收的有功功率自动增加，这种特性有利于系统的频率稳定。

k_{LD*} 不能人为整定，它的大小取决于系统中各类负荷的比重和性质。不同系统或同一系统的不同时刻，k_{LD*} 值都可能不同。电力系统中一般取 $k_{LD*} = 1 \sim 3$，它表明频率变化 1% 时，有功负荷功率就相应变化 1% ～ 3%。k_{LD*} 的具体数值通常由试验或计算求得，是电力系统调度部门运行人员必须掌握的一个重要数据。

当电力系统的综合负荷增大时，负荷的频率特性曲线由 P_2 平行上移到 P_1；负荷减小时，负荷的频率特性曲线由 P_2 平行下移到 P_3，如图 4-3 所示。

2. 发电机组的有功功率-频率静态特性

电力系统的负荷功率是靠发电机组供给的，当有功负荷发生变化时，发电机组输出的有功功率应随之发生变化，以保证频率偏移不超出允许范围。发电机组输出的有功功率与频率之间的关系称为发电机组有功功率-频率静态特性，简称发电机组的功频静态特性。

1）发电机组调速系统的工作原理

发电机组的功频静态特性取决于原动机的自动调速系统，发电机组的速度调节主要组成部分是调速器和调频器。原动机调速系统可分为机械液压和电气液压两大类。以下就以图 4-4 所示离心飞摆式调速系统为例，介绍频率调整。

调速器的飞摆由套筒带动转动，套筒则由原动机的主轴所带动。单机运行时，因机组负荷的增大，转速下降，飞摆由于离心力的减小，在弹簧的作用下向转轴靠拢，使 A 点向下移动到 A''。但因油动机活塞两边油压相等，B 点不动，结果使杠杆 AB 绕 B 点逆时针转动到 $A''B$。在调频器不动作的情况下，D 点也不动，因而在 A 点下降到 A'' 时，杠杆 DE 绕 D 点顺时针转动到 DE'，E 点向下移动到 E'。错油门活塞向下移动，使油管 a、b 的小孔开启，压力油经油管 b 进入油动机活塞下部，而活塞上部的油则经油管 a 经错油门上部小孔溢出。在油压作用下，油动机活塞向上移动，使汽轮机的调节气门或水轮机的导向叶片开度增大，增加进汽量或进水量。

在油动机活塞上升的同时，杠杆 AB 绕 A 点逆时针转动，将连接点 C，从而错油门活塞提升，使油管 a、b 的小孔重新堵住。油动机活塞又处于上下相等的油压下，停止移动。由于进汽或进水量的增加，机组转速上升，A 点从 A'' 回升到 A'。调节过程结束。这时杠杆 AB 的位置为 $A'CB'$。分析杠杆 AB 的位置可见，杠杆上 C 点的位置和原来相同，因机组转速稳定后错油门活塞的位置应恢复原状；B' 的位置较 B 高，A' 的位置较 A 略低；相应的进汽或进水量较原来多，机组转速较原来略低，ACB 杠杆处于 $A'CB'$ 的位置。这就是频率

的"一次调整"作用。

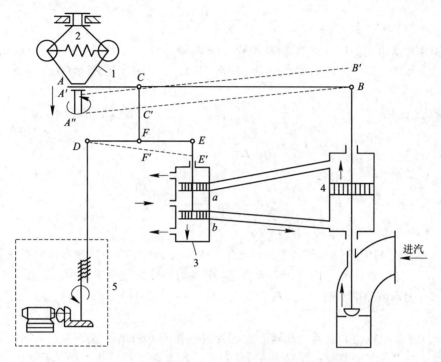

1—飞摆；2—弹簧；3—错油门；4—油动机；5—调频器

图 4-4　离心飞摆式调速系统示意图

负荷减小时的调节过程可类似进行分析。

2）发电机组的有功功率-频率静态特性

通过以上分析可以看出，当负荷功率增加时，通过调速器调整原动机的输出功率，使其输出功率增加，可使频率回升，但仍低于初始值；当负荷功率减少时，通过调速器调整原动机的输出功率，使其输出功率减少，频率就会下降，但仍高于初始值。发电机组的功频静态特性如图 4-5 所示。其输出有功功率大小随频率变化的关系可由图 4-5 中直线的

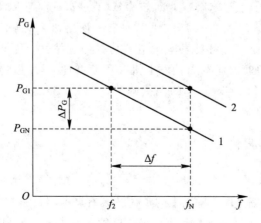

图 4-5　发电机组的功频静态特性

斜率来确定，即

$$k_{\mathrm{G}}=-\frac{\Delta P_{\mathrm{G}}}{\Delta f} \tag{4-3}$$

式中，k_{G} 为发电机组的单位调节功率（MW/Hz 或 kW/Hz）；ΔP_{G} 为发电机组输出有功功率的变化量（MW 或 kW）；Δf 为频率变化量（Hz）；负号表示 ΔP_{G} 的变化与 Δf 的变化相反。

以 P_{GN}（发电机组输出的额定有功功率）和 f_{N} 为基准值的标幺值表示，则有

$$k_{\mathrm{G}*}=-\frac{\Delta P_{\mathrm{G}}/P_{\mathrm{GN}}}{\Delta f/f_{\mathrm{N}}}=-\frac{\Delta P_{\mathrm{G}*}}{\Delta f_{*}} \tag{4-4}$$

或

$$k_{\mathrm{G}}=k_{\mathrm{G}*}\frac{P_{\mathrm{GN}}}{f_{\mathrm{N}}} \tag{4-5}$$

式中，$k_{\mathrm{G}*}$ 为发电机组单位调节功率的标幺值，亦称发电机组的功频静态特性系数。

与 k_{LD} 不同的是，k_{G} 可以人为调节整定，但其大小受机组调速机构的限制。不同类型的机组，k_{G} 的取值范围不同。一般汽轮发电机组，$k_{\mathrm{G}*}=25\sim16.7$；水轮发电机组，$k_{\mathrm{G}*}=50\sim25$。

这种依靠发电机组调速器自动调节发电机组有功功率输出的过程称为一次频率调整。一次调频只能实现有差调频；负荷变动时，除了已经满载运行的机组外，系统中的每台机组都将参与一次调频。

3）发电机组的同步器

一次调频后，若不能保证频率偏移在允许范围内，通常就需要有"二次调整"，"二次调整"是借同步器（调频器）完成的。

结构如图 4-4 的装置 5 所示，同步器由伺服电动机、蜗轮、蜗杆等装置组成。在人工操作或自动装置控制下，伺服电动机既可正转也可反转，通过蜗轮、蜗杆将 D 点抬高或降低。在一次调频结束后，如果频率仍然偏低，就应手动或电动同步器使 D 点上移，此时 F 点固定不动，E 点下移，迫使错油门活塞下移，使 a、b 油孔重新开启。压力油进入油动机，推动活塞上移，开大进汽门（或进水阀），增加进汽量（或进水量），使原动机功率输出增加，机组转速随之上升，适当控制 D 点的移动，总可以使转速恢复到频率偏移的允许范围或初始值。

二次调频的效果就是平行移动发电机组的功频静态特性，若将图 4-5 中的功频静态特性由曲线 1 平行移到曲线 2，就可使发电机在负荷增加 ΔP_{G} 后仍能在额定频率下运行。所以，通过二次调频，可以实现频率的无差调节。二次调频是在一次调频的基础上，由一个或数个发电厂来承担的。

三、电力系统的频率调整

1. 频率的一次调整

负荷变化引起频率偏差时，系统中的负荷及装有调速器且留有可调容量的发电机组会依据各自的功频静态特性自动参加频率调整，这就是电力系统频率的一次调整。一次调整只能做到有差调节。

以单机负荷为例，负荷和电源的有功功率静态频率特性已知，发电机组原动机的频率特性和负荷频率特性的交点就是系统的原始运行点，如图 4 - 6 中的点 Q。设在点 Q 运行时负荷突然增加 ΔP_{LQ}，即负荷的频率特性突然向上移动 ΔP_{LQ}，而发电机组功率不能及时随之变动，机组将减速，系统频率将下降。在系统频率下降的同时，发电机组的功率将因它的调速器的一次调整作用而增大，负荷的功率将因它本身的调节效应而减少。前者沿原动机的频率特性向上增加，后者沿负荷的频率特性向下减少，经过一个衰减的振荡过程，抵达一新的平衡点，即图 4 - 6 中点 Q'。

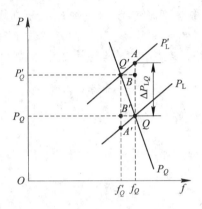

图 4 - 6　频率的一次调整

由于图 4 - 6 中 $QA = QB + BA = B'Q' - B'A'$，而 $B'Q' = \Delta P_G = -k_G \Delta f$，$B'A' = \Delta P_L = k_{LD} \Delta f$，$QA = \Delta P_{LQ}$，可得

$$\Delta P_{LQ} = -(k_G + k_{LD}) \Delta f \tag{4 - 6}$$

或

$$k_S = k_G + k_{LD} = \frac{-\Delta P_{LQ}}{\Delta f} \tag{4 - 7}$$

式中，k_S 称为系统的单位调节功率，也以 MW/Hz 或 MW/(0.1 Hz) 为单位。系统的单位调节功率也可用标幺值表示。以标幺值表示时的基准功率通常就取系统原始运行状态下的总负荷。因此从这个系统的单位调节功率 k_S 可求取在允许的频率偏移范围内系统能承受多大的负荷。

注意，在式(4 - 3)的推导过程中，始终取功率的增大和频率的上升为正。因此，上式等号左侧的负号表示随负荷的增大系统频率将下降。至于单位调节功率 k_G、k_{LD} 以及 k_S 本身则都为正值。

由式(4 - 7)可见，系统的单位调节功率取决于两方面，即发电机的单位调节功率和负荷的单位调节功率。因为负荷的单位调节不可调，要控制、调节系统的单位调节功率只有从控制、调节发电机的单位调节功率或调速器的调差系统入手。

当系统中有 n 台机组运行时，系统所有发电机组的等值单位调节功率为 $k_{G\Sigma}$。这种情况下，电力系统单位调节功率 k_S 的计算式为

$$\left.\begin{array}{l} k_{G\Sigma} = \displaystyle\sum_{i=1}^{n} k_{Gi} \\[2mm] k_S = k_{G\Sigma} + k_{LD} \end{array}\right\} \tag{4 - 8}$$

只要将调差系数整定得小些或发电机的单位调节功率整定得大些就可保证频率质量。但实际上，由于系统中不止一台发电机组，调差系统不能整定得过小。为说明这一问题，不妨设想将调差系数整定为零的极端情况。这时，似乎负荷的变动不会引起频率的变动，从而可确保频率恒定。但这样就要出现负荷变化量在各发电机组之间的分配无法固定，即将使各发电机组的调速系统不能稳定工作的问题。因此，为保证调速系统本身运行的稳定性，不能采用过小的调差系数或过大的单位调节功率。

而且，当系统中有不止一台发电机组时，有些机组可能因已满负荷，以致它们的调速器受负荷限制器的限制不能再参加调整。这就使系统中总的发电机单位调节功率下降。也可认为由于这些机组已不能再参加调整，它们的调差系数为无限大，从而使全系统发电机组的等值调差系数增大。例如，系统中有 n 台发电机组，n 台机组都参加调整时，有

$$k_{GN} = k_{G1} + k_{G2} + \cdots + k_{G(n-1)} + k_{Gn} = \sum_{i=1}^{n} k_{Gi}$$

n 台机组中仅有 m 台参加调整，即第 $m+1, m+2, \cdots, n$ 台机组不参加调整时，有

$$k_{GM} = k_{G1} + k_{G2} + \cdots + k_{G(m-1)} + k_{Gm} = \sum_{i=1}^{m} k_{Gi}$$

显然

$$k_{GN} > k_{GM}$$

若将 k_{GN} 和 k_{GM} 换算为以 n 台发电机组的总容量为基准的标幺值，则这些标幺值的倒数就是全系统发电机组的等值调差系数，即

$$\frac{\sigma_N \%}{100} = \frac{1}{k_{GN*}}; \quad \frac{\sigma_M \%}{100} = \frac{1}{k_{GM*}}$$

显然

$$\sigma_M \% > \sigma_N \%$$

由于上述两个方面的原因，使系统中总的发电机单位调节功率和系统的单位调节功率都不可能很大。正因为这样，依靠调速器进行的一次调整只能限制周期较短、幅度较小的负荷变动引起的频率偏移。负荷变动周期较长、幅度较大的调频任务自然地落到了二次调整方面。

2. 频率的二次调整

频率的二次调整就是通过手动或自动地操作调频器，使发电机组的频率特性平行地上下移动，从而使负荷变动引起的频率偏移可保持在允许范围内。

如图 4-7 中，若不进行二次调整，则在负荷增大 ΔP_{LQ} 后，运行点将转移到 Q'，即频率将下降为 f'_Q，功率将增加为 P'_Q。在一次调整的基础上进行二次调整就是在负荷变动引起的频率下降 $\Delta f'$ 越出允许范围时，操作调频器增加发电机组发出的功率，使频率特性向上移动。设发电机组增发 ΔP_{GQ}，则运行点又将从点 Q' 转移到点 Q''。点 Q'' 对应的频率为 f''_Q、功率为 P''_Q，即频率下降。由于进行了二次调整由仅有一次调整时的 $\Delta f'$ 减少为 $\Delta f''$，可以供应负荷的功率则由仅有一次调整时的 P'_Q 增加为 P''_Q。显然，由于进行了二次调整，系统的运行质量有了改善。

由图 4-7 可见，只进行一次调整时，负荷的原始增量 ΔP_{LQ} 可分解为两部分：一部分是因调速器的调整作用而增大的发电机组功率 $-k_G \Delta f'$（图中 $B'Q'$）；另一部分是因负荷本

身的调节效应而减少的负荷功率 $k_{LD}\Delta f'$（图中 $B'A'$）。进行二次调整时，这个负荷增量 ΔP_{LQ} 可分解为三部分：一部分是由于进行了二次调整，发电机组增发的功率 ΔP_{GQ}（图中 QC）；第二部分仍是由于调速器的调整作用而增大的发电机组功率 $-k_G\Delta f''$（图中 CB $=B''C''$）；第三部分仍是由于负荷本身的调节效应而减少的负荷功率 $k_{LD}\Delta f''$（图中 $AB=B''$ A''）。于是，类比式（4－7）可得

$$\Delta P_{LQ}-\Delta P_{GQ}=-(k_G+k_{LD})\Delta f$$

$$-\frac{\Delta P_{LQ}-\Delta P_{GQ}}{\Delta f}=k_G+k_{LD}=k_S \tag{4－9}$$

若 $\Delta P_{LQ}=\Delta P_{GQ}$，即发电机组如数增发了负荷功率的原始增量 ΔP_{LQ}，则 $\Delta f=0$，即实现了所谓无差调节，无差调节如图 4－7 中虚线所示。

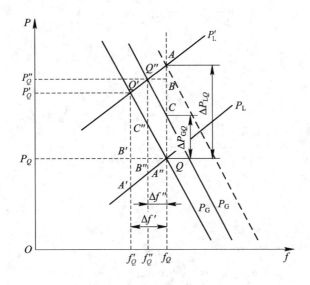

图 4－7　频率的二次调整

观察式（4－9）可见，有二次调整时，除增加一项因操作调频器而增发的功率 ΔP_{GQ} 外，其他和仅有一次调整时没有不同。正是因为发电机组增发了这一部分功率，系统频率的下降幅度才有所减少，负荷所能获得的功率才有所增加。

如上的结论可推广运用于系统中有 n 台机组，且由第 n 台机组担负二次调整任务的情况。由于这种情况相当于有一台机组进行二次调整、n 台机组进行一次调整，从而类似式（4－9）可直接列出

$$-\frac{\Delta P_{LQ}-\Delta P_{GNQ}}{\Delta f}=k_{GN}+k_L=k_S \tag{4－10}$$

比较式（4－9）、式（4－10）可见，由于 n 台机组的单位调节功率 k_{GN} 远大于一台机组，在同样的功率盈亏（$\Delta P_L-\Delta P_G$）下，系统的频率变化要比仅有一台机组时小得多。

3. 互联系统的频率调整

进行二次调整时，系统中负荷的增减基本上要由调频机组或调频厂承担。虽可适当增大其他机组或电厂的单位调节功率以减少调频机组或调频厂的负担，但数值有限。这就使调频厂的功率变动幅度远大于其他电厂。若调频厂不位于负荷中心，则这种情况可能使调

频厂与系统其他部分联系的联络线上流通的功率超出允许值。这样，就出现了在调整系统频率的同时控制联络线上流通功率的问题。

为讨论这个问题，将一个系统分成两部分或看作是两个系统的联合，如图4-8所示。图中 k_A、k_B 分别为联合前 A、B 两系统的单位调节功率。而为使讨论的结论有更普遍的意义，设 A、B 两系统中都没有进行二次调整的电厂，它们的功率变量分别为 ΔP_{GA}、ΔP_{GB}；A、B 两系统的负荷变量则分别为 ΔP_{LA}、ΔP_{LB}；设联络线上的交换功率 P_{AB} 由 A 向 B 流动时为正值。

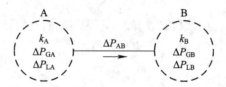

图 4-8　两个系统的联合

于是，在联合前，对于 A 系统，有

$$\Delta P_{LA} - \Delta P_{GA} = -k_A \Delta f_A$$

对于 B 系统，有

$$\Delta P_{LB} - \Delta P_{GB} = -k_B \Delta f_B$$

联合后，通过联络线由 A 向 B 输送的交换功率，对于 A 系统，也可看作是一个负荷，从而

$$\Delta P_{LA} + \Delta P_{AB} - \Delta P_{GA} = -k_A \Delta f_A \tag{4-11a}$$

对于 B 系统，该交换功率也可看作是一个电源，从而

$$\Delta P_{LB} - \Delta P_{AB} - \Delta P_{GB} = -k_B \Delta f_B \tag{4-11b}$$

联合后，两系统的频率应相等，即实际上应有 $\Delta f_A = \Delta f_B = \Delta f$，可得

$$(\Delta P_{LA} - \Delta P_{GA}) + (\Delta P_{LB} - \Delta P_{GB}) = -(k_A + k_B)\Delta f$$

或

$$\Delta f = -\frac{(\Delta P_{LA} - \Delta P_{GA}) + (\Delta P_{LB} - \Delta P_{GB})}{k_A + k_B} \tag{4-12}$$

以此代入式(4-11a)或式(4-11b)，又可得

$$\Delta P_{AB} = \frac{k_A(\Delta P_{LB} - \Delta P_{GB}) - k_B(\Delta P_{LA} - \Delta P_{GA})}{k_A + k_B} \tag{4-13}$$

令 $\Delta P_{LA} - \Delta P_{GA} = \Delta P_A$，$\Delta P_{LB} - \Delta P_{GB} = \Delta P_B$，$\Delta P_A$、$\Delta P_B$ 分别为 A、B 两系统的功率缺额，则式(4-11)～式(4-13)可改写为

$$\left.\begin{array}{l} \Delta P_A + \Delta P_{AB} = -k_A \Delta f \\ \Delta P_B - \Delta P_{AB} = -k_B \Delta f \end{array}\right\} \tag{4-14}$$

$$\Delta f = -\frac{\Delta P_A + \Delta P_B}{k_A + k_B} \tag{4-15}$$

$$\Delta P_{AB} = \frac{k_A \Delta P_B - k_B \Delta P_A}{k_A + k_B} \tag{4-16}$$

由式(4-15)可见，联合系统频率的变化取决于该系统总的功率缺额和总的系统单位调节功率。这理应如此，因两系统联合后，本应看作是一个系统。由式(4-16)可见，若 A 系统

没有功率缺额，即 $\Delta P_A = 0$，联络线上由 A 流向 B 的功率要增大；反之，若 B 系统没有功率缺额，即 $\Delta P_B = 0$，联络线上由 A 流向 B 的功率要减少。若 B 系统的功率缺额完全由 A 系统增发的功率所抵偿，即 $\Delta P_B = -\Delta P_A$，则 $\Delta f = 0$，$\Delta P_{AB} = \Delta P_B = -\Delta P_A$ 这种情况下，虽可保持系统的频率不变，B 系统的功率缺额 ΔP_B 或 A 系统增发的功率 $-\Delta P_A$ 却要如数通过联络线由 A 向 B 传输。这也就是调频厂设在远离负荷中心并且要实现无差调节的情况。

应该指出，以上的结论对自动二次调整（自动调频）也同样适用，因讨论中始终没有涉及调整的过程。

例4.1　两系统由联络线连接为一联合系统正常运行时，联络线上没有交换功率流通。两系统的容量分别为 1500 MW 和 1000 MW；各自的单位调节功率（分别以两系统容量为基准的标幺值）如图 4－9 所示。设 A 系统负荷增加 100 MW，试计算下列情况下的频率变量和联络线上流过的交换功率：

(1) A、B 两系统机组都参加一次调频；

(2) A、B 两系统机组都不参加一次调频；

(3) B 系统机组不参加一次调频；

(4) A 系统机组不参加一次调频。

解：将以标幺值表示的单位调节功率折算为有名值。

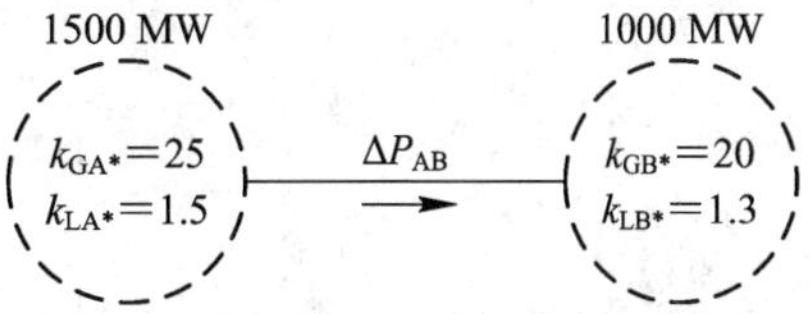

图 4－9　两个系统的联合调频举例

$$k_{GA} = k_{GA*} \frac{P_{GAN}}{f_N} = 25 \times \frac{1500}{50} = 750 \ (\text{MW/Hz})$$

$$k_{GB} = k_{GB*} \frac{P_{CBN}}{f_N} = 20 \times \frac{1000}{50} = 400 \ (\text{MW/Hz})$$

$$k_{LA} = k_{LA*} \frac{P_{GAN}}{f_N} = 1.5 \times \frac{1500}{50} = 45 \ (\text{MW/Hz})$$

$$k_{LB} = k_{LB*} \frac{P_{GBN}}{f_N} = 1.3 \times \frac{1000}{50} = 26 \ (\text{MW/Hz})$$

(1) A、B 两系统机组都参加一次调频时：

$$\Delta P_{GA} = \Delta P_{GB} = \Delta P_{LB} = 0; \quad \Delta P_{LA} = 100 \ \text{MW}$$

$$k_A = k_{GA} + k_{LA} = 795 \ \text{MW/Hz}; \quad k_B = k_{GB} + k_{LB} = 426 \ \text{MW/Hz}$$

$$\Delta P_A = 100 \ \text{MW}, \quad \Delta P_B = 0$$

$$\Delta f = -\frac{\Delta P_A + \Delta P_B}{k_A + k_B} = -\frac{100}{795 + 426} = -0.082 \ (\text{Hz})$$

$$\Delta P_{AB} = \frac{k_A \Delta P_B - k_B \Delta P_A}{k_A + k_B} = \frac{-426 \times 100}{795 + 426} = -34.9 \ (\text{MW})$$

这种情况正常，频率下降不多，通过联络线由 B 向 A 输送的功率也不大。

(2) A、B 两系统机组都不参加一次调频时：

$$\Delta P_{GA} = \Delta P_{GB} = \Delta P_{LB} = 0; \quad \Delta P_{LA} = 100 \ \text{MW}$$

$$k_{GA} = k_{GB} = 0$$

$$k_A = k_{LA} = 45 \ \text{MW/Hz}; \quad k_B = k_{LB} = 25 \ \text{MW/Hz}$$

$$\Delta P_A = 100 \ \text{MW}, \quad \Delta P_B = 0$$

$$\Delta f = -\frac{\Delta P_A + \Delta P_B}{k_A + k_B} = -\frac{100}{45 + 26} = -1.41 \text{（Hz）}$$

$$\Delta P_{AB} = \frac{k_A \Delta P_B - k_B \Delta P_A}{k_A + k_B} = \frac{-26 \times 100}{45 + 26} = -36.6 \text{（MW）}$$

这种情况最严重，A、B 两系统的机组都已满载，调速器受负荷限制器的限制已无法调整，只能依靠负荷本身的调节效应。这时，系统频率质量无法保证。

（3）B 系统机组不参加一次调频时：

$$\Delta P_{GA} = \Delta P_{GB} = \Delta P_{LB} = 0 \text{；} \Delta P_{LA} = 100 \text{ MW}$$

$$k_{GA} = 750 \text{ MW/Hz}$$

$$k_{GB} = 0$$

$$k_A = k_{GA} + k_{SA} = 795 \text{ MW/Hz，} k_B = k_{LB} = 26 \text{ MW/Hz}$$

$$\Delta P_A = 100 \text{ MW，} \Delta P_B = 0$$

$$\Delta f = -\frac{\Delta P_A + \Delta P_B}{k_A + k_B} = -\frac{100}{795 + 26} = -0.122 \text{（Hz）}$$

$$\Delta P_{AB} = \frac{k_A \Delta P_B - k_B \Delta P_A}{k_A + k_B} = \frac{-26 \times 100}{795 + 26} = -3.17 \text{（MW）}$$

这种情况说明，由于 B 系统机组不参加调频，A 系统机组的功率缺额主要由该系统本身机组的调速器进行一次调频加以补充。B 系统机组所能供应的实际上只是由于联合系统频率略有下降、负荷略有减少而略有富裕的 3.17 MW。

其实，A 系统机组增加的 100 MW 负荷可分为三方面：A 系统机组一次调频增发 $0.122 \times 750 = 91.35$(MW)；A 系统机组负荷因频率下降而减少 $0.122 \times 45 = 5.48$(MW)；B 系统机组负荷因频率下降而减少 $0.122 \times 26 = 3.17$(MW)。

（4）A 系统机组不参加一次调频时：

$$\Delta P_{GA} = \Delta P_{GB} = \Delta P_{LB} = 0 \text{；} \Delta P_{LA} = 100 \text{ MW}$$

$$k_{GA} = 0 \text{；} k_{GB} = 400 \text{ MW/Hz}$$

$$k_A = k_{LA} = 45 \text{ MW/Hz，} k_B = k_{GB} + k_{LB} = 426 \text{ MW/Hz}$$

$$\Delta P_A = 100 \text{ MW，} \Delta P_B = 0$$

$$\Delta f = -\frac{\Delta P_A + \Delta P_B}{k + k_B} = -\frac{100}{45 + 426} = -0.212 \text{（Hz）}$$

$$\Delta P_{AB} = \frac{k_A \Delta P_B - k_B \Delta P_A}{k_A + k_B} = \frac{-426 \times 100}{45 + 426} = -90.5 \text{（MW）}$$

这种情况说明，由于 A 系统机组不参加调频，该系统的功率缺额主要由 B 系统供应，以致联络线上要流过可能会越出限额的大量交换功率。

4. 主调频厂的选择

为了避免在频率调整过程中发生过调或频率长时间不能稳定的现象，频率的调整工作通常在各发电厂间进行分工，实行分级调整，即将所有发电厂分为主调频厂、辅助调频厂和非调频厂三类。

主调频厂负责全系统的频率调整工作，一般由一个发电厂担任。若主调频厂不足以承担系统的负荷变化，则辅助调频厂参与频率的调整，辅助调频厂由 1～2 个发电厂承担。非调频厂一般不参与调频，只按调度部门分配的负荷发电，因而又称为基载厂（或固定功率发电厂）。

我国 300 MW 以上的大系统调度规程规定：频率偏移不超过±0.2 Hz 时由主调频厂调频；频率偏移超过±0.2 Hz 时，辅助调频厂参加调频；频率偏移超过±0.5 Hz 时，系统内所有发电厂应不待调度命令，立即进行频率的调整，使频率恢复到 50±0.2 Hz 的允许范围内。实际运行中，要根据调度规程的规定确定主调频厂、辅助调频厂的调整范围和顺序。

在仅由一台机组进行二次调频时，调整速度往往不够快。这时就要有几台机组同时参与二次调频。为防止调整过程中的混乱，手动操作同步器时，通常不允许同时调整几台机组。为此，现代大型电力系统几乎无一例外地都采用了 AGC（自动发电控制）调频方式。AGC 是能量管理系统的重要组成部分，它按电力系统调度中心的控制目标将指令发送给有关发电厂或机组，通过发电厂或机组的自动控制调节装置，实现对发电机输出功率的自动控制。AGC 将负荷的变动分散地由若干台机组承担，避免了手动调整时少数机组频繁而大幅度地变动输出功率的情况，使发电机组输出紧跟系统负荷变化，维持系统的频率水平，保持联络线的交换功率为规定值。AGC 可同时控制若干台机组的同步器实现二次调频的自动化，既能解决调频的速度问题，又有较好的经济性。

电力系统频率主要靠主调频厂负责调整，主调频厂选择的好坏直接关系到频率的质量。主调频厂一般按下列条件选择：

（1）具有足够的调节容量和范围；

（2）具有较快的调节速度；

（3）具有安全性与经济性。

除以上条件外，还应考虑电源联络线上的交换功率是否会因调频引起过负荷跳闸或失去稳定运行，调频引起的电压波动是否在电压允许偏移范围之内等。

按照主调频厂的选择条件，在火电厂和水电厂并存的电力系统中，枯水季节一般选择水电厂为主调频厂，因为水电厂调频不仅速度快、操作方便，而且调整范围大，其调整范围只受发电机容量的限制。抽水蓄能水电厂每天可有 4～8 h 甚至 10 h 放水发电，放水发电时，这种水电厂与普通水电厂无异，因此，根据地理位置和布局特点，也可考虑其在这一段时间内参与调频。在丰水季节则选择装有中温中压机组的火电厂作为主调频厂，而让水电厂充分利用水力资源发电。水电厂无论是带基本负荷还是调频，都必须考虑防洪、航运、灌溉、渔业、工业、人民生活用水等综合利用的要求。火电厂调频除受锅炉、汽轮机输出功率增减速度的限制外，还受锅炉最小输出功率的限制。汽轮机增减负荷的速度，主要受汽轮机各部分热膨胀的限制，特别是高温高压机组在这方面要求更严。锅炉输出功率增减速度通常较汽轮机要快一些，但与燃料质量关系很大。供热机组更不适宜调频，因为其输出功率要受抽汽量的限制。

当正常运行的电力系统突然发生电源事故或系统解列事故，使频率大幅度下降时，应采取措施迅速使频率恢复正常。通常应在各级调度的统一指挥下，采用下列措施有步骤地进行事故调频：

（1）投入旋转备用容量（或旋转备用机组），迅速启动备用发电机组。

（2）切除部分负荷。

（3）选取合适地点，将系统解列运行。

（4）分离厂用电，以确保发电厂能迅速恢复正常，与系统并列运行。

四、电力系统有功功率平衡及最优分配

电力系统中有功功率的最优分配有两个主要内容，即有功功率电源的最优组合和有功功率负荷的最优分配。

有功功率电源的最优组合是指系统中发电设备或发电厂的合理组合，也就是通常所谓机组的合理开停。它大体上包括三个部分：机组的最优组合顺序、机组的最优组合数量和机组的最优开停时间。因此，简言之，这一方面涉及的是电力系统中冷备用容量的合理组合问题。合理组合机组的方法主要有启发式方法和优化方法。最优组合顺序法是常用的一种启发式方法。优化方法应用成熟的有动态规划法、混合整数规划法等。诸如遗传算法、粒子群算法等优化的智能算法在机组组合方面也有研究和应用。

有功功率负荷的最优分配是指系统的有功功率负荷在各个正在运行的发电设备或发电厂之间的合理分配。通常所谓负荷的经济分配则是指这一方面。这方面的研究目前已有大量成果，最常用的是按所谓等耗量微增率准则的分配。

1. 有功功率平衡方程式及备用容量

为了保证频率在额定值所允许的偏移范围内，电力系统运行中发电机组发出的有功功率必须和负荷消耗的有功功率平衡。通常有功功率平衡表示为

$$\sum P_G = \sum P_{LD} + \sum \Delta P + \sum P_P \tag{4-17}$$

式中：$\sum P_G$ 为所有发电机组有功功率之和；$\sum P_{LD}$ 为所有负荷有功功率之和；$\sum \Delta P$ 为网络有功功率损耗之和；$\sum P_P$ 为所有发电厂厂用电有功功率之和。为了保证供电的可靠性和良好的电能质量，电力系统的有功功率平衡必须在额定参数下确定，而且还应留有一定的备用容量，备用容量通常按用途或备用形式进行分类。

1）按用途分类

（1）负荷备用，是指为了适应实际负荷的经常波动或一天内计划外的负荷增加而设置的备用容量。电网规划设计时，负荷备用容量一般按系统最大有功负荷的 2%～5% 估算，大系统取下限，小系统取上限。

（2）检修备用，是指为了保证电力系统中的机组按计划周期性地进行检修，又不影响此期间对用户正常供电而设置的备用容量。机组周期性的检修一般安排在系统最小负荷期间进行，只有当最小负荷期间的空余容量不能保证满足全部机组周期性检修的需要时，才另设检修备用。检修备用容量的大小要视系统具体情况而定，一般为系统最大有功负荷的 8%～15%。

（3）事故备用，是指为了使电力系统在部分机组因系统或自身发生事故退出运行时，仍能维持系统正常供电所设置的备用容量。事故备用容量的大小要根据系统中的机组台数、容量、故障率及可靠性等标准确定，一般按系统最大有功负荷的 10% 考虑，且不小于系统内最大单机容量。

（4）国民经济备用，是指计及负荷的超计划增长而设置的备用容量。其大小一般为系统最大有功负荷的 3%～5%。

2）按备用形式分类

（1）热备用（或称旋转备用）。热备用容量储存于运行机组之中，能及时抵偿系统的功率缺额。负荷备用容量和部分事故备用容量通常采用热备用形式，并分布在各发电厂或各运行机组之中。

（2）冷备用（或称停机备用）。冷备用容量储存于停运机组之中，检修备用和部分事故备用多采用冷备用形式。动用冷备用时，需要一定的启动、暖机和带负荷时间。火电机组需要的时间长，一般 25～50 MW 的机组需 1～2 h，100 MW 的机组需 4 h，300 MW 的机组需 10 h 以上。水电机组需要的时间短，从启动到满负荷运行，一般不超过 30 min，甚至几分钟。

2. 各类发电厂的特点及其在负荷曲线中的位置

电力系统中的发电厂主要有火力发电厂、水力发电厂和核电厂三类。

各类发电厂由于设备容量、机组型号、动力资源等方面的不同有着不同的技术、经济特性。为了提高系统运行的技术、经济特性，必须要注重各类发电厂的特点，合理地组织它们的运行方式，安排它们在电力系统日负荷曲线或年负荷曲线中的位置。

1）各类电厂运行特点

（1）火力发电厂的主要特点：

① 运行需支付燃料费用，占用国家的运输能力，但运行不受自然条件的影响。

② 发电设备的效率受蒸汽参数的影响。高温高压设备的效率高，中温中压设备的效率次之，低温低压设备的效率低。

③ 发电厂有功输出功率受锅炉和汽轮机的最小技术负荷的限制，调整范围较小。机组的投入和退出运行需要时间长。

④ 热电厂除发电外还采用抽汽供热，其总效率高于一般的凝汽式火电厂，但与热负荷相应的发电功率是不可调节的强迫功率。

（2）水利发电厂的主要特点：

① 不需要支付燃料费用，而且水能是可再生资源，但运行不同程度地受自然条件的影响。

② 功率调整范围较宽，负荷增减速度快，机组的投入和退出运行费时少。

③ 水利枢纽往往兼有发电、航运、防洪等多方面的效益，因而发电用水量通常要按水库的综合效益考虑，不一定能同电力负荷的需要相一致。因此，它只有与火力发电厂相配合，才能充分发挥其经济效益。

（3）核电厂的主要特点：

① 一次性投资大，运行费用小。

② 运行中不宜承担急剧变动的负荷。

③ 反应堆和汽轮机组退出运行和再度投入花费时间长，且增加能量损耗。

2）各类发电厂的合理组合

根据各类发电厂的运行特点可见：

一般，火电厂以承担基本不变的负荷为宜，这样可避免频繁开停设备或增减负荷。其中，高温高压电厂因效率最高，应优先投入；而且，由于它们可灵活调节的范围较窄，在负荷曲线的更基底部分运行更恰当。

核电厂的可调容量虽大,但因核电厂的一次投资大,运行费用小,建成后应尽可能利用,原则上应持续承担额定容量负荷,在负荷曲线的更基底部分运行。

无调节水库水电厂的全部功率和有调节水库水电厂的强迫功率都不可调,应首先投入有调节水电厂的可调功率,在洪水季节,为防止弃水,往往也优先投入;在枯水季节则恰相反,应承担高峰负荷。在耗尽日耗水量的前提下,枯水季节将水电厂的可调功率移在后面投入,不仅可使火电厂的负荷更平稳,从而减少因开停设备或增减负荷而额外消耗的燃料,而且可使系统中的功率分配更合理,从而节约总的燃料消耗。更何况水电厂还有快速起动、快速增减负荷的突出优点。

抽水蓄能电厂在低谷负荷时,其水轮发电机组作电动机-水泵方式运行,因而应作负荷考虑;在高峰负荷时,其发电与常规水电厂无异。虽然这一抽水蓄能、放水发电循环的总效率只有70%左右,但因这类电厂的介入,使火电厂的负荷进一步平稳,就系统总体而言,是很合理的。这类电厂常伴随核能电厂出现,其作用是确保核能电厂有平稳的负荷。当系统中严重缺乏调节手段时,也应考虑建设这类电厂。

根据各类发电厂的特点,结合夏季丰水期和冬季枯水期的具体情况,各类发电厂在日负荷曲线上的负荷分配如图4-10所示。可将各类发电厂承担负荷的顺序大致排列如下:

枯水季节:

(1) 无调节水电厂;

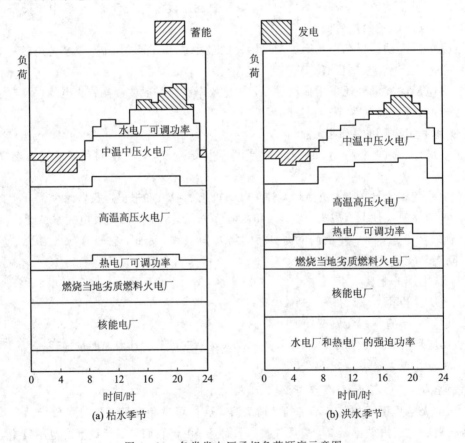

(a) 枯水季节   (b) 洪水季节

图4-10　各类发电厂承担负荷顺序示意图

（2）有调节水电厂的强迫功率；

（3）热电厂的强迫功率；

（4）核能电厂；

（5）燃烧当地劣质燃料的火电厂；

（6）热电厂的可调功率；

（7）高温高压火电厂；

（8）中温中压火电厂；

（9）低温低压火电厂（不一定投入）；

（10）有调节水电厂的可调功率；

（11）抽水蓄能水电厂。

洪水季节：

和枯水季节的不同在于，这时有调节水电厂的可调功率往往也归入强迫功率成为不可调功率。图中阴影部分表示抽水蓄能电厂蓄能和发电工作状况。由图可见，承担基本负荷的无调节水电厂、热电厂、燃烧当地劣质燃料的火电厂和核能电厂一昼夜间发出的功率基本不变。随着电厂承担的负荷在负荷曲线图上部位的逐级上升，发出的功率变化越来越大，担负高峰负荷的电厂一昼夜间发出的功率可能有很大变化。在枯水季节，有调节水电厂甚至可能几经开停。

当然，在考虑系统中发电厂的合理组合问题时，不能忽视满足可靠供电、降低网络损耗、维持良好的电能质量和足够的系统稳定性等要求。

最后需指出，负荷曲线的最高部位往往是兼负调整系统频率任务的发电厂的工作位置。系统中的负荷备用就设置在这种调频厂内。枯水季节往往就由系统中的大水电厂承担调频任务；洪水季节该任务就转移给中温中压火电厂。抽水蓄能电厂在其发电期间也可参加调频，但低温低压火电厂则因容量不足、设备陈旧，不能担负调频任务。

3. 最优分配负荷时的目标函数和约束条件

1）耗量特性

电力系统中有功功率负荷合理分配的目标是在满足一定约束条件的前提下，尽可能节约消耗的（一次）能源。因此，要分析这个问题，必须先明确发电设备单位时间内消耗的能源与发出有功功率的关系，即发电设备输入与输出的关系。该关系称为耗量特性，如图 4-11 所示。图中，纵坐标可以为单位时间内消耗的燃料 F，例如，每小时多少吨含热量为 29.31 Mkg 的标准煤；也可为单位时间内消耗的水量 W，例如，每秒钟多少立方米。横坐标则为以 kW 或 MW 表示的电功率 P_G。

耗量特性曲线上某一点纵坐标和横坐标的比值即单位时间内输入能量与输出功率之比，称为比耗量 μ。显然，比耗量实际上是原点和耗量特性曲线上某一点连线的斜率，$\mu=F/P_G$ 或 $\mu=W/P_G$。当耗量特性纵横坐标单位相同时它的倒数就是发电设备的效率 η。

耗量特性曲线上某一点切线的斜率称为耗量微增率 λ。耗量微增率是单位时间内输入能量微增量与输出功率微增量的比值，即 $\lambda=\Delta F/\Delta P=\mathrm{d}F/\mathrm{d}P$ 或 $\lambda=\Delta W/\Delta P=\mathrm{d}W/\mathrm{d}P$。

通常比耗量和耗量微增率的单位相同，如 $t/(\mathrm{MW \cdot h})$，但两者却是两个不同的概念，而且它们的数值一般也不相等,只有在耗量特性曲线上某一特殊点 m,它们才相等,如图 4-12 所示。这一特殊点 m 就是从原点作直线与耗量特性曲线相切时的切点。显然,在这一点,比耗量的数值最小。这个比耗量的最小值就称为最小比耗量 $\mu_{\min}$。附带指出,如前所述的合理组合发电设备的方法之一,就是按最小比耗量由小到大的顺序,随负荷由小到大增加,逐套投入发电设备;或负荷由大到小减少,逐套退出发电设备。

比耗量和耗量微增率的变化如图 4-13 所示。

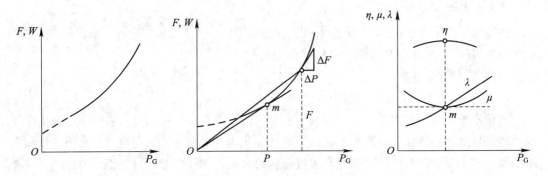

图 4-11　耗量特性　　　图 4-12　比耗量和耗量微增率　图 4-13　比耗量和耗量微增率的变化

2) 目标函数和约束条件

明确了有功功率负荷的大小和耗量特性,在系统中有一定备用容量时,就可考虑这些负荷在已运行发电设备或发电厂之间的最优分配问题。该问题实际上属于非线性规划范畴。因为在数学上,其性质是在一定的约束条件下,使某目标函数为最优,而这些约束条件和目标函数都是各种变量即状态变量、控制变量、扰动变量的非线性函数。换言之,在数学上,该问题可表达为:在满足等约束条件 $f(x、u、d)=0$ 和不等约束条件 $g(x、u、d)\leqslant0$ 的前提下,使目标函数 $C=C(x、u、d)$ 为最优。

问题在于,应如何表示分析有功功率负荷最优分配时的目标函数和约束条件。

由于讨论有功功率负荷最优分配的目的在于:在供应同样大小负荷有功功率 $\sum_{i=1}^{n}P_{Li}$ 的前提下,单位时间内的能源消耗最少。这里的目标函数应该就是总耗量。原则上,总耗量应与所有变量都有关,但通常认为,它只是各发电设备所发有功功率 P_{Gi} 的函数,即这里的目标函数可写作

$$F_{\Sigma}=F_1(P_{G1})+F_2(P_{G2})+\cdots+F_n(P_{Gn})=\sum_{i=1}^{n}F_i(P_{Gi}) \tag{4-18}$$

式中,$F_1(P_{Gi})$ 表示某发电设备发出有功功率 P_{Gi} 时单位时间内所需消耗的能源。

这里的等约束条件也就是有功功率必须保持平衡的条件。就每个节点而言,则

$$P_{Gi}-P_L-U_i\sum_{j=1}^{n}U_j(G_{ij}\cos\delta_{ij}+B_{ij}\sin\delta_{ij})=0 \tag{4-19a}$$

式中,$i=1,2,\cdots,n$。就整个系统而言,则

$$\sum_{i=1}^{n}P_{Gi}-\sum_{i=1}^{n}P_{Li}-\Delta P_{\Sigma}=0 \tag{4-19b}$$

式中的 ΔP_{Σ} 为网络总损耗。当不计网络损耗时,上式可改写为

$$\sum_{i=1}^{n} P_{Gi} - \sum_{i=1}^{n} P_{Li} = 0 \qquad (4-19c)$$

这里的不等约束条件有三个，分别为各节点发电设备有功功率 P_{Gi}、无功功率 Q_{Gi} 和电压大小不得逾越的限额，即

$$\left.\begin{array}{l} P_{Gi\min} \leqslant P_{Gi} \leqslant P_{Gi\max} \\ Q_{Gi\min} \leqslant Q_{Gi} \leqslant Q_{Gi\max} \\ U_{i\min} \leqslant U_i \leqslant U_{i\max} \end{array}\right\} \qquad (4-20)$$

式中，$P_{Gi\max}$ 一般就取发电设备的额定有功功率；$P_{Gi\min}$ 则因发电设备的类型而异，如火力发电设备的 $P_{Gi\min}$ 不得低于额定有功功率的 $25\% \sim 70\%$。$Q_{Gi\max}$ 取决于发电机定子或转子绕组的温升；$Q_{Gi\min}$ 主要取决于发电机并列运行的稳定性和定子端部温升等。$U_{i\min}$ 和 $U_{i\max}$ 则由对电能质量的要求所决定。

系统中发电设备消耗的能源可能受限制。例如，水电厂一昼夜间消耗的水量受约束于水库调度。出现这种情况时，目标函数就不应再是单位时间内消耗的能源，而应是一段时间内消耗的能源，即

$$F_{\sum} = \sum_{i=1}^{m} \int_0^\tau F_i(P_{Gi})\mathrm{d}t \qquad (4-21)$$

而等约束条件除式(4-19)外，还应增加

$$\int_0^\tau W_j(P_{Gj})\mathrm{d}t = 定值 \qquad (4-22)$$

上两式中，F_i 可理解为单位时间内火力发电设备的燃料消耗；W_j 为单位时间内水力发电设备的水量消耗；τ 为时间段长，如 24 h。这里设 $i = 1, 2, \cdots, m$，对应于火力发电设备，$j = (m+1), (m+2), \cdots, n$，对应于水力发电设备。

第二节　电力系统的无功功率及电压控制

一、电压调整的概念

电压偏移是衡量电能质量的另一个重要指标，因为用电设备通常都是按照电网额定电压设计、运行的，当运行电压偏离额定值较大时，设备的技术经济指标就会恶化，直接影响工农业生产的质量和产量，损坏设备，甚至引起系统性的"电压崩溃"，造成大面积停电。

系统电压降低时，发电机的定子电流将因其功率角的增大而增大。若定子电流原来已达额定值，则电压降低后，将使其超过额定值。为使发电机定子绕组不致过热，不得不减少发电机所发功率。相似地，系统电压降低后，也不得不减少变压器的负荷。系统电压过高将使所有电气设备绝缘受损。而且，变压器、电动机等的铁芯要饱和，铁芯损耗增大，温升将增加，寿命将缩短。

当系统电压降低时，各类负荷中占比重最大的异步电动机的转差率增大，从而电动机各绕组中的电流将增大，温升将增加，效率将降低，寿命将缩短，如图 4-14 所示。而且，某些电动机驱动的生产机械的机械转矩与转速的高次方成正比，转差增大、转速下降时，其功率将迅速减少；而发电厂用电动机组功率的减少又将影响锅炉、汽轮机的工作，影响

发电厂所发功率。尤为严重的是，系统电压降低后，电动机的启动过程将大为增长，电动
机可能在启动过程中因温度过高而烧毁。

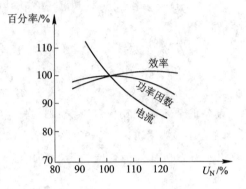

图 4 - 14　异步电动机的电压特性

电炉的有功功率是与电压的平方成正比的，炼钢厂中的电炉将因电压过低而影响冶炼
时间，从而影响产量。

照明负荷，尤其是白炽灯，对电压变化的反应最灵敏。电压过高，白炽灯的寿命将大
为缩短；电压过低，亮度和发光效率又要大幅度下降，如图 4 - 15(a)所示。日光灯的反应
较迟钝，但电压偏离其额定值时，也将缩短其寿命，如图 4 - 15(b)所示。

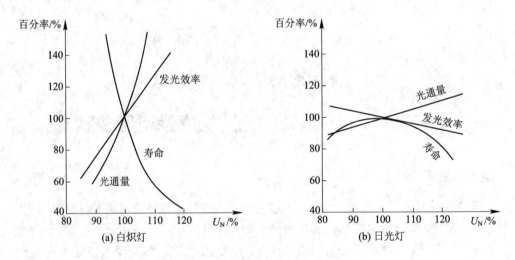

图 4 - 15　照明负荷的电压特性

至于因系统中无功功率短缺，电压水平低下，某些枢纽变电站母线电压在微小扰动下
顷刻之间的大幅度下降，即图 4 - 16 所示的"电压崩溃"现象，则更是一种将导致系统瓦解
的灾难性事故。不仅电压偏移过大会影响工农业生产，电压的微小波动也会造成不良后
果。例如，由于电压波动引起的灯光闪烁将使人疲劳。

综上所述，要保证电力系统中各设备正常运行，就要保持用户端的电压为额定值或电
压偏移处于允许范围之内。一般规定节点电压偏移不超过电力网额定电压的±5％。其中，
220 kV 用户：-10％～+5％；10 kV 及以下电压供电的用户：±7％；35 kV 及以上电压
供电的用户：±5％。事故状况下，允许在上述数值基础上再增加 5％，但正偏移最大不能

超过＋10％。

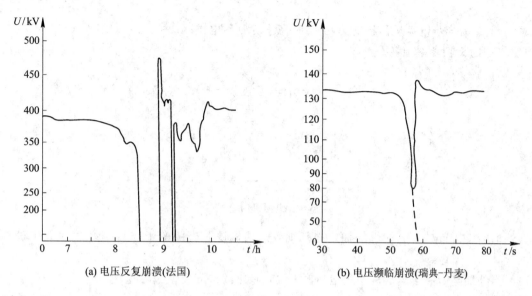

(a) 电压反复崩溃(法国)　　　　　　　　(b) 电压濒临崩溃(瑞典–丹麦)

图 4 - 16　"电压崩溃"现象记录

由潮流计算可知，引起电压偏移的直接原因是线路和变压器中的电压损耗，而电压损耗近似等于电压降落的纵分量，即 $\Delta U = \dfrac{PR+QX}{U}$，$\Delta U$ 可以分解为电阻电压损耗分量 $\dfrac{PR}{U}$ 和电抗电压损耗分量 $\dfrac{QX}{U}$。当网络参数 R、X 和运行电压 U 给定时，影响电压损耗大小的主要原因就是通过网络的有功功率 P 和无功功率 Q。众所周知，建立电网的目的就是为了最大限度地输送有功功率 P，显然为了减小电压损耗而减少有功功率的输送是不合理的，因此，电压调整主要从调整无功功率着手。

二、电力系统的电压特性

1. 电力系统综合负荷的无功功率-电压静态特性

电力系统综合负荷包括各种不同的用电设备，主要有以下几类：① 用户与发电厂厂用电的无功负荷(主要是异步电动机)；② 线路和变压器的无功损耗；③ 并联电抗器的无功损耗。所谓电力系统综合负荷的电压静态特性，是指各种用电设备所消耗的有功功率和无功功率随电压变化的关系，简称负荷电压特性。

由于异步电动机在电力系统无功负荷中占的比重很大，其消耗的有功功率几乎与电压无关，而消耗的无功功率对电压却十分敏感，因此，电力系统综合负荷的电压静态特性主要是指综合无功负荷电压静态特性，其主要取决于异步电动机的无功功率-电压静态特性。因此，主要以异步电动机特性展开讨论。

1) 异步电动机

如图 4 - 17 所示为异步电动机的简化等效电路。由异步电动机的等值电路可知，它所消耗的无功功率为

$$Q_{\text{M}} = Q_{\text{m}} + Q_{\sigma} = \frac{U^2}{X_{\text{m}}} + 3I^2 X_{\sigma} \tag{4-23}$$

式中，Q_{M} 为异步电动机消耗的无功功率；Q_{m} 为励磁电抗 X_{m} 中的励磁功率；Q_{σ} 为漏磁电抗 X_{σ} 中的无功功率损耗。

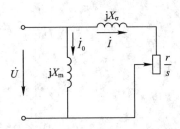

图 4-17　异步电动机的简化等值电路

当外加电压接近异步电动机的额定电压时，电动机铁芯磁路的工作点刚好达到饱和状态位置。

当外加电压高于电动机额定电压时，铁芯磁路的饱和会使励磁电抗 X_{m} 数值下降，从而使励磁无功功率 Q_{m} 按电压的高次方成比例地增加。

当外加电压低于电动机额定电压时，励磁电抗 X_{m} 的增大，会使 Q_{m} 按电压的平方成比例地减少。但当电压低于额定电压很多时，由于电动机转差率 s 的显著增大，使得流经漏磁电抗中的电流（即定子电流）随之增大，从而会使漏磁电抗中的无功功率损耗 Q_{σ} 显著增加。

综合 Q_{m} 和 Q_{σ} 的变化特点，可得异步电动机无功功率-电压静态特性 Q_{M}-U，亦即综合无功负荷-电压静态特性 Q_{LD}-U，如图 4-18 所示。

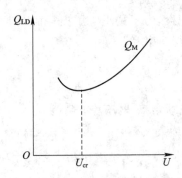

图 4-18　异步电动机的 Q_{LD}-U 关系

由图 4-18 可见，在额定电压 U_{N} 附近，电动机消耗的无功功率 Q_{M} 主要由 Q_{m} 决定，因此 Q_{M} 会随电压的升高而增加，随电压的降低而减少；当电压低于某一临界值 U_{cr} 时，漏磁电抗中的无功功率损耗 Q_{σ} 将在 Q_{M} 中起主导作用，此时随着电压的下降，Q_{M} 不但不减小，反而会增大。因此，电力系统在正常运行时，其负荷特性应工作在 $U > U_{\text{cr}}$ 的区域，这一点对电力系统运行的电压稳定性具有非常重要的意义。

2）变压器

变压器中的无功功率损耗也由两部分组成，即励磁损耗与绕组漏抗损耗，后者与负载

大小有关，表达式为

$$
\left.
\begin{aligned}
\Delta Q_{\mathrm{YT}} &= \frac{I_0 \%}{100} S_{\mathrm{N}} \text{(Mvar)} \\
\Delta Q_{\mathrm{ZT}} &= \frac{U_{\mathrm{k}} \%}{100} S_{\mathrm{N}} \left(\frac{S}{S_{\mathrm{N}}}\right)^2 \text{(Mvar)}
\end{aligned}
\right\}
\tag{4-24}
$$

变压器的无功损耗在系统中的无功需求中占有相当大的比重，从发电厂到用户，中间要经过多级变压，无功功率损耗可达用户负荷的 $50\% \sim 70\%$。

3）并联电抗器

并联电抗器损耗的无功功率为

$$
Q = \frac{\mathrm{j}U^2}{\omega L}
\tag{4-25}
$$

并联电抗器主要用于吸收高压电力网中过剩的无功功率和远距离输电线路参数补偿的无功功率。在超高压架空线路或高压电力网中，轻载（或空载）运行时由于线路分布电容产生的无功功率大于线路电抗中消耗的无功功率，因此会出现无功功率过剩的现象。为解决无功功率过剩，在变电站常安装有并联电抗器，吸收过剩的无功功率，防止电网电压的升高。而对高压远距离输电线路而言，它还有提高输送能力、降低过电压等作用。

2. 发电机的无功功率-电压静态特性

所谓发电机的无功功率-电压静态特性，是指发电机向系统输出的无功功率与电压变化关系的曲线，简称电压静态特性。

某简单电力系统如图 4-19 所示。图 4-19(a)中的发电机为隐极机，略去各元件电阻，用电抗 X 表示发电机电抗 X_{d} 与线路电抗 X_{l} 之和，则得到的等效电路如图 4-19(b)所示。

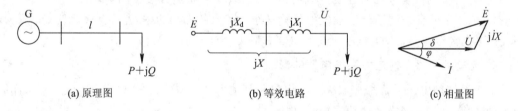

(a) 原理图　　　　　　　　(b) 等效电路　　　　　　　　(c) 相量图

图 4-19　简单电力系统

如果线路中的传输电流为 $\dot{I}$，负荷端电压 $\dot{U}$ 和 $\dot{I}$ 间的相角为 φ，则发电机电动势 $\dot{E}$ 和 $\dot{U}$ 间的关系为

$$
\dot{E} = \dot{U} + \mathrm{j}X\dot{I}
$$

其相量图如图 4-19(c)所示。

由图 4-19(c)可确定发电机输送到负荷节点的有功功率 P_{G} 和无功功率 Q_{G}，分别为

$$
\left.
\begin{aligned}
P_{\mathrm{G}} &= UI\cos\varphi \\
Q_{\mathrm{G}} &= UI\sin\varphi
\end{aligned}
\right\}
\tag{4-26}
$$

另由图 4-19(c)可得

$$
\left.
\begin{aligned}
E\sin\delta &= IX\cos\varphi \\
E\cos\delta - U &= IX\sin\varphi
\end{aligned}
\right\}
\tag{4-27}
$$

式中，δ 为 $\dot{E}$ 和 $\dot{U}$ 之间的夹角，也称功率角，简称功角。

将式(4-27)代入式(4-26)可得

$$\left.\begin{array}{l} P_G = \dfrac{EU}{X}\sin\delta \\[3mm] Q_G = \dfrac{EU}{X}\cos\delta - \dfrac{U^2}{X} \end{array}\right\} \tag{4-28}$$

当发电机输送至负荷点的有功功率 P_G 不变时，其输送至负荷点的无功功率 Q_G 为

$$Q_G = \sqrt{\left(\dfrac{EU}{X}\right)^2 - P_G^2} - \dfrac{U^2}{X} \tag{4-29}$$

若励磁电流不变，则发电机电动势 E 为常数，其输送至负荷点的无功功率就是电压 U 的二次函数，其特性曲线如图 4-20 所示。图中的 U_{cr} 为临界运行电压。

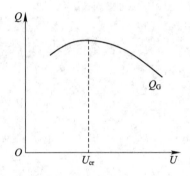

图 4-20　发电机电压静态特性

当 $U > U_{cr}$ 时，发电机输送至负荷点的无功功率 Q_G 将随着电压的降低而增加；当 $U < U_{cr}$ 时，电压的降低非但不能增加发电机输送至负荷点的无功功率 Q_G，反而会使 Q_G 减少，因此，在正常运行时，发电机的无功特性工作在 $U > U_{cr}$ 的区域。

3. 无功功率平衡对电力系统电压的影响

电力系统的电压运行水平取决于发电机和其他无功电源输送的无功功率 Q_G 和综合负荷无功功率 Q_{LD}(含网络无功功率损耗)的平衡，如图 4-21 所示。

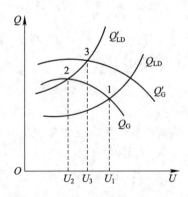

图 4-21　电力系统电压静态特性

当综合无功负荷曲线为 Q_{LD}，发电机输送无功功率曲线为 Q_G 时，两特性曲线在点 1

相交,对应的电压为 U_1,即电力系统在电压 U_1 下运行时能达到无功功率的平衡。若无功负荷由 Q_{LD} 增加到 Q'_{LD},而 Q_G 不变,则 Q'_{LD} 与 Q_G 两特性曲线将在点 2 相交,对应的电压为 U_2,即电力系统的运行电压将下降到 U_2。这说明无功负荷增加后,在电压为 U_1 时,发电机和其他无功电源输送的无功功率已不能满足综合无功负荷的需要,只能用降低运行电压的方法来取得无功功率的平衡。此时如能将发电机和其他无功电源输送的无功功率增加到 Q'_G,则系统可在点 3 处达到无功功率的平衡,运行电压即可上升为 U_3。

综上所述,造成电力系统运行电压下降的主要原因是系统的无功电源运行能力不足。为了提高运行电压质量,减小电压偏移,必须使电力系统无功功率在额定电压或其允许电压偏移范围内保持平衡。

三、电力系统的无功功率

1. 无功负荷和无功损耗功率

电力系统的无功负荷功率由负荷的功率因数决定,提高负荷的功率因数可以降低无功负荷功率,一般综合负荷的功率因数为 $0.6 \sim 0.9$。为了降低网损和便于调压,我国《电力系统电压和无功电力管理条例》规定:① 高压供电的工业企业及装有带负荷调整电压设备的用户,其功率因数应不低于 0.95;② 其他电力用户的功率因数不低于 0.9;③ 趸售和农业用户功率因数为 0.8 以上。

电力系统中的无功功率损耗主要包括变压器的无功功率损耗和线路的无功功率损耗。变压器的无功功率损耗由励磁损耗(ΔQ_0)和绕组中的无功功率损耗(ΔQ)两部分组成。

由于励磁损耗占变压器额定容量(S_{TN})的百分值 $\Delta Q_0\%$ 和空载电流的百分值 $I_0\%$ 近似相等,故有

$$\Delta Q_0 = \frac{I_0\% S_{TN}}{100}$$

ΔQ_0 为变压器额定容量的 $1\% \sim 2\%$。

变压器绕组中的无功功率损耗 ΔQ_0 为

$$\Delta Q = \frac{P^2 + Q^2}{U^2} X_T = \frac{S^2}{U^2} X_T \qquad (4-30a)$$

或

$$\Delta Q = \frac{U_k\%}{100} S_{TN} \left(\frac{S}{S_{TN}} \right)^2 \qquad (4-30b)$$

当变压器满负荷运行时,ΔQ 基本上为短路电压 U_k 的百分值,约为 10%。虽然每台变压器的无功功率损耗只占其容量的百分之十几,但从发电厂到用户,中间一般都要经过多级升、降压,故变压器无功功率损耗之和就相当可观了,有时可高达用户无功负荷的 75% 左右。

输电线路中的无功功率损耗也是由两部分组成,即线路电抗中的无功功率损耗和线路的电容功率。这两部分功率互为补偿,线路究竟是呈容性以无功电源状态运行,还是呈感性以无功负荷运行,应视具体情况而定。经验表明,电压为 220 kV、长度不超过 100 km 的较短输电线路,线路呈感性,消耗无功功率;电压为 220 kV、长度为 300 km 左右的较长输电线路,其单位长度上的无功功率损耗与电容功率基本上自行平衡,既不消耗无功功率,

也不发出无功功率，呈电阻性；当线路长度大于 300 km 时，输电线路的容性功率大于感性功率，呈容性。

2. 无功功率的平衡方程

电力系统无功功率平衡是保证电压水平的必要条件，对其基本要求是：系统中的无功电源功率要大于或等于负荷所需的无功功率与网络中的无功功率损耗之和。为了保证系统运行的可靠性和适应无功负荷的增长需要，还应留有一定的无功备用容量。

无功备用容量一般为无功负荷的 7%～8%。系统无功功率平衡方程式为

$$\sum Q_G = \sum Q_{LD} + \sum Q_P + \sum \Delta Q_G + \sum Q_{re} \qquad (4-31)$$

式中，$\sum Q_G$ 为电力系统所有无功电源容量之和；$\sum Q_{LD}$ 为电力系统无功负荷之和；$\sum Q_P$ 为所有发电厂厂用无功负荷之和；$\sum \Delta Q_G$ 为电力系统无功功率损耗之和；$\sum Q_{re}$ 为无功备用容量之和。

要使得系统电压运行在允许的电压偏移范围内，应在额定电压或在额定电压所允许的电压偏移范围的前提下建立电力系统的无功功率平衡方程式，一般按最大负荷运行方式进行计算。

系统无功电源的总输出功率包括发电机的无功功率和各种无功补偿设备的无功功率。发电机一般均在接近于额定功率因数下运行，故发电机的无功功率可按其额定功率因数计算。如果这样计算系统的无功功率能够保持平衡，则发电机就保持有一定的无功备用，这是因为发电机的有功功率是留有备用的。各种无功补偿设备的无功输出功率可按其额定容量计算。系统总无功负荷 $\sum Q_{LD}$ 则按负荷的有功功率和功率因数计算。

根据如上的平衡关系，定期做无功功率平衡计算的内容大体包括：

（1）参考累积的运行资料确定未来的、有代表性的预想有功功率日负荷曲线。

（2）确定出现无功功率日最大负荷时系统中有功功率负荷的分配。

（3）假设各无功功率电源的容量和配置情况以及某些枢纽点的电压水平。

（4）计算系统中的潮流分布。

（5）根据潮流分布情况，统计出平衡关系式中的数据，判断系统无功功率能否平衡。

（6）若统计结果表明系统中无功功率有缺额，则应改变上列假设条件，重做潮流分布计算；而若无功功率始终无法平衡，则应考虑增设无功电源的方案。

电力系统的无功功率平衡应按正常最大和最小负荷的运行方式分别进行计算。必要时还应校验某些设备检修时或故障后运行方式下的无功功率平衡。在计算中，无论有功功率或无功功率的分布都应力求最优。

应该强调指出，进行无功功率平衡计算的前提应是系统的电压水平正常，正如考虑有功功率平衡的前提是系统频率正常一样。如果在正常电压水平下不能保证无功功率的平衡，则系统的电压质量也不能保证。这是因为系统中无功功率电源不足时的无功功率平衡是由于系统电压水平下降，无功功率负荷（包括损耗）本身具有正值的电压调节效应使全系统的无功功率需求 $\sum Q_{LD}$ 有所下降而达到的。

从而可见，和有功功率一样，系统中也应保持一定的无功功率备用。否则，负荷增大时，电压质量仍无法保证。无功功率备用容量一般可取最大无功功率负荷的 7%～8%。

四、电力系统的电压管理

1. 电压中枢点的调压方式

实现系统在额定电压前提下的无功功率平衡是保证电压质量的基本条件，但不是充分条件。仅有全系统的无功功率平衡，并不能使各负荷点的电压都满足要求。要保证各负荷点的电压都在允许电压偏移范围内，还应该分地区、分电压等级合理分配无功负荷，进行电压调整。

电力系统结构复杂，负荷点很多，如果对每个负荷点的电压都进行监视和调整，不仅不经济而且也不可能。因此，对电力系统电压的监视、控制和调整一般只在某些选定的母线上实行，这些母线称为电压中枢点。一般选择下列母线为电压中枢点：① 区域性发电厂和枢纽变电站的高压母线；② 枢纽变电站的二次母线；③ 有一定地方负荷的发电机电压母线；④ 城市直降变电站的二次母线。这种通过对中枢点电压的控制来调整电压的方式称为中枢点调压。

应该指出，对于地方电网，由于其负荷点多且分散，又紧接用电设备，各路出线的电压损耗可以相差很大，使中枢点的电压很难同时满足各路出线的要求。因为电压损耗大的用户要求中枢点有较高的电压，而电压损耗小的用户，要求降低中枢点的电压。为了能合理选择中枢点的电压，需要根据电网设计和运行的经验，对地方电网的最大允许电压损耗作出严格规定(见表 4-1)；对区域电网的允许电压损耗，则无严格规定，一般只要求在正常情况下为额定电压的 10% 左右，在事故情况下允许升高到 15%~20%。

表 4-1 地方电网最大允许电压损耗

电网类型及工作情况	允许电压损耗/%	电网类型及工作情况	允许电压损耗/%
正常运行时高压配电网	4~6	事故运行时高压供电线路	10~12
事故运行时高压配电网	8~12	正常运行时户外、户内低压配电网	6
正常运行时高压供电线路	6~8		

在进行电网规划设计时，由于电网结构尚未形成，负荷数据未知，故只能对中枢点的调压方式提出原则性的要求。根据电网和负荷的性质，中枢点电压的调整原则上采用顺调压、逆调压和恒调压三种调压方式。

(1) 顺调压。电力系统运行时，网络电压损耗的大小与负荷大小有着密切的关系。负荷大，电压损耗也就大，电网各点的电压就偏低；负荷小，电压损耗也就小，电网各点的电压就偏高。所谓顺调压，就是大负荷时允许中枢点电压低一些，但在最大负荷运行方式时，中枢点的电压不应低于线路额定电压的 102.5%；小负荷时允许中枢点电压高一些，但在最小负荷运行方式时，中枢点的电压不应高于线路额定电压的 107.5%，顺调压是调压要求最低的方式，一般不需装设特殊的调压设备就可满足调压要求，但只适用于供电距离较短、负荷被动不大的电压中枢点。

(2) 逆调压。对线路较长、损耗大、负荷变动也大的电网中枢点来说，采用顺调压往往不能满足负荷对电压偏移的要求，因为在这种电网中，在最大负荷时，电压损耗很大，如果中枢点的电压随之降低，则远端负荷的电压就将过低；在最小负荷时，电压损耗不大，如果中枢点的电压还要抬高，则近端负荷的电压就将过高。为此必须采取措施在大负荷时升高中枢点的电压，小负荷时降低中枢点的电压。这种中枢点电压随负荷增减而增减的调压方式称为逆调压，具体要求是：最大负荷运行方式时，中枢点的电压要高于线路额定电压5%；最小负荷运行方式时，中枢点的电压要等于线路额定电压。逆调压方式是一种要求较高的调压方式。要实现中枢点的逆调压，一般要求中枢点具有较为充足的无功电源，否则需在中枢点装设调相机、有载调压变压器或静止补偿器等特殊的调压设备。

(3) 恒调压(或常调压)。恒调压是指在最大和最小负荷运行方式时保持中枢点电压等于线路额定电压 1.02~1.05 倍的调压方式。恒调压方式通常用于向负荷波动甚小的用户供电的电压中枢点，如三班制工矿企业。在负荷变动大的电网中，要在中枢点实现恒调压，也必须有特殊的调压设备，但对调压设备的要求可比逆调压时低一些。

2. 电压调整的基本原理

电压调整的基本原理通过图 4-22 所示简单电力系统可以进行说明。图中，若已知发电机 G 的运行电压为 U_G，变压器 T_1、T_2 的变比分别为 k_1、k_2，高压线路的额定电压为 U_N，折算到高压侧的网络参数为 $R+jX$，负荷功率为 $P+jQ$，当忽略线路充电功率、变压器的励磁功率和网络功率损耗时，则负载端的电压 U 应按式(4-32)计算，即

$$U = \frac{\left(U_G k_1 - \dfrac{PR+QX}{U_N}\right)}{k_2} \qquad (4-32)$$

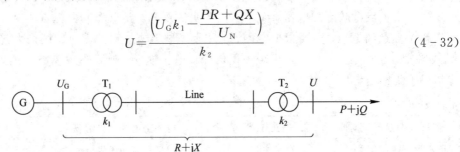

图 4-22　电压调整基本原理

分析式(4-32)可知，采用以下措施可达到调整负荷端电压 U 的目的。

(1) 改变发电机的端电压 U_G；

(2) 改变升、降压变压器的变比 k_1、k_2；

(3) 改变网络无功功率 Q 的分布；

(4) 改变网络的参数 R、X。

五、调压的基本措施

1. 改变发电机的端电压

明确了对电压调整的要求，就可进一步研究为达到这些要求而采用的手段。在各种调压手段中，首先应考虑调节发电机电压，因此这是一种不需耗费投资且最直接的调压手段。

现代的同步发电机可在额定电压的 95%~105% 范围内保持以额定功率运行。在发电机不经升压直接用发电机电压向用户供电的简单系统中，如供电线路不很长、线路上电压损耗不很大，一般就借调节发电机励磁，改变其母线电压，使之实现逆调压以满足负荷对电压质量的要求。以图 4-23(a)所示简单系统为例，设各部分网络最大、最小负荷时的电压损耗分别如图中所示，则最大负荷时，由发电机母线至最远负荷处的总电压损耗为

20%，最小负荷时为 8.0%，即最远负荷处的电压变动范围为 12.0%。如发电机母线采用逆调压，最大负荷时升高至 $105\%U_N$，最小负荷时下降为 U_N；如变压器的变比 $k_* = \dfrac{U_1 U_{2N}}{U_2 U_{1N}} =$ 1/1.10，即一次侧电压为线路额定电压时，二次侧的空载电压较线路额定电压高 10%，则全网的电压分布将如图 4-23(b) 所示。由图可见，这种情况下，最远负荷处的电压偏移最大负荷时为 -5%，最小负荷时为 $+2\%$，即都在一般负荷要求的 $\pm5\%$ 范围内。

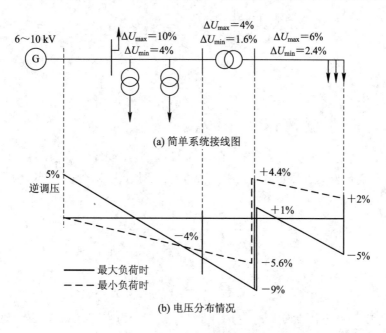

(a) 简单系统接线图

(b) 电压分布情况

图 4-23　发电机母线逆调压的效果

　　发电机经多级变压向负荷供电时，仅借发电机调压往往不能满足负荷对电压质量的要求。以图 4-24 所示系统为例，最大、最小负荷时由发电机母线至最远负荷处的电压损耗分别为 35%、14%，即最远负荷处的电压变动范围为 21%。这时，即使因发电机母线采用逆调压可将变动范围缩小 5%，即缩小为 16%，但这样大的变动已不能满足一般负荷的要求，而再扩大发电机母线电压的调整幅度又不可能，因发电机电压母线上往往还连接有其他负荷，它们距发电厂一般不远，大幅度地改变发电机母线电压又将使这部分负荷对电压质量的要求得不到满足。因此，在多级电压供电的电力系统中，发电机调压只能作为一种辅助调压措施。

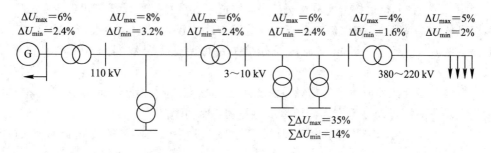

图 4-24　多电压级系统中的电压损耗

2. 改变变压器的变比

双绕组变压器的高压绕组和三绕组变压器的高、中压绕组往往有若干分接头可供选择，例如，可有 $U_N \pm 5\%$ 或 $U_N \pm 2 \times 2.5\%$，即可有三个或五个分接头供选择。其中，对应于 U_N 的分接头常称主接头或主抽头，其余为附加分接头。

合理选择变压器的分接头也可调整电压。下面以图 4-25 为例介绍分接头的选择方法。

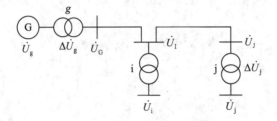

图 4-25　变压器分接头的选择

设图 4-25 中变电站 i 最大负荷时的高压母线电压为 U_{Imax}，变压器中的电压损耗为 ΔU_{imax}，归算到高压侧的低压母线电压为 U_{imax}，低压母线要求的实际电压为 U'_{imax}，则应选的分接头由

$$U'_{imax} = \frac{U'_{imax}}{k_{imax}} = \frac{(U_{Imax} - \Delta U_{imax})}{k_{imax}} = \frac{(U_{Imax} - \Delta U_{imax})U_{Ni}}{U_{tImax}}$$

可得

$$U_{tImax} = \frac{(U_{Imax} - \Delta U_{imax})U_{Ni}}{U'_{imax}} \tag{4-33a}$$

式中，k_{imax} 为变压器 i 最大负荷时应选择的变比；U_{Ni} 为变压器 i 低压绕组的额定电压；U_{tImax} 为变压器 i 最大负荷时应选择的高压绕组分接头电压。

相似地，该变压器最小负荷时应选择的高压绕组分接头电压为

$$U_{tImin} = \frac{(U_{Imin} - \Delta U_{imin})U_{Ni}}{U'_{imin}} \tag{4-33b}$$

普通变压器不能在有载情况下更改分接头，即最大、最小负荷下只能选用同一个分接头。为使这两种情况下变电站低压母线实际电压偏离要求的 U'_{imax}、U'_{imin} 大体相等，变压器高压绕组的分接头电压应取 U_{tImax} 和 U_{tImin} 的平均值：

$$U_{tI} = \frac{U_{tImax} + U_{tImin}}{2} \tag{4-34}$$

根据 U_{tI} 选择一个最接近的分接头后，再按选定的分接头校验低压母线上的实际电压能否满足要求。一般地，如以额定电压的百分数表示的 $U_{imax} - U_{imin}$ 不大于以额定电压的百分数表示的 $U'_{imax} - U'_{imin}$，则恰当地选择分接头总可使低压母线实际电压满足对调压的要求。

发电厂升压变压器分接头的选择方法和上述降压变压器分接头的选择方法基本相同，差别仅在于由高压母线电压推算低压母线电压时，因功率是从低压侧流向高压侧的，故应将变压器中电压损耗和高压母线电压相加，即这时的分接头选择应按如下的计算公式进行：

$$U_{tGmax} = (U_{Gmax} + \Delta U_{gmax})\frac{U_{Ng}}{U'_{gmax}} \tag{4-35a}$$

$$U_{\text{tGmin}} = (U_{\text{Gmin}} + \Delta U_{\text{gmin}}) \frac{U_{\text{Ng}}}{U'_{\text{gmin}}} \tag{4-35b}$$

$$U_{\text{tG}} = \frac{U_{\text{tGmax}} + U_{\text{tGmin}}}{2} \tag{4-36}$$

如以额定电压百分数表示的 $U_{\text{imax}} - U_{\text{imin}}$ 大于 $U'_{\text{imax}} - U'_{\text{imin}}$，则不论怎样选择分接头，低压母线的实际电压总不能满足对调压的要求。这时，只能使用有载调压变压器。有载调压变压器不仅可在有载情况下更改分接头，而且调节范围也较大，通常可有 $U_{\text{N}} \pm 3 \times 2.5\%$ 或 $U_{\text{N}} \pm 4 \times 2.0\%$，即有 7~9 个分接头可供选择。使用有载调压变压器时，可分别按式(4-33a)、式(4-33b)或式(4-35a)、式(4-35b)选择最大、最小负荷时应选用的分接头。

一般地，如系统中无功功率不缺乏，凡采用普通变压器不能满足调压要求的场合，诸如由长线路供电的、负荷变动很大的、系统间联络线两端的变压器以及某些发电厂的变压器，采用有载调压变压器后，都可满足调压要求。

除采用系列生产的、内装有载调压开关的有载调压变压器外，还可采用附加串联加压器，其一般都可进行有载调节。当然，采用某些由晶闸管控制的设施，灵活性将更大。

例4.2 三绕组变压器的额定电压为 110/38.5/6.6 kV，等值电路如图4-26所示。各绕组最大负荷时流通的功率已示于图中，最小负荷为最大负荷的 1/2。设与该变压器相连的高压母线电压最大、最小负荷时分别为 112、115 kV；中、低压母线电压在最大、最小负荷时分别允许为 0、+7.5%，试选择该变压器高、中压绕组的分接头。

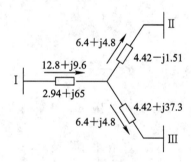

图4-26 三绕组变压器等值电路

解：按给定条件求得的各绕组中电压损耗见表4-2，归算至高压侧的各母线电压见表4-3。

表4-2 各绕组电压损耗　　　　　　　　　　kV

负荷水平	高压绕组	中压绕组	低压绕组
最大负荷	5.91	0.198	1.954
最小负荷	2.88	0.094	0.925

表4-3 各母线电压　　　　　　　　　　kV

负荷水平	高压母线	中压母线	低压母线
最大负荷	112	105.9	104.1
最小负荷	115	112.0	111.2

　　按表 4-3，根据低压母线对调压的要求，选择高压绕组的分接头。最大负荷时，低压母线电压要求为 6 kV，在最小负荷时，低压母线电压要求不高于 $1.075 \times 6 = 6.45 (\mathrm{kV})$，从而

$$U_{\mathrm{tmin}} = 111.1 \times \frac{6.6}{6.45} = 113.7 \ (\mathrm{kV})$$

取它们的平均值 $\frac{114.5 + 113.7}{2} = 114.1$，可选用 $110 + 5\%$，即 115.5 kV 的分接头。这时，低压母线电压在最大负荷时，$104.1 \times \frac{6.6}{115.5} = 5.95 (\mathrm{kV})$，最小负荷时，$111.2 \times \frac{6.6}{115.5} = 6.35 (\mathrm{kV})$。

　　低压母线电压偏移在最大负荷时，$\frac{5.95 - 6}{6} \times 100 = -0.833$；最小负荷时，$\frac{6.35 - 6}{6} \times 100 = +5.83$。

　　虽然最大负荷时的电压偏移较要求低 0.833%，但是由于分接头之间的电压偏移为 2.5%，求得的电压偏移距要求不超过 1.25% 是允许的。

　　选定高压绕组的分接头后即可选择中压绕组的分接头。最大负荷时，中压母线电压要求为 35 kV，从而，由 $35 = 105.9 U'_{\mathrm{tmax}} / 115.5$ 可得

$$U'_{\mathrm{tmax}} = 35 \times \frac{115.5}{105.9} = 38.2 \ (\mathrm{kV})$$

　　最小负荷时，中压母线电压要求不高于 $1.075 \times 35 = 37.6 (\mathrm{kV})$，从而，由 $37.6 = 112 U'_{\mathrm{tmin}} / 115.5$ 得

$$U'_{\mathrm{tmin}} = 37.6 \times \frac{115.5}{112} = 38.8 \ (\mathrm{kV})$$

取它们的平均值 $\frac{38.2 + 38.8}{2} = 38.5$，就可选用 38.5 kV 的主接头。这时，中压母线电压在最大负荷时，$105.9 \times \frac{38.5}{115.5} = 35.3 (\mathrm{kV})$；在最小负荷时，$112 \times \frac{38.5}{115.5} = 37.3 (\mathrm{kV})$。

　　中压母线电压偏移在最大负荷时，$\frac{35.3 - 35}{35} \times 100 = 0.86$；在最小负荷时，$\frac{37.3 - 35}{35} \times 100 = 6.57$。

　　可见它们都满足要求。

　　于是，该变压器应选的分接头电压或变比为 115.5/38.5/6.6 kV。

3. 改变电网无功功率的分布

　　电网中的无功功率既可由发电机供给，也可由设在负荷点附近的无功补偿装置提供。改变电网无功功率的分布调压是指采用无功补偿装置就近向负荷提供无功功率，这样既能减小电压损耗，保证电压质量，也能减小网络的有功功率损耗和电能损耗。

　　改变电网无功功率分布的方法一般是在负荷端装设无功补偿装置。如图 4-27 所示，已知变压器输出的功率为 $P_2 + jQ_2$，折算到高压侧的电网的阻抗为 $R + jX$，补偿前变压器低压侧折算到高压侧的电压为 U'_2。如忽略电力线路上的电容功率及变压器的空载损耗，不计电压降落的横分量，则补偿前电源点 A 的电压 U_A 为

$$U_A = U_2' + \frac{P_2 R + Q_2 X}{U_2'} \qquad (4-37)$$

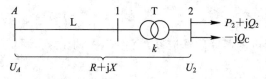

图 4 - 27　无功补偿容量分析图

当在负荷端投入无功补偿容量 Q_C 后，假定电源点 A 的电压 U_A 保持不变，变压器低压侧折算到高压侧的电压可由补偿前的 U_2' 提高到补偿后的 U_{2C}'，则有

$$U_A = U_{2C}' + \frac{P_2 R + (Q_2 - Q_C)X}{U_{2C}'} \qquad (4-38)$$

由式(4-37)和式(4-38)可得

$$U_2' + \frac{P_2 R + Q_2 X}{U_2'} = U_{2C}' + \frac{P_2 R + (Q_2 - Q_C)X}{U_{2C}'}$$

由此可求出将电压由 U_2' 提高到 U_{2C}' 所需的补偿容量 Q_C 为

$$Q_C = \frac{U_{2C}'}{X}\left[(U_{2C}' - U_2') + \left(\frac{P_2 R + Q_2 X}{U_{2C}'} - \frac{P_2 R + Q_2 X}{U_2'}\right)\right] \qquad (4-39)$$

当 U_{2C}' 与 U_2' 的差别不太大时，式(4-39)等号右端方括号中的第二项数值很小，一般可忽略不计，这样可得到

$$Q_C = \frac{U_{2C}'}{X}(U_{2C}' - U_2') \qquad (4-40)$$

如果降压变压器的变比 $k = \dfrac{U_{1t}}{U_{2N}}$，补偿前后其低压侧的运行电压分别为 U_2 和 U_{2C}，则有

$$Q_C = \frac{U_{2C}}{X}\left(U_{2C} - \frac{U_2'}{k}\right)k^2 \qquad (4-41)$$

由式(4-41)可见，补偿容量 Q_C 的大小不仅与调压要求 $\left(U_{2C} - \dfrac{U_2'}{k}\right)$ 有关，也与变压器的变比 k 有关。因此，在选择无功补偿设备时，应充分利用变压器变比调压的作用，使无功补偿设备的容量减到最小。

1) 电力电容器容量的选择

电力电容器只能发出感性无功功率来提高节点电压，而不能吸收无功功率来降低电压，故在最小负荷运行方式时应按无补偿的情况考虑。选用电力电容器的基本方法如下：

(1) 最小负荷运行方式时按无补偿情况选择变压器的分接头。设最小负荷时低压侧归算至高压侧的电压为 $U_{2\min}'$，低压侧按调压要求的电压为 $U_{2\min}$，则高压侧的分接头电压应为

$$U_{1t\min} = \frac{U_{2\min}'}{U_{2\min}}U_{2N}$$

选最接近 $U_{1t\min}$ 的标准分接头电压为 U_{1t0}，则实际变比为 $k_0 = \dfrac{U_{1t0}}{U_{2N}}$。

（2）按最大负荷计算无补偿时低压侧归算至高压侧的电压 $U'_{2\max}$。若最大负荷时低压侧要求在补偿后应保持的电压为 $U_{2C\max}$，则应装设的无功补偿容量为

$$Q_C = \frac{U_{2C\max}}{X}\left(U_{2C\max} - \frac{U'_{2\max}}{k_0}\right)k_0^2 \tag{4-42}$$

这样计算出的电力电容器容量就是考虑了变压器调压效果后的数值，因而可以使补偿容量减到最小。

2）同步调相机容量的选择

同步调相机在最大负荷运行方式时可以过励磁运行，作为无功电源发出额定容量的无功功率；在最小负荷运行方式时可以欠励磁运行，作为无功负载从系统吸取 $50\% \sim 65\%$ 额定容量的无功功率。因此，同步调相机容量应按下列步骤选择：

（1）最大负荷过励磁运行时的调相机容量为

$$Q_C = \frac{U_{2C\max}}{X}\left(U_{2C\max} - \frac{U'_{2\max}}{k}\right)k^2 \tag{4-43}$$

（2）最小负荷欠励磁运行时的调相机容量为

$$-(0.5 \sim 0.65)Q_C = \frac{U_{2C\min}}{X}\left(U_{2C\min} - \frac{U'_{2\min}}{k}\right)k^2 \tag{4-44}$$

（3）联立求解式(4-43)和式(4-44)，确定变压器的计算变比为

$$k = \frac{(0.5 \sim 0.65)U_{2C\max}U'_{2\max} + U_{2C\min}U'_{2\min}}{U_{2C\min}^2 + (0.5 \sim 0.65)U_{2C\max}^2} \tag{4-45}$$

（4）按计算变比 k 确定变压器分接头电压 U_{1t}，即

$$U_{1t} = kU_{2N}$$

选最接近 U_{1t} 的标准分接头为 U_{1t0}，得实际变比 $k_0 = \dfrac{U_{1t0}}{U_{2N}}$。

（5）计算同步调相机容量。将 k_0 代入式(4-43)可得

$$Q_C = \frac{U_{2C\max}}{X}\left(U_{2C\max} - \frac{U'_{2\max}}{k_0}\right)k_0^2$$

根据产品目录选出与上式计算所得 Q_C 最接近的同步调相机，最后进行电压校验，直至满足要求为止。

3）无功补偿装置与电网的连接

同步调相机、静止补偿器和电力电容器这三种无功补偿装置都可直接连接或通过变压器连接于需要进行无功补偿的变电站或直流输电换流站的母线上。

电网的无功负荷主要是由用电设备和输变电设备引起的。除了在负荷密集的供电中心集中安装大、中型无功补偿设备，便于中心电网的电压控制及稳定电网的电压质量之外，在配电网中，往往是根据无功功率就地平衡的原则，在距无功负荷较近的地点，安装中、小型电力电容器组进行就地补偿。此时电力电容器一般安装在低压侧或变压器的二次侧。

安装电力电容器进行无功功率补偿时，可采取个别补偿、分散补偿或集中补偿三种形式。

（1）个别补偿是指对单台用电设备所需无功功率就近补偿。这种电力电容器靠近用电设备，实行无功功率就地平衡的方法，可避免无负荷时的过补偿，确保电压质量，补偿效

果最好；其缺点是在用电设备非连续运转时，电力电容器利用率低，不能充分发挥其补偿效益。个别补偿一般适用于容量较大的高、低压电动机等用电设备。

（2）分散补偿是指将电力电容器组安装在车间配电室或变电站各分路的出线上进行无功功率补偿。这种补偿方法可与工厂部分负荷的变动同时投入或切除，补偿效果较好。在 $6\sim10\ kV$ 线路上利用电力电容器分散补偿，可以达到降低能耗和改善电网电压质量的效果。

（3）集中补偿是指把电力电容器组集中安装在变电站的一次或二次侧的母线上进行无功功率补偿。这种补偿方法安装简单、运行可靠、利用率较高；但当用电设备不连续运转或轻载且无自动控制装置时，易造成过补偿，使运行电压升高，影响电压质量。

4. 改变网络的参数

改变电网络参数的常用方法有：按允许电压损耗选择合适的地方网导线截面；在不降低供电可靠性的前提下改变电力系统的运行方式，如切除、投入双回线路或并联运行的变压器；在 X 远大于 R 的高压电网中串联电力电容器补偿等。

串联电力电容器是改变网络参数的最常用方法。下面以图 4-28 所示线路来讨论串联电力电容器补偿问题。

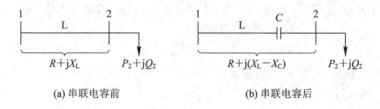

(a) 串联电容前　　　　　　　　(b) 串联电容后

图 4-28　串联电容补偿原理

已知线路阻抗为 $R+jX_L$，线路末端的负荷功率为 P_2+jQ_2。设串联电容器前线路末端电压为 U_2，串联电容器（假定串联电力电容器的容抗为 X_C）后线路末端电压为 U_{2C}，线路首端电压 U_1 不变，则由图 4-28(a)可知，串联电容器前线路上的电压损耗为

$$\Delta U=\frac{P_2R+Q_2X_L}{U_2}$$

由图 4-28(b)可知，串联电容器后线路上的电压损耗为

$$\Delta U_C=\frac{P_2R+Q_2(X_L-X_C)}{U_{2C}}$$

比较串联电容器前后的电压损耗，即可知串联电容器后线路上电压损耗的减少量或者说线路末端电压的提高量为

$$\Delta U-\Delta U_C=\frac{P_2R+Q_2X_L}{U_2}-\frac{P_2R+Q_2(X_L-X_C)}{U_{2C}} \tag{4-46}$$

考虑到 $U_2\approx U_{2C}$，式(4-46)可简化为

$$\Delta U-\Delta U_C=\frac{Q_2X_C}{U_{2C}}$$

由此可得串联电力电容器的容抗 X_C 为

$$X_C = \frac{U_{2C}(\Delta U - \Delta U_C)}{Q_2} \tag{4-47}$$

串联电容的补偿容量 Q_C 为

$$Q_C = 3I^2 X_C = \frac{P_2^2 + Q_2^2}{U_{2C}^2} X_C \tag{4-48}$$

实际系统中的串联电力电容器的容抗 X_C 是由若干个标准电力电容器串、并联组成的。设每相电力电容器的串联个数为 n，并联个数为 m，如图 4-29 所示。

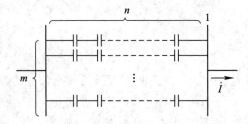

图 4-29　串联电容器组

如果所选用的每个标准电力电容器的额定容量为 Q_{NC}，额定电压为 U_{NC}，额定电流为 I_{NC}，额定容抗为 X_{NC}，则每个电力电容器的额定电压 U_{NC} 和额定电流 I_{NC} 应满足

$$\left.\begin{array}{l} mI_{NC} \geqslant I_{max} \\ nU_{NC} \geqslant I_{max} X_C \end{array}\right\} \tag{4-49}$$

式中，I_{max} 为通过电力电容器组的最大工作电流。

由式(4-49)可得

$$\left.\begin{array}{l} m \geqslant \dfrac{I_{max}}{I_{NC}} \\[3mm] n \geqslant \dfrac{I_{max}}{U_{NC}} X_C = \dfrac{I_{max}}{I_{NC} X_{NC}} X_C = m\,\dfrac{X_C}{X_{NC}} \end{array}\right\} \tag{4-50}$$

式中，m、n 应取稍大于计算值的正整数。

求得 m、n 后，即可算出三相电力电容器组的实际容量 Q_{CS} 为

$$Q_{CS} = 3mnQ_{NC} = 3mnU_{NC}I_{NC}$$

分析式(4-47)可知，当线路上传输的无功功率 Q_2 越大时，$\Delta U - \Delta U_C$ 就越大；反之，$\Delta U - \Delta U_C$ 就越小。这就是说，串联电容补偿能自动跟踪负荷调压。由于在功率因数不高的网络中，串联电容补偿的调压效果较显著；而在功率因数较高的网络中，其调压效果则不佳。因此，串联电容补偿多用于负荷经常波动、功率因数不高的 35 kV 及以下电压的配电网中。

串联电力电容器的安装地点与负荷、电源的分布有关，一般原则是应使沿电力线路的电压分布尽可能均匀，而且各负荷点的电压都在允许范围内。当负荷集中在线路末端时，电容应串接在末端；当沿线有多个负荷时，可将电容器串接在补偿前产生二分之一线路电压损耗处，如图 4-30 所示。

串联电容补偿所需的容抗值 X_C 与被补偿电力线路的感抗值 X_L 之比，称为串联电容补偿度，记为 k_C，即

$$k_C = \frac{X_C}{X_L} \qquad (4-51)$$

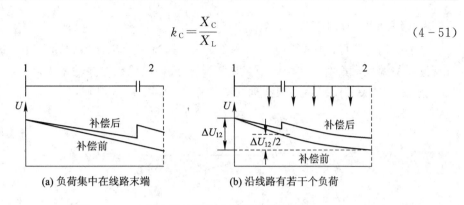

图 4-30　串联电容补偿前后的沿线电压分布

通常可用 k_C 来衡量串联电容的补偿性能。当 $X_C < X_L$ 时，$k_C < 1$，称为欠补偿；当 $X_C > X_L$ 时，$k_C > 1$，称为过补偿；$X_C = X_L$ 时，$k_C = 1$，称为全补偿。在配电网中以调压为目的的串联电容补偿，其补偿度 k_C 接近 1 或大于 1，一般在 1～4 之间。在输电网中以提高电力系统静态稳定性为目的的串联电容补偿，其补偿度 k_C 通常在 0.2～0.5 之间。

综上所述，电力系统的调压措施很多，为了满足某一调压要求，可以将各种调压措施综合考虑、合理配合，通过技术经济比较确定最佳的调压方案。

第三节　简单电力系统的有功与无功功率分配

由于交流电路中的功率包含有功功率和无功功率两个部分，因此同步发电机在并联运行中功率的分配和调整也分为有功功率和无功功率两部分。即并联运行的同步发电机，除各机组所承担的有功功率应按机组额定容量成比例分配以外，它们所承担的无功功率也应按机组容量成比例分配。本节以柴油发电机组组成的简单系统并联为例，研究其有功及无功分配调节的具体方法。

一、有功功率分配的基本原理与方法

1. 有功功率的调整与分配原理

发电机输出的有功功率是由原动机的机械功率转化来的，因此改变并联运行同步发电机有功功率的分配，是通过改变各台机组的原动机油门大小，即改变单位时间内进入气缸的燃油量来实现的，因此在柴油发电系统中，有功功率的分配与调整依赖于原动机的调速器调节。柴油机喷油量的大小，关系到柴油机在一定转速下的输出功率。换句话说，单机运行时，发电机的某一转速（频率）对应输出某一有功功率；并联运行时，发电机的某一频率对应着各发电机输出的功率。所以，并联机组有功功率分配与电力系统频率调整密切相联系。

同容量、同型号的发电机并联运行时，应将系统的总负荷（包括有功功率和无功功率）平均分配给参与运行的各台机组；当不同容量的发电机并联运行时，则应将系统的总负荷按各台发电机容量成比例地分配给运行的发电机，以增强并联运行的稳定性和经济性。

2. 调速器的调速特性

柴油机调速器可以根据转速变化情况自动调节油门，以保持转速不变或基本不变。经过调速器的调节，柴油机转速 n（或发电机频率 f）随其输出机械功率 P（即发电机输出的有功功率）变化的关系曲线称为柴油机的调速特性，如图 4 – 31 所示。

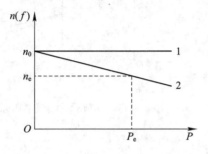

图 4 – 31　柴油机的调速特性

柴油机稳定运行时，其调速特性可近似看成是一条直线，根据调速器调节规律的不同，调速特性可分为无差特性和有差特性两种。

有差特性的斜率用调差系数 K_n 来表示：

$$K_n = -\left(\frac{\Delta n}{\Delta P}\right) = \frac{(n_0 - n_e)}{P_e} = \tan\alpha$$

式中，$\tan\alpha$ 为调速特性的斜率。

3. 不同调速特性对并联运行机组的影响

柴油发电机组单机运行时，若发电机的负荷功率变化，则由于调速器的作用，能自动地调节油门的大小，从而维持发电机的转速（频率）在一定范围内，但如果调速器特性为有差特性，发电机的频率并不是恒定的。因此，单机运行时调速特性最好是无差特性，由图 4 – 31 中曲线 1 可知，无差特性时，不管发电机的负荷功率如何变化，通过调速器的调节，都能保证柴油发电机组的转速恒定不变，从而保证发电机及电网的频率不变。

当发电机并联运行时，由于电网的频率只有一个，因此并联运行的发电机组的转速应该相同，否则就不能满足并联运行条件。要使两台发电机组具有相同的转速，并稳定并联运行，它们的调速特性必须是有差的特性，这样才能保证电网负荷不变时，并联运行发电机组输出的有功功率为恒定不变的确定值。理想的情况是：两台机的特性都为有差特性，都有较小的差，且特性的斜率一致，如图 4 – 32 所示。

在图 4 – 32(a) 中，两台发电机组的特性 1 和 2 都为有差特性，且斜率一样，某一负荷时两台机组都以转速 n_1 运行在特性的 a 点上。此时两台发电机输出的总有功功率为 $P_1 = P_{11} + P_{21}$，且有 $P_{11} = P_{21}$。若电网的负荷发生变化，假设负荷增加，两台发电机输出的总有功功率为 $P_2 = P_{12} + P_{22}$，经过两台机组调速器的调节，即分别增加柴油机油门，则两台机组的转速略有下降，但输出功率则分别增大到 P_{12} 和 P_{22}。由于两台机组的调速特性都为有差特性且斜率一样，由图 4 – 32(a) 可见，$P_{12} = P_{22}$，两台发电机输出的有功功率保持相等，工作在调速特性的 b 点上。

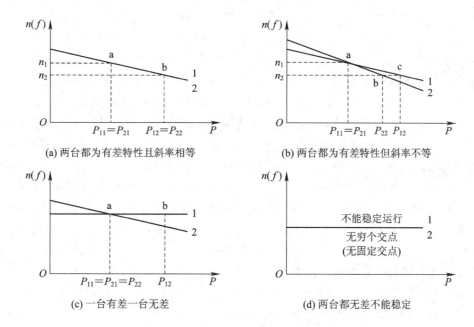

(a) 两台都为有差特性且斜率相等

(b) 两台都为有差特性但斜率不等

(c) 一台有差一台无差

(d) 两台都无差不能稳定

图 4 - 32 并联运行时的调速特性

如果两台发电机的特性 1 和 2 都为有差特性，但斜率不等，那么设某一时刻两台发电机都以转速 n_1 工作在调速特性的 a 点上，如图 4-32(b)所示。虽然在图 4-32(b)所示的 a 点，两台发电机输出的有功功率相等：$P_{11}=P_{21}$。但当电网的负荷发生变化时，仍假设为增加，两台发电机输出的总有功功率为 P_2，经过两台机组调速器的调节（增加油门），两台机组的转速都将下降到 n_2 运行，且输出功率则分别增大到 P_{12} 和 P_{22}，根据同步发电机输出有功功率等于负载消耗的总有功功率，此时 $P_2=P_{12}+P_{22}$。但由于两台机组的调速特性不等，对应于转速 n_2 时，两台发电机输出的有功功率不再相等，有差调速特性差小的 1 号发电机组输出的有功功率 P_{12} 大于有差调速特性差大的 2 号发电机组输出的有功功率 P_{22}，即 $P_{12}>P_{22}$。这样的发电机组并联运行，虽然可以稳定运行，但电网负荷变化后，两台机组输出的有功功率不再相等，两台并联运行的发电机输出的最大有功功率受特性差小的发电机组限制，两台发电机组输出的有功功率不能得到充分发挥：特性差小的发电机组达到额定负载时，特性差大的发电机组输出的有功功率仍未到达额定功率。

如果两台发电机组的调速特性为一台无差一台有差（设 1 号发电机组无差、2 号发电机组有差），如图 4-32(c)所示。当电网负荷发生变化时，经过具有无差特性的 1 号发电机组的调速器的调节，两台机组的转速可保持不变（两台发电机的频率必须相等才能并联运行，而无差特性的机组调节结果是转速或频率保持不变）。因此，2 号发电机输出的有功功率保持不变，即 $P_{21}=P_{22}$，但 1 号发电机组输出的有功功率却从 P_{11} 增加到 P_{12}。也就是说，电网负荷变化量都为无差特性的发电机组承担，有差特性的发电机组输出的有功功率没有发生变化。这样的发电机组并联运行，虽然在一定的范围内仍能够稳定运行，但与两台机组特性斜率不等的情况相似，两台并联运行的发电机输出的最大有功功率受无差特性的发电机组限制，而有差特性的发电机功率不能得到发挥。

如果两台发电机组的调速器都具有无差调速特性，那么对应于某个转速，两条调速特性有无穷多个交点，如图 4 - 32(d)所示。在这样的情况下，并联运行的同步发电机组将不能稳定运行，因为：电网负荷变化时，由于两个调速器调节的速度很难完全没有差别以及两台机组的惯性存在着差别，调节油门时将造成两台机组振荡调节，严重时将出现过载或逆功率保护，并导致整个电网停电的事故。若设原来两台无差特性的发电机组以额定转速稳定运行在某一点上，电网负载增加后，两台机组调速器都将使各自机组增大油门。当两台机组油门增加且输出的有功功率达到电网负荷消耗的总有功功率时，两台调速器将停止增加油门。但由于机组的转动部分存在惯性，两台机组仍将继续加速，直到两台调速器检测到转速超过设定转速后再开始减小油门停止加速。若两台机组调速器反应时间不一样（实际很难一样），则反应快的调速器开始减速时，反应慢的调速器仍可能处于加速状态，反应快的机组承担的负荷将转移到反应慢的机组上，等到反应慢的调速器开始减速时，两台机组输出的总有功功率又可能小于电网消耗的总有功功率；接着反应快的机组迅速增加油门，而反应慢的机组则继续减小油门，反应慢的机组承担的负荷重新转移到反应快的机组上。并联运行的发电机组输出的有功功率很难稳定在某一固定的数值上，即出现负荷的振荡转移，严重时振荡将不断扩大，直到某台机组过载而另一台机组逆功率，某台发电机的主开关因过载或逆功率而保护动作，所有负荷全部加在另一台发电机组上，造成另外一台发电机组过载保护，最终使整个电网崩溃，停止供电。因此两台发电机组的调速器都具有无差调速特性时将不能稳定工作。

综上所述，得到结论：① 两台并联运行的同步发电机，理想调速特性是两条特性都为有差特性，且特性的斜率一致；② 斜率不同且具有有差特性的两台同步发电机可稳定并联运行，特性差小的发电机在电网负荷变化时，承担有功功率变化量比特性差大的发电机承担变化量大；③ 调速特性一台有差、另一台无差的两台并联运行同步发电机也可稳定并联运行，负载有功功率变化时，有差特性发电机承担的有功功率保持不变，所有负载有功功率的变化量都由无差特性的发电机承担；④ 两台同步发电机都具有无差调速特性，将不能稳定并联运行。

4. 调差系数与功率分配间的关系

并联运行发电机组之间有功功率能否自动、稳定地按容量比例合理分配，与并联机组各调速器的调速特性（或发电机的频率-功率特性）有关。要保证并联运行的稳定必须是功率分配稳定。要使功率分配稳定，两并联机组的调速特性必须是有差特性。要使并联机组在任意负载下都能稳定地按容量比例自动分配功率，则不仅是有差特性而且特性曲线的下降斜率（即调差系数 k_n）要一致。

各台发电机组并联运行时，各机组具有相同的频率。有功功率的分配取决于各机组的调速特性。如图 4 - 33 所示，假如两台发电机并联运行的频率为 f_1，1 号和 2 号发电机组分别承担的功率为 P_1 和 P_2，当系统总功率增加 ΔP 时，系统频率下降至 f_2，1 号和 2 号发电机组分别承担的功率为 P_1' 和 P_2'。

从三角形 abc 和 efg 中可以得到

$$\left.\begin{array}{l} \Delta f = \Delta P_1 \tan\alpha_1 = \Delta P_1 k_{n1} \\ \Delta f = \Delta P_2 \tan\alpha_2 = \Delta P_2 k_{n2} \end{array}\right\} \tag{4-52}$$

式中，k_{n1}、k_{n2} 分别为 1 号发电机组和 2 号发电机组调速特性的调差系数；Δf 为频率的变化量。

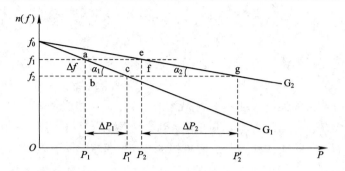

图 4 - 33　有差调速特性与并联机组的功率分配关系

由式(4 - 52)得 1 号、2 号发电机组的功率增量为

$$\left.\begin{array}{l}\Delta P_1=\dfrac{\Delta f}{k_{n1}}\\[3mm]\Delta P_2=\dfrac{\Delta f}{k_{n2}}\end{array}\right\} \tag{4-53}$$

将式(4 - 53)的左边和右边分别相加后得总功率增量为

$$\Delta P=\Delta P_1+\Delta P_2=\dfrac{\Delta f}{k_{n1}}+\dfrac{\Delta f}{k_{n2}}$$

或

$$\Delta f=\dfrac{\Delta P_1+\Delta P_2}{\left(\dfrac{1}{k_{n1}}+\dfrac{1}{k_{n2}}\right)} \tag{4-54}$$

将式(4 - 54)代入式(4 - 53)后得

$$\left.\begin{array}{l}\Delta P_1=\dfrac{\Delta P}{k_{n1}\left(\dfrac{1}{k_{n1}}+\dfrac{1}{k_{n2}}\right)}\\[6mm]\Delta P_2=\dfrac{\Delta P}{k_{n2}\left(\dfrac{1}{k_{n1}}+\dfrac{1}{k_{n2}}\right)}\end{array}\right\} \tag{4-55}$$

所以

$$\dfrac{\Delta P_1}{\Delta P_2}=\dfrac{k_{n2}}{k_{n1}} \tag{4-56}$$

根据上述分析，可得出以下结论：发电机之间的有功负载分配与调速特性的斜率 k_n 成反比关系。同时，原动机的转速或发电机的频率随系统负载的变化而变化。

当同型号、同容量、相同调速器的机组并联运行时，各机组的调速特性斜率相同，即 $k_{n1}=k_{n2}=k_n$，则由式(4 - 55)可得

$$\left.\begin{array}{l}\Delta P_1=\dfrac{\Delta P}{k_{n1}\left(\dfrac{1}{k_{n1}}+\dfrac{1}{k_{n2}}\right)}=\dfrac{\Delta P}{2}\\[6mm]\Delta P_2=\dfrac{\Delta P}{k_{n2}\left(\dfrac{1}{k_{n1}}+\dfrac{1}{k_{n2}}\right)}=\dfrac{\Delta P}{2}\end{array}\right\} \tag{4-57}$$

可见，同型号、同容量的机组并联运行，在相同斜率的调速特性下，两机组均分系统的负载增量。

实际上，当调速器的调差系数不可调时，很难满足 k_n 完全一致。另外，由于调速器及其执行器的结构中存在间隙，使调速器有失灵区，其调速特性并不是一条理想的直线，而是一条宽带，此时功率分配仍可能不均匀。所以，两台具有相同调速特性的发电机组并联运行时，功率分配存在一定的偏差，不可能做到完全均匀。例如，图 4-32(b) 中调差率不同的并联机组运行时，并联转移负载后两机组的功率分配相等，$P_1 = P_2$，频率为额定 f_1。但当电网功率增加后，电网频率下降为 f_2，这时两机组的功率分配不再相等。由频率 f_2 与两特性曲线的交点可以看出，特性曲线斜率小的比斜率大的增加的功率多，即 $\Delta P_1 > \Delta P_2$。如果是电网功率减少，频率上升，则是斜率小的比斜率大的减少的功率更多。如果两曲线的斜率都稍大些，这种偏差就小一些。

从功率分配的角度来看，调速特性的斜率(调差系数)k_n 越大，其分配的误差越小，但当负载波动时，频率的波动越大；而从频率稳定的角度来看，要求调速特性的斜率 k_n 越小越好，两者存在着矛盾。

二、无功功率分配的基本原理与方法

1. 无功功率的分配原理

并联运行的同步发电机组无功电流的分配与各发电机的电势及同步电抗的数值有关也与有功功率的分配有关。这里假设两机组的容量、型号相同，总的输出电流、电压、功率因数、有功功率和无功功率在调整前后均不发生变化。两机组的有功功率已均匀分配，机组的同步电抗相同，其等值电路如图 4-34(a) 所示。若 $\dot{E}_1 > \dot{E}_2$，其他参数相等。由图 4-34(b) 可知，由于有功功率相等 $I_1\cos\varphi_1 = I_2\cos\varphi_2$，即 $\dot{E}_1\sin\delta_1 = \dot{E}_2\sin\delta_2$。当 $\dot{E}$ 不相等时，将导致两机组间无功电流也大。由上分析可见，要使同步发电机组间无功功率均匀分配，可以调整同步发电机的电势即调整同步发电机的励磁电流。在调整时应注意，在增加电势小的机组的励磁电流的同时，要减小电势大的机组的励磁电流。如果我们只改变一台发电机的励磁电流，另一台的励磁电流不变，这样将使发电机总的无功功率与负载的无功功率失去平衡，结果引起电网电压的波动。

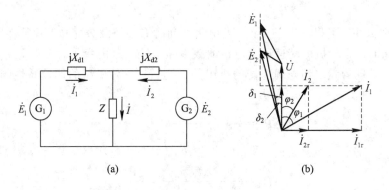

图 4-34　并联机组无功功率分配原理图

2. 无功功率的分配

由于发电机间的无功功率的分配可以通过调节励磁电流来实现，因此，通过发电机的自动电压调节器来调整励磁电流，进行相位补偿，可以实现对无功功率的合理分配。这样一来，自动电压调整器不仅担负着自动调整发电机电压的任务，而且还担负着自动合理分配无功功率的任务。

无功功率的分配情况通常可用同步发电机的电压调节特性来说明，如图 4 - 35 所示，它有两种形式：有差调节特性（曲线 1、2）及无差调节特性（曲线 3）。当发电机无功电流 I_Q 增加时，发电机端电压 U 随无功电流的增加而降低，发电机的电压调节特性曲线 1 是一条向下倾斜的直线。

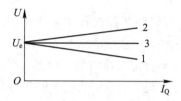

图 4 - 35　发电机的电压调节特性

通常用调差系数 k_C 定量地表示电压调节特性曲线的斜率，并且习惯上规定向下倾斜的特性曲线的调差系数为正，调差系数的计算以发电机额定电压 U_e 为准，即

$$k_C = \frac{-\Delta U/U_e}{\Delta I/I_e} \tag{4-58}$$

式中，$\Delta I/I_e$ 为负载电流变化值与额定值之比，即电流变化的相对值；$\Delta U/U_e$ 为被调电压的差值与额定电压之比，即电压变化的相对值。

图 4 - 35 中，曲线 1 向下倾斜，k_C 为正；曲线 2 向上倾斜，k_C 为负；曲线 3 的调差系数 k_C 为零（即无差特性）。

几台具有无差特性的机组是不能并联运行的，因为它们之间的无功功率分配不稳定。一台具有无差特性的机组与几台具有有差特性的机组，虽然可以并联运行并有确定的无功分配，但是电网的无功变量仅由这台具有无差特性的机组承担，这是不符合"无功功率均衡"规定的。在实际中采用的是几台具有有差特性的机组并联，如图 4 - 36 所示。

图 4 - 36(a) 中，两台发电机的电压调整器调差系数 $k_1 = k_2$，因此，曲线 1（设为 1 号发电机）与曲线 2（设为 2 号发电机）相互平行。为什么不重合呢？这是由于待并机组并网以后两机的电动势不相等造成的，所以它们各自承担的无功负载 $I_{Q1} \neq I_{Q2}$。为了使两机的无功负载平均分配，可以用人工操作的方法，首先增加 2 号发电机的励磁电流，使曲线 2 平移上升至曲线 3 位置时为止，则可增加无功负载的承担量；同时，应减小 1 号发电机的励磁电流，使曲线 1 也平移至曲线 3 位置时止，让两曲线自行重合，结果它们与 U_e 均交于 c 点，达到平均分配无功负载的目的。这样一来，无论用电设备的无功负载如何变化，两台发电机的无功负载始终均分。

如果只调节曲线 2 至曲线 3 位置，而不调节曲线 1，则两机的无功负载之和超过用电设备的无功负载，必将引起电网电压的上升。电网电压上升后，将使输出的无功负载略有增加，直至达到平衡为止。

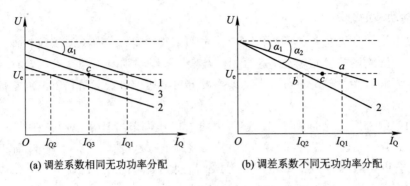

(a) 调差系数相同无功功率分配　　　　(b) 调差系数不同无功功率分配

图 4 - 36　有差调节特性的无功负载分配

图 4 - 36(b)表示两台发电机的调差系数 $k_1 \neq k_2$ 时情况，即各机的调差系数不相等。此时即使两机并联后，电动势相等，即空载电压相等，因 $\alpha_1 \neq \alpha_2$，故它们承担的无功负载也不可能相等。如果要求它们平均分配无功负载，则也应采用人工操作方法进行调整。由图可知，需减小 1 号发电机的励磁电流，平移曲线 1 使其与 U_e 的交点也为 c 点，同时应增加 2 号发电机的励磁电流，平移曲线 2 使其与 U_e 的交点也为 c 点，这样，它们即可达到平均分配无功负载的目的。但是，当外界无功负载发生变化后，两机的无功负载又会失去平衡，造成不能均分的局面。这样的发电机电压调整特性曲线只能进行无功负载的自动分配，而自动均分必须经常通过人工操作来完成，因此在实际使用中，存在无法自动均分调整的困难。

3. 调差装置

发电机单机运行时，电压调节器将根据发电机端电压与给定电压的偏差信号自动调节发电机励磁电流，从而使发电机端电压保持不变，这种励磁调节装置实际上使发电机的外特性接近于无差特性。但从并联发电机组的无功负载分配可知，为了并联，要求发电机的外特性应为有差的，即负载电流升高时，端电压会有所下降。实现这种有差特性的调节装置称为调差装置，其原理电路如图 4 - 37 所示。

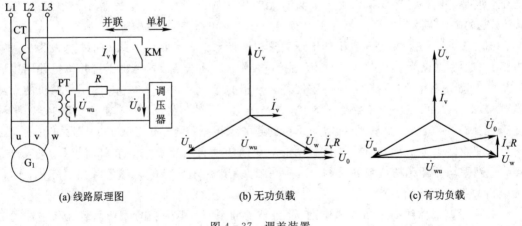

(a) 线路原理图　　　　(b) 无功负载　　　　(c) 有功负载

图 4 - 37　调差装置

在图 4 - 37(a)中，调差装置由电流互感器 CT、电压互感器 PT 和调差电阻 R（比调压器输入电阻小很多)组成。当发电机单机运行时,中间继电器的常开触头 KM 闭合,电流互感器 CT 副边绕组被短路,不起作用,调差装置输出电压为 U_0,作为调压器的输入电压为线电压 $\dot{U}_{wu}$。经过调压器的调节,发电机的线电压可以实现无差调节,使发电机的线电压 U_{uw} 等于额定线电压。若发电机并联运行,则中间继电器的常开触头 KM 断开,电流互感器起作用,在电阻 R 上产生压降 $\dot{U}_R = \dot{I}_v R$。调压器的输入电压 $\dot{U}_0 = \dot{U}_{wu} + \dot{U}_R$。

如果发电机输出的是无功负载,由图 4-37(b)所示的相量图可见,调压器的输入电压 $\dot{U}_0 = \dot{U}_{wu} + \dot{U}_R$ 增加,经过调压器的无差调节,最终发电机的输出电压 U_0 等于额定线电压。而实际发电机的线电压 $\dot{U}_{wu} = \dot{U}_0 - \dot{U}_R$,从而实现有差调节,保证并机运行时调压器必须为有差特性才能稳定运行的要求。应该说明的是,若发电机输出为纯有功电流,由图 4-37(c)所示的相量图可见,调压器的输入电压 $\dot{U}_0 = \dot{U}_{wu} + \dot{U}_R$ 增加很少,可近似认为 $U_0 \approx U_{wu}$。也就是说,有差调节只对无功电流起作用,对有功电流则不起作用。因此调压器的输入电压值可近似认为

$$U_0 \approx U_{wu} + I_v \times \sin\varphi \times R \tag{4-59}$$

式中,φ 为发电机的功率因数角。通过调整 R 的数值,可以调节调压器调压特性的斜率,只要仔细调节,完全可以将并联运行的两台发电机调压器特性调节到有差且差很小,并具有斜率一样的调压器特性,从而既满足并联运行的稳定性,又满足所要求的静态精度,还满足无功功率按各自容量比例进行分配的要求。

由式(4-59)还可说明调差装置实现无功功率按容量比例进行分配的原理。若并联运行的某台发电机输出的无功电流偏大,则对应的调压器输入电压 U_0 增大,经过调压器的调节,其励磁电流减小,电枢感应的电势减小,输出无功电流的分量也减小;反之,若并联运行的某台发电机输出的无功电流偏小,其励磁电流增大,输出无功电流的分量也增大,这样就可实现并联运行的发电机输出的无功功率按容量比例进行调节。

4. 无功环流补偿的功率自均衡分配装置

按电压偏差进行调节的励磁系统,当控制回路具有足够的放大系数时,则可以达到很高的调节精度,可以近似认为是无差特性。从发电机单机运行角度来看,这种调压精度是十分理想的;但是,从并联运行的角度来看却是不理想的。如前所述,为了获得稳定的并联运行,必须采用调差电路,以使发电机外特性为有差的。因此,在并联运行时,降低了该系统的电压稳定度,即空载电压与额定电压的差值增加。可见,提高电压的稳定度和并联运行的稳定性是矛盾的。为了满足并机后电压稳定度高的要求,可采用无功电流环流补偿调差电路,如图 4-38 所示。

当单机运行时,继电器 KM_1(或 KM_2)的常闭辅助触头是闭合的,把电流互感器 CT_1 和 CT_2 的次级绕组短路,补偿电阻 R_1(或 R_2)被短接,自动电压调整器仅在电压偏差作用下进行电压调整。

当发电机并联运行时,继电器 KM_1 和 KM_2 的常闭触点打开,使电流互感器 CT_1 和 CT_2 的次级绕组串联连接。电流互感器 CT_1 和 CT_2 分别检测出各发电机的输出电流,即两电流源的电流与各发电机的同一相电流成正比,相位也与发电机电流相位相同。为便于分析,设 CT_1 和 CT_2 的变比以及绕组匝数均相同,并忽略了互感器的磁化电流、漏抗及绕

组电阻等因素的影响,可等效得到如图 4-39 所示的电路。

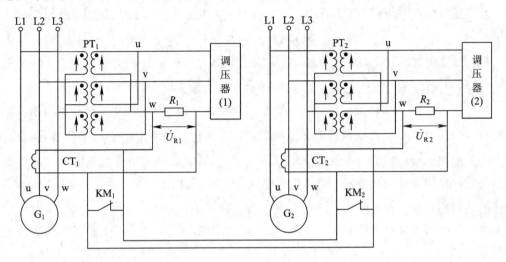

图 4-38　无功电流环流补偿调差线路图

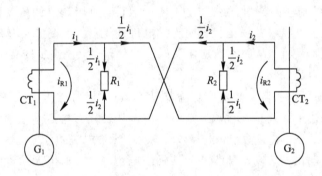

图 4-39　并联运行无功环流补偿等值电路

应用叠加原理,可以得到

$$i_{R1} = \frac{1}{2}(i_1 - i_2) \tag{4-60}$$

$$i_{R2} = \frac{1}{2}(i_2 - i_1) \tag{4-61}$$

式中,i_1 为 CT_1 的次级电流;i_2 为 CT_2 的次级电流;i_{R1} 为流过 R_1(G_1 环流补偿电阻)的差值电流;i_{R2} 为流过 R_2(G_2 环流补偿电阻)的差值电流。

当两台发电机负载电流完全相等(幅值和相位)时,则 $i_1 = i_2$,差值电流 i_{R1} 和 i_{R2} 等于零,无功环流补偿装置不起作用,发电机运行特性与单机工作时相近,此时两台发电机负担的无功电流完全相等。

当两台发电机的负载电流不等时,则 $i_1 \neq i_2$,这时差值电流 i_{R1} 和 i_{R2} 不等于零,它们的幅值相等、相位相反,在 R_1 和 R_2 上产生的压降 U_{R1} 和 U_{R2} 相位也相反、幅值也相等,即 $|U_{R1}| = |U_{R2}| = U_R$。其作用参看图 4-37(a)中的 U_R。

当差值电流为纯有功电流时,由图 4-37(c)可以得出,两台发电机的调差装置中,U_{wu1} 与 U_{R1} 的向量和为 U_{01};U_{wu2} 与 U_{R2} 的向量和为 U_{02},其中 U_{01} 和 U_{02} 幅值相等,并分

别与电压信号 U_{wu1}、U_{wu2} 近似相等，故作用于电压调节器后两台发电机的电势近似不变。

当差值电流为纯无功电流（设 $i_1 > i_2$）时，由图 4-37(b) 可以得出，两台发电机的调差装置中，G_1 发电机的 U_R 为正值，U_{wu1} 与 U_R 的代数和，因此 $U_{01} = U_{wu1} + U_R$，G_2 发电机的 U_R 为负值，即 $U_{02} = U_{wu2} - U_R$，故作用于电压调节器后使 G_1 的励磁电流减小，而 G_2 的励磁电流则增加。结果 G_1 电势降低，使 i_1 减小，G_2 电势升高，使 i_2 增大，直到两台发电机的无功电流相等为止。

该线路按电压偏差和无功功率偏差两个信号同时对发电机的励磁进行自动调整，既提高了并联运行发电机的调压精度（可接近无差特性），又提高了并联运行稳定性，达到了无功功率自动分配的目的。此时发电机外特性如图 4-40 所示。采用无功环流补偿时，发电机的电压下降程度降低，此时再通过并联控制电路对励磁电流的二次调整，即可满足发电机的负载电压与空载整定电压相同。

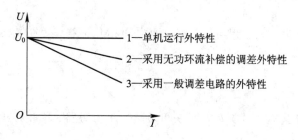

图 4-40　发电机外特性的比较

思　考　题

1. 电力系统有功平衡和频率的关系是什么？
2. 简要论述自动调速系统的基本工作过程。
3. 电力系统频率的一次调整指的是什么？能否做到频率的无差调节？
4. 电力系统频率的二次调整指的是什么？如何才能做到频率的无差调节？
5. 电力系统的无功电源有哪些？使用中各自有何优缺点？
6. 无功平衡与电压水平的关系是什么？
7. 电压调整的四种措施包括哪些？其原理是什么？
8. 在系统无功不足的情况下可否采取改变变压器分接头的方式进行调压？为什么？
9. 简述简单电力系统的有功与无功功率调整原理及方法。

第五章　电力系统对称故障分析

电力系统在运行过程中常常会受到各种干扰，从而给电力系统带来各种故障，最为常见的是短路故障。本章针对短路故障，主要分析短路故障的基本概念、无限大容量电源、同步发电机和电力系统发生三相对称短路的情况下，短路电流的变化规律和计算方法。

第一节　电力系统故障的基本概念

电力系统在正常运行时，相与相、相与地之间相互绝缘。短路故障是指相与相或相与地之间发生短接。

一、短路类型

简单的短路故障共有四种类型，即三相短路、两相短路、单相接地短路和两相接地短路，见表 5-1。

表 5-1　短路类型

短路种类	示意图	符号	发生概率
三相短路		$f^{(3)}$	5%
两相短路		$f^{(2)}$	10%
单相接地短路		$f^{(1)}$	65%
两相接地短路		$f^{(1, 1)}$	20%

注：发生概率是指不同故障种类所占的比例。

在短路故障中，三相短路是对称的，其他三种短路都是不对称的。这四种短路类型中，单相接地短路发生的概率最高，可达 65%，两相短路约占 10%，两相接地短路约占 20%，三相短路约占 5%。虽然三相短路发生的概率最小，但它对电力系统的影响最严重。

二、短路发生的原因

电力系统短路故障发生的原因很多，既有客观的，也有主观的，而且由于设备的结构和安装地点的不同，致使引发短路故障的原因也不相同。但是，根本原因是电气设备载流部分相与相之间或相与地之间的绝缘遭到破坏。例如，架空线路的绝缘子可能由于受到雷电过电压而发生闪络，或者由于绝缘子表面的污秽而在正常工作电压下放电；再如发电机、变压器、电缆等设备中载流部分的绝缘材料在运行中损坏。有时因鸟兽跨接在裸露的载流部分，或者因为大风、在导线上覆冰等，引起架空线路杆塔倒塌而造成短路。此外，线路检修后，在未拆除地线的情况下运行人员就对线路送电而发生的误操作，也会引起短路故障。

三、短路故障的危害

短路对电气设备和电力系统的正常运行都有很大的危害。

（1）在发生短路后，由于电源供电回路阻抗的减小以及短路产生的暂态过程，使短路回路中的电流急剧增加，其数值可能超过该回路额定电流的许多倍。短路点距发电机的电气距离越近，短路电流越大。例如，在发电机端发生短路时，流过定子绕组的短路电流最大瞬时值可能达到发电机额定电流的 $10 \sim 15$ 倍。在大容量的电力系统中，短路电流可达几万安甚至几十万安。

（2）在短路点处产生的电弧可能会烧坏设备，而且短路电流流过导体时，所产生的热量可能会引起导体或绝缘损坏。另外，导体可能会受到很大的电动力冲击，致使其变形甚至损坏。

（3）短路将引起电网中的电压降低，特别是靠近短路点处的电压下降最多，使部分用户的供电受到影响。例如，负荷中的异步电动机，由于其电磁转矩与电压的平方成正比，当电压降低时，电磁转矩将显著减小，使电动机转速变慢或甚至完全停转，从而造成废品及设备损坏等严重后果。

（4）短路故障可能引起系统失去稳定，最终导致电力系统崩溃。

（5）不对称接地短路所引起的不平衡电流将在线路周围产生不平衡磁通，结果在临近的通信线路中可能感应出相当大的感应电动势，造成对通信系统的干扰，甚至危及通信设备和人身安全。

四、短路故障分析的内容和目的

短路分析的主要内容包括故障后电流的计算、短路容量（短路电流与故障前电压的乘积）的计算、故障后系统中各点电压的计算以及其他的一些分析和计算，如故障时线路电流与电压之间的相位关系等。短路电流计算与分析的主要目的在于应用这些计算结果进行继电保护设计和整定值计算，开关电器、串联电抗器、母线、绝缘子等电气设备的设计，限制短路电流措施的制订和稳定性分析等。

五、限制短路故障危害的措施

电力系统设计和运行时，都要采取适当的措施来降低发生短路故障的概率，例如采用合理的防雷设施、降低过电压水平、使用结构完善的配电装置和加强运行维护管理等。同时，还要采取减少短路危害的措施，其中，最主要的是迅速将发生短路的元件从系统中切除，使无故障部分的电网继续正常运行。

在发电厂、变电站及整个电力系统的设计和运行中,需要合理地选择电气接线、合适地选用配电设备和断路器、正确地设计继电保护以及选择限制短路电流的措施等,而这些都必须以短路故障计算结果作为依据。

第二节　无限大容量电源的三相短路

无限大容量电源是指在故障过程中电源的电压幅值和频率仍能保持恒定的电力系统。如图 5-1 所示,电源为无限大容量电源,在 f 点突然发生三相短路。

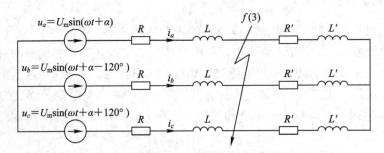

图 5-1　无限大容量电源的三相电路突然短路

实际上,真正的无限大容量电源是不存在的,它只不过是一种近似的处理手段。通常用供电电源的内阻抗与短路回路总阻抗的相对大小来判断能否将电源看成是无限大容量电源。

一般认为,当供电电源的内阻抗小于短路回路总阻抗的 10% 时,可以将供电电源简化为无限大容量电源。在这种情况下,外电路发生短路时,可以近似认为电源的电压幅值和频率保持恒定。例如,由很多个有限容量的发电机并联而成的电源,因其内阻抗很小,电源电压基本能保持恒定,因此可认为是无限大容量电源。一般在配电系统中发生短路时,通常将输电系统看成是带有一定阻抗的无限大容量电源。

一、暂态过程分析

为了分析图 5-1 中发生三相短路后的短路电流,首先分析短路前的稳态运行情况。设三相短路发生在 $t=0$ 的时刻,这时无限大容量电源 a 相电动势的相位为 α。为了表示清楚起见,用下标[0]表示短路以前各有关电气量的取值。由图 5-1 可知,在短路前 a 相的电流为

$$i_a = I_{m[0]} \sin(\omega t + \alpha - \varphi_{[0]}) \tag{5-1}$$

其中:
$$I_{m[0]} = \frac{U_m}{\sqrt{(R+R')^2 + \omega^2 (L+L')^2}}$$

$$\varphi_{[0]} = \arctan \frac{\omega(L+L')}{R+R'}$$

发生突然三相短路后,电路被分成两个独立的部分。短路点的右部成为一个无源电路,其中的电流将从短路瞬间的数值开始逐渐衰减到零;左部为由无限大容量电源供电的三相电路,其阻抗由原来的 $(R+R') + j\omega(L+L')$ 突然减小为 $R + j\omega L$。因此短路后,系统有一个明显的暂态过程。

由于短路后的电路仍然是三相对称的，因此只需分析其中一相的暂态过程。例如，A相电流的变化将取决于微分方程：

$$L \frac{\mathrm{d}i_a}{\mathrm{d}t} + Ri_a = U_\mathrm{m}\sin(\omega t + \alpha) \tag{5-2}$$

这是一个一阶常系数非齐次的线性常微分方程，它的解就是短路的全电流，可分为特解和通解两部分。

特解为

$$i_{pa} = \frac{U_\mathrm{m}}{Z}\sin(\omega t + \alpha - \varphi) = I_\mathrm{m}\sin(\omega t + \alpha - \varphi) \tag{5-3}$$

称为稳态短路电流或短路电流的稳态分量，其中，$Z = \sqrt{R^2 + (\omega L)^2}$，$\varphi = \arctan\dfrac{\omega L}{R}$。

通解为

$$i_{0a} = C\mathrm{e}^{-t/T_\mathrm{a}} \tag{5-4}$$

式中，T_a 为时间常数，$T_\mathrm{a} = L/R$；C 为积分常数。

i_{0a} 是短路电流中的自由分量，其起始值为 C，以后按时间常数 T_a 衰减，并最终衰减到零。自由分量电流的存在是因为电感中的电流不能突变。

于是，由式(5-3)和式(5-4)得 a 相的短路电流为

$$i_a = I_\mathrm{m}\sin(\omega t + \alpha - \varphi) + C\mathrm{e}^{-t/T_\mathrm{a}} \tag{5-5}$$

其中的积分常数 C 由初始条件决定。即在短路瞬间（设短路发生在 $t=0$ 时刻），由于通过电感的电流不能突变，使短路前一瞬间的电流值必须与短路发生后一瞬间的电流值相等。

于是，令式(5-1)和式(5-5)中 $t=0$，并令它们相等，得

$$I_\mathrm{m[0]}\sin(\alpha - \varphi_{[0]}) = I_\mathrm{m}\sin(\alpha - \varphi) + C \tag{5-6}$$

从而可以解出

$$C = I_\mathrm{m[0]}\sin(\alpha - \varphi_{[0]}) - I_\mathrm{m}\sin(\alpha - \varphi) \tag{5-7}$$

将式(5-7)代入式(5-5)，得

$$i_a = I_\mathrm{m}\sin(\omega t + \alpha - \varphi) + [I_\mathrm{m[0]}\sin(\alpha - \varphi_{[0]}) - I_\mathrm{m}\sin(\alpha - \varphi)]\mathrm{e}^{-t/T_\mathrm{a}} \tag{5-8}$$

由于三相电路对称，用 $\alpha - 2\pi/3$ 和 $\alpha + 2\pi/3$ 代替式(5-8)中的 α，便可分别得出 b 相和 c 相的短路电流为

$$i_b = I_\mathrm{m}\sin\left(\omega t + \alpha - \frac{2\pi}{3} - \varphi\right) + \left[I_\mathrm{m[0]}\sin\left(\alpha - \frac{2\pi}{3} - \varphi_{[0]}\right) - I_\mathrm{m}\sin\left(\alpha - \frac{2\pi}{3} - \varphi\right)\right]\mathrm{e}^{-t/T_\mathrm{a}}$$

$$i_c = I_\mathrm{m}\sin\left(\omega t + \alpha + \frac{2\pi}{3} - \varphi\right) + \left[I_\mathrm{m[0]}\sin\left(\alpha + \frac{2\pi}{3} - \varphi_{[0]}\right) - I_\mathrm{m}\sin\left(\alpha + \frac{2\pi}{3} - \varphi\right)\right]\mathrm{e}^{-t/T_\mathrm{a}}$$

由此可以作出当电压初相位为某一给定值 α 时，三相短路电流的波形图，如图5-2所示。

由短路电流波形图和三相短路电流表达式可见，无限大容量电源供电的三相短路电流有以下特性：

（1）三相短路电流中含有一个稳态分量 i_{pa}、i_{pb}、i_{pc}，它们组成一组对称的正序电流，其幅值恒定不变，因此，有时被称为短路电流中的交流分量或周期性分量。显然，它们大于短路前的稳态电流。

（2）三相短路电流中都含有一个自由分量电流 i_{0a}、i_{0b}、i_{0c}，它们的存在是为了使短路电流在短路瞬间的数值保持不变，以后按时间常数 T_a 衰减，直至衰减到零。这一分量有时被称为短路电流中的（衰减）直流分量，或非周期性分量电流。显然，在 $t=0$ 时刻各相直流分量电流的初始值不等。

（3）各相短路电流的波形分别对称于其直流分量的曲线而不是对称于时间轴。利用这一特性，可以从计算或实测得出的短路电流曲线中将周期性分量与直流分量进行分离，方法是作出短路电流曲线的上、下两根包络线，然后对它们进行垂直等分，便可以得出直流分量，如图 5-2 中的 c 相电流所示。

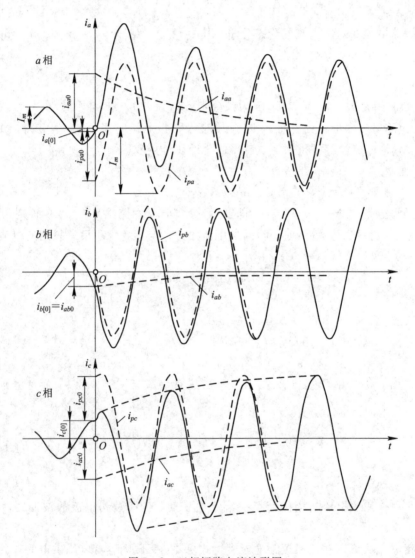

图 5-2　三相短路电流波形图

（4）直流分量起始值越大，短路电流的最大瞬时值越大。在电源电压幅值和短路阻抗给定的情况下，由式（5-6）可见，直流分量的起始值与短路瞬间电源电压的相位 α 以及短路瞬间的电流值有关。

二、短路冲击电流和最大有效值电流

1. 短路冲击电流

所谓冲击电流，是指短路电流的最大瞬时值，而实际上关心的是最大可能的瞬时值。冲击电流主要用于检验电气设备和载流导体在短路电流下的受力是否超过容许值，即所谓的动稳定度。由上述特性(4)可知，直流分量的起始值越大，该相短路电流的最大瞬时值越大。因此，最大短路电流瞬时值的产生条件是短路电流的直流分量最大。

以 a 相为例，由式(5-6)可知，直流分量的起始值为短路前稳态电流在短路瞬间的瞬时值与短路后瞬间周期性分量短路电流的瞬时值之差，它们分别为代表正常稳态电流的相量 $\dot{I}_{ma[0]}$ 和短路电流周期性分量的相量 $\dot{I}_{ma}$ 之差 $(\dot{I}_{ma[0]} - \dot{I}_{ma})$ 在时间参考轴 t 上的投影，如图 5-3(a)中的 i_{aa0}。如果改变 A 相电压的初相位 α(相当于发生短路的时刻不同)，使这两个相量之差与时间参考轴平行，则 A 相直流分量起始值的绝对值将最大。在短路前为空载的情况下，这一相量差就为 $\dot{I}_{ma}$，它在 t 轴上的投影即为 i_{aa0}，如图 5-3(b)所示。在空载情况下，当满足 $|\alpha - \varphi| = \pi/2$ 时，i_{ma} 与时间 t 轴重合，直流分量起始值的绝对值达到最大值 I_{ma}。一般冲击电流便是指这种情况下短路电流的最大瞬时值。

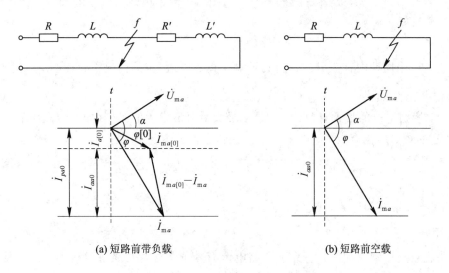

(a) 短路前带负载　　　　　　　(b) 短路前空载

图 5-3　A 相初始状态电流相量图

由于一般在短路回路中，电抗值要比电阻值大得多，即 $\omega L \gg R$，可以近似地认为 $\varphi \approx \pi/2$。于是，令 $I_{m[0]} = 0$，$\alpha = 0$，$\varphi = \pi/2$，代入式(5-8)，可以得出 a 相短路电流的表达式为

$$i_a = -I_m\cos\omega t + I_m e^{-t/T_a} \tag{5-9}$$

其波形图如图 5-4 所示。由图可见，短路电流的最大瞬时值，即冲击电流，将在短路发生经过约半个周期(当 $f = 50$ Hz 时，约为 0.01 s)出现。由此可得冲击电流为

$$i_M \approx I_m + I_m e^{-0.01/T_a} = (1 + e^{-0.01/T_a})I_m = K_M I_m \tag{5-10}$$

式中，K_M 称为冲击系数，即冲击电流值对于短路电流周期性分量幅值的倍数。K_M 的大小与时间常数 T_a 有关。在一般计算中，K_M 取 1.8，当短路发生在发电机附近(或大容量电动

机附近)时，K_M 取 1.9。

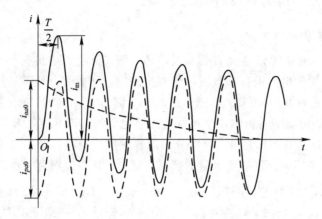

图 5-4　直流分量最大时的短路电流波形

2. 短路电流的最大有效值

短路电流的最大有效值主要用于检验开关电器等设备切断短路电流的能力。各个时刻短路电流有效值定义为：以计算时刻 t 为中心的一个周期内短路电流的均方根值，即

$$I_t = \sqrt{\frac{1}{T}\int_{t-T/2}^{t+T/2} i^2(t)\,\mathrm{d}t} \qquad (5-11)$$

在假定一个周期内直流分量保持为计算时刻 t 取值 I_{at} 的情况下，有

$$I_t = \sqrt{(I_m/\sqrt{2})^2 + I_{at}^2} \qquad (5-12)$$

显然，短路电流的最大有效值 I_M 是以最大瞬时值发生的时刻(即发生短路后约半个周期)为中心的短路电流有效值。在发生最大冲击电流的情况下，有

$$I_M = \sqrt{(I_m/\sqrt{2})^2 + I_m^2(K_M-1)^2} = \frac{I_m}{\sqrt{2}}\sqrt{1+2(K_M-1)^2} \qquad (5-13)$$

当 $K_M = 1.8$ 时，$I_M = 1.52(I_m/\sqrt{2})$；当 $K_M = 1.9$ 时，$I_M = 1.62(I_m/\sqrt{2})$。

3. 短路容量

短路容量又称短路功率，它等于短路电流有效值与短路处的正常工作电压(在近似计算中取平均额定电压)的乘积。于是，t 时刻的短路容量为

$$S_t = \sqrt{3}U_{av}I_t \qquad (5-14)$$

短路容量主要用于校验断路器的切断能力。把短路容量定义为短路电流和工作电压的乘积是因为一方面开关要能切断这样大的电流；另一方面，在开关断流时其触头应能经受工作电压的作用。

在实用计算中取 $U_B = U_{av}$，用标幺值表示短路容量时为

$$S_{t*} = \frac{\sqrt{3}U_{av}I_t}{\sqrt{3}U_B I_B} = \frac{I_t}{I_B} = I_{t*} = \frac{1}{X_{\Sigma*}} \qquad (5-15)$$

换算成有名值为

$$S_t = I_{t*}S_B \qquad (5-16)$$

式(5-15)说明在工程中短路容量是个很有用的概念,它反映了网络中某点与无限大功率电源间的电气距离。换句话说,当知道系统中某点的短路容量时,该点与电源点间的等效电抗即可求得。在短路电流的实用计算中,常只用周期分量初始有效值来计算短路容量。

从上述分析可见,为了确定冲击电流、短路电流非周期分量、短路电流的有效值以及短路容量等,都必须计算短路电流的周期分量。实际上,大多数情况下短路计算的任务也只是计算短路电流的周期分量。在给定电源电压时,短路电流周期分量的计算只是一个求解稳态正弦交流电路的问题。

例5.1　在图5-5(a)所示的电力网络中,当降压变电所10.5 kV母线上发生三相短路时,可将系统视为无限大功率电源,试求此时短路点的冲击电流 i_{im}、短路电流的最大有效值 I_{im} 和短路容量 S_t。

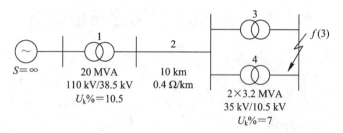

(a) 电力网络

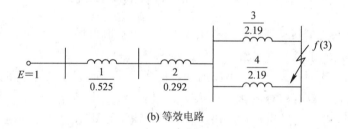

(b) 等效电路

图5-5　例5.1的图

解:　取 $S_B=100$ MVA, $U_B=U_{av}$。

各元件参数的标幺值电抗为

$$X_{1*}=\frac{U_k\%S_B}{100S_N}=\frac{10.5}{100}\times\frac{100}{20}=0.525$$

$$X_{2*}=x_1l\frac{S_B}{U_{av}^2}=0.4\times10\times\frac{100}{37^2}=0.292$$

$$X_{3*}=X_4=\frac{U_k\%}{100}\times\frac{S_B}{S_N}=\frac{7}{100}\times\frac{100}{3.2}=2.19$$

取 $E=1$,画出等效电路,如图5-5(b)所示。

短路回路的等效电抗为

$$X_{\Sigma*}=0.525+0.292+\frac{1}{2}\times2.19=1.912$$

短路电流周期分量的有效值为

$$I_{t*} = \frac{1}{X_{\Sigma*}} = \frac{1}{1.912} = 0.523$$

$$I_t = I_{t*} I_B = 0.523 \times \frac{100}{\sqrt{3} \times 10.5} = 2.88 \text{ kA}$$

若取冲击系数 $K_{im} = 1.8$，则冲击电流为

$$i_{im} = 1.8 \times \sqrt{2} I_t = 2.55 \times 2.88 = 7.34 \text{ kA}$$

短路电流的最大有效值为

$$I_{im} = 1.52 I_t = 1.52 \times 2.88 = 4.38 \text{ kA}$$

短路容量为

$$S_t = I_{t*} S_B = 0.523 \times 100 = 52.3 \text{ MVA}$$

第三节　同步发电机的三相短路

上一节讨论了无限大容量电源供电电路发生三相对称短路的情况，但实际上电力系统发生短路故障时，大多数情况下作为电源的同步发电机不能看成无限大容量电源，其内部也存在暂态过程，因而不能保持其端电压和频率不变。所以一般在分析电力系统短路情况时，必须考虑同步发电机的暂态过程。

一、同步发电机在空载情况下突然三相短路的物理过程

由于发电机转子的转动惯量较大，在分析短路电流时可以近似地认为发电机转子保持同步转速，只考虑发电机的电磁暂态过程。

同步发电机稳态对称运行时，电枢磁动势的大小不随时间而变化，在空间以同步转速旋转，由于它与转子没有相对运动，因而不会在转子绕组中感应出电流。但是当发电机端突然发生三相短路时，定子电流在数值上将急剧变化，由于电感回路的电流不能突变，定子绕组中必然有其他自由电流分量产生，从而引起电枢的磁通变化。这个变化又影响到转子，在转子绕组中感应出电流，而这个电流又进一步影响定子电流的变化。定子和转子绕组电流的互相影响是同步发电机突然短路暂态过程区别于稳态短路的显著特点，同时这种定、转子间的互相影响也使暂态过程变得相当复杂。

图 5-6 为凸极式同步发电机的结构示意图。定子三相绕组分别用绕组 $A-X$、$B-Y$、$C-Z$ 表示，绕组的中心轴 A、B、C 轴线彼此相差 120°。转子极中心线用 d 轴表示，称为纵轴或直轴；极间轴线用 q 轴表示，称为横轴或交轴。转子逆时针旋转为正方向，q 轴超前 d 轴 90°。励磁绕组 ff' 的轴线与 d 轴重合。阻尼绕组用两个互相正交的短接绕组等效，轴线与 d 轴重合的称为 DD' 阻尼绕组，轴线与 q 轴重合的称为 QQ' 阻尼绕组。

定子各相绕组轴线的正方向作为各绕组磁链的正方向，各相绕组中正方向电流产生的磁链的方向与绕组轴线的正方向相反，即定子绕组中正电流产生负磁通。励磁绕组及 d 轴阻尼绕组磁链的正方向与 d 轴正方向一致，q 轴阻尼绕组磁链的正方向与 q 轴正方向一致，转子绕组中正方向电流产生的磁链与轴线的正方向相同，即在转子方面，正电流产生正磁通。下面分析发电机空载突然短路的暂态过程。

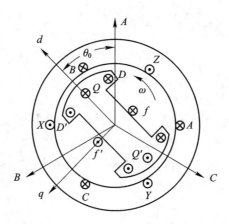

图 5-6   凸极式同步发电机的结构示意图

1. 定子回路短路电流

设短路前发电机处于空载状态，气隙中只有励磁电流 $i_{f[0]}$ 产生的磁链，忽略漏磁链后，穿过主磁路为主磁链 ψ_0 匝链定子三相绕组的磁链，又设 θ_0 为转子 d 轴与 A 相绕组轴线的初始夹角。由于转子以同步转速旋转，主磁链匝链定子三相绕组的磁链随着 $\theta(\theta_0+\omega t)$ 的变化而变化，因此有

$$\begin{cases} \psi_{A[0]}=\psi_0\cos(\theta_0+\omega t) \\ \psi_{B[0]}=\psi_0\cos(\theta_0+\omega t-120°) \\ \psi_{C[0]}=\psi_0\cos(\theta_0+\omega t+120°) \end{cases} \tag{5-17}$$

若在 $t=0$ 时，定子绕组突然三相短路，在这一瞬间匝链定子三相磁链的瞬时值为

$$\begin{cases} \psi_{A0}=\psi_0\cos(\theta_0) \\ \psi_{B0}=\psi_0\cos(\theta_0-120°) \\ \psi_{C0}=\psi_0\cos(\theta_0+120°) \end{cases} \tag{5-18}$$

根据磁链守恒定律，任何一个闭合的超导体线圈（先不考虑发电机电阻），它的磁链应保持不变，如果外来条件要迫使线圈的磁链发生变化，线圈中会感应出自由电流分量，来维持线圈的磁链不变。根据这个定律，发电机定子三相绕组要维持 ψ_{A0}、ψ_{B0}、ψ_{C0} 不变，但主磁链匝链到定子三相回路的磁链仍然是 $\psi_{A[0]}$、$\psi_{B[0]}$、$\psi_{C[0]}$。因此，短路瞬间定子三相绕组中必然感应出电流，该电流产生的磁链 ψ_A、ψ_B、ψ_C 应满足磁链守恒定律，则有

$$\begin{cases} \psi_A+\psi_{A[0]}=\psi_{A0} \\ \psi_B+\psi_{B[0]}=\psi_{B0} \\ \psi_C+\psi_{C[0]}=\psi_{C0} \end{cases} \tag{5-19}$$

将式(5-17)和式(5-18)代入式(5-19)，得

$$\begin{cases} \psi_A=\psi_0\cos\theta_0-\psi_0\cos(\theta_0+\omega t) \\ \psi_B=\psi_0\cos(\theta_0-120°)-\psi_0\cos(\theta_0+\omega t-120°) \\ \psi_C=\psi_0\cos(\theta_0+120°)-\psi_0\cos(\theta_0+\omega t+120°) \end{cases} \tag{5-20}$$

根据定子电流规定的正方向与磁链正方向相反，定子三相短路电流为

$$\begin{cases} i_A = -I_m\cos\theta_0 + I_m\cos(\theta_0 + \omega t) \\ i_B = -I_m\cos(\theta_0 - 120°) + I_m\cos(\theta_0 + \omega t - 120°) \\ i_C = -I_m\cos(\theta_0 + 120°) + I_m\cos(\theta_0 + \omega t + 120°) \end{cases} \quad (5-21)$$

由式(5-21)可知,定子短路电流中含有基波交流分量和直流分量,基波交流分量是三相对称的,直流分量是三相不相等的。

定子绕组中的直流分量在空间形成恒定的磁动势。当转子旋转时,由于转子纵轴向和横轴向的磁阻不同,转子每转过 180°电角度(频率为基频的 2 倍),磁阻经历一个变化周期。只有在这个恒定的磁动势上增加一个适应磁阻变化的、具有 2 倍同步频率的交变分量才可能得到真正不变的磁通。因此在定子的三相短路电流中,还应有 2 倍同步频率的电流,与直流分量共同作用,才能真正维持定子绕组的磁链不变。2 倍频率电流的幅值取决于纵轴和横轴的磁阻之差,其值一般不大。

2. 励磁回路电流分量

综上分析,定子绕组突然三相短路后,在定子绕组中会产生基波交流分量电流,它们的磁链分别和励磁绕组的主磁链 ψ_0 所产生的磁链互相抵消。三相基波交流电流合成的同步旋转磁场作用在转子的 d 轴上,形成对励磁绕组的去磁作用。但是,励磁绕组也是电感性线圈,其匝链的磁链也要维持短路前瞬间的值不变,因此,在励磁绕组中也会突然感应出一个与励磁电流同方向的直流电流,来抵制定子去磁磁链对励磁绕组的影响。另一方面,定子绕组突然三相短路后,还会在定子绕组中产生直流分量电流,它所产生的是在空间静止的磁场,相对于转子则是以同步转速旋转的,从而使转子励磁绕组产生一个同步频率的交变磁链,在转子励磁绕组中将感应出一个同步频率的交流分量,来抵消定子直流分量电流和倍频电流产生的电枢反应。

同理,短路后,定子侧磁链也企图穿过阻尼绕组,DD'阻尼绕组为维持本身磁链不突变,也会感应出直流分量和基波交流分量电流;在假定定子回路电阻为零时,定子基波电流只有直轴方向的电枢反应,故 QQ'阻尼绕组中只会感应出基波交流分量电流而没有直流分量。

从以上的分析可知,定子回路短路电流的基波交流分量和转子回路的自由直流分量是相互依存和影响的。由于转子绕组实际存在着电阻,其中的自由直流分量电流最终将衰减为零,与之对应的定子绕组的基波交流分量电流以相同的时间常数从短路初始值最终衰减为稳态值。这对分量的衰减时间常数用 T'_d 表示,T'_d 主要取决于转子回路的电阻和等效电感。对于容量为 40~120 MVA 的水轮发电机,其值为 1.5~3 s;对于容量为 30~165 MVA 的汽轮发电机,其值为 0.8~1.6 s。

定子回路短路电流的直流分量和倍频分量与转子回路的基波分量电流是互相依存和影响的。由于实际的定子回路有电阻,定子回路的直流分量和倍频分量最终衰减为零,与之相对应的转子回路的基波交流电流也最终衰减为零。它们以相同的时间常数 T_a 衰减,T_a 主要取决于定子绕组的电阻和等效电感。对于容量为 40~120 MVA 的水轮发电机,其值为 0.12~0.4 s;对于容量为 30~165 MVA 的汽轮发电机,其值为 0.14~0.4 s。

定子和转子绕组中的各种短路电流分量及它们相依存的关系见表 5-2。

表 5 - 2　定子和转子绕组中的各种短路电流分量

		强制分量电流	自由分量电流		
			基频自由电流	直流分量	倍频交流
定子	A、B、C	稳态短路电流			
	三相	I_∞	$\Delta I'_\omega = I' - I_\infty$	ΔI_α	$\Delta I_{2\omega}$
转子	ff'绕组	励磁电流 $i_{f[0]}$	自由直流分量 Δi_{fa}	基频电流 $\Delta i_{f\omega}$	
	DD'绕组	0	自由直流电流 Δi_{Da}	基频电流 $\Delta i_{D\omega}$	
	QQ'绕组	0	0	基频电流 $\Delta i_{Q\omega}$	

说明：I'为基波分量的起始有效值；I_∞为基波分量的短路稳态有效值。

　　以上分析了同步发电机在突然三相短路时的物理过程及定子、转子中的短路电流分量。下面从物理概念出发对三相短路时定子绕组中的基波分量起始值进行定量的分析。

二、无阻尼绕组同步发电机空载时的突然三相短路电流

　　在发电机突然短路时，由于暂态过程中各种分量电流的产生，发电机在暂态过程中对应的电动势、电抗均发生变化，不能再通过稳态方程求暂态过程中的短路电流。由上面物理过程的分析可知，若不考虑倍频分量(倍频分量一般较小)，发电机定子短路电流中只含有基波交流分量和直流分量。在空载短路的情况下，直流分量的起始值与基波交流分量的起始值大小相等，方向相反。若能求得基波交流电流，则定子短路全电流也就确定了。

　　图 5 - 7(a)为短路前空载时励磁回路的磁通图。图中，ψ_0为励磁绕组主磁通(与短路前的空载电动势 $E_{q[0]}$ 对应)；$\psi_{f\sigma}$ 为励磁绕组的漏磁通。

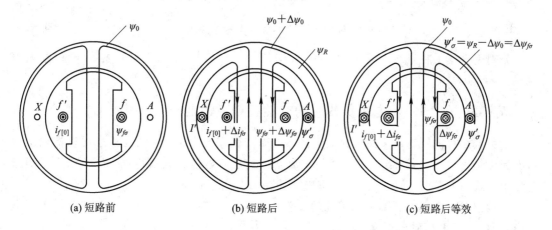

(a) 短路前　　　　　　　　(b) 短路后　　　　　　　　(c) 短路后等效

图 5 - 7　无阻尼发电机短路前及短路后的磁通分布图

　　当不计阻尼绕组的作用，定子侧突然空载短路时，定子侧的电枢反应磁通 ψ_R 要穿过励磁绕组，为抵消定子基波交流电流的电枢反应，励磁回路必然会感应出自由直流分量 Δi_{fa}，此刻对应的磁通图形如图 5 - 7(b)所示。图中，ψ_R 为定子基波电流 I' 产生的电枢反应磁通；ψ'_σ为定子绕组漏磁通；ψ_0 和 $\psi_{f\sigma}$ 仍为励磁电流 $i_{f[0]}$ 产生的主磁通和漏磁通；$\Delta\psi_0$ 和 $\Delta\psi_{f\sigma}$ 为 Δi_{fa} 所对应的主磁通和漏磁通。为保持短路瞬间磁链不变，$\Delta\psi_0$、$\Delta\psi_{f\sigma}$ 和 ψ_R 之间有如下关系：

$$\Delta\psi_0 + \Delta\psi_{f\sigma} = \psi_R \qquad\qquad (5-22)$$

短路后瞬时的空载电动势 E_{q0} 为对应 $\psi_0 + \Delta\psi_0$ 的电动势。显然，由于 Δi_{fa} 的出现，$E_{q0} \neq E_{q[0]}$，即短路后空载电动势 E_{q0} 突然增加，这时的短路电流称为暂态短路电流，即

$$I' = \frac{E_{q0}}{X_d} \qquad\qquad (5-23)$$

由于 E_{q0}、Δi_{fa}、$\Delta\psi_0$ 均为未知量，无法利用式(5-23)求出暂态短路电流的起始值。

为了更明确地表达暂态阶段的物理过程，用图 5-7(c)等效地代替图 5-7(b)。在短路瞬间，由于 $\Delta\psi_0$ 对 ψ_R 的抵消作用，励磁回路仍保持原有的磁通 $\psi_0 + \psi_{f\sigma}$，而定子的电枢反应磁通可等效地用 ψ'_R ($\psi'_R = \psi_R - \Delta\psi_0$) 表示，$\psi'_R$ 在穿过气隙后被挤到励磁绕组的漏磁路径上，即 $\psi'_R = \Delta\psi_{f\sigma}$。

ψ'_R 经过的磁路路径较长，磁阻比 ψ_R 的大。因此，此时所对应的直轴电抗比同步电抗 X_d 要小，称此直轴等效电抗为暂态电抗 X'_d，且 $X'_d = X'_{ad} + X_\sigma$，其中 X'_{ad} 为电枢反应磁通走励磁绕组漏磁路径时的电枢反应电抗，X_σ 为定子绕组的漏电抗。显然该时刻的电动势仍为 ψ_0 所对应的空载电动势 $E_{q[0]}$，则短路瞬间的定子基波电流分量的起始值为

$$I' = \frac{E_{q[0]}}{X'_d} \qquad\qquad (5-24)$$

当短路达到稳态时，Δi_{fa}、$\Delta\psi_0$ 和 $\Delta\psi_{f\sigma}$ 均衰减为零，则可由下式求出稳态短路电流：

$$I_\infty = \frac{E_{q[0]}}{X_d} \qquad\qquad (5-25)$$

求得了基波交流分量起始值和稳态短路电流后，再考虑到各自由分量的衰减时间常数，可得到无阻尼绕组同步发电机空载短路时的 A 相短路电流的表达式，即

$$i_A = \left(\frac{E_{q[0]}}{X'_d} - \frac{E_{q[0]}}{X_d}\right)\cos(\omega t + \theta_0)e^{-\frac{t}{T'_d}} + \frac{E_{q[0]}}{X_d}\cos(\omega t + \theta_0) - \frac{E_{q[0]}}{X'_d}\cos\theta_0 e^{-\frac{t}{T_a}} \qquad (5-26)$$

分别用 $\theta_0 - 120°$ 和 $\theta_0 + 120°$ 代替上式中的 θ_0，即可得到 B 相和 C 相的短路电流表达式。

三、无阻尼绕组同步发电机负载时的突然三相短路电流

带负载运行的发电机突然短路时，仍然遵循磁链守恒定律，从物理概念可以推论出短路电流中仍有前述的各种分量，所不同的是短路前已有电枢反应磁通 $\psi_{R[0]}$，所以定子短路电流表达式略有不同，但显然稳态短路电流仍为 $I_\infty = E_{q[0]}/X_d$。

一般情况下负载电流不是纯感性的，它的电枢反应磁通按双反应原理分解为纵轴电枢反应磁通 $\psi_{R_d[0]}$ 和横轴电枢反应磁通 $\psi_{R_q[0]}$。

在负载情况下突然短路，当假定定子回路电阻为零时，短路瞬间的定子基波交流分量初始值只有纵轴电枢反应，即 $I' = I'_d$，图 5-8 为该时刻纵轴方向的磁通图。短路瞬间，定子基波电流突然增大($I' = \dot{I}_{d[0]} + \Delta\dot{I}$)，为保持励磁回路磁链守恒，励磁绕组中产生自由直流分量 Δi_{fa}，其对应的磁通 $\Delta\psi_0$ 和 $\Delta\psi_{f\sigma}$ 用以抵制 $\Delta\dot{I}$ 产生的磁通 $\Delta\psi_{R_d}$（即电枢反应的增量，$\Delta\psi_{R_d} = \Delta\psi_0 + \Delta\psi_{f\sigma}$）穿过励磁绕组。与空载短路分析方法类似，$\Delta\psi_{R_d} - \Delta\psi_0$ 走励磁绕组漏磁通路径，对定子绕组的作用可用定子电流增量 $\Delta\dot{I} = \dot{I}' - \dot{I}_{d[0]}$ 在相应的电枢反应电抗

X'_{ad}上的电压降来表示。此时定子纵轴的电压平衡方程式为

$$\dot{E}_{q[0]}-\mathrm{j}\dot{I}_{d[0]}X_{ad}-\mathrm{j}(\dot{I}'-\dot{I}_{d[0]})X'_{ad}-\mathrm{j}\dot{I}'X_{\sigma}=0 \tag{5-27}$$

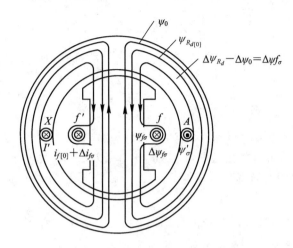

图 5-8 定子回路电阻为零时，负载情况下突然短路瞬间的纵轴方向磁通

将式(5-27)展开且有 $X'_d=X'_{ad}+X_{\sigma}$，则有

$$\dot{E}_{q[0]}-\mathrm{j}\dot{I}_{d[0]}X_{ad}+\mathrm{j}\dot{I}_{d[0]}X'_{ad}=\mathrm{j}\dot{I}'X'_d \tag{5-28}$$

将式(5-28)略加整理得

$$\dot{E}_{q[0]}-\mathrm{j}\dot{I}_{d[0]}(X_{ad}+X_{\sigma})+\mathrm{j}\dot{I}_{d[0]}(X'_{ad}+X_{\sigma})=\mathrm{j}\dot{I}'X'_d$$

再由 $X_d=X_{ad}+X_{\sigma}$，$X'_d=X'_{ad}+X_{\sigma}$ 可得

$$\dot{E}_{q[0]}-\mathrm{j}\dot{I}_{d[0]}X_d+\mathrm{j}\dot{I}_{d[0]}X'_d=\mathrm{j}\dot{I}'X'_d \tag{5-29}$$

由稳态方程式可知，$\dot{U}_{q[0]}=\dot{E}_{q[0]}-\mathrm{j}\dot{I}_{d[0]}X_d$，则有

$$\dot{U}_{q[0]}+\mathrm{j}\dot{I}_{d[0]}X'_d=\mathrm{j}\dot{I}'X'_d \tag{5-30}$$

式(5-30)等号左端由短路前的运行方式所决定，可以看作是短路前横轴分量在 X'_d 后的电动势，称为横轴暂态电动势 $\dot{E}'_{q[0]}$，即

$$\dot{E}'_{q[0]}=\dot{U}_{q[0]}+\mathrm{j}\dot{I}_{d[0]}X'_d \tag{5-31}$$

则式(5-31)可表示为

$$\dot{E}'_{q[0]}=\mathrm{j}\dot{I}'X'_d \tag{5-32}$$

即带负荷短路时，定子基波交流分量暂态短路电流的起始值为

$$I'=\frac{E'_{q[0]}}{X'_d} \tag{5-33}$$

由上所述，暂态电动势 $\dot{E}'_{q[0]}$ 可以用短路前的运行方式由式(5-31)求得，再利用式(5-33)来计算短路瞬间的暂态短路电流的起始值，这表明了暂态电动势在短路前后瞬间是不变的。实际上严格的数学推导证明了 $\dot{E}'_{q[0]}$ 的大小与短路前励磁绕组匝链的磁链 $\psi_{f[0]}$ 成正比，具体表达式为

$$\dot{E}'_{q[0]}=\frac{X_{ad}}{X_f}\psi_{f[0]} \tag{5-34}$$

式中，X_f 为励磁绕组电抗。

根据磁链守恒定律，励磁绕组的总磁链 $\psi_{f[0]}$ 在短路瞬间不能突变，故 $\dot{E}'_{q[0]}$ 在短路瞬间也不会变，即

$$\dot{E}'_{q[0]} = \dot{E}'_{q0} \tag{5-35}$$

显然，只要把空载短路电流表达式(5-26)中与 X'_d 对应的电动势换成 $\dot{E}'_{q0}$，则可得到负载情况下突然短路时的定子 A 相短路电流的表达式，即

$$i_A = \left(\frac{E'_{q0}}{X'_d} - \frac{E_{q[0]}}{X_d}\right)\cos(\omega t + \theta_0)\mathrm{e}^{-\frac{t}{T'_d}} + \frac{E_{q[0]}}{X_d}\cos(\omega t + \theta_0) - \frac{E'_{q0}}{X'_d}\cos\theta_0\mathrm{e}^{-\frac{t}{T_a}} \tag{5-36}$$

如果短路不是发生在发电机端部，而是有外接电抗 X 的情况下，则以 $X_d + X$、$X'_d + X$ 分别去代替式(5-36)中的 X_d、X'_d 即可。这时各电流分量的幅值将减小，T'_d 较机端短路时增大，按 T'_d 衰减的电流衰减变慢；而 T_a 较机端短路时减小，按 T_a 衰减的电流分量，由于外电路中电阻所占的比重增大，加快了衰减。

由式(5-31)可见，$\dot{E}'_{q0} = \dot{E}'_{q[0]}$ 虽然可用稳态参数计算，但首先必须要确定定子电流的纵轴和横轴分量，即要确定 d 轴和 q 轴。为简化计算，常常采用另一个暂态电动势 $\dot{E}'$ 来近似代替 $\dot{E}'_{q[0]}$，即

$$\dot{E}' = \dot{U} + \mathrm{j}\dot{I}X'_d \tag{5-37}$$

式中，$\dot{E}'$ 为 X'_d 后的虚构电动势，是计算用电动势。

由式(5-37)可见，$\dot{E}'$ 的数值亦可由正常稳态参数求得。同时，近似认为 $\dot{E}'$ 具有短路瞬间不突变的性质，则可用来计算暂态短路电流基波分量的起始值。

图5-9为发电机用暂态电抗和电动势 $\dot{E}'$ 表示的暂态等效电路，图5-10为 $\dot{E}_q$、$\dot{E}'_q$、$\dot{E}'$ 的相量关系图。

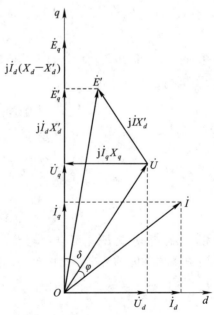

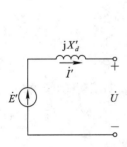

图5-9　无阻尼发电机的等效电路　　　　图5-10　$\dot{E}_q$、$\dot{E}'_q$、$\dot{E}'$ 的相量关系图

实际上 $\dot{E}'$ 在 q 轴上的分量即为 $\dot{E}'_q$，因两者之间的夹角很小，故两者在数值上差别不大，可以用 $\dot{E}'$ 近似代替 $\dot{E}'_{q[0]}$。但 $\dot{E}'$ 的大小并不具备正比于 $\psi_{f[0]}$ 的性质。

用 $\dot{E}'$ 代替 $\dot{E}'_{q[0]}$ 后，发电机机端短路电流基波分量的起始值可以表示为

$$I' = \frac{E'}{X'_d} \tag{5-38}$$

四、有阻尼绕组同步发电机的突然三相短路电流

以上的分析中没有考虑阻尼绕组的作用，而实际的发电机中存在着阻尼绕组。由于阻尼绕组的存在使发电机突然短路过程的分析和计算更加复杂，但从基本概念和分析方法来看与无阻尼时是基本相似的。

有阻尼绕组同步发电机突然短路的特殊性在于，电枢反应磁通的变化量不仅想要穿过励磁绕组，还将穿过纵轴阻尼绕组和横轴阻尼绕组。而纵轴阻尼绕组和横轴阻尼绕组为维持自身磁链不突变，必然要感应出自由分量的电流，而且纵轴阻尼绕组和励磁绕组之间还存在着互感关系。因此，短路瞬间纵轴方向的磁链守恒是靠这两个绕组的自由分量共同维持的。q 轴方向也有闭合线圈，当要准确、全面地分析有阻尼绕组同步发电机的短路电流时必须考虑横轴方向的磁链守恒。这里只重点介绍纵轴方向的次暂态电抗 X''_d 和实用的次暂态电动势 $\dot{E}''$。

图 5-11(a) 为空载时计及阻尼绕组短路后的纵轴磁通图。图中，ψ_0 和 $\psi_{f\sigma}$ 为励磁电流 $i_{f[0]}$ 产生的主磁通和漏磁通；$\Delta\psi_0$ 为励磁绕组和纵轴阻尼绕组共同产生的磁通；$\Delta\psi_{f\sigma}$ 为 $\Delta i_{f\alpha}$ 产生的漏磁通；$\Delta\psi_{D\sigma}$ 为纵轴阻尼绕组的漏磁通；ψ_R 为定子短路电流产生的磁通。为维持短路瞬间励磁绕组磁链不变，有如下磁通平衡方程：

$$\Delta\psi_0 + \Delta\psi_{f\sigma} = \psi_R$$
$$\Delta\psi_0 + \Delta\psi_{D\sigma} = \psi_R$$

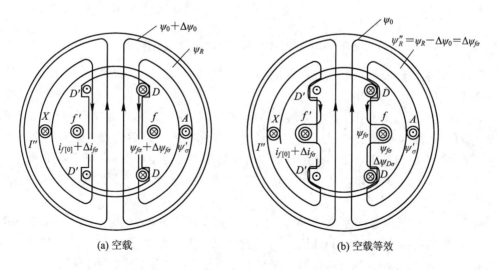

(a) 空载   (b) 空载等效

图 5-11 计及阻尼绕组时同步发电机短路后纵轴方向的磁通图

图 5-11(b) 为与图 5-11(a) 等效的电枢反应磁通走漏磁路径的磁通图。由图 5-11

(b)可看出，短路瞬间为维持励磁回路的总磁链不变，电枢反应磁通 ψ_R'' 穿过气隙后被迫走励磁绕组和纵轴阻尼绕组的漏磁路径。由于 ψ_R'' 经过磁路的路径更长，磁阻比图 5-7(c)所示 ψ_R' 的还要大，因此所对应的纵轴电抗比暂态电抗还要小，称这时对应的纵轴等效电抗为次暂态电抗 X_d''，且 $X_d''=X_{ad}''+X_\sigma$，其中 X_{ad}'' 为电枢反应磁通走纵轴阻尼绕组和励磁绕组漏磁路径时对应的电枢反应电抗，显然 $X_d''<X_d'$。

可以推论，在横轴方向也存在着横轴等效次暂态电抗 X_q''，且 $X_q''<X_q'$。

空载短路时，ψ_0 对应的电动势为空载电动势，故次暂态短路电流的起始值为

$$I''=\frac{E_{q[0]}}{X_d''} \tag{5-39}$$

负载短路时，类似于不考虑阻尼绕组负载短路的分析，可得到如下的电压平衡方程式：

$$\dot{E}''=\dot{U}+\mathrm{j}\dot{I}X_d' \tag{5-40}$$

式中，$\dot{E}''$ 为 X_d'' 后的虚构电动势，与 $\dot{E}'$ 类似，也是计算用电动势。

由式(5-40)可见，$\dot{E}''$ 的数值同样可由正常稳态参数求得。同样近似认为 $\dot{E}''$ 具有短路瞬间不突变的性质，则可用来计算次暂态短路电流基波分量的起始值。

图 5-12 为发电机用次暂态电动势 $\dot{E}''$ 作为等效电动势时的等效电路，则发电机机端短路时次暂态短路电流基波分量的起始值可以表示为

$$I''=\frac{E''}{X_d''} \tag{5-41}$$

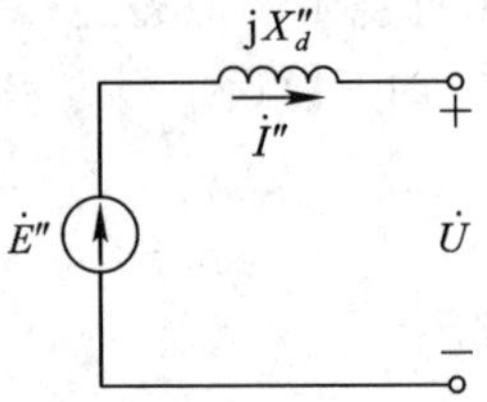

图 5-12　有阻尼发电机的次暂态等效电路

同样，如果短路不是发生在发电机端部，而是有外接电抗 X 的情况下，则以 $X_d''+X$ 代替式(5-41)中的 X_d'' 即可。

以上从物理概念出发，分析了突然短路后的发电机暂态和次暂态过程。通过以上的讨论可以清楚地看到，同步发电短路电流的基波交流分量在短路后暂态过程中是不断变化的。变化的根本原因是定子三相绕组空间内有闭合的转子绕组，改变了定子电枢反应磁通的路径，使定子绕组的等效电抗发生变化。以上给出的概念和计算公式对于工程上近似计算短路电流已足够准确。

例 5.2　一台额定容量为 50 MW 的同步发电机，额定电压为 10.5 kV，额定功率因数为 0.8，次暂态电抗 X_d'' 为 0.135(以发电机额定参数为基准值的标幺值)。试计算发电机在空载情况下(端电压为额定电压)突然三相短路后短路电流交流分量的起始幅值 I_m''。

解：　发电机空载情况 $U_{[0]}=E''=1$(标幺值)。

基波交流分量起始有效值的标幺值为

$$I''=\frac{E''}{X''_d}=\frac{1}{0.135}=7.41$$

发电机的额定电流即发电机的基准电流为

$$I_N=I_B=\frac{P_N}{\sqrt{3}U_N\cos\varphi_N}=\frac{50}{\sqrt{3}\times10.5\times0.8}=3.44(\text{kA})$$

短路电流交流分量起始幅值（有名值）为

$$I''_m=\sqrt{2}\,I''I_B=\sqrt{2}\times7.41\times3.44=36.05(\text{kA})$$

由上例可见，短路电流交流分量起始幅值可达额定电流的 10 倍以上。如果考虑最严重情况下的短路，直流分量有最大值，这时的短路电流的最大瞬时值将接近额定电流的 20 倍。

五、自动调节励磁装置对短路电流的影响

前面对同步发电机暂态过程的分析，都没有考虑发电机的自动调节励磁装置的影响。现代电力系统的同步发电机均装有自动调节励磁装置，它的作用是当发电机端电压偏离给定值时，自动调节励磁电压，改变励磁电流，从而改变发电机的空载电动势，以维持发电机端电压在允许范围内。

当发电机端点或端点附近发生突然短路时，端电压急剧下降，自动调节励磁装置中的强行励磁装置就会迅速动作，增大励磁电压到它的极限值，以尽快恢复系统的电压水平和保持系统运行的稳定性。下面以自动调节励磁装置中的一种继电强行励磁装置的动作原理为例，来分析自动调节励磁装置对短路电流的影响。

图 5-13 为具有继电强行励磁的励磁系统示意图。发电机端点或端点附近短路，使发电机端电压下降到额定电压的 85% 以下时，欠电压继电器 KUV 的触点闭合，接触器 KM 动作，励磁机磁场调节电阻 R_c 被短接，励磁机励磁绕组 ff 两端的电压 u_{ff} 升高。但由于励磁机励磁绕组具有电感，它的电流 i_{ff} 不可能突然增大，以致使与之对应的励磁机电压 u_f 也不可能突然增高，而是开始上升慢，后来上升快，最后达到极限值 u_{fm}，如图 5-14 中按曲线 1 的规律变化。为了简化分析，通常认为 u_f 近似按指数规律上升到最大值 u_{fm}，即用图 5-14 中曲线 2 所示的指数曲线代替实际曲线 1，从而得到励磁机电压为

$$u_f=u_{f[0]}+[u_{fm}-u_{f[0]}](1-e^{-\frac{t}{T_{ff}}})=u_{f[0]}+\Delta u_{fm}(1-e^{-\frac{t}{T_{ff}}}) \tag{5-42}$$

式中，T_{ff} 为励磁机励磁绕组的时间常数。

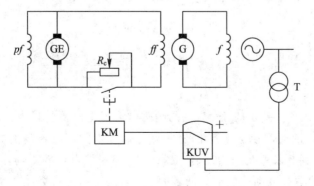

图 5-13　具有继电强行励磁的励磁系统示意图

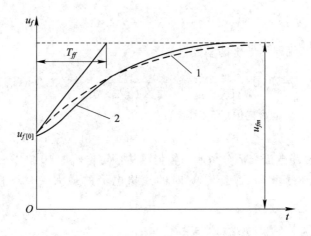

图 5-14　u_{ff} 的变化曲线

励磁电压的增大，使励磁电流产生一个相应的增量。由于强行励磁装置只在转子 d 轴方向起作用，这个电流的变化量可以从发电机 d 轴方向的等效电路求解得出，下面就以无阻尼绕组发电机为例加以说明。

图 5-15 为强行励磁装置动作后同步发电机 d 轴方向的等效电路（假设在发电机端点短路），由图可列方程为

$$r_f \Delta i_f + \left(X_{f\sigma} + \frac{X_\sigma X_{ad}}{X_\sigma + X_{ad}} \right) \frac{\mathrm{d} \Delta i_f}{\mathrm{d} t} = [u_{fm} - u_{f[0]}](1 - \mathrm{e}^{-\frac{t}{T_{ff}}}) \tag{5-43}$$

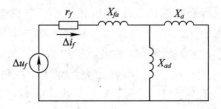

图 5-15　强行励磁装置动作后同步发电机 d 轴方向的等效电路

用 r_f 除等式两边，得

$$\Delta i_f + T'_d \frac{\mathrm{d} \Delta i_f}{\mathrm{d} t} = [i_{fm} - i_{f[0]}](1 - \mathrm{e}^{-\frac{t}{T_{ff}}}) \tag{5-44}$$

上式的解为

$$\Delta i_f = [i_{fm} - i_{f[0]}]\left(1 - \frac{T'_d \mathrm{e}^{-\frac{t}{T'_d}} - T_{ff} \mathrm{e}^{-\frac{t}{T_{ff}}}}{T'_d - T_{ff}} \right)$$

$$= \Delta i_{fm} F(t) \tag{5-45}$$

式中，$\Delta i_{fm} = (i_{fm} - i_{f[0]})$ 是对应于 Δu_{fm} 的励磁电流强迫分量的最大可能增量，$F(t)$ 则是一个包含 T'_d 和 T_{ff} 的时间函数，T'_d 因短路点的远近不同而有不同的数值，短路点越远，T'_d 越大，$F(t)$ 速度越慢。这是因为短路点越远，故障对发电机的影响越小的缘故。

由 Δi_{fm} 引起的空载电动势的最大增量为

$$\Delta E_q = \Delta E_{qm} F(t) \tag{5-46}$$

ΔE_q 将产生定子电流 d 轴分量的增量。由于无阻尼绕组发电机定子周期分量电流无 q 轴分量，因此可得 ΔE_q 对应的 A 相电流周期分量为

$$\Delta i_A = \frac{\Delta E_{qm}}{X_d} F(t) \cos(\omega t + \theta_0) = \Delta I_m F(t) \cos(\omega t + \theta_0) \tag{5-47}$$

从而使发电机的端电压也按相同的规律变化。强行励磁装置动作后空载电动势和定子电流的变化曲线如图 5-16 所示。

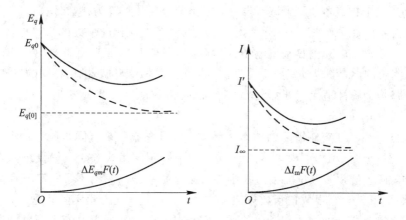

图 5-16　强行励磁装置对空载电动势和定子电流的影响

由图可见，强行励磁装置动作的结果是在按指数规律自然衰减的电动势和电流上叠加一个强迫分量，从而使发电机的端电压迅速恢复到额定值，以保证系统的稳定运行。但由于定子电流增加了一个强迫分量，改变了原短路电流的变化规律，因而使暂态过程中的短路电流先是衰减，衰减到一定的时候反而上升，甚至稳态短路电流大于短路电流初始值，使运算曲线出现了相交的现象。

以上是当短路点距电源的电气距离较小，强行励磁装置动作后励磁电压达到极限值时对短路电流的影响。如果短路点距电源较远，强行励磁装置动作后一段时间机端电压就会恢复到额定值。当机端电压一旦恢复到额定值时，该装置中的欠电压继电器就会返回，由自动调节励磁装置将机端电压维持为额定值不变。此后，励磁电流、空载电动势、定子电流将不再按式(5-45)～式(5-47)的规律增大。定子电流的周期分量为 $I = U_N / X$，X 为发电机端点到短路点间的电抗。

第四节　电力系统三相短路的实用计算

短路电流的大小是选择各类开关电器的基础，利用电力系统的参数对短路电流的预估，是电力系统短路分析的重要内容。

一、短路电流实用计算的基本假设与基本任务

电力系统短路计算可分为实用的"手算"计算和计算机计算。大型电力系统的短路计算一般均采用计算机算法进行计算。在现场实用中为简化计算，常采用一定假设条件下的"手算"近似计算方法，短路电流实用计算所做的基本假设如下：

（1）短路过程中发电机之间不发生摇摆，系统中所有发电机的电动势同相位。同步发电机由等效恒压源与次暂态电抗串联表示。采用该假设后，计算出的短路电流值偏大。

（2）短路前电力系统是对称三相系统。

（3）不计磁路饱和。这样，使系统各元件参数恒定，电力网络可看作线性网络，能应用叠加原理。

（4）忽略高压架空输电线路的电阻和对地电容，忽略变压器的励磁支路和绕组电阻，每个元件都用纯电抗表示。采用该假设后，简化部分复数计算为代数计算。

（5）对负荷只做近似估计。一般情况下，认为负荷电流比同一处的短路电流小得多，可以忽略不计。忽略异步电动机（小型电动机，额定功率小于 36 kW）计算短路电流时仅需考虑接在短路点附近的大容量电动机对短路电流的影响（或采用与同步电机相同的处理方式）。

（6）短路是金属性短路，即短路点相与相或相与地间发生短接时，它们之间的阻抗为零。

在前面已介绍了在突然短路的暂态过程中，定子电流包含有同步频率周期分量、直流分量和 2 倍频率分量。由于实际的同步发电机具有阻尼绕组或等效阻尼绕组，减小了 d、q 轴的不对称，使 2 倍频率分量的幅值很小，工程上通常可以忽略不计；定子直流分量衰减的时间常数 T_a 很小，它很快按指数规律衰减为零。因此，在工程实际问题中，主要是对短路电流同步频率周期分量进行计算，只有在某些情况下，如冲击电流和短路初期全电流有效值的计算中，才考虑直流分量的影响。

短路电流同步频率周期分量的计算，包括周期分量起始值的计算和任意时刻周期分量电流的计算。周期分量起始值的计算并不困难，只需将各同步发电机用其次暂态电动势（或暂态电动势）和次暂态电抗（或暂态电抗）作为等效电动势和电抗，短路点作为零电位，然后将网络作为稳态交流电路进行计算即可；而要准确计算任意时刻周期分量电流是非常复杂的，工程上常常采用的是运算曲线法：运算曲线是按照典型电路得到的 $I_{p*} = f(t, X_{js})$ 关系曲线，根据各等效电源与短路点的计算电抗 X_{js} 和时刻 t，即可由运算曲线查得短路电流周期分量标幺值 I_{p*}。下面分别予以讨论。

二、起始次暂态电流的计算

起始次暂态电流就是短路电流周期分量的起始值，在画等效电路时，每个元件都用它的次暂态参数表示，构成次暂态网络，计算出的电流就是次暂态电流，用 I'' 表示。计算 I''，通常按照以下步骤进行。

1. 确定系统各元件的次暂态参数

1）发电机

在突然短路瞬间，同步发电机的次暂态电动势保持着短路前瞬间的数值，用 $\dot{E}''$ 表示，电抗为次暂态电抗 X_d''，并满足以下关系：

$$\dot{E}'' = \dot{U} + j\dot{I}X_d'' \qquad (5-48)$$

在实用计算中，如果难以确定同步发电机短路前的运行参数，则可以近似地取次暂态电动势为 1.08 或 1.05（以额定电压为基准值的标幺值，下同），不计负载影响时，可以近似取为 1。

2）短路点附近的大型异步（或同步）电动机

电力系统负荷中包含有大量的异步电动机，在正常运行情况下，异步电动机的转差率很小（$s=2\%\sim5\%$），可以近似地当作同步运行。根据短路瞬间转子绕组磁链守恒的定律，异步电动机也可以用与转子绕组的总磁链成正比的次暂态电动势和次暂态电抗来表示。

异步电动机的次暂态电抗的额定标幺值为 $X''=1/I_{st}$（I_{st} 为异步电动机的启动电流标幺值，一般为 $4\sim7$），可以近似取 $X''=0.2$。

在实用计算中，若短路点附近的大型异步电动机不能确定其短路前的运行参数，则可以近似地取次暂态电动势为 0.9，次暂态电抗为 0.2（均以电动机额定容量为基准值）。

由于异步电动机的次暂态电动势在短路故障后，很快就将衰减为零。因此，只有在计算起始次暂态电流 $\dot{I}''(t=0)$，并且机端残压小于次暂态电动势时，才将电动机作为电源考虑，向短路点提供短路电流；否则均作为综合负荷对待。

3）综合负荷

在短路瞬间，综合负荷常常可以近似地用一个含次暂态电动势和次暂态电抗的等效支路来表示。以额定运行参数为基准值，综合负荷的电动势可取为 0.8，电抗可取为 0.35。

在实用计算中，对于距离短路点较远（电气距离较大）的负荷，为简化计算，有时也只用一个电抗 $X''=1.2$ 来表示，如果希望进一步简化计算，甚至可以略去电抗不计（相当于负荷支路断开）。

4）变压器、电抗器、输电线路

对于这些静止元件，它们的次暂态电抗用稳态正常运行时的正序电抗来表示。

2. 画短路故障后电力系统等效电路

电力系统三相短路故障的计算，通常采用标幺值进行。等效电路中的参数计算采用近似计算法，即取基准值 $S_B=$ 常数、$U_B=U_{av}$。在参数计算中，注意要将以自身额定容量为基准值标幺值换算为统一的基准容量 S_B。三相短路故障点电压为零。

3. 网络变换及化简

由于电力系统的接线较为复杂，在实际的短路计算中，通常是将原始等效电路进行适当网络变换及化简，以求得各电源（或等效电源）到短路点的转移电抗，进而再计算短路电流。

1）网络变换及化简方法

（1）电抗的串联、并联以及星形与三角形的相互变换（略）。

（2）电源点的合并，如图 5-17 所示。

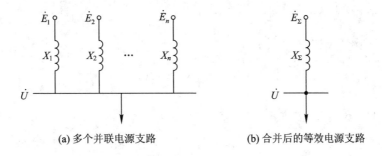

(a) 多个并联电源支路　　　　　(b) 合并后的等效电源支路

图 5-17　电源点的合并

由图 5 - 17 可得

$$
\begin{cases}
\dot{E}_\Sigma = \mathrm{j}X_\Sigma \left(\dfrac{\dot{E}_1}{\mathrm{j}X_1} + \dfrac{\dot{E}_2}{\mathrm{j}X_2} + \cdots + \dfrac{\dot{E}_n}{\mathrm{j}X_n} \right) \\[4mm]
X_\Sigma = \dfrac{1}{\left(\dfrac{1}{X_1} + \dfrac{1}{X_2} + \cdots + \dfrac{1}{X_n} \right)}
\end{cases}
\tag{5 - 49}
$$

（3）分裂电动势源。

分裂电动势源就是将连接在一个电源点上的各支路拆开，分开后各支路分别连接在电动势相等的电源点上，如图 5 - 18(b)所示。

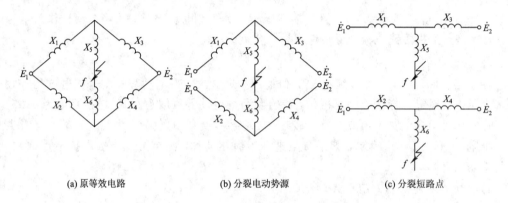

(a) 原等效电路　　　　　　　(b) 分裂电动势源　　　　　　　(c) 分裂短路点

图 5 - 18　分裂电动势源和分裂短路点

（4）分裂短路点。

分裂短路点就是将接于短路点的各支路在短路点处拆开，拆开后的各支路仍带有短路点，如图 5 - 18(c)所示，则总的短路电流等于两处短路电流之和。

2）计算转移电抗（或电流分布系数）

转移电抗是指网络中某一电源和短路点之间直接相连的电抗（在直接相连的电抗之间不应有分支），如图 5 - 19 所示。X_{1f} 和 X_{2f} 分别表示电源 $\dot{E}_1$ 和 $\dot{E}_2$ 到短路点的转移电抗。

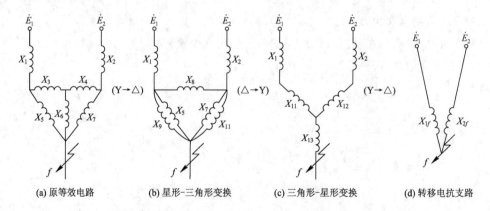

(a) 原等效电路　　　(b) 星形-三角形变换　　　(c) 三角形-星形变换　　　(d) 转移电抗支路

图 5 - 19　计算转移电抗时网络的简化

电流分布系数 C_i 的定义为支路短路电流与总短路电流的比值，即 $C_i = I_i'' / I_\Sigma''$。

转移电抗与电流分布系数之间有如下关系：

$$C_i = \frac{X_{f\Sigma}}{X_{if}} \qquad (5-50)$$

式中，$X_{f\Sigma}$ 为短路点输入电抗。

4. 计算起始次暂态电流($\dot{I}''$)

电力系统三相短路后的等效电路经网络变换化简后，即可求得只含有(等效)电源点和短路点的辐射形网络(电源点与短路点之间用转移电抗表示)，如图 5-19(d)所示，则各电源点对短路点的起始次暂态电流为

$$\dot{I}''_i = \frac{\dot{E}''_i}{jX_{if}} \qquad (5-51)$$

故障点 f 总的起始次暂态电流为

$$\dot{I}''_\Sigma = \sum \dot{I}''_i = \sum \frac{\dot{E}''_i}{jX_{if}} \qquad (5-52)$$

若将所有电源支路合并，则总短路电流为

$$\dot{I}''_\Sigma = \sum \frac{\dot{E}''_\Sigma}{jX_{f\Sigma}} \qquad (5-53)$$

求得三相短路电流标幺值后，还应乘以相应电压等级的电流基准值，才能求得短路电流实际有名值。为简化符号，后文例题中相关参数的标幺值均省略角标 $*$，若参数为有名值，则标注单位。

例 5.3 在图 5-20(a)所示的电力系统中，节点 f_1 和 f_2 分别发生了三相短路，试计算发电机提供的次暂态电流和 f_2 点短路时的短路冲击电流。冲击系数 $K_{im}=1.8$。

解： 取 $U_B = U_{av}$，$S_B = 100$ MVA。等效电路如图 5-20(b)所示，各元件电抗具体标幺值为

$$X_1 = X''_d \frac{S_B}{S_N} = 0.136 \times \frac{100}{30} = 0.453$$

$$X_2 = X''_d \frac{S_B}{S_N} = 0.2 \times \frac{100}{20} = 1$$

$$X_3 = \frac{U_{k1}\%}{100} \frac{S_B}{S_N} = 0.105 \times \frac{100}{40} = 0.263$$

$$X_4 = \frac{U_{k2}\%}{100} \frac{S_B}{S_N} = 0.105 \times \frac{100}{20} = 0.525$$

$$X_5 = \frac{1}{2} \times 0.4 \times 80 \times \frac{S_B}{U_{av}^2} = \frac{1}{2} \times 0.4 \times 80 \times \frac{100}{115^2} = 0.121$$

$$X_6 = \frac{X_R\%}{100} \frac{U_N}{\sqrt{3}\,I_N} \frac{S_B}{U_{av}^2} = \frac{5}{100} \times \frac{10}{\sqrt{3} \times 0.3} \times \frac{100}{10.5^2} = 0.873$$

当 f_1 点发生三相短路时，经网络化简可得图 5-20(c)，其中：

$$E''_{\Sigma 1} = 1, \quad X_{\Sigma 1} = (X_1 + X_3 + X_5 + X_4) /\!/ X_2 = 1.3615 /\!/ 1 = 0.577$$

则

$$I''_{f1}{}^* = \frac{E''_{\Sigma 1}}{X_{\Sigma 1}} = \frac{1}{0.577} = 1.733$$

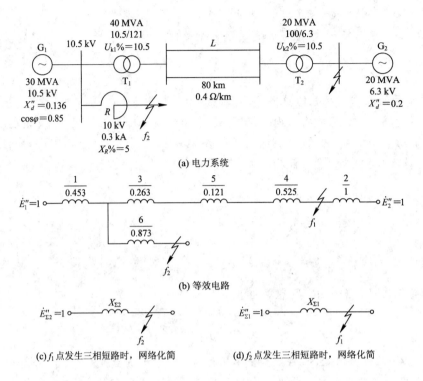

图 5-20 例 5.3 图

$$I''_{f1} = \frac{E''_{\Sigma1}}{X_{\Sigma1}} \frac{S_B}{\sqrt{3}U_{av}} = \frac{1}{0.577} \times \frac{100}{\sqrt{3} \times 6.3} = 15.883 (kA)$$

发电机 G_1 提供的短路电流为

$$I_{f1, G_1} = \frac{E''_1}{X_1 + X_3 + X_5 + X_4} \frac{S_B}{\sqrt{3}U_{av}} = \frac{1}{1.3615} \times \frac{100}{\sqrt{3} \times 6.3} = 6.731 (kA)$$

发电机 G_2 提供的短路电流为

$$I_{f2, G2} = \frac{E''_2}{X_2} \frac{S_B}{\sqrt{3}U_{av}} = \frac{1}{1} \times \frac{100}{\sqrt{3} \times 6.3} = 9.165 (kA)$$

当 f_2 点发生短路时，经网络化简可得图 6-20(d)，其中：

$E''_{\Sigma2} = 1$，$X_{\Sigma2} = X_1 /\!/ (X_3 + X_5 + X_4 + X_2) + X_6 = 0.453 /\!/ 1.909 + 0.873 = 1.239$

则

$$I''^*_{f2} = \frac{E''_{\Sigma2}}{X_{\Sigma2}} = \frac{1}{1.239} = 0.807$$

$$I''_{f2} = \frac{E''_{\Sigma2}}{X_{\Sigma2}} \frac{S_B}{\sqrt{3}U_{av}} = \frac{1}{1.239} \times \frac{100}{\sqrt{3} \times 10.5} = 4.438 (kA)$$

发电机 G_1 提供的短路冲击电流为

$$I_{f2, G_1} = \frac{X_3 + X_5 + X_4 + X_2}{X_1 + X_3 + X_5 + X_4 + X_2} \frac{E''_{\Sigma2}}{X_{\Sigma2}} \frac{S_B}{\sqrt{3}U_{av}} = \frac{1.909}{0.453 + 1.909} \times \frac{1}{1.239} \times \frac{100}{\sqrt{3} \times 10.5} = 3.585 (kA)$$

发电机 G_2 提供的短路冲击电流为

$$I_{f2, G2} = \frac{X_1}{X_1 + X_3 + X_5 + X_4 + X_2} \frac{E''_{\Sigma2}}{X_{\Sigma2}} \frac{S_B}{\sqrt{3}U_{av}} = \frac{0.453}{0.453 + 1.909} \times \frac{1}{1.239} \times \frac{100}{\sqrt{3} \times 10.5} = 0.852 (kA)$$

f_2 短路时各发电机提供的短路冲击电流为

$$I_{im1} = K_{im}I_{f1} = 1.8 \times \sqrt{2} \times 3.585 = 9.1245 (kA)$$

$$I_{im2} = K_{im}I_{f2} = 1.8 \times \sqrt{2} \times 0.852 = 2.1685 (kA)$$

三、应用叠加原理计算电力系统三相短路

叠加原理的应用表述如下：单位电压源与电源电动势共同作用，故障点单位电源电压分量单独作用，计算待求故障分量（次暂态电流），短路点的电流为正常分量（很小可忽略）与故障分量的叠加。

如图 5-21 所示的单线图，网络参数标示于图中，其中发电机、电动机及变压器电抗参数均为标幺值，一台同步发电机通过两台变压器和一条输电线路向一台同步电动机供电。假设节点 1 处发生三相短路，等效电路如图 5-22(a) 所示，E''_g 和 E''_m 是故障前发电机和电动机的内部电动势，闭合开关 SW 表示短路发生，为了计算次暂态电流，假定 E''_g 和 E''_m 是恒压源。

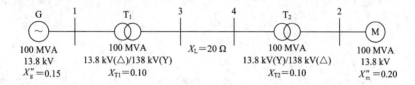

图 5-21 同步发电机向同步电动机供电的单线图

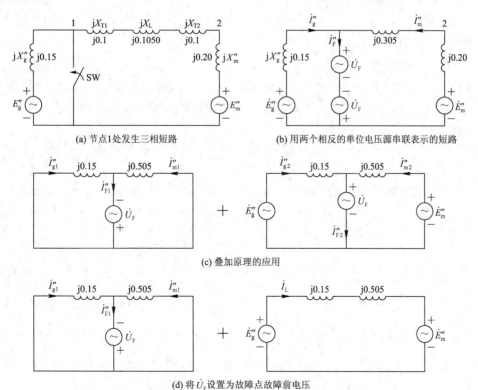

(a) 节点1处发生三相短路

(b) 用两个相反的单位电压源串联表示的短路

(c) 叠加原理的应用

(d) 将 $\dot{U}_F$ 设置为故障点故障前电压

图 5-22 应用叠加原理计算电力系统三相短路

图 5 - 22(b)中短路故障由两个方向相反的单位电压源串联表示，它们具有相等的电压相量 $\dot{U}_{\mathrm{F}}$，根据叠加原理，短路电流可以通过图 5 - 22(c)所示的两个电路来计算。如果令 $\dot{U}_{\mathrm{F}}$ 等于故障前的短路点电压，那么第二个电路就可以代表短路前的系统状态，$\dot{U}_{\mathrm{F}}$ 对第二个电路没有影响，$\dot{I}_{\mathrm{F}}'' = 0$，可以移除，如图 5 - 22(d)所示。于是次暂态短路电流就由图 5 - 22(d)中的第一个电路决定，$\dot{I}_{\mathrm{F}}'' = \dot{I}_{\mathrm{F1}}''$。发电机提供的短路电流 $\dot{I}_{\mathrm{g}}'' = \dot{I}_{\mathrm{g1}}'' + \dot{I}_{\mathrm{g2}}'' = \dot{I}_{\mathrm{g1}}'' + \dot{I}_{\mathrm{L}}$，其中 $\dot{I}_{\mathrm{L}}$ 是短路前发电机电流。类似地，$\dot{I}_{\mathrm{m}}'' = \dot{I}_{\mathrm{m1}}'' - \dot{I}_{\mathrm{L}}$。

当系统中发电机较多时，使用叠加原理的优点在于计算短路电流只考虑故障前电压，所有电机提供的电压源都被短路了。另外，当计算每条支路提供的故障电流时，故障前电流通常较小，可以忽略不计；否则，必须通过潮流求解得到故障前的负荷电流。

四、任意时刻三相短路电流的计算

短路电流周期分量初始值的计算是比较容易的，但在暂态过程中短路电流周期分量随着时间不断变化，要求它任意时刻的值计算过程十分复杂，在实用计算中用查运算曲线的办法来解决。

从前面的分析可知，影响短路电流大小的主要因素有两个：一个是时间 t；另一个是短路点到电源点的电气距离(用计算电抗表示)。短路电流运算曲线就是短路电流周期分量随时间和电气距离变化的函数曲线，即 $i_{\mathrm{p}^*} = f(t, X_{\mathrm{js}})$。

当然，还有其他因素影响短路电流数值，如发电机的类型、电力负荷的性质及其分布、强行励磁装置的特性等，这些因素在制作运算曲线时都应予以考虑，以使制作出的运算曲线在工程中具有普遍的适用性。

1. 运算曲线的制作

制作运算曲线首先考虑了不同发电机类型的影响。由于汽轮发电机和水轮发电机的参数不同，使同一短路点的短路电流周期分量初始值和衰减规律都不同，因此运算曲线是按汽轮发电机和水轮发电机分别制作的。

图 5 - 23 为制作短路电流运算曲线的等效网络。图中 G 是具有强行励磁装置汽轮发电机或水轮发电机，短路前处于额定运行状态，次暂态电动势和暂态电动势均可通过短路前的运行参数求得；系统 50% 的负荷接于发电厂高压母线，50% 的负荷接于短路点外侧。

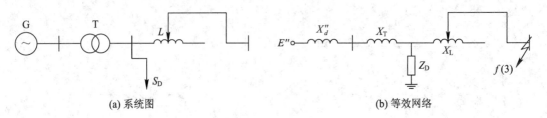

(a) 系统图   (b) 等效网络

图 5 - 23   制作运算曲线网络图

发生短路后，接于发电厂高压母线的负荷将成为短路回路的并联支路，分流了发电机供给的一小部分电流。该负荷在暂态过程中近似用恒定阻抗表示，其值为

$$Z_{\mathrm{D}} = \frac{U^2}{S_{\mathrm{D}}}(\cos\varphi + \mathrm{j}\sin\varphi) \tag{5-54}$$

式中，U 为负荷节点的电压，取 $U=1$；S_D 为负荷的总容量，其值为发电机额定容量的 50%，即 $S_D=0.5$；$\cos\varphi=0.9$。

如果定义计算电抗为发电机额定容量作基准值的网络电抗标幺值与发电机纵轴次暂态电抗标幺值之和，即

$$X_{js}=X''_d+X_T+X_L \qquad (5-55)$$

对同一时间 t，不断改变 X_{js}，就可得到一条周期分量电流随 X_{js} 变化的曲线；对若干个值 t，就可得到一组运算曲线。

对相同类型的发电机组，由于型号不同，参数就不同，同一时间 t 和计算电抗 X_{js} 下的短路电流周期分量标幺值 I_{p*} 不同。为了使制作的曲线有很好的通用性，在调查国产发电机参数和容量配置的基础上，采集了国内 200 MW 及以下不同容量的 18 种汽轮发电机和 17 种水轮发电机的参数。把同种类型发电机的参数输入计算机，用短路电流周期分量随时间变化的公式逐台进行计算，对计算结果取其平均值（把同一时间 t 和计算电抗 X_{js} 下计算出的各台发电机的周期分量电流标幺值 I_{p*} 看作随机变量，求其数学期望的最佳估计），并把它们作为该 t、X_{js} 下的周期分量电流 I_{p*}，用以制作运算曲线，从而得到汽轮发电机和水轮发电机两组运算曲线。该曲线也可用数字表的形式表示。

用概率统计的方法制作的运算曲线，相当于一台具有标准参数的汽轮发电机或水轮发电机的运算曲线。所谓标准参数，就是对运算曲线用最小二乘法求得的最接近的拟合参数。同类型不同型号发电机的 I_{p*} 按正态分布密集在运算曲线的附近，因此当实际发电机的参数（T''_d、T'_d、T_{ff}、u_{fm} 等）与标准参数接近时，从曲线上查到的 I_{p*} 与实际值的误差是很小的。但当发电机的参数与标准参数有较大差别时，为提高计算精确度，应对周期分量电流进行修正计算。

运算曲线只做到 $X_{js}=3.45$ 为止。当 $X_{js}>3.45$ 时，近似认为发电机端电压在短路过程中保持不变，短路电流周期分量的幅值不随时间变化，即该支路相当于由无限大容量电源供电，短路电流的周期分量标幺值为

$$I_{p*}=\frac{1}{X_{js}} \qquad (5-56)$$

2. 运算曲线的运用

实际的电力系统是由若干台不同类型、不同容量的发电机并联运行的，为了使用运算曲线计算短路电流，应把实际网络简化成对短路点的一个等效电源支路或几个等效电源支路构成的星形电路，以便对每一个支路分别使用运算曲线。

用运算曲线计算短路电流周期分量的主要步骤如下：

1）制作次暂态等效网络

忽略网络中的负荷，发电机用 X''_d 表示，将实际网络制成次暂态等效网络，计算各元件在统一基准值（S_B、U_{av}）时的标幺值。对接于短路点附近的大型异步电动机，仍要考虑它作为附加电源在短路初期的反馈电流。

2）网络化简

按以下原则将全网电源分为一组或几组，分别求出至短路点的转移电抗。

（1）直接接于短路点的发电机单独为一组。

(2) 无限大容量的电源单独计算($I_{ps*}=1/X_{sf}$，其中 I_{ps*} 表示无限大容量电源的短路电流周期分量的标幺值；X_{sf} 表示无限大容量电源对短路点的转移电抗)。

(3) 距短路点电气距离相近的同类型发电机合并为一个等效电源。

(4) 距短路点较远($X_{js}>1$)的同类型或不同类型的发电机合并为一个等效电源。消去电源点与短路点以外的全部中间节点，求出各等效电源对短路点的转移电抗。

3) 计算各等效电源支路的计算电抗X_{js}

$$\begin{cases} X_{js1}=X_{1f}\ \dfrac{S_{N\Sigma1}}{S_B} \\[2mm] X_{js2}=X_{2f}\ \dfrac{S_{N\Sigma2}}{S_B} \\ \qquad\vdots \\ X_{jsn}=X_{nf}\ \dfrac{S_{N\Sigma n}}{S_B} \end{cases} \tag{5-57}$$

式中，X_{jsn} 为第 n 个等效电源支路的计算电抗；X_{nf} 为第 n 个等效电源对短路点的转移电抗；$S_{N\Sigma n}$ 为第 n 个等效电源的额定容量，即该等效电源所含发电机的额定容量之和。

4) 查运算曲线求 I_{pt*}

根据给定的时间 t 和各等效电源支路的 X_{js}，查对应发电机类型的运算曲线(数字表)，得到各电源点供给的 t 时刻的短路电流周期分量标幺值 I_{pt1*}、I_{pt2*}……当由两种类型的发电机构成等效电源时，应查容量占多数的那种类型发电机的运算曲线；当构成同一等效电源的汽轮发电机和水轮发电机的容量相当时，可分别按两种类型查曲线，然后取其算术平均值。

5) 计算短路电流、短路容量的有名值

t 时刻短路点的短路电流周期分量为

$$\begin{aligned} I_t &= I_{pt1*}\ I_{N\Sigma1}+I_{pt2*}\ I_{N\Sigma2}+\cdots+I_{ps*}\ I_B \\ &= I_{pt1*}\ \frac{S_{N\Sigma1}}{\sqrt{3}U_{av}}+I_{pt2*}\ \frac{S_{N\Sigma2}}{\sqrt{3}U_{av}}+\cdots+\frac{1}{X_{sf}}\frac{S_B}{\sqrt{3}U_{av}} \end{aligned} \tag{5-58}$$

式中，I_{ps*} 表示无限大容量电源的短路电流周期分量的标幺值；X_{sf} 表示无限大容量电源对短路点的转移电抗。

t 时刻的短路容量为

$$\begin{aligned} S_t &= S_{t1*}\ S_{N\Sigma1}+S_{t2*}\ S_{N\Sigma2}+\cdots+S_{ps*}\ S_B \\ &= I_{pt1*}\ S_{N\Sigma1}+I_{pt2*}\ S_{N\Sigma2}+\cdots+\frac{1}{X_{sf}}S_B \end{aligned} \tag{5-59}$$

式中，$S_{N\Sigma i}$ 为第 i 个等效电源的额定容量，它等于构成第 i 个等效电源的所有发电机额定容量之和；S_{ps*} 为无限大容量电源的短路容量标幺值；I_{pti*} 为运算曲线查出的第 i 个等效电源供给的 t 时刻的周期分量标幺值；U_{av} 为短路点的平均额定电压。

思　考　题

1. 电力系统故障的类型有哪些？各种故障发生的概率如何？
2. 为什么说短路故障通常比断线故障严重？

3. 无限大容量电源的含义是什么? 无限大容量电源的特点是什么?

4. 实际中有无限大容量电源吗? 在什么情况下可以认为某电源是无限大容量电源?

5. 短路全电流的表达式中包含哪些电流分量? 三相电流的非周期分量是对称电流吗?

6. 什么是短路冲击电流? 最恶劣的短路条件是什么?

7. 同步发电机正常稳态运行时的等效电路和相量图是什么? 虚构的电势 $\dot{E}_q$ 有何意义?

8. 同步发电机的次暂态电抗、暂态电抗和同步电抗有何区别? 用它们表示同步发电机的等效电路时,具有怎样的形式?

9. 某供电系统如图 5-24 所示,各元件参数如下:线路 L 的长度 $t = 50\ km$,$x_L = 0.4\ \Omega/km$,变压器 T 的额定容量为 30 MVA,$U_k\% = 10.5$,$k_T = 110/11$,假定供电点 S 的电压为 106.5 kV,保持恒定,当空载运行时变压器低压母线发生三相短路。试计算短路电流周期分量、冲击电流、短路电流最大有效值及短路容量的有名值。

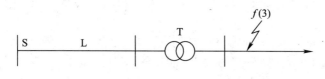

图 5-24 供电系统

10. 图 5-25 所示系统的电源为恒压电源。当取 $S_B = 100\ MVA$,$U_B = U_{av}$,冲击系数 $K_M = 1.8$ 时,问:

(1) 在 f 点发生三相短路时的冲击电流是多少? 短路功率是多少?

(2) 短路冲击电流的危害是什么? 何种情况下短路冲击电流最大?

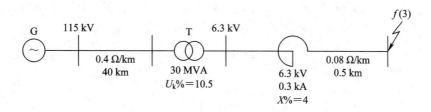

图 5-25 恒压源供电系统

11. 某供电系统如图 5-26 所示,已知各元件参数如下:发电机 G 的额定容量 $S_G = 600\ MVA$,$x'_d = 0.14$;变压器 T 的额定容量 $S_T = 30\ MVA$,$U_k\% = 8$;线路 L 的长度 $l = 20\ km$,$x_L = 0.38\ \Omega/km$。试求 f 点三相短路时的起始暂态电流、冲击电流、短路电流最大有效值和短路容量的有名值。

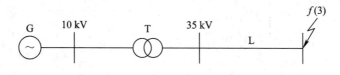

图 5-26 供电系统

第六章　电力系统不对称故障分析

实际的电力系统中经常发生单相接地、两相接地或某相断线等故障,这些故障均为不对称故障。为了保证电力系统及其各种电气设备的安全运行,必须进行各种不对称故障的分析和计算。本章首先介绍对称分量法理论,然后分别介绍电力系统元件和电力系统不对称故障数学模型的建立,最后以电力系统单相接地短路、两相短路和三相接地短路为例,介绍电力系统简单不对称故障的分析与计算。

第一节　对称分量法

对称分量法是基于电工基础中的叠加原理,将一组不对称的三相电流或电压看作是三组对称的电流或电压的叠加,后者称为前者的三组对称分量。

一、不对称短路后电力网络的特点

在电力系统中突然发生不对称短路时,必然会引起基频分量电流的变化,并产生直流的自由分量。除此之外,不对称短路还会产生一系列的谐波。要准确地分析不对称短路的过程是相当复杂的,这里只介绍基频分量的分析方法。

正常运行的电力系统是三相对称的,即三相电源电动势对称,各相阻抗相等。因此,系统中任一支路的三相电流和任一节点的三相电压都是对称分量。若系统中某点 f 与地间的阻抗用图 6-1(a) 中的 Z_a、Z_b、Z_c 表示,则有 $Z_a = Z_b = Z_c = \infty$。

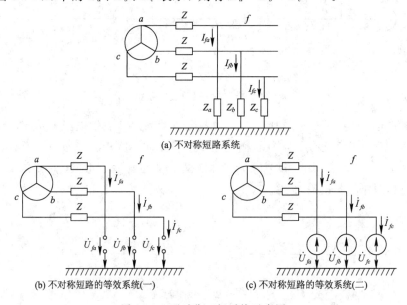

(a) 不对称短路系统

(b) 不对称短路的等效系统(一)　　　　(c) 不对称短路的等效系统(二)

图 6-1　不对称三相系统示意图

当 f 点发生了不对称短路时，系统的运行状态将发生变化，具有如下特点：

（1）原电路的电源电动势和三相阻抗仍然保持对称。

（2）短路点三相不对称，表现为短路点三相的阻抗不相等，如发生了 b、c 两相接地短路故障，此时 $Z_a = \infty$，而 $Z_b = Z_c = 0$，引起各相经短路点流入地中的电流三相不对称，$\dot{I}_{fa} = 0$，而 $\dot{I}_{fb} \neq 0$，$\dot{I}_{fc} \neq 0$，从而使短路点三相电压不对称，$\dot{U}_{fa} \neq 0$，而 $\dot{U}_{fb} = \dot{U}_{fc} = 0$。

由以上分析可见，在三相对称的电力网络中发生不对称短路时，由于短路点对地支路阻抗的不对称，导致整个网络的电流和电压三相不对称。

根据电路原理，短路点对地的不对称阻抗支路可以用一组不对称的电压相量 $\dot{U}_{fa}$、$\dot{U}_{fb}$、$\dot{U}_{fc}$ 来等效代替，$\dot{U}_{fa}$、$\dot{U}_{fb}$、$\dot{U}_{fc}$ 分别为短路点的三相电压，即图 6-1(a) 所示的电路可以用图 6-1(b) 或图 6-1(c) 来表示。这相当于在原阻抗对称电路的短路点加上一组不对称的电压相量 $\dot{U}_{fa}$、$\dot{U}_{fb}$、$\dot{U}_{fc}$，使电路中流过一组不对称的电流相量 $\dot{I}_{fa}$、$\dot{I}_{fb}$、$\dot{I}_{fc}$。因此，对图 6-1 所示电路的研究，不能像三相短路那样用对一相的研究推广到三相，而要用对称分量法。

根据上述特点，对电力网络进行不对称短路故障分析时，通常是把网络从短路点 f 分成两个部分，对这两个部分分别进行处理。

第一部分是原对称电路，应用对称分量法可以把该电路中任一组不对称的相量分解为正、负、零序三组对称分量，而这三组对称分量是相互独立的，即每一相序的电压只能产生本相序的电流。于是，根据网络的结构和参数可得到三个独立的序网和对应的三个序网方程式。

第二部分是短路点对地的不对称阻抗支路，反映该支路特点的是短路点的边界条件，即反映短路点电压和电流特点的方程式。

把这两部分电路结合起来，就是将三个序网方程式和短路点的边界条件联立，求解出短路点的各序电压、电流对称分量，进而求得不对称短路时网络中各节点的三相电压和各支路的三相电流。

二、对称分量法的概念

在三相电路中，对于任意一组不对称的三相相量（电流或电压），可以分解为三组三相对称的相量，这就是"三相相量对称分量法（简称为对称分量法）"。这种变换是可逆的，即三组三相对称的相量也可以合成为一组不对称的三相相量，如图 6-2 所示。

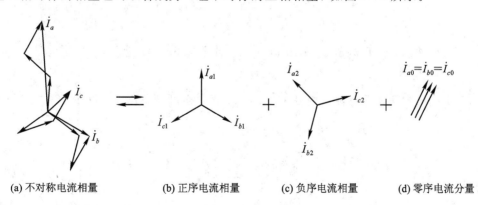

(a) 不对称电流相量　　(b) 正序电流相量　　(c) 负序电流相量　　(d) 零序电流分量

图 6-2　对称分量法

在图 6-2(a)中已知不对称三相电流相量 $\dot{I}_a$、$\dot{I}_b$、$\dot{I}_c$，可以把它们分解为这样的三组对称分量：正序分量 $\dot{I}_{a1}$、$\dot{I}_{b1}$、$\dot{I}_{c1}$，它们幅值相等，相位为 $\dot{I}_{a1}$ 超前 $\dot{I}_{b1}$ 120°，$\dot{I}_{b1}$ 超前 $\dot{I}_{c1}$ 120°（见图 6-2(b)）；负序分量 $\dot{I}_{a2}$、$\dot{I}_{b2}$、$\dot{I}_{c2}$，其幅值也相等，相位关系与正序相反（见图 6-2(c)）；零序分量 $\dot{I}_{a0}$、$\dot{I}_{b0}$、$\dot{I}_{c0}$，其幅值相等，相位相同（见图 6-2(d)）。这三组对称分量与不对称相量间的关系由下式确定：

$$\left.\begin{array}{l} \dot{I}_a = \dot{I}_{a0} + \dot{I}_{a1} + \dot{I}_{a2} \\ \dot{I}_b = \dot{I}_{b0} + \dot{I}_{b1} + \dot{I}_{b2} \\ \dot{I}_c = \dot{I}_{c0} + \dot{I}_{c1} + \dot{I}_{c2} \end{array}\right\} \tag{6-1}$$

分别根据正序、负序、零序分量的对称关系，将 b、c 相电流用 a 相的对称分量表示为

$$\left.\begin{array}{l} \dot{I}_a = \dot{I}_{a0} + \dot{I}_{a1} + \dot{I}_{a2} \\ \dot{I}_b = \dot{I}_{a0} + \alpha^2 \dot{I}_{a1} + \alpha \dot{I}_{a2} \\ \dot{I}_c = \dot{I}_{a0} + \alpha \dot{I}_{a1} + \alpha^2 \dot{I}_{a2} \end{array}\right\} \tag{6-2}$$

式中，$\alpha = e^{j120°} = -\dfrac{1}{2} + j\dfrac{\sqrt{3}}{2}$；$\alpha^2 = e^{j240°} = -\dfrac{1}{2} - j\dfrac{\sqrt{3}}{2}$。

本书仅对 a 相电流的三序分量进行研究，简单起见，将电流三序分量的下标 a 省略，于是式(6-2)写成矩阵形式得

$$\begin{pmatrix} \dot{I}_a \\ \dot{I}_b \\ \dot{I}_c \end{pmatrix} = \begin{pmatrix} 1 & 1 & 1 \\ 1 & \alpha^2 & \alpha \\ 1 & \alpha & \alpha^2 \end{pmatrix} \begin{pmatrix} \dot{I}_0 \\ \dot{I}_1 \\ \dot{I}_2 \end{pmatrix} \tag{6-3}$$

简写为

$$\boldsymbol{I}_\text{p} = \boldsymbol{T}\boldsymbol{I}_\text{s} \tag{6-4}$$

式中，$\boldsymbol{I}_\text{p}$ 是相电流列向量；$\boldsymbol{I}_\text{s}$ 是序电流的列向量，$\boldsymbol{T}$ 是 3×3 的转换矩阵。矩阵 $\boldsymbol{T}$ 的逆矩阵为

$$\boldsymbol{T}^{-1} = \frac{1}{3}\begin{pmatrix} 1 & 1 & 1 \\ 1 & \alpha & \alpha^2 \\ 1 & \alpha^2 & \alpha \end{pmatrix} \tag{6-5}$$

式(6-5)可通过 $\boldsymbol{T}\boldsymbol{T}^{-1}$ 等于单位矩阵验证，同理式(6-4)左乘 $\boldsymbol{T}^{-1}$ 可得

$$\boldsymbol{I}_\text{s} = \boldsymbol{T}^{-1}\boldsymbol{I}_\text{p} \tag{6-6}$$

因此，当已知三相不对称的相量 $\dot{I}_a$、$\dot{I}_b$、$\dot{I}_c$ 时，亦可求得正序、负序、零序三组对称分量为

$$\begin{pmatrix} \dot{I}_0 \\ \dot{I}_1 \\ \dot{I}_2 \end{pmatrix} = \frac{1}{3}\begin{pmatrix} 1 & 1 & 1 \\ 1 & \alpha & \alpha^2 \\ 1 & \alpha^2 & \alpha \end{pmatrix} \begin{pmatrix} \dot{I}_a \\ \dot{I}_b \\ \dot{I}_c \end{pmatrix} \tag{6-7}$$

在一个三相星形联结系统中，中性线电流 $\dot{I}_\text{n}$ 是线电流之和，即

$$\dot{I}_n = \dot{I}_a + \dot{I}_b + \dot{I}_c = 3\dot{I}_0 \qquad (6-8)$$

可见，中性线电流等于零序电流的三倍。在一个对称三相星形联结系统中，因为中性线电流为零，故线电流无零序分量。同理，在中性线不接地的任何三相系统中，比如三角形联结或三相绕组星形联结且中性点不接地的系统中，线电流也不含有零序分量。

式(6-1)和式(6-7)是以电流为例说明 $\dot{I}_a$、$\dot{I}_b$、$\dot{I}_c$ 与 $\dot{I}_0$、$\dot{I}_1$、$\dot{I}_2$ 之间线性变换关系的，这种线性变换关系也适用于电压、磁链等其他的相量。以电压相量表示为

$$\begin{pmatrix} \dot{U}_a \\ \dot{U}_b \\ \dot{U}_c \end{pmatrix} = \begin{pmatrix} 1 & 1 & 1 \\ 1 & \alpha^2 & \alpha \\ 1 & \alpha & \alpha^2 \end{pmatrix} \begin{pmatrix} \dot{U}_0 \\ \dot{U}_1 \\ \dot{U}_2 \end{pmatrix} \quad (\text{简写为 } \boldsymbol{U}_p = \boldsymbol{T}\boldsymbol{U}_s) \qquad (6-9)$$

$$\begin{pmatrix} \dot{U}_0 \\ \dot{U}_1 \\ \dot{U}_2 \end{pmatrix} = \frac{1}{3}\begin{pmatrix} 1 & 1 & 1 \\ 1 & \alpha & \alpha^2 \\ 1 & \alpha^2 & \alpha \end{pmatrix} \begin{pmatrix} \dot{U}_a \\ \dot{U}_b \\ \dot{U}_c \end{pmatrix} \quad (\text{简写为 } \boldsymbol{U}_s = \boldsymbol{T}^{-1}\boldsymbol{U}_p) \qquad (6-10)$$

式(6-10)表明对称三相系统不含零序电压，因为三相对称相量之和为零。在不对称三相系统中，相电压可能含有零序分量。需要注意的是，根据 KVL 定律，线电压之和恒等于零，因此任何情况下线电压都不包含零序分量。在阻抗对称的线性网络中发生不对称短路时，可以把具有不对称电流、电压的原网络分解为正、负、零序三个对称网络。同时，应用叠加原理，在三个对称网络中任一元件上流过的三个电流对称分量($\dot{I}_0$、$\dot{I}_1$、$\dot{I}_2$)或任一节点的三个电压对称分量($\dot{U}_0$、$\dot{U}_1$、$\dot{U}_2$)之相量和，等于对应原网络中同一元件上流过的电流相量($\dot{I}_a$)或同一节点的电压相量($\dot{U}_a$)。

三、对称分量法在电力系统不对称短路分析中的应用

1. 序网的概念

在三相阻抗对称的线性网络中，正、负、零序三组对称分量是相互独立的，下面将进一步说明。

设输电线路末端发生了不对称短路。由于三相输电线路是对称元件，每相自阻抗相等，记为 z_s；任意两相间的互阻抗相等，记为 z_m。不对称短路后，线路上流过三相不对称电流，这一组不对称电流在三相输电线路上的电压降是不对称的，它们之间的关系可用矩阵方程表示为

$$\begin{pmatrix} \mathrm{d}\dot{U}_a \\ \mathrm{d}\dot{U}_b \\ \mathrm{d}\dot{U}_c \end{pmatrix} = \begin{pmatrix} z_s & z_m & z_m \\ z_m & z_s & z_m \\ z_m & z_m & z_s \end{pmatrix} \begin{pmatrix} \dot{I}_a \\ \dot{I}_b \\ \dot{I}_c \end{pmatrix} \qquad (6-11)$$

简写为

$$\mathrm{d}\boldsymbol{U}_p = \boldsymbol{Z}\boldsymbol{I}_p \qquad (6-12)$$

利用式(6-4)、式(6-12)将三相电压降和三相电流变换为对称分量得

$$\boldsymbol{T}\mathrm{d}\boldsymbol{U}_s = \boldsymbol{Z}\boldsymbol{T}\boldsymbol{I}_s$$

得

$$dU_s = T^{-1}ZTI_s = Z_s I_s \qquad (6-13)$$

式中，Z_s 称为序阻抗矩阵，展开得

$$Z_s = T^{-1}ZT = \begin{pmatrix} z_s+2z_m & & \\ & z_s-z_m & \\ & & z_s-z_m \end{pmatrix} = \begin{pmatrix} Z_0 & & \\ & Z_1 & \\ & & Z_2 \end{pmatrix} \qquad (6-14)$$

式中，$Z_0 = z_s + 2z_m$，$Z_1 = z_s - z_m$，$Z_2 = z_s - z_m$，分别称为输电线路的零、正、负序阻抗。

由式（6-14）可见：

（1）只有三相输电线路的参数对称时，Z_s 才是一个对角矩阵；当三相参数不对称时，Z_s 的非对称元素不全为零。

（2）负序阻抗等于正序阻抗，这个结论可以推广到所有静止元件，如变压器、电抗器等；而旋转元件，如发电机和电动机，其负序阻抗和正序阻抗不相等。

（3）三相对称系统中通入正序或负序电流时，任意两相对第三相的互感是去磁的；而通入零序电流时，由于三相的零序电流大小相等、方向相同，任意两相对第三相的互感起助磁作用。因此，输电线路的零序电抗总大于其正、负电抗。

将式（6-13）展开，有

$$\left. \begin{aligned} d\dot{U}_0 &= Z_0 \dot{I}_0 \\ d\dot{U}_1 &= Z_1 \dot{I}_1 \\ d\dot{U}_2 &= Z_2 \dot{I}_2 \end{aligned} \right\} \qquad (6-15)$$

上式说明各序对称分量是独立作用的。因为在三相参数对称的网络中，当通入某序电流对称分量时，将仅产生该序电压降落的对称分量，或者说在网络中施加某序电压对称分量时，电路中仅有该序的电流对称分量产生。因此，当需要计算阻抗对称网络中的不对称电流和不对称电压时，可以把原网络分解为正、负、零序三个网络，分别按序独立进行计算。

如果网络三相阻抗不对称，正如前述矩阵 Z_s 不是对角矩阵，将式（6-13）展开，每式中的右侧将不止一项，这说明当在网络中施加某序电压对称分量时，网络中流过的不仅有该序电流对称分量，还有其他序的电流对称分量，即各序对称分量不是独立的，则不能把原网络分解成独立的序网按序进行计算，因此应用对称分量法并不能使问题得到简化。

2. 对称分量法在不对称短路分析中的应用

设三相对称电力系统如图 6-3（a）所示，在 f 点发生了不对称短路（泛指的不对称短路用上角标（n）表示），其等效电路如图 6-3（b）所示。将网络化简，并根据对称分量法，把经短路点流入地中的电流 $\dot{I}_{fa}$、$\dot{I}_{fb}$、$\dot{I}_{fc}$ 和短路 f 点的三相电压 $\dot{U}_{fa}$、$\dot{U}_{fb}$、$\dot{U}_{fc}$ 分别分解为正、负、零序对称分量，则图 6-3（b）所示的电路可用图 6-3（c）表示。

由于各序对称分量是独立作用的，可以把图 6-3（c）分解为正、负、零序三个对称网络相叠加，如图 6-3（d）、（e）、（f）所示。其中，图 6-3（d）所示网络作用着电源的对称三相电动势，$\dot{I}_{fa1}$、$\dot{I}_{fb1}$、$\dot{I}_{fc1}$ 和 $\dot{U}_{fa1}$、$\dot{U}_{fb1}$、$\dot{U}_{fc1}$ 分别为短路点各相短路电流和电压的正序分量，网络各元件的阻抗是正序阻抗，称为正序网络；图 6-3（e）、（f）中的电流分别为短路点各

相短路电流的负序和零序分量，短路点的电压分别为该点各相电压的负序和零序分量，各元件阻抗分别为该元件的负序和零序阻抗，它们分别称为负序网络和零序网络。

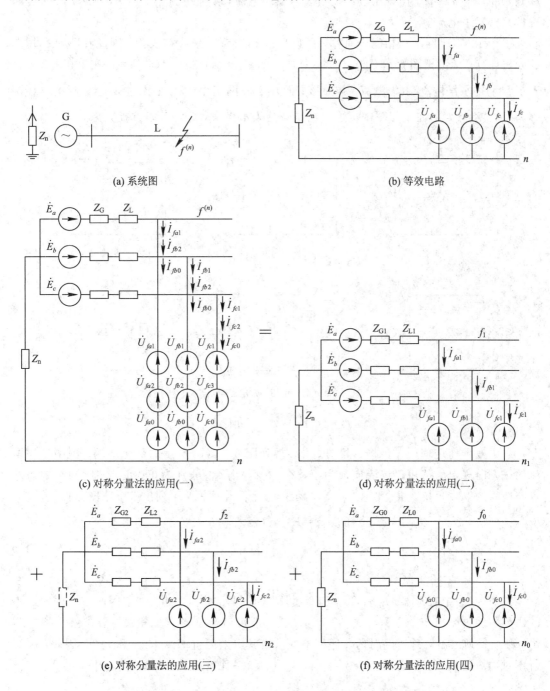

(a) 系统图　　　　　　　　　　　　　　(b) 等效电路

(c) 对称分量法的应用(一)　　　　　　　(d) 对称分量法的应用(二)

(e) 对称分量法的应用(三)　　　　　　　(f) 对称分量法的应用(四)

图 6-3　对称分量法在不对称短路分析中的应用

由于电源电动势是对称的，仅有正序分量，因此在负序、零序网络中无电源电动势。另外，在正序网络中有 $\dot{I}_{fa1} + \dot{I}_{fb1} + \dot{I}_{fc1} = 0$，在负序网络中有 $\dot{I}_{fa2} + \dot{I}_{fb2} + \dot{I}_{fc2} = 0$，即正、

负序电流不经中性线，故接在中性点与地间的阻抗 Z_n 可以不画出来；而在零序网络中有 $\dot{I}_{fa0}+\dot{I}_{fb0}+\dot{I}_{fc0}=3\dot{I}_{fa0}$，即中性线流过 3 倍零序电流，接在中性点与地间的阻抗 Z_n 上也将流过 3 倍零序电流。

正、负、零序网络三相完全对称，可以取一相的研究来代替三相，因此在不对称短路的分析计算中，可把图 6-3(d)、(e)、(f)画为单相图，如图 6-4(a)所示。在单相图中，由于正、负序网络中 Z_n 上无电流，被短接；而在零序网络中，Z_n 上流过 $3\dot{I}_{fa0}$，其上电压降落为 $3\dot{I}_{fa0}Z_n$，为了在单相图中把这一电压降落表示出来，应将其阻抗扩大为 $3Z_n$。

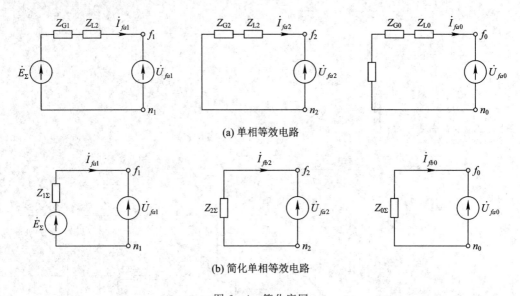

(a) 单相等效电路

(b) 简化单相等效电路

图 6-4　简化序网

运用戴维南定理进一步将单相图简化，得到图 6-4(b)所示的简化序网。图中各序电流的正方向规定为从短路点流向地为正，$Z_{1\Sigma}$、$Z_{2\Sigma}$、$Z_{0\Sigma}$ 分别为正、负、零序网络中短路点与地间的等效阻抗。根据图 6-4(b)所示的三个简化序网，可列出三个序网方程式，即

$$\left.\begin{aligned}\dot{U}_{fa1}&=\dot{E}_{\Sigma}-\dot{I}_{fa1}Z_{1\Sigma}\\[4pt]\dot{U}_{fa2}&=-\dot{I}_{fa2}Z_{2\Sigma}\\[4pt]\dot{U}_{fa0}&=-\dot{I}_{fa0}Z_{0\Sigma}\end{aligned}\right\} \tag{6-16}$$

式(6-16)中有 $\dot{I}_{fa1}$、$\dot{I}_{fa2}$、$\dot{I}_{fa0}$ 和 $\dot{U}_{fa1}$、$\dot{U}_{fa2}$、$\dot{U}_{fa0}$ 共 6 个未知量，因此应根据短路点的边界条件再列出 3 个方程与式(6-16)联立，即可解出 6 个未知量。但要求解上述方程组，必须先画出不对称短路时的各序网络并求得其等效阻抗 $Z_{1\Sigma}$、$Z_{2\Sigma}$ 和 $Z_{0\Sigma}$。因此，在进行不对称短路的分析和计算前，先要了解电力系统各元件的正、负、零序阻抗。

第二节　电力系统元件的序参数及序网络

不对称运行的电力系统采用了对称分析方法之后，将对应有正序、负序和零序分量，这些分量在电力系统中将对应有系统元件的各序参数，并最终构成电力系统的序网络。

一、阻抗负荷的序网络及序参数

三相对称的星形联结负载如图 6-5 所示，每相阻抗为 Z_Y，负载中性点与地之间的阻抗（即中性点接地阻抗）为 Z_n，由图 6-5 可知，相电压为

$$\dot{U}_{ag} = Z_Y \dot{I}_a + Z_n \dot{I}_n = Z_Y \dot{I}_a + Z_n(\dot{I}_a + \dot{I}_b + \dot{I}_c)$$
$$= (Z_Y + Z_n)\dot{I}_a + Z_n \dot{I}_b + Z_n \dot{I}_c \tag{6-17}$$

同样，可写出其他两相电压的计算式为

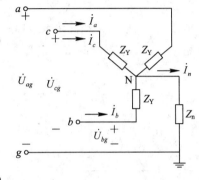

图 6-5　三相对称的星形联结负载

$$\left.\begin{array}{l}\dot{U}_{bg} = Z_n \dot{I}_a + (Z_Y + Z_n)\dot{I}_b + Z_n \dot{I}_c \\ \dot{U}_{cg} = Z_n \dot{I}_a + Z_n \dot{I}_b + (Z_Y + Z_n)\dot{I}_c\end{array}\right\} \tag{6-18}$$

可成矩阵形式为

$$\begin{pmatrix}\dot{U}_{ag} \\ \dot{U}_{bg} \\ \dot{U}_{cg}\end{pmatrix} = \begin{pmatrix}Z_Y + Z_n & Z_n & Z_n \\ Z_n & Z_Y + Z_n & Z_n \\ Z_n & Z_n & Z_Y + Z_n\end{pmatrix}\begin{pmatrix}\dot{I}_a \\ \dot{I}_b \\ \dot{I}_c\end{pmatrix} \tag{6-19}$$

写成简洁形式为

$$\boldsymbol{U}_p = \boldsymbol{Z}_p \boldsymbol{I}_p \tag{6-20}$$

式中，$\boldsymbol{U}_p$ 是相电压列向量；$\boldsymbol{I}_p$ 是线电流（或相电流）列向量；$\boldsymbol{Z}_p$ 是 3×3 相阻抗矩阵。将式 (6-4) 和式 (6-9) 代入式 (6-20) 得

$$\boldsymbol{T}\boldsymbol{U}_s = \boldsymbol{Z}_p \boldsymbol{T}\boldsymbol{I}_s \tag{6-21}$$

两边同时乘以 $\boldsymbol{T}^{-1}$ 可得

$$\boldsymbol{U}_s = (\boldsymbol{T}^{-1}\boldsymbol{Z}_p\boldsymbol{T})\boldsymbol{I}_s \tag{6-22}$$

或记为

$$\boldsymbol{U}_s = \boldsymbol{Z}_s \boldsymbol{I}_s \tag{6-23}$$

式中，$\boldsymbol{Z}_s = \boldsymbol{T}^{-1}\boldsymbol{Z}_p\boldsymbol{T}$ 定义的阻抗矩阵称为序阻抗矩阵，结合 $1 + \alpha + \alpha^2 = 0$ 推导后可得

$$\boldsymbol{Z}_s = \boldsymbol{T}^{-1}\boldsymbol{Z}_p\boldsymbol{T} = \frac{1}{3}\begin{pmatrix}1 & 1 & 1 \\ 1 & \alpha & \alpha^2 \\ 1 & \alpha^2 & \alpha\end{pmatrix}\begin{pmatrix}Z_Y + Z_n & Z_n & Z_n \\ Z_n & Z_Y + Z_n & Z_n \\ Z_n & Z_n & Z_Y + Z_n\end{pmatrix}\begin{pmatrix}1 & 1 & 1 \\ 1 & \alpha^2 & \alpha \\ 1 & \alpha & \alpha^2\end{pmatrix}$$
$$= \begin{pmatrix}Z_Y + 3Z_n & 0 & 0 \\ 0 & Z_Y & 0 \\ 0 & 0 & Z_Y\end{pmatrix} \tag{6-24}$$

式 (6-24) 表明，图 6-5 所示的三相对称星形联结负载的序阻抗矩阵 $\boldsymbol{Z}_s$ 是一个对角矩阵，因此式 (6-23) 可写成三个相互解耦的方程，写成矩阵形式为

$$\begin{pmatrix}\dot{U}_0 \\ \dot{U}_1 \\ \dot{U}_2\end{pmatrix} = \begin{pmatrix}Z_Y + 3Z_n & 0 & 0 \\ 0 & Z_Y & 0 \\ 0 & 0 & Z_Y\end{pmatrix}\begin{pmatrix}\dot{I}_0 \\ \dot{I}_1 \\ \dot{I}_2\end{pmatrix} \tag{6-25}$$

将式(6-25)写成三个独立的方程为

$$\begin{cases} \dot{U}_0 = (Z_Y + 3Z_n)\dot{I}_0 = Z_0\dot{I}_0 \\ \dot{U}_1 = Z_Y\dot{I}_1 = Z_1\dot{I}_1 \\ \dot{U}_2 = Z_Y\dot{I}_2 = Z_2\dot{I}_2 \end{cases} \tag{6-26}$$

如式(6-26)所示，零序电压 $\dot{U}_0$ 仅取决于零序电流 $\dot{I}_0$ 和阻抗 $Z_Y + 3Z_n$，把 $Z_0 = Z_Y + 3Z_n$ 称为零序阻抗。同样地，正序电压 $\dot{U}_1$ 仅取决于正序电流 $\dot{I}_1$ 和正序阻抗 $Z_1 = Z_Y$，负序电压 $\dot{U}_2$ 仅取决于负序电流 $\dot{I}_2$ 和负序阻抗 $Z_2 = Z_Y$。式(6-26)可用图 6-6 所示的三个网络来表示，这三个网络分别称为零序网络、正序网络和负序网络。

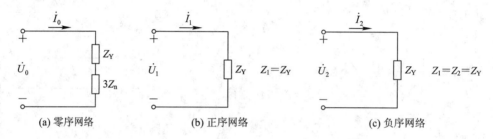

(a) 零序网络   (b) 正序网络   (c) 负序网络

图 6-6   对称星形联结负载的序网络

由图可知，每个序网络都是独立的，与其他两个网络解耦，这是因为三相对称星形联结负载的阻抗矩阵是一个对角矩阵，三个网络的相互独立是对称分量法的优势所在。值得注意的是，图 6-6 所示的正序和负序网络中不包括含中性点接地阻抗，这表明，正序和负序电流不流过中性点接地阻抗。然而，零序网络中包含中性点接地阻抗，且乘以 3，阻抗 $3Z_n$ 两端的电压 $\dot{I}_0 3Z_n$ 即为图 6-5 中电流经过中性点接地阻抗的电压降 $\dot{I}_n Z_n$，其中 $\dot{I}_n = 3\dot{I}_0$。当图 6-5 中星形联结负载中性点没有反馈回路时，中性点接地阻抗 Z_n 为无穷大，此时图 6-6 所示的零序网络中 $3Z_n$ 相当于开路，在这种中性点不接地的情况下，零序电流不存在，即不能流通。但是当星形联结负载中性点通过一个 0 Ω 导体直接接地时，中性点接地阻抗为零，零序网络 $3Z_n$ 处相当于短路，在这种中性点直接接地的情况下，当施加在负荷两端的不对称电压产生了零序电压时，零序电流 $\dot{I}_0$ 可能存在。

一个对称三角形联结负荷及其等效的对称星形联结负荷如图 6-7(a)、(b)所示，因为三角形联结负荷没有中性点接地，因此等效星形联结负载中性线是开路的。与对称三角形联结负荷对应的等效星形联结负荷的序网络如图 6-7(c)~(e)所示，由图可知，等效星形联结阻抗 $Z_Y = Z_\triangle/3$ 包含在各序网络中。同样，由于中性点不接地(即 $Z_n = \infty$)，使得零序网络中有一处断开，因此等效星形联结负荷中不存在零序电流。图 6-7 所示的序网络表示的是从对称三角形联结负荷端口看进去的等效电路，但不能反映负荷的内部特性，图中的电流 $\dot{I}_0$、$\dot{I}_1$ 和 $\dot{I}_2$ 是流入三角形联结负荷的线路电流的序分量，而不是三角形联结内部的负荷电流。

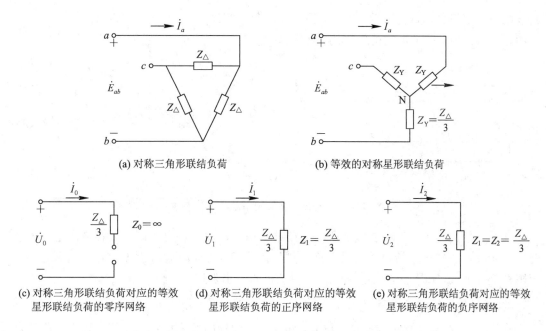

(a) 对称三角形联结负荷　　　　(b) 等效的对称星形联结负荷

(c) 对称三角形联结负荷对应的等效　(d) 对称三角形联结负荷对应的等效　(e) 对称三角形联结负荷对应的等效
　　星形联结负荷的零序网络　　　　　星形联结负荷的正序网络　　　　　星形联结负荷的负序网络

图 6-7　对称三角形联结负荷的序网络

二、发电机的序网络及序参数

1. 同步发电机的序网络

一个星形联结同步发电机的等效电路如图 6-8 所示，中性点接地阻抗为 Z_n，发电机的内电动势记为 $\dot{E}_a$、$\dot{E}_b$、$\dot{E}_c$，线电流记为 $\dot{I}_a$、$\dot{I}_b$、$\dot{I}_c$。

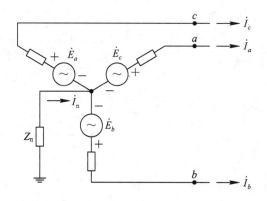

图 6-8　星形联结同步发电机的等效电路

发电机的各序网络如图 6-9 所示，三相发电机被设计成产生三相对称内电动势 $\dot{E}_a$、$\dot{E}_b$、$\dot{E}_c$，因此内电动势只包含正序分量，仅正序网络中包含电压源 $\dot{E}_{g1}$，发电机端相电压的序分量记为 $\dot{U}_0$、$\dot{U}_1$、$\dot{U}_2$。

在发电机中性线上的电压降记为 $\dot{I}_n Z_n$，根据中性线电流 $\dot{I}_n$ 是零序电流 $\dot{I}_0$ 的 3 倍，因此该电压降也可以写成 $3\dot{I}_0 Z_n$，可见，该电压降仅与零序电流有关，将 $3Z_n$ 放在图 6-9 所示的零序网络中，与发电机的零序阻抗 Z_{g0} 串联。

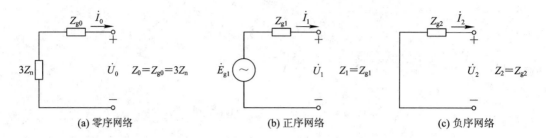

(a) 零序网络　　　　　　(b) 正序网络　　　　　　(c) 负序网络

图 6-9　星形联结同步发电机的各序网络

在稳态情况下，同步发电机定子电流流过三相对称的正序电流时，其感应产生的磁动势以同步发电机转子的转速旋转，旋转方向与转子相同。此时有很大的磁通穿过转子，正序阻抗 Z_{g1} 很大，稳态下，发电机的正序阻抗也叫同步阻抗。

2. 同步发电机的负序电抗

在稳态情况下，同步发电机定子电流流过三相对称的负序电流时，其感应产生的磁动势以同步转速旋转，旋转方向与转子相反。相对于转子来说，磁动势不是静止的，而是以两倍同步转速的速度旋转。此时绕组中会产生感应电流，以阻止磁通穿过转子。因此负序阻抗 Z_{g2} 比正序同步阻抗小。当电力网络发生了不对称短路时，不对称的三相基频短路电流可以分解为正、负、零序电流分量，这些电流分量将产生不同的磁场，其中负序电流产生的磁场将在定、转子绕组中产生许多高次谐波电流，其电磁过程十分复杂，使精确确定发电机的负序阻抗很困难。在工程上通常忽略发电机定子绕组的电阻，对负序电抗定义为施加在发电机端点的负序电压同步频率分量与流入定子绕组负序电流同步频率分量的比值。这样，当短路类型不同时，同步发电机的负序电抗有不同的值，见表 6-1。

表 6-1　同步发电机的负序电抗

短路类型	负序电抗 X_2	短路类型	负序电抗 X_2
两相短路	$\sqrt{X_d'' X_q''}$	两相接地短路	$\dfrac{X_d'' X_q'' + \sqrt{X_d'' X_q''(2X_0 + X_d'')(2X_0 + X_q'')}}{2X_0 + X_d'' + X_q''}$
单相接地短路	$\sqrt{\left(X_d'' + \dfrac{X_0}{2}\right)\left(X_q'' + \dfrac{X_0}{2}\right)} - \dfrac{X_0}{2}$		

注：X_0 为同步发电机的零序电抗。

由表 6-1 可见，当 $X_d'' = X_q''$ 时，负序电抗 $X_2 = X_d''$，即同步发电机的负序电抗与短路类型无关。当同步发电机经外电抗 X 短路时，表 6-1 中所有各电抗 X_d''、X_q''、X_0 都应以 $X_d'' + X$、$X_q'' + X$、$X_0 + X$ 代替，发电机转子不对称的影响被削弱。实际的电力系统，短路大多是发生在输电线路上，所以在不对称短路电流计算中，可以近似认为同步发电机的负序电抗与短路类型无关，其具体的数值一般由制造厂提供，也可按下式估算。

对于汽轮发电机和有阻尼绕组的水轮发电机：

$$X_2 = \frac{1}{2}(X_d'' + X_q'') = (1 \sim 1.22)X_d'' \qquad (6-27)$$

对于无阻尼绕组的水轮发电机：

$$X_2 = \sqrt{X_d' X_q} \approx 1.45 X_d' \qquad (6-28)$$

3. 同步发电机的零序电抗

从理论上说，当同步发电机只流过等幅值、同相位的零序电流时，其感应的磁动势为零。发电机的序阻抗中，零序阻抗 Z_{g0} 最小，它是由不能感应产生理想正弦波磁动势的绕组的漏磁通、端部线匝和谐波磁通引起的。一般也忽略电阻。同步发电机的零序电抗定义为施加在发电机端点的零序电压同步频率分量与流入定子绕组的零序电流同步频率分量的比值。当三相定子绕组通以三相零序电流时，在三相定子绕组中产生大小相等、方向相同、空间相差 120°的脉振磁场，它们在气隙中的合成磁场为零。因此，同步发电机定子绕组中的零序电流只产生定子漏磁通，与此漏磁通相对应的电抗就是零序电抗 X_0。但应注意，零序电流产生的漏磁通与正序电流产生的漏磁通往往不同，其差别和定子绕组的形式有关。实际上，零序电流产生的漏磁通较正序的要小些，其数值范围大致为

$$X_0 = (0.15 \sim 0.6) X_d'' \qquad (6-29)$$

表 6-2 列出了不同类型同步电机的负序、零序电抗（X_2 和 X_0）的平均值。

表 6-2　国产同步电机的负序、零序电抗平均值

元 件 名 称	X_2	X_0	元 件 名 称	X_2	X_0
无阻尼绕组的水轮发电机	0.45	0.11	200 MW 汽轮发电机	0.175	0.085
有阻尼绕组的水轮发电机	0.215	0.095	300 MW 汽轮发电机	0.198	0.084
容量为 50 MW 及以下的汽轮发电机	0.175	0.075	同步调相机	0.165	0.085
100 MW 及 125 MW 汽轮发电机	0.21	0.08	同步电动机	0.160	0.080

三、电动机的序网络及序参数

1. 三相同步电动机

三相同步电动机的各序网络如图 6-10 所示，同步电动机与同步发电机的序网络是相同的，只是在电流的参考方向选择上不一致。同步电动机的序网络规定序电流流入为正，而同步发电机中则规定流出为正。

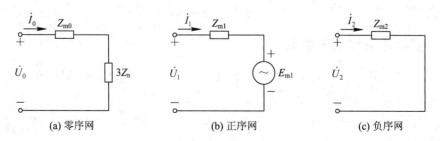

(a) 零序网　　　　　　　(b) 正序网　　　　　　　(c) 负序网

图 6-10　同步电动机的各序网络

2. 异步电动机

异步电动机的正序等效电路如图 6-11(a)所示。图中参数均已归算到定子侧，其中 s 为转差率($s=\dfrac{n_N-n}{n_N}$，式中 n_N、n 分别为同步转速和异步转速)，电阻 $\dfrac{1-s}{s}r_r$ 则是对应于电动机机械功率的等效电阻，而 $(1-s)n_N$ 为异步电动机的转速。

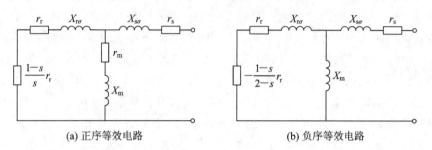

(a) 正序等效电路　　　　　　　　　(b) 负序等效电路

图 6-11　异步电动机的等效电路

设异步电动机正常运行时的转差率为 s，当异步电动机的定子绕组通以负序电流同步频率分量时，转子对定子负序旋转磁场的转差率为 $2-s$，因此，异步电动机的负序参数应由转差率 $2-s$ 来确定。图 6-11(b)为异步电动机的负序等效电路(图中略去了励磁电阻)。图中以 $2-s$ 代替了正序等效电路中的 s，对应于电动机机械功率的等效电阻也由正序电路中的 $\dfrac{1-s}{s}r_r$ 改为 $-\dfrac{1-s}{2-s}r_r$，负号说明在正序网络中对应于这个电阻的机械功率产生的是驱动转矩，而在负序网络中则是制动转矩。

当系统发生不对称短路时，电动机端点三相电压不对称，可将其分解为正序、负序、零序电压。正序电压低于正常运行时的值，使电动机驱动转矩减小；负序电压又产生制动转矩。这就使电动机转速下降，甚至失速、停转。转差率 s 随着转速下降而增大，电动机停转时 $s=1$。转速下降越多，等效电路中 $-\dfrac{1-s}{2-s}r_r$ 越接近于零。此时相当于将转子绕组短接，略去各绕组电阻并假设励磁电抗 $X_m=\infty$，则异步电动机的负序电抗为

$$X_2=X_{s\sigma}+X_{r\sigma}=X'' \tag{6-30}$$

即异步电动机的负序电抗等于它的次暂态电抗。

异步电动机的三相定子绕组通常接成三角形或不接地星形，从而即使在端点施加零序电压，定子绕组中也无零序电流流通，也就是说异步电动机的零序电抗 $X_0=\infty$。

四、变压器的序网络和序参数

变压器一、二次绕组间的电磁关系与电流的序别无关，因此变压器的负序和零序等效电路与正序相同。

由于变压器各相漏磁通独立，绕组的漏抗取决于漏磁通路径上的磁导，因此绕组漏抗也与电流的序别无关，即负序和零序漏电抗等于正序漏电抗。

变压器励磁电抗取决于主磁通路径上的磁导，正、负序主磁通的路径与铁芯结构无

关，而零序主磁通的路径则与变压器的铁芯结构有关，不同铁芯结构的变压器，励磁电抗 X_{m0} 是不同的。因此，零序励磁电抗与正、负序励磁电抗不一定相等。

综上所述，变压器的负序等效电路和负序等效阻抗与正序的完全相同，而零序等效电路的形式虽与正序相同，但是在变压器中有无零序阻抗以及零序阻抗的大小，取决于变压器三相绕组的连接方式和变压器的铁芯结构。在变压器的等效电路中具有零序电流通路的部分才具有零序阻抗，否则认为零序阻抗无穷大。由于变压器绕组的电阻远小于电抗，下面仅在忽略绕组电阻时，对不同类型的变压器的各种绕组连接方式的零序电抗和零序等效电路分别进行讨论。

1. 双绕组变压器的零序电抗和等效电路

当在双绕组变压器的不接地星形侧或三角形侧施加零序电压时，无论另一侧是何种连接方式，变压器中都无零序电流 $\dot{I}_0$ 的通路，这时变压器零序电抗 $X_0 = \infty$。

当在双绕组变压器的接地星形侧施加零序电压时，三相绕组中大小相等、方向相同的零序电流经中性点流入大地构成回路。但另一侧是否有零序电流，则取决于该侧绕组的连接方式，现分述如下。

1）YNd 联结变压器

当变压器 YN 侧各相绕组流过零序电流时，将在 d 侧各相绕组中感应出三个大小相等、方向相同的零序电动势，即 $\dot{E}_{a0} = \dot{E}_{b0} = \dot{E}_{c0}$；由于三相阻抗相等，在 d 侧各个绕组中的电流必然也大小相等、方向相同，即 $\dot{I}_{a0} = \dot{I}_{b0} = \dot{I}_{c0} = \dot{I}_0$，它们在三角形联结的绕组中形成环流，而流不到绕组外的线路中去，如图 6-12 所示，即零序电流对外电路视作开路。

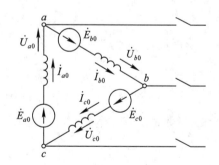

图 6-12 YNd 联结变压器 d 侧的零序环流

由图 6-12 可看出，各相绕组的零序电动势与该相绕组的漏抗压降平衡，即 $\dot{E}_{a0} = \dot{U}_{a0}$、$\dot{E}_{b0} = \dot{U}_{b0}$、$\dot{E}_{c0} = \dot{U}_{c0}$，$a$、$b$、$c$ 三点是等位点，其零序电位与中性点电位相同，在等效电路中可用接地符号表示。这种情况，相当于在零序网络中三角形绕组端点三相短路，其零序等效电路应与变压器二次侧短路时的电路相同，如图 6-13(a) 所示。由于零序系统是对称系统，变压器零序等效电路也可以用一相表示，如图 6-13(b) 所示。根据变压器的零序等效电路可得零序等效电抗为

$$X_0 = X_{\mathrm{I}} + \frac{X_{\mathrm{II}} X_{m0}}{X_{\mathrm{II}} + X_{m0}} \tag{6-31}$$

式中，X_{I}、X_{II} 分别为一、二次绕组的漏电抗；X_{m0} 为零序励磁电抗。

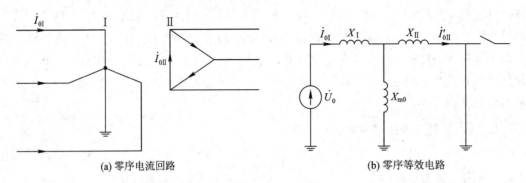

(a) 零序电流回路   (b) 零序等效电路

图 6-13　YNd 联结变压器的零序等效电路

如果变压器 YN 侧中性点经电抗 X_n 接地，如图 6-14(a) 所示，则有 $3\dot{I}_{0\mathrm{I}}$ 流过 X_n，为在单相等效电路中表达其值为 $3\dot{I}_{0\mathrm{I}} X_n$ 的中性点电位，中性点与地间应接入 $3X_n$ 的等效电抗，这时变压器的零序等效电路如图 6-14(b) 所示。由图 6-14(b) 可得零序等效电抗为

$$X_0 = X_{\mathrm{I}} + \frac{X_{\mathrm{II}} X_{m0}}{X_{\mathrm{II}} + X_{m0}} + 3X_n \tag{6-32}$$

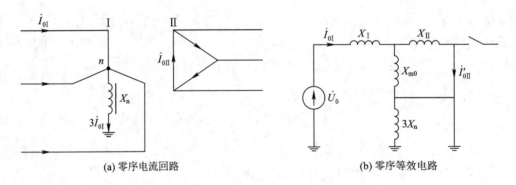

(a) 零序电流回路   (b) 零序等效电路

图 6-14　中性点经电抗接地的 YNd 联结变压器的零序等效电路

2) YNy 联结变压器

变压器的 YN 侧流过零序电流时，y 侧各相绕组中将感应出零序电动势，但因 y 侧中性点不接地，零序电流没有通路，因此 y 侧无零序电流，如图 6-15(a) 所示，变压器相当于空载，得到如图 6-15(b) 所示的零序等效电路。由图 6-15(b) 可得零序等效电抗为

$$X_0 = X_{\mathrm{I}} + X_{m0} \tag{6-33}$$

3) YNyn 联结变压器

当变压器一次侧 YN 绕组中流过零序电流时，二次侧 yn 各相绕组中将感应出零序电动势。在电力系统中变压器二次侧均需与外电路相连，因此二次侧 yn 绕组中是否有零序电流的通路，要看外电路的接线情况。

（1）除变压器本身的接地中性点以外，电路无其他接地中性点，则变压器二次侧无零序电流通路，此时零序等效电路和零序电抗与 YNy 联结变压器相同。

（2）外电路中至少有一个接地中性点，构成了零序电流的通路，此时零序电流的流通情况和变压器等效电路如图 6-16 所示。

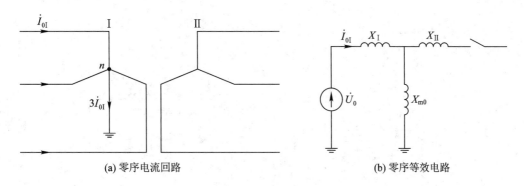

(a) 零序电流回路　　　　　　　　　(b) 零序等效电路

图 6-15　YNy 联结变压器的零序等效电路

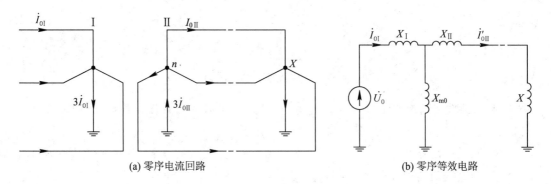

(a) 零序电流回路　　　　　　　　　(b) 零序等效电路

图 6-16　YNyn 联结变压器的零序等效电路

由图 6-16(b)可见，在变压器二次侧，零序电流通过外电路的电抗 X 并经中性点流入大地形成回路。从变压器的一次侧观察到的零序等效电抗为

$$X_0 = X_{\text{I}} + \frac{(X_{\text{II}} + X)X_{\text{m0}}}{X_{\text{II}} + X + X_{\text{m0}}} \tag{6-34}$$

从各变压器零序电抗的表达式可以看出，X_0 的大小与零序励磁电抗 X_{m0} 有很大关系，而 X_{m0} 的数值与变压器的铁芯结构有关，下面分别进行讨论。

（1）由三个单相变压器组成的三相变压器组，各相磁路独立，零序主磁通和正序主磁通一样，按相在铁芯中形成回路，如图 6-17(a)所示，因而各相励磁电抗相等。由于主磁通在铁芯中闭合，磁导很大，零序励磁电抗 X_{m0} 的数值很大，因此与变压器漏抗相比较时，可以近似认为 $X_{\text{m0}} = \infty$。

（2）三相四柱式和铁壳式变压器，其零序主磁通可以通过没有绕组的铁芯部分形成回路，如图 6-17(b)所示，零序励磁电抗也很大，$X_{\text{m0}} \gg X_{\text{II}}$，可近似认为 $X_{\text{m0}} = \infty$。

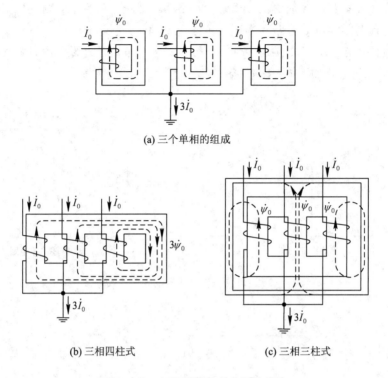

(a) 三个单相的组成

(b) 三相四柱式　　　　　(c) 三相三柱式

图 6 - 17　变压器零序主磁通的磁路

以上几种铁芯结构的变压器 $X_{m0}=\infty$，励磁支路可以近似看作开路，零序电抗的计算得到了简化，即

YNd 联结变压器　　　　　　　　　　　　　$X_0=X_{\mathrm{I}}+X_{\mathrm{II}}=X_1$

YNd 联结变压器中性点经 X_n 接地　　　　　$X_0=X_{\mathrm{I}}+3X_n$

YNy 联结变压器　　　　　　　　　　　　　$X_0=\infty$

YNyn 联结变压器且外电路中有接地中性点　$X_0=X_{\mathrm{I}}+X_{\mathrm{II}}=X_1$

式中，X_1 为变压器的正序电抗。

（3）对于三相三柱式变压器，情况大不相同。这种变压器的铁芯结构如图 6 - 17(c)（每相只画出了一个绕组）所示。当三相绕组施加了零序电压后，三相零序主磁通大小相等、方向相同，无法在铁芯内闭合，被迫从铁芯穿过变压器油→空气隙→油箱壁形成回路。因此，磁通路径上的磁阻大、磁导小，零序励磁电抗 X_{m0} 不能再看作无穷大，变压器的零序等效电抗要用式(6-31)～式(6-34)计算。对三相三柱式变压器的零序励磁电抗一般用试验方法求得，大致取 $X_{m0}=0.3\sim1.0$。

2. 三绕组变压器的零序电抗和等效电路

和双绕组变压器类似，当零序电压施加在三绕组变压器的不接地星形侧或三角形侧时，无论其他两侧绕组是何种连接方式，变压器中都无零序电流 $\dot{I}_0$ 的通路，变压器零序电抗 $X_0=\infty$。

当零序电压施加在三绕组变压器的接地星形侧时，此时三相绕组中大小相等、方向相同零序电流经中性点流入大地构成回路，其他两侧是否有零序电流与各绕组的连接方式有关。为提供三次谐波电流的通路，使磁通为正弦波，感应电动势也为正弦波，在三绕组变压器的三个绕组中往往有一侧接成三角形。三绕组变压器通常的连接方式为 YNdy、YNdyn 和 YNdd，由于都有一个二次绕组是 d，零序励磁电抗 X_{m0} 较大，可近似认为 $X_{m0}=\infty$。因此在用一相表示的三绕组变压器的零序等效电路中，将励磁支路开路，而由三个绕组电抗组成三支星形电路。这时，单独计算三绕组变压器的零序电抗已无意义，必须将变压器零序等效电路接入系统零序网络中相应部位一起考虑。

1）YNdy 联结三绕组变压器

YNdy 联结三绕组变压器的零序等效电路如图 6-18 所示。由于 d 侧零序电流在绕组内形成环流，绕组端点三相短接；y 侧无零序电流通路。因此变压器零序等效电抗为

$$X_0 = X_{\mathrm{I}} + X_{\mathrm{II}} \tag{6-35}$$

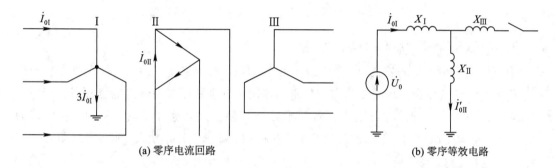

(a) 零序电流回路　　　　　　　　　　(b) 零序等效电路

图 6-18　YNdy 联结三绕组变压器的零序等效电路

2）YNdyn 联结三绕组变压器

YNdyn 联结三绕组变压器的零序等效电路如图 6-19 所示，第三侧 yn 绕组中是否有零序电流，取决于外电路中是否还有接地中性点。如果外电路中无接地中性点，变压器零序等效电路则与 YNdy 联结时相同；如果电路中有接地中性点，则零序等效电抗为

$$X_0 = X_{\mathrm{I}} + \frac{X_{\mathrm{II}}(X_{\mathrm{III}}+X)}{X_{\mathrm{II}}+X_{\mathrm{III}}+X} \tag{6-36}$$

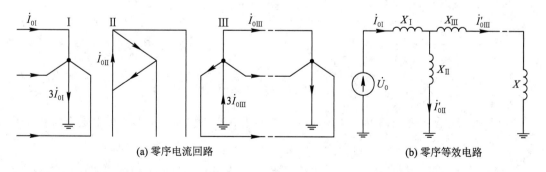

(a) 零序电流回路　　　　　　　　　　(b) 零序等效电路

图 6-19　YNdyn 联结三绕组变压器的零序等效电路

3）YNdd 联结三绕组变压器

YNdd 联结三绕组变压器的零序等效电路如图 6-20 所示。变压器的零序等效电抗为

$$X_0 = X_{\text{I}} + \frac{X_{\text{II}} X_{\text{III}}}{X_{\text{II}} + X_{\text{III}}} \tag{6-37}$$

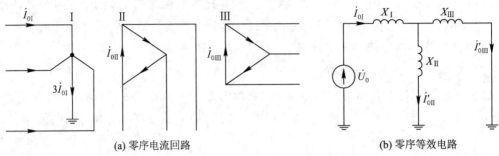

(a) 零序电流回路 (b) 零序等效电路

图 6-20 YNdd 联结三绕组变压器的零序等效电路

3. 自耦变压器的零序电抗和等效电路

自耦变压器中两个有直接电气联系的自耦绕组，一般用来联系两个中性点直接接地的电力系统。为了避免当高压侧发生单相接地短路时，自耦变压器中性点电位升高引起中压侧或低压侧过电压，通常将自耦变压器的中性点直接接地，也可经电抗接地，且均认为 $X_{\text{m}0} = \infty$。自耦变压器的一、二次绕组都是 YN 联结，如果有三次绕组，通常是 d 联结。

1）中性点直接接地的 YNyn 和 YNynd 联结自耦变压器

YNyn 联结的自耦变压器，其零序等效电路如图 6-21 所示。从图中看出零序电抗为

$$X_0 = X_{\text{I}-\text{II}} + X = X_1 + X \tag{6-38}$$

式中，X_1 为变压器的正序电抗。

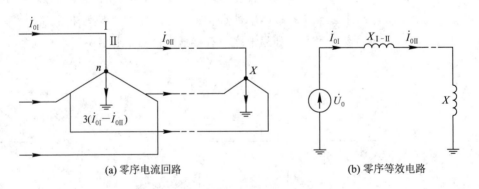

(a) 零序电流回路 (b) 零序等效电路

图 6-21 YNyn 联结自耦变压器的零序等效电路

由此可见，自耦变压器的零序等效电路和零序电抗与相同连接形式的普通双绕组变压器一样，但从中性点流入地的电流为一、二两侧实际电流之差的 3 倍，即 $\dot{I}_{\text{n}} = 3(\dot{I}_{0\text{I}} - \dot{I}_{0\text{II}})$。

YNynd 联结的自耦变压器，其零序等效电路如图 6-22 所示。由图可见，其零序等效电路与相同连接形式的普通三绕组变压器一样，零序等效电抗为

$$X_0 = X_{\mathrm{I}} + \frac{(X_{\mathrm{II}} + X)X_{\mathrm{III}}}{X_{\mathrm{II}} + X + X_{\mathrm{III}}} \qquad (6-39)$$

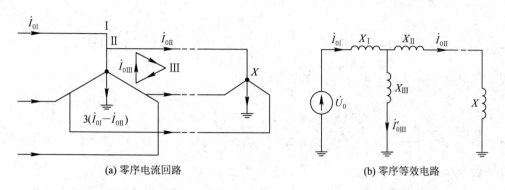

(a) 零序电流回路　　　　　　　　(b) 零序等效电路

图 6-22　YNynd 联结自耦变压器的零序等效电路

2) 中性点经电抗接地的 YNyn 和 YNynd 联结自耦变压器

对 YNyn 联结自耦变压器，由于中性点接有 X_{n}，中性点电位不为零，使其零序等效电路与中性点直接接地情况有所不同。中性点经电抗 X_{n} 接地的 YNyn 自耦变压器，其零序电流流通情况和零序等效电路如图 6-23 所示。从图中看出，一、二次绕组的零序电流分别为 $\dot{I}_{0\mathrm{I}}$、$\dot{I}_{0\mathrm{II}}$，接地电抗 X_{n} 中流过的零序电流为 $3(\dot{I}_{0\mathrm{I}} - \dot{I}_{0\mathrm{II}})$，中性点电位值为

$$U_{\mathrm{n}} = 3X_{\mathrm{n}}(\dot{I}_{0\mathrm{I}} - \dot{I}_{0\mathrm{II}}) \qquad (6-40)$$

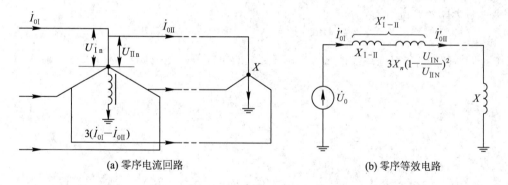

(a) 零序电流回路　　　　　　　　(b) 零序等效电路

图 6-23　中性点经电抗接地的 YNyn 联结自耦变压器的零序等效电路

设一、二次绕组端点与中性点之间的电位差分别为 $U_{\mathrm{I}\mathrm{n}}$ 和 $U_{\mathrm{II}\mathrm{n}}$，一、二次绕组的额定电压分别为 $U_{\mathrm{I}\mathrm{N}}$ 和 $U_{\mathrm{II}\mathrm{N}}$，归算到一次侧的一、二次绕组端点对地电压为 U_{I} 和 U_{II}，于是有

$$\begin{cases} U_{\mathrm{I}} = U_{\mathrm{I}\mathrm{n}} + U_{\mathrm{n}} \\ U_{\mathrm{II}} = (U_{\mathrm{II}\mathrm{n}} + U_{\mathrm{n}})\dfrac{U_{\mathrm{I}\mathrm{N}}}{U_{\mathrm{II}\mathrm{N}}} \end{cases} \qquad (6-41)$$

归算到一次侧的等效零序电抗为 $X'_{\mathrm{I}-\mathrm{II}} = \dfrac{U_{\mathrm{I}} - U_{\mathrm{II}}}{I_{0\mathrm{I}}}$，将式（6-40）和式（6-41）代入，得

$$X'_{\mathrm{I-II}} = \frac{(U_{\mathrm{I}n}+U_n)-(U_{\mathrm{II}n}+U_n)\dfrac{U_{\mathrm{I}N}}{U_{\mathrm{II}N}}}{I_{0\mathrm{I}}} = \frac{U_{\mathrm{I}n}-U_{\mathrm{II}n}\dfrac{U_{\mathrm{I}N}}{U_{\mathrm{II}N}}}{I_{0\mathrm{I}}} + \frac{U_n\left(1-\dfrac{U_{\mathrm{I}N}}{U_{\mathrm{II}N}}\right)}{I_{0\mathrm{I}}}$$

$$= X_{\mathrm{I-II}} + \frac{3X_n(I_{0\mathrm{I}}-I_{0\mathrm{II}})}{I_{0\mathrm{I}}}\left(1-\frac{U_{\mathrm{I}N}}{U_{\mathrm{II}N}}\right) = X_{\mathrm{I-II}} + 3X_n\left(1-\frac{I_{0\mathrm{II}}}{I_{0\mathrm{I}}}\right)\left(1-\frac{U_{\mathrm{I}N}}{U_{\mathrm{II}N}}\right)$$

$$= X_{\mathrm{I-II}} + 3X_n\left(1-\frac{U_{\mathrm{I}N}}{U_{\mathrm{II}N}}\right)^2 \tag{6-42}$$

式中，$X_{\mathrm{I-II}} = \dfrac{U_{\mathrm{I}n}-U_{\mathrm{II}n}\dfrac{U_{\mathrm{I}N}}{U_{\mathrm{II}N}}}{I_{0\mathrm{I}}}$ 为变压器中性点直接接地时($U_n=0$)归算到一次侧的等效零序电抗。与式(6-42)相对应的零序等效电路如图6-23(b)所示。

对 YNynd 自耦变压器，设 $X_{m0}=\infty$，两绕组间的等效零序电抗是当其中一个绕组断开时，将剩余二绕组间的零序电抗归算到一次侧的值。

第三绕组断开时，归算到一次侧的一、二绕组的等效零序电抗，即式(6-42)求得的 $X'_{\mathrm{I-II}}$。

第二绕组断开时，一、三绕组构成的变压器与一台普通的 YNd 联结双绕组变压器相同，归算到一次侧的等效零序电抗为

$$X'_{\mathrm{I-III}} = X_{\mathrm{I-III}} + 3X_n \tag{6-43}$$

式中，$X_{\mathrm{I-III}}$ 为中性点直接接地时，归算到一次侧的一、三绕组的等效零序电抗。

第一绕组断开时，归算到二次侧的零序等效电路如图6-24所示。归算到二次侧的二、三绕组的零序等效电抗为

$$X'''_{\mathrm{II-III}} = X''_{\mathrm{II-III}} + 3X_n \tag{6-44}$$

式中，$X''_{\mathrm{II-III}}$ 为中性点直接接地时，二、三绕组的零序等效电抗归算到二次侧的值。

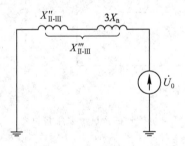

图 6-24　第一绕组断开，归算到二次侧的零序等效电路

$X''_{\mathrm{II-III}}$ 为中性点经电抗 X_n 接地时，第二、三绕组的零序等效电抗归算到二次侧的值，再将其归算到一次侧，得

$$X'_{\mathrm{II-III}} = X'''_{\mathrm{II-III}}\left(\frac{U_{\mathrm{I}N}}{U_{\mathrm{II}N}}\right)^2 = X''_{\mathrm{II-III}}\left(\frac{U_{\mathrm{I}N}}{U_{\mathrm{II}N}}\right)^2 + 3X_n\left(\frac{U_{\mathrm{I}N}}{U_{\mathrm{II}N}}\right)^2 = X_{\mathrm{II-III}} + 3X_n\left(\frac{U_{\mathrm{I}N}}{U_{\mathrm{II}N}}\right)^2 \tag{6-45}$$

式中，$X_{\mathrm{II-III}}$ 为中性点直接接地时，归算到一次侧的第二、三绕组的等效零序电抗。

由式(6-42)、式(6-43)和式(6-45)联立解出 YNynd 自耦变压器当中性点经电抗 X_n 接地时的零序等效电路中各支路的等效电抗为

$$\begin{cases} X'_{\mathrm{I}} = \frac{1}{2}(X'_{\mathrm{I-II}} + X'_{\mathrm{I-III}} - X'_{\mathrm{II-III}}) = X_{\mathrm{I}} + 3X_{\mathrm{n}}\left(1 - \frac{U_{\mathrm{IN}}}{U_{\mathrm{IIN}}}\right) \\ X'_{\mathrm{II}} = \frac{1}{2}(X'_{\mathrm{I-II}} + X'_{\mathrm{II-III}} - X'_{\mathrm{I-III}}) = X_{\mathrm{II}} + 3X_{\mathrm{n}}\frac{(U_{\mathrm{IN}} - U_{\mathrm{IIN}})U_{\mathrm{IN}}}{U_{\mathrm{IIN}}^2} \\ X'_{\mathrm{III}} = \frac{1}{2}(X'_{\mathrm{I-III}} + X'_{\mathrm{II-III}} - X'_{\mathrm{I-II}}) = X_{\mathrm{III}} + 3X_{\mathrm{n}}\frac{U_{\mathrm{IN}}}{U_{\mathrm{IIN}}} \end{cases} \quad (6-46)$$

于是，得到图 6-25 所示的零序等效电路。

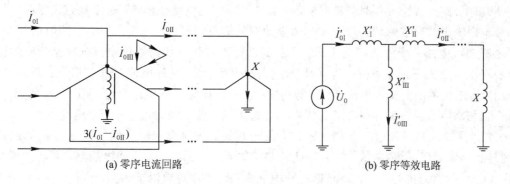

(a) 零序电流回路　　　　　　　　　　(b) 零序等效电路

图 6-25　中性点经电抗接地的 YNynd 联结自耦变压器的零序等效电路

从变压器一次侧观察到的零序等效电抗为

$$X_0 = X'_{\mathrm{I}} + \frac{X'_{\mathrm{III}}(X'_{\mathrm{II}} + X)}{X'_{\mathrm{II}} + X + X'_{\mathrm{III}}} \quad (6-47)$$

以上是按有名值讨论的，如果用标幺值计算，只需将式(6-46)中各电抗值除以相应于一次侧的电抗基准值即可。

下面以三相三绕组变压器高压侧绕组的接线方式和中性点的接地情况为例进行说明。如图 6-26 所示，变压器标幺序网络分别采用字母 H、M 和 X 区分高、中和低压绕组。分析三相三绕组变压器的习惯做法是对 H、M 和 X 三个端子选择共同的功率基准值 S_{B}，而选取的电压基准值 U_{BH}、U_{BM} 和 U_{BX} 与变压器的线电压额定值成比例，对于图 6-20 的通用零序网络，等效模型中高压侧端子 H 和 H′ 之间的连接取决于高压侧绕组的接法，具体分析如下。

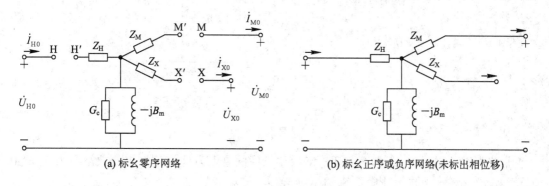

(a) 标幺零序网络　　　　　　　　　(b) 标幺正序或负序网络(未标出相位移)

图 6-26　三相三绕组变压器的标幺序网络

当变压器高压侧是星形联结时，中性点接地电阻设为 Z_n：

(1) 中性点经阻抗 Z_n 接地，H 和 H′ 之间串联接入 $3Z_n$。

(2) 中性点直接接地，即 $Z_n = 0$，H 和 H′ 之间短接。

(3) 中性点不接地，即 $Z_n = \infty$，H 和 H′ 断开。

当变压器高压侧是三角形联结时，将 H′ 连接至参考母线。

五、输电线路的序网络及序参数

输电线路是静止元件时，其正、负序阻抗及等效电路完全相同，这里只讨论零序阻抗。

单回输电线路或两端共母线平行架设的双回输电线路，在母线及外部短路时的零序等效电路都可以用一个等效阻抗表示。在前面已讨论过输电线路的负序阻抗等于正序阻抗，而零序阻抗则大于正序阻抗，其原因在于任意两相的正、负序电流对第三相的互感起去磁作用，而三相零序电流大小相等、方向相同，任意两相对第三相起助磁作用。

三相输电线路中的零序电流，必须经大地构成回路。因此，要研究输电线路的零序阻抗，必须考虑大地及架空地线的影响。为便于讨论，先研究一根导线与大地构成的回路，即"导线－大地"回路的阻抗，然后以此为基本单元，组成各种架空输电线路，并在计算"导线－大地"回路阻抗的基础上，确定各种输电线路的零序等效阻抗。

1. "导线－大地"回路的自阻抗

图 6-27(a) 为一根导线与大地构成的回路，导线 aa' 半径为 r，架设高度为 h，流过频率为 f 的交流电流 $\dot{I}_a$，$\dot{I}_a$ 通过导线端点的接地体流入大地，然后经大地返回。研究表明，电流在大地中流通的情况十分复杂，在导线垂直下方大地表面的电流密度较大，越往大地深处电流密度越小，而且这种倾向随着电流频率和土壤电导率的增加而越显著。因此，这种回路中阻抗参数的分析计算是非常复杂的。20 世纪 20 年代，卡尔逊(J. B. Carson)根据电磁波的理论，比较精确地求出了这种"导线－大地"回路中的阻抗。分析结果表明这种"导线－大地"回路中的大地，可以用一根虚拟的导线 gg' 来代替，如图 6-27(b) 所示。

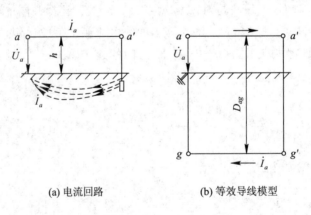

(a) 电流回路　　　　　　　(b) 等效导线模型

图 6-27　"导线－大地"回路

设半径为 r 的导线 aa' 与大地平行，单位长度的电阻为 R_a。用一根等效半径为 r_g 的虚拟导线 gg' 代替大地作为地中电流的返回导线，该虚拟导线 gg' 位于架空线 aa' 下面，与 aa' 相距为 D_{ag}，D_{ag} 是大地电阻率 ρ 的函数，调整 D_{ag} 值，使得这种线路计算所得的电感值与试验测得的电感值相等。用 R_g 表示虚拟导线 gg' 的单位长度的等效电阻(Ω/km)，根据卡尔逊的计算，有

$$R_g = \pi^2 \times 10^{-4} \times f = 9.86 f \times 10^{-4} \qquad (6-48)$$

当 $f = 50$ Hz 时，$R_g \approx 0.05$ Ω/km。

整个"导线—大地"回路的电阻(Ω/km)为

$$R = R_a + 0.05 \qquad (6-49)$$

"导线—大地"回路的电抗可以根据平行双导线回路的电抗计算公式求得，其单位长度的自电抗(Ω/km)为

$$X_s = 0.1445 \lg \frac{D_g}{r'} \qquad (6-50)$$

式中，r' 为导线 aa' 的等效半径(m)，对于非铁磁材料的圆形实心导线，$r' = 0.779r$，对于铜绞线，$r' = (0.724 \sim 0.771)r$，对于钢芯铝绞线，$r' = 0.95r$；$D_g = D_{ag}^2 / r_g$，称为等效深度(m)，其值取决于电流的频率 f 和大地的电导率 γ，亦可用下式计算，即

$$D_g = \frac{660}{\sqrt{f\gamma}} \qquad (6-51)$$

当大地的电导率难以获得时，在工程近似计算时，可取 $D_g = 1000$ m。

"导线—大地"回路单位长度的自阻抗(单位为 Ω/km，$f = 50$ Hz)为

$$Z_s = \left[(R_a + 0.05) + \text{j} 0.1445 \lg \frac{D_g}{r'} \right] \qquad (6-52)$$

2. 两个"导线—大地"回路间的互阻抗

如果有两根平行长导线均与大地构成回路，也可用一根虚拟导线 gg' 代替大地形成零序电流通路，这两根平行导线与 gg' 构成了两个平行的"导线—大地"回路，如图 6-28 所示。两根导线与虚拟导线之间的距离分别为 D_{ag} 和 D_{bg}，导线 aa' 和 bb' 间的距离为 D_{ab}。

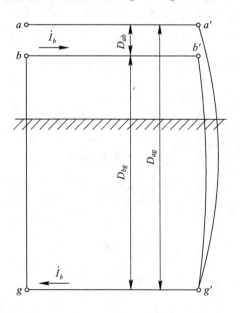

图 6-28　两个平行的"导线—大地"回路

如果在 bg 回路中通入电流 $\dot{I}_b$，定会在 ag 回路中产生互感磁链。当近似认为 $D_{ag}=D_{bg}$ 时，则有 $\dfrac{D_{ag}D_{bg}}{r}=D_g$。于是，得到两个平行的"导线—大地"回路单位长度的互阻抗（Ω/km）为

$$Z_{\mathrm{m}}=R_{\mathrm{g}}+\mathrm{j}0.1445\lg\frac{D_{\mathrm{g}}}{D_{ab}} \tag{6-53}$$

3. 单回三相架空输电线路的零序阻抗

如图 6-29 所示，三相架空输电线路的零序电流同样通过大地形成回路时，仍可以用虚拟导线 gg' 代替大地，三相输电线路与虚拟导线构成的回路可以看作三个平行的"导线—大地"回路。若三相输电线路在杆塔上对称排列，或三相导线虽为不对称排列但经过整循环换位，则两两回路间的互感抗（Ω/km）相等，为

$$X_{\mathrm{m}}=0.1445\lg\frac{D_{\mathrm{g}}}{D_{\mathrm{m}}}$$

则互阻抗为

$$Z_{\mathrm{m}}=R_{\mathrm{g}}+\mathrm{j}0.1445\lg\frac{D_{\mathrm{g}}}{D_{\mathrm{m}}} \tag{6-54}$$

式中，$D_{\mathrm{m}}=\sqrt[3]{D_{ab}D_{bc}D_{ca}}$，称为三相导线的几何均距。

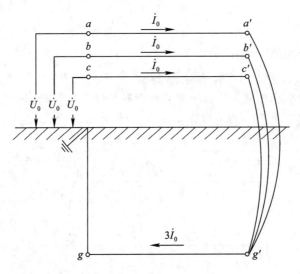

图 6-29　三相架空输电线路的零序电流回路

设每相导线的电阻为 R_a，虚拟导线的电阻为 R_g，当对称三相输电线路通入零序电流时，每相导线单位长度的零序阻抗为

$$Z_0=Z_{\mathrm{s}}+2Z_{\mathrm{m}} \tag{6-55}$$

将式（6-52）和式（6-54）代入式（6-55），得

$$Z_0=\left(R_a+R_{\mathrm{g}}+\mathrm{j}0.1445\lg\frac{D_{\mathrm{g}}}{r'}\right)+2\left(R_{\mathrm{g}}+\mathrm{j}0.1445\lg\frac{D_{\mathrm{g}}}{D_{\mathrm{m}}}\right)$$

$$=R_a+3R_{\mathrm{g}}+\mathrm{j}0.4335\lg\frac{D_{\mathrm{g}}}{\sqrt[3]{r'D_{\mathrm{m}}^2}} \tag{6-56}$$

由式(6 - 56)可看出，同一输电线路的零序电抗约为正序电抗的 3 倍。

4. 双回架空输电线路的零序阻抗

如图 6 - 30 所示为平行架设的两端共母线的双回架空输电线路的零序电流回路。

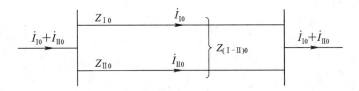

图 6 - 30　平行架设的双回架空输电线路的零序电流回路

　　当在双回架空输电线路中同时通以大小相等、方向相同的零序电流时，不仅第一回路的三相输电线路间存在互感，而且第二回路的三相对第一回路的任一相也存在互感。由于零序互感是助磁的，使双回输电线路每相零序电抗比单回时大，而且两回路间的距离越小，回路间的互感抗越大，使每回输电线路的零序等效电抗越大。

　　当两个回路的参数完全相同时，即 $Z_{I0} = Z_{II0} = Z_{0\sigma}$，每一回路的零序等效阻抗为

$$Z_0 = Z_{0\sigma} + Z_{(I - II)0} \tag{6 - 57}$$

式中，$Z_{0\sigma}$ 为每一回路的零序自阻抗；$Z_{(I - II)0}$ 为两个回路间的零序互阻抗。

　　一般情况下，两端共母线平行架设的双回架空输电线路每一回路的零序等效阻抗约为单回路的 1.6 倍。

5. 有架空地线时输电线路的零序阻抗

　　架空地线又称为接地避雷线。通常，将避雷线从每级杆塔用接地引下线与大地相连，有了架空地线后的三相零序电流回路如图 6 - 31 所示。从图中可以看出，架空地线和大地构成了三相零序电流的并联通路。

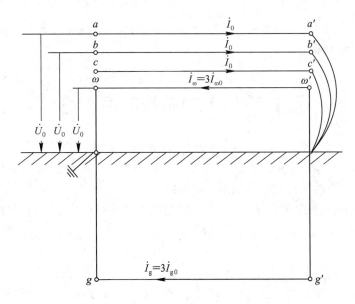

图 6 - 31　有架空地线的三相零序电流回路

设三相输电线路的零序电流为 $3\dot{I}_0$，其中的一部分 $\dot{I}_\omega$ 经架空地线 $\omega\omega'$ 形成回路，另一部分 $\dot{I}_g$ 经大地虚拟导线 gg' 返回，且 $\dot{I}_\omega + \dot{I}_g = 3\dot{I}_0$。

对于一相，流入大地和架空地线中的零序电流分别为

$$\begin{cases} \dot{I}_{g0} = \dfrac{1}{3}\dot{I}_g \\[2mm] \dot{I}_{\omega0} = \dfrac{1}{3}\dot{I}_\omega \end{cases} \qquad\qquad (6-58)$$

架空地线也可看作与三相导线平行的一个"导线—大地"回路，这个"导线—大地"回路与三相导线构成的"导线—大地"回路间也存在互感，由于架空地线中的零序电流 $\dot{I}_\omega$ 与导线中的零序电流方向相反，其互感起去磁作用，使有架空地线的输电线路零序阻抗减小。架空地线与导线间的距离越小，它们间的互感抗越大，去磁作用越大，导线的零序等效阻抗越小。另外，用良导体作架空地线比钢绞线作架空地线阻抗小，可分流的零序电流 $\dot{I}_\omega$ 较大，去磁作用较强，因此用良导体作架空地线比用钢绞线作架空地线时输电线路的零序等效阻抗小。

同理，有架空地线时双回输电线路的零序阻抗比无架空地线时小；用良导体作架空地线的双回输电线路的零序等效阻抗比用钢绞线作架空地线时小。

在工程实际中，对已建线路的零序阻抗，一般是通过实测得到的；而对拟建线路的零序阻抗，在实用计算中通常忽略电阻，零序电抗一般采用表 6-3 所列数值。

表 6-3　架空输电线路的零序电抗

架空线路类型	x_0/x_1	架空线路类型	x_0/x_1
无架空地线单回线路	3.5	良导体架空地线单回线路	2.0
无架空地线双回线路	5.5	钢质架空地线双回线路	4.7
钢质架空地线单回线路	3.0	良导体架空地线双回线路	3.0

注：正序电抗平均值可取单导线 $x_1 = 0.4\ \Omega/\mathrm{km}$；双分裂导线 $x_1 = 0.31\ \Omega/\mathrm{km}$；四分裂导线 $x_1 = 0.29\ \Omega/\mathrm{km}$。

第三节　电力系统的序网络

应用对称分量法分析计算不对称故障时，首先必须做出电力系统的各序网络。为此，应根据电力系统的接线图、中性点接地情况等原始资料，在故障点分别施加各序电动势，从故障点出发，逐步画出各序电流流通的序网络。

凡是某一序电流能够流通的元件，都必须包括在该序网络中，并用相应的序参数和等效电路表示。如图 6-32 所示为正、负序网络。

一、正序网络

正序网络与三相短路时的等效网络基本相同，但须在短路点引入代替故障条件的正序电动势，即短路点的电压不为零而等于 $\dot{U}_{fa1}$。所有的同步发电机和调相机，以及用等效电

源表示的综合负荷,都是正序网络的电源(一般用次暂态或暂态参数表示)。除中性点接地阻抗、空载线路(不计导纳时)以及空载变压器(不计励磁电流时)外,电力系统各元件均应包括在正序网络中,并用正序参数和等效电路表示。

图 6-32(b)为图 6-32(a)所示系统在 f_1 点发生不对称短路时的正序网络,图中不包括空载线路 L_3、空载变压器 T_4 以及变压器 T_1 的 II 侧电抗及其中性点接地电抗 X_n。

从故障端口看正序网络,它是一个有源网络,可以简化为戴维南等效电路。

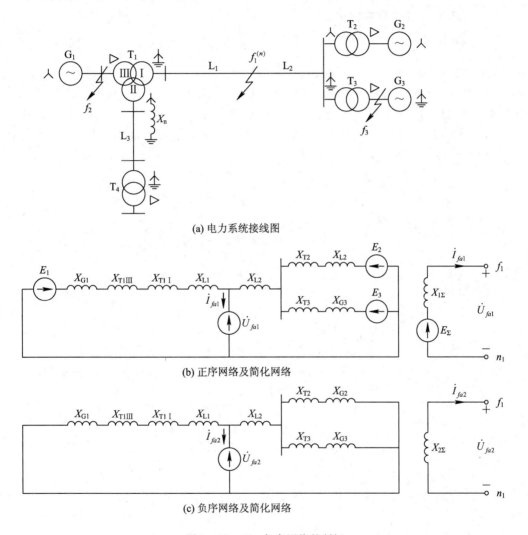

(a) 电力系统接线图

(b) 正序网络及简化网络

(c) 负序网络及简化网络

图 6-32　正、负序网络的制订

二、负序网络

负序电流流通情况和正序电流的相同,因此,同一电力系统的负序网络与正序网络基本相同,但是所有电源的负序电动势为零,在短路点须引入代替故障条件的负序电动势 $\dot{U}_{fa2}$,各元件的电抗应为负序电抗,如图 6-32(c)所示。即只需把正序网络中的电源电动势短接并在短路点施加负序电压 $\dot{U}_{fa2}$,各元件用负序电抗表示,就得到了负序网络。

从故障端口看负序网络，它是一个无源网络，也可以简化为戴维南等效电路。

三、零序网络

发生接地短路后，有无零序网络和零序网络的结构取决于网络中零序电流的流通情况，而零序电流的流通情况与短路点的位置和变压器绕组的连接方式以及中性点是否接地有关。因此，零序网络与正、负序网络不同。

1. 零序电流与系统结构的关系

零序网络中，电源无零序电动势而被短接，短路点的零序电压为 $\dot{U}_{fa0}$，各元件用零序电抗表示。在不对称短路点施加代表故障边界条件的零序电动势 $\dot{U}_{fa0}$ 时，由于三相零序电流的大小及相位相同，它们必须经大地或架空地线（电缆包护层等）才能构成通路，因此零序电流的流通与网络的结构，特别是变压器的连接方式及中性点的接地方式有关。图 6-33(a) 为图 6-32(a) 所示系统在 f_1 点发生不对称接地短路时的三相零序电流回路图，图中箭头表示零序电流流通的方向。

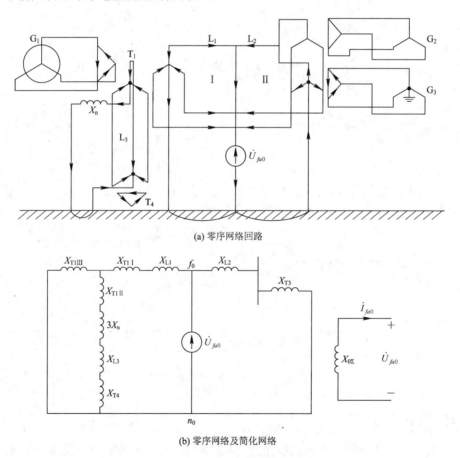

(a) 零序网络回路

(b) 零序网络及简化网络

图 6-33　零序网络的制订

由图可见，由于三相零序电流大水相等、方向相同，它们必须经大地才能形成回路。因此，系统中至少要有两个接地点，方能形成零序电流的通路，如图中的回路Ⅰ和回路Ⅱ；

此外，空载线路和空载变压器也可能有零序电流流通，如图中的变压器 T_4 及其相连线路 L_3 就有零序电流通路。图 6 – 33(b) 为相应的零序网络。

比较正（负）序和零序网络可以看到，虽然发电机 G_1、G_2、G_3 和变压器 T_2 均包括在正（负）序网络中，但因靠近发电机的变压器绕组均为三角形联结且 T_2 的中性点未接地，不能流通零序电流，所以这些元件均不包括在零序网络中；相反，线路 L_3 和变压器 T_4 因为空载不能流通正（负）电流而不包括在正（负）序网络中，但由于 T_1 的中性点经电抗 X_n 接地，T_4 的中性点接地而能够流通零序电流，所以它们包括在零序网络中。

同样，从故障端口看零序网络，它是一个无源网络，也可以简化为戴维南等效电路。

2. 零序电流与短路点位置的关系

零序网络的结构与短路点的位置密切相关。如图 6 – 32(a) 所示系统中，在 f_2 点无论发生何种短路，由于全网无零序电流通路，故无零序网络；又如在 f_3 点短路，零序网络仅由发电机 G_3 的零序电抗组成。

正确制订已知系统的零序网络并不困难。一般的方法是，从短路点着手，在短路点与地间接入零序电动势，然后从短路点出发，由近及远地观察与短路点连接的所有支路中零序电流流通的路径，把有零序电流流通的元件的零序阻抗按系统接线顺序连接起来，没有零序电流流通的元件不反映在零序网络中，这样就得到了该系统的零序等效网络。

正确制订零序网络的关键是注意变压器绕组的连接方式和中性点的接地情况。当变压器的中性点经电抗 X_n 接地时，在以一相表示的零序等效网络中，该电抗应与变压器同侧绕组的电抗相串联，并以 $3X_n$ 表示。

例 6.1　试制订图 6 – 34(a) 所示系统在 f 点发生不对称接地短路时的零序网络。

其零序网络如图 6 – 34(b) 所示。

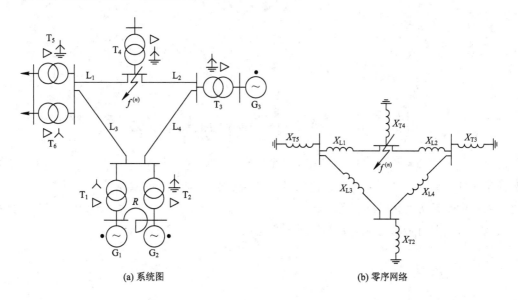

(a) 系统图　　　　　　　　　　(b) 零序网络

图 6 – 34　例 6.1 的图

例 6.2　试制订图 6 – 35(a) 所示系统在 f 点发生不对称接地短路时的各序网络。

其正序网络、负序网络、零序网络如图 6 – 35(b)、(c)、(d) 所示。

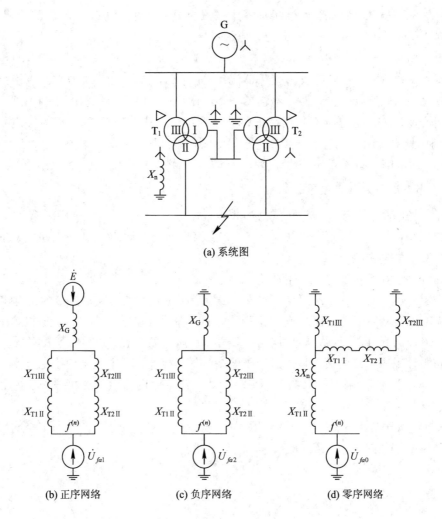

(a) 系统图

(b) 正序网络   (c) 负序网络   (d) 零序网络

图 6 - 35   例 6.2 的图

第四节   简单不对称短路故障分析

在中性点接地的电力系统中，简单不对称短路故障有单相接地短路、两相短路以及两相接地短路。无论是哪一种短路，利用对称分量法分析时，都可以制订出正、负、零序网络，并经化简后从简化序网列写出各序网络故障点的电压平衡方程式，如式(6 - 16)。如果略去正常分量只计故障分量，并忽略各元件电阻，可将式(6 - 16)改写为

$$
\left.
\begin{aligned}
\dot{U}_{fa1} &= \dot{U}_{fa[0]} - \mathrm{j}\dot{I}_{fa1}X_{1\Sigma} \\
\dot{U}_{fa2} &= -\mathrm{j}\dot{I}_{fa2}X_{2\Sigma} \\
\dot{U}_{fa0} &= -\mathrm{j}\dot{I}_{fa0}X_{0\Sigma}
\end{aligned}
\right\}
\qquad (6 - 59)
$$

式中，$\dot{U}_{fa[0]} = \dot{E}_{\Sigma}$，即短路发生前故障点的电压。

要求解出式(6 - 59)中的三个电流序分量和三个电压序分量，应根据不对称短路的边

界条件补充三个方程式。由于短路类型不同，短路点的边界条件不同，补充的方程亦不同。

例6.3　电力系统单线图如图6-36所示，其中正序、负序、零序电抗均已经给出，并且发电机和变压器均直接接地，电动机中性点经标幺值为 $X_n = 0.05$（以电动机额定值为基准值）的电抗接地。（1）以发电机的额定值100 MVA、13.8 kV为基准值，画出系统的标幺零序、正序和负序等效网络；（2）从节点2看进去，将序网络化简为对应的戴维南等效电路。已知故障前电压均为 $1.05\angle 0°$，忽略故障前的负荷电流和D-Y变压器的相移。

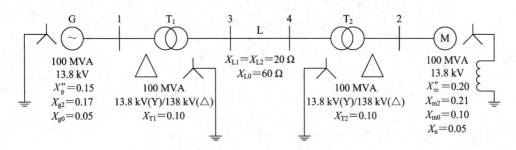

图6-36　例6.3的单线图

解：　（1）画出的各个序网络如图6-37所示。正序网络与图5-22(a)完全相同，负序网络与正序网络相似，区别在于内部没有电源，且用电机的负序电抗代替正序电抗。该例忽略了负序网络和正序网络中D-Y联结导致的相移。在零序网络中，显示的是发电机、电动机和输电线路的零序电抗。因为电动机中性点经电抗 X_n 接地，因此电动机的零序网络中包含 $3X_n$。D-Y联结变压器的零序模型由图6-26推导得到。

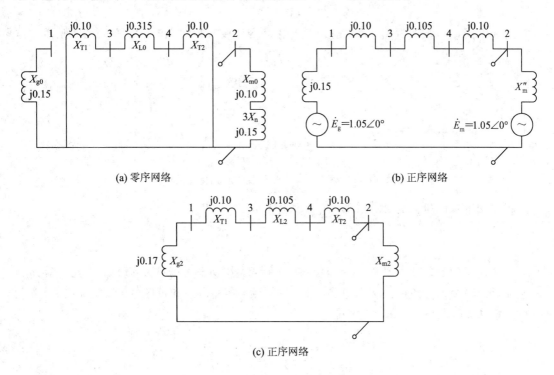

图6-37　例6.3的各序网络

（2）假设节点 2 发生短路故障，则上述三个序网的戴维南等效电路如图 6 - 38 所示。

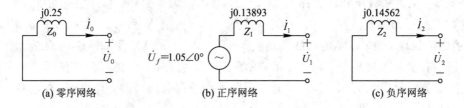

(a) 零序网络　　　　(b) 正序网络　　　　(c) 负序网络

图 6 - 38　例 6.3 各序网络的戴维南等效电路

在图 6 - 38(a) 的零序网络中，节点 2 处的戴维南等效电抗为

$$Z_0 = j(0.10 + 0.15) = j0.25$$

在图 6 - 38(b) 的正序网络中，节点 2 处的戴维南等效电抗为

$$Z_1 = j0.20 // (j0.15 + j0.10 + j0.105 + j0.10) = j0.13893$$

在图 6 - 38(c) 的负序网络中，节点 2 处的戴维南等效电抗为

$$Z_2 = j0.21 // (j0.17 + j0.10 + j0.105 + j0.10) = j0.14562$$

例 6.4　利用序网络计算例 6.3 中的系统在节点 2 处发生三相短路故障后的电压及短路电流，设故障前电压为 $\dot{U}_{fa[0]} = \dot{U}_f = 1.05\angle 0°$。

解：　当发生三相接地短路时，利用对称分量法，有

$$\begin{pmatrix} \dot{U}_0 \\ \dot{U}_1 \\ \dot{U}_2 \end{pmatrix} = \frac{1}{3}\begin{pmatrix} 1 & 1 & 1 \\ 1 & \alpha & \alpha^2 \\ 1 & \alpha^2 & \alpha \end{pmatrix}\begin{pmatrix} \dot{U}_a \\ \dot{U}_b \\ \dot{U}_c \end{pmatrix} = \frac{1}{3}\begin{pmatrix} 1 & 1 & 1 \\ 1 & \alpha & \alpha^2 \\ 1 & \alpha^2 & \alpha \end{pmatrix}\begin{pmatrix} 0 \\ 0 \\ 0 \end{pmatrix} = \begin{pmatrix} 0 \\ 0 \\ 0 \end{pmatrix}$$

各序网络端口直接短路，可以看出只有正序网络中有短路电流，如图 6 - 39 所示。

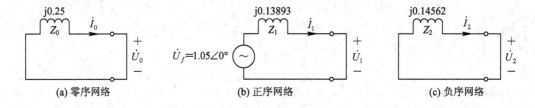

(a) 零序网络　　　　(b) 正序网络　　　　(c) 负序网络

图 6 - 39　例 6.4 节点 2 处发生三相接地短路

正序网的短路电流为（默认以 a 相三序量表示）

$$\dot{I}_f = \dot{I}_{fa1} = \frac{\dot{U}_{fa[0]}}{jX_{1\Sigma}} = \frac{\dot{U}_f}{Z_1} = \frac{1.05\angle 0°}{j0.13893} = -j7.5578$$

需要注意的是，因为图 6 - 36～图 6 - 39 使用的是发电机次暂态电抗，上述计算所得的电流是节点 2 处的正序次暂态短路电流。同样地，零序电流和负序电流都为 0。因此利用对称分量法，可得每一相的次暂态短路电流为

$$\begin{pmatrix} \dot{I}_{fa} \\ \dot{I}_{fb} \\ \dot{I}_{fc} \end{pmatrix} = \begin{pmatrix} 1 & 1 & 1 \\ 1 & \alpha^2 & \alpha \\ 1 & \alpha & \alpha^2 \end{pmatrix}\begin{pmatrix} \dot{I}_{fa0} \\ \dot{I}_{fa1} \\ \dot{I}_{fa2} \end{pmatrix} = \begin{pmatrix} 1 & 1 & 1 \\ 1 & \alpha^2 & \alpha \\ 1 & \alpha & \alpha^2 \end{pmatrix}\begin{pmatrix} 0 \\ -j7.558 \\ 0 \end{pmatrix} = \begin{pmatrix} 7.558\angle 90° \\ j7.558\angle 150° \\ 7.558\angle 30° \end{pmatrix}$$

在发生三相金属性接地短路时，短路电流的各序分量为

$$\dot I_{fa0}=\dot I_{fa2}=0,\dot I_f=\dot I_{fa1}=\frac{\dot U_{fa[0]}}{\mathrm{j}X_{1\Sigma}}=\frac{\dot U_f}{Z_1}$$

因此，故障电压的各序分量均为零（三相电压均为零）。

$$\begin{pmatrix}\dot U_{ia0}\\\dot U_{ia1}\\\dot U_{ia2}\end{pmatrix}=\begin{pmatrix}0\\\dot U_{i[0]}\\0\end{pmatrix}-\begin{pmatrix}Z_0&0&0\\0&Z_1&0\\0&0&Z_2\end{pmatrix}\begin{pmatrix}\dot I_{fa0}\\\dot I_{fa1}\\\dot I_{fa2}\end{pmatrix}=\begin{pmatrix}0\\0\\0\end{pmatrix}$$

下面对三种不对称短路分别进行讨论。

一、单相接地短路

设在中性点接地的电力系统中 a 相接地短路，且接地电阻设为 Z_f，如图 6 - 40 所示。由图可列出短路点 f 的边界条件：

$$\left.\begin{aligned}\dot I_{fb}=\dot I_{fc}=0\\\dot U_{fa}=\dot I_{fa}Z_f\end{aligned}\right\}$$

将上述边界条件转化为接地点电流的对称分量式：

$$\begin{pmatrix}\dot I_{fa0}\\\dot I_{fa1}\\\dot I_{fa2}\end{pmatrix}=\frac{1}{3}\begin{pmatrix}1&1&1\\1&\alpha&\alpha^2\\1&\alpha^2&\alpha\end{pmatrix}\begin{pmatrix}\dot I_{fa}\\0\\0\end{pmatrix}=\frac{\dot I_{fa}}{3}\begin{pmatrix}1\\1\\1\end{pmatrix}\qquad(6-60)$$

即

$$\dot I_{fa0}=\dot I_{fa1}=\dot I_{fa2}=\frac{1}{3}\dot I_{fa}\qquad(6-61)$$

由 $\dot U_{fa}=\dot I_{fa}Z_f$，有

$$\dot U_{fa0}+\dot U_{fa1}+\dot U_{fa2}=\dot I_{fa}Z_f\qquad(6-62)$$

联立求解式(6-59)、式(6-61)和式(6-62)，即可解出 $\dot I_{fa0}$、$\dot I_{fa1}$、$\dot I_{fa2}$ 和 $\dot U_{fa0}$、$\dot U_{fa1}$、$\dot U_{fa2}$，但这种解析法较烦琐，工程中不适用。

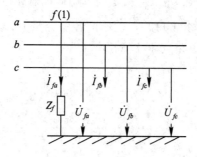

图 6 - 40　单相接地短路

若按照边界条件以及式(6-61)和式(6-62)，可知正序、负序、零序网络串联，如图 6 - 41 所示，则可求出单相接地短路时短路点电流和电压的各序分量。这种由三个序网

按不同的边界条件组合成的网络称为复合序网。在复合序网中，同时满足了序网方程和边界条件，因此复合序网中的电流和电压各序分量就是要求解的未知量。

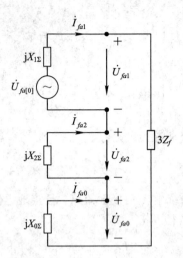

图 6-41 单相接地短路复合序网

从复合序网中直接可得

$$\dot{I}_{fa0} = \dot{I}_{fa1} = \dot{I}_{fa2} = \frac{\dot{U}_{fa[0]}}{\mathrm{j}(X_{1\Sigma} + X_{2\Sigma} + X_{0\Sigma}) + 3Z_f} \tag{6-63}$$

则短路点的故障相电流为

$$\dot{I}_{fa} = \dot{I}_{fa0} + \dot{I}_{fa1} + \dot{I}_{fa2} = \frac{3\dot{U}_{fa[0]}}{\mathrm{j}(X_{1\Sigma} + X_{2\Sigma} + X_{0\Sigma}) + 3Z_f} \tag{6-64}$$

同样地，利用对称分量法有

$$\begin{pmatrix} \dot{I}_{fa} \\ \dot{I}_{fb} \\ \dot{I}_{fc} \end{pmatrix} = \begin{pmatrix} 1 & 1 & 1 \\ 1 & \alpha^2 & \alpha \\ 1 & \alpha & \alpha^2 \end{pmatrix} \begin{pmatrix} \dot{I}_{fa0} \\ \dot{I}_{fa1} \\ \dot{I}_{fa2} \end{pmatrix} = \begin{pmatrix} 3\dot{I}_{fa0} \\ 0 \\ 0 \end{pmatrix} \tag{6-65}$$

在近似计算中，一般有 $X_{1\Sigma} = X_{2\Sigma}$，从式(6-64)看出，当 $X_{0\Sigma} < X_{1\Sigma}$ 时，则单相接地短路电流大于同一地点的三相短路电流，反之则单相接地短路电流小于三相短路电流。

从序网方程式(6-59)可求出短路点电压的各序分量 $\dot{U}_{fa0}$、$\dot{U}_{fa1}$、$\dot{U}_{fa2}$，然后利用对称分量法的合成算式即可求得短路点非故障相电压为

$$\left. \begin{aligned} \dot{U}_{fa1} &= \frac{\mathrm{j}(X_{2\Sigma} + X_{0\Sigma})\dot{U}_{fa[0]}}{\mathrm{j}(X_{1\Sigma} + X_{2\Sigma} + X_{0\Sigma}) + 3Z_f} \\ \dot{U}_{fa2} &= -\frac{\mathrm{j}X_{2\Sigma}\dot{U}_{fa[0]}}{\mathrm{j}(X_{1\Sigma} + X_{2\Sigma} + X_{0\Sigma}) + 3Z_f} \\ \dot{U}_{fa0} &= -\frac{\mathrm{j}X_{0\Sigma}\dot{U}_{fa[0]}}{\mathrm{j}(X_{1\Sigma} + X_{2\Sigma} + X_{0\Sigma}) + 3Z_f} \end{aligned} \right\} \tag{6-66}$$

利用对称分量法有

$$\begin{pmatrix}\dot U_{fa}\\ \dot U_{fb}\\ \dot U_{fc}\end{pmatrix}=\begin{pmatrix}1&1&1\\ 1&\alpha^2&\alpha\\ 1&\alpha&\alpha^2\end{pmatrix}\begin{pmatrix}\dot U_{fa0}\\ \dot U_{fa1}\\ \dot U_{fa2}\end{pmatrix}=\begin{pmatrix}1&1&1\\ 1&\alpha^2&\alpha\\ 1&\alpha&\alpha^2\end{pmatrix}\begin{bmatrix}-\dfrac{\mathrm{j}X_{0\Sigma}\dot U_{fa[0]}}{\mathrm{j}(X_{1\Sigma}+X_{2\Sigma}+X_{0\Sigma})+3Z_f}\\[2mm] \dfrac{\dot U_{fa[0]}(Z_2+Z_0)}{\mathrm{j}(X_{1\Sigma}+X_{2\Sigma}+X_{0\Sigma})+3Z_f}\\[2mm] -\dfrac{\dot U_{fa[0]}Z_2}{\mathrm{j}(X_{1\Sigma}+X_{2\Sigma}+X_{0\Sigma})+3Z_f}\end{bmatrix}$$

$$=\begin{bmatrix}0\\[2mm] \dfrac{\dot U_{fa[0]}(-\mathrm{j}X_{0\Sigma}+\alpha^2(\mathrm{j}X_{2\Sigma}+\mathrm{j}X_{0\Sigma})-\alpha\mathrm{j}X_{2\Sigma})}{\mathrm{j}(X_{1\Sigma}+X_{2\Sigma}+X_{0\Sigma})+3Z_f}\\[4mm] \dfrac{\dot U_{fa[0]}(-\mathrm{j}X_{0\Sigma}+\alpha(\mathrm{j}X_{2\Sigma}+\mathrm{j}X_{0\Sigma})-\alpha^2\mathrm{j}X_{2\Sigma})}{\mathrm{j}(X_{1\Sigma}+X_{2\Sigma}+X_{0\Sigma})+3Z_f}\end{bmatrix}$$

$$=\begin{bmatrix}0\\[2mm] \dfrac{\dot U_{fa[0]}\left[(\alpha^2-1)\mathrm{j}X_{0\Sigma}+(\alpha^2-\alpha)\mathrm{j}X_{2\Sigma}\right]}{\mathrm{j}(X_{1\Sigma}+X_{2\Sigma}+X_{0\Sigma})+3Z_f}\\[4mm] \dfrac{\dot U_{fa[0]}\left[(\alpha-1)\mathrm{j}X_{0\Sigma}+(\alpha-\alpha^2)\mathrm{j}X_{2\Sigma}\right]}{\mathrm{j}(X_{1\Sigma}+X_{2\Sigma}+X_{0\Sigma})+3Z_f}\end{bmatrix}$$

$$=\begin{bmatrix}0\\[2mm] \dfrac{\dot U_{fa[0]}\left[\left(-\mathrm{j}\dfrac{3}{2}+\dfrac{\sqrt3}{2}\right)X_{0\Sigma}+\sqrt3\,X_{2\Sigma}\right]}{\mathrm{j}(X_{1\Sigma}+X_{2\Sigma}+X_{0\Sigma})+3Z_f}\\[6mm] \dfrac{\dot U_{fa[0]}\left[\left(-\mathrm{j}\dfrac{3}{2}-\dfrac{\sqrt3}{2}\right)X_{0\Sigma}-\sqrt3\,X_{2\Sigma}\right]}{\mathrm{j}(X_{1\Sigma}+X_{2\Sigma}+X_{0\Sigma})+3Z_f}\end{bmatrix}\qquad(6-67)$$

代入 $X_{1\Sigma}=X_{2\Sigma}$ 和 $\dot I_{fa0}=\dot I_{fa1}=\dot I_{fa2}$，则

$$\dot U_{fb}=\alpha^2\dot U_{fa[0]}-\mathrm{j}(\alpha^2+\alpha)X_{1\Sigma}\dot I_{fa1}-\mathrm{j}X_{0\Sigma}\dot I_{fa1}$$

$$=\dot U_{fb[0]}-\mathrm{j}(X_{0\Sigma}-X_{1\Sigma})\dot I_{fa1}=\dot U_{fb[0]}-\frac{X_{0\Sigma}-X_{1\Sigma}}{2X_{1\Sigma}+X_{0\Sigma}}\dot U_{fa[0]}\qquad(6-68)$$

同理可得

$$\dot U_{fc}=\dot U_{fc[0]}-\frac{X_{0\Sigma}-X_{1\Sigma}}{2X_{1\Sigma}+X_{0\Sigma}}\dot U_{fa[0]}\qquad(6-69)$$

从式(6-68)和式(6-69)看出，单相接地故障时，非故障相电压 $\dot U_{fb}$ 和 $\dot U_{fc}$ 的绝对值总是相等的。

当 $X_{0\Sigma}<X_{1\Sigma}$ 时，非故障相电压较正常运行时低。极限情况 $X_{0\Sigma}=0$ 时，相当于短路发生在直接接地的中性点附近，$\dot U_{fb}$ 和 $\dot U_{fc}$ 的相位差为 $180°$。

$$\dot U_{fb}=\dot U_{fb[0]}+\frac{1}{2}\dot U_{fa[0]}=\frac{\sqrt3}{2}\dot U_{fb[0]}\mathrm{e}^{\mathrm{j}30°}\ ,\quad \dot U_{fc}=\frac{\sqrt3}{2}\dot U_{fc[0]}\mathrm{e}^{-\mathrm{j}30°}$$

当 $X_{0\Sigma}=X_{1\Sigma}$ 时，$\dot U_{fb}=\dot U_{fb[0]}$，$\dot U_{fc}=\dot U_{fc[0]}$，即故障后的非故障相电压不变。

当 $X_{0\Sigma} > X_{1\Sigma}$ 时，非故障相电压较正常运行时高。极限情况 $X_{0\Sigma} = \infty$ 时，$\dot{U}_{fb} = \dot{U}_{fb[0]} - \dot{U}_{fa[0]} = \sqrt{3} \dot{U}_{fb[0]} \mathrm{e}^{-\mathrm{j}30°}$，$\dot{U}_{fc} = \dot{U}_{fc[0]} - \dot{U}_{fa[0]} = \sqrt{3} \dot{U}_{fc[0]} \mathrm{e}^{\mathrm{j}30°}$，相当于中性点不接地系统发生单相接地短路时，中性点电位升高至相电压，而非故障相电压升高为线电压的情况，$\dot{U}_{fb}$ 和 $\dot{U}_{fc}$ 相位差为 60°。一般情况下 $\dot{U}_{fb}$ 和 $\dot{U}_{fc}$ 的相位差介于 60°～180° 之间。

综上所述，非故障相电压随 X_0 变化的轨迹如图 6-42 所示。

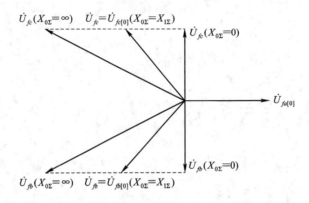

图 6-42　单相(a 相)接地短路时非故障相电压变化轨迹

在求得短路点电流和电压的对称分量以后，还可以根据各对称分量之间的相位关系用图解法求取各相电流和电压。具体步骤如下：

(1) 画电流相量图，求短路点各相短路电流。

① 假设 $\dot{I}_{fa1}$ 的正方向为 x 轴正半轴方向，根据边界条件画 $\dot{I}_{fa1} = \dot{I}_{fa2} = \dot{I}_{fa0}$。

② 以 $\dot{I}_{fa1}$ 为基准，画出各相电流的正序分量 $\dot{I}_{fb1}$、$\dot{I}_{fc1}$（相序 a—b—c 为顺时针方向）。

③ 以 $\dot{I}_{fa2}$ 为基准，画出各相电流的负序分量 $\dot{I}_{fb2}$、$\dot{I}_{fc2}$（相序 a—b—c 为逆时针方向）。

④ 以 $\dot{I}_{fa0}$ 为基准，画出各相电流的零序分量 $\dot{I}_{fb0}$、$\dot{I}_{fc0}$，它们大小相等、方向相同。

⑤ 求各相电流：

$$\dot{I}_{fa} = \dot{I}_{fa1} + \dot{I}_{fa2} + \dot{I}_{fa0} = 3\dot{I}_{fa1}, \quad \dot{I}_{fb} = \dot{I}_{fb1} + \dot{I}_{fb2} + \dot{I}_{fb0} = 0, \quad \dot{I}_{fc} = \dot{I}_{fc1} + \dot{I}_{fc2} + \dot{I}_{fc0} = 0$$

按上述步骤画出的单相(a 相)接地短路电流相量图如图 6-43(a)所示。

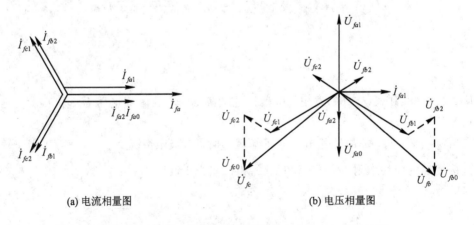

(a) 电流相量图　　　　　　　　(b) 电压相量图

图 6-43　单相(a 相)接地短路时短路点电流、电压相量图

（2）画电压相量图，求短路点各相电压。

① 画 $\dot{U}_{fa1}$ 超前 $\dot{U}_{fa1}$90°，并在反方向上画 $\dot{U}_{fa2}$ 和 $\dot{U}_{fa0}$，它们的关系应满足边界条件 $\dot{U}_{fa2}+\dot{U}_{fa0}=-\dot{U}_{fa1}$。

② 以 $\dot{U}_{fa1}$ 为基准，画出各相电压的正序分量 $\dot{U}_{fb1}$、$\dot{U}_{fc1}$。

③ 以 $\dot{U}_{fa2}$ 为基准，画出各相电压的负序分量 $\dot{U}_{fb2}$、$\dot{U}_{fc2}$。

④ 以 $\dot{U}_{fa0}$ 为基准，画出各相电压的零序分量 $\dot{U}_{fb0}$、$\dot{U}_{fc0}$。

⑤ 由序分量合成三相电压 $\dot{U}_{fa}$、$\dot{U}_{fb}$、$\dot{U}_{fc}$。

按上述步骤画出的单相（a 相）接地短路电压相量图如图 6-43(b)所示。

二、两相短路

设电力系统在 f 点发生了两相（b、c 相）短路，如图 6-44 所示，短路点的边界条件为

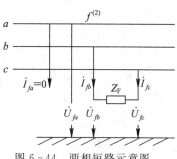

图 6-44　两相短路示意图

$$\left.\begin{array}{l}\dot{I}_{fa}=0\\[2pt]\dot{I}_{fb}=-\dot{I}_{fc}\\[2pt]\dot{U}_{fb}-\dot{U}_{fc}=\dot{I}_{fb}Z_f\end{array}\right\}\qquad(6-70)$$

上述边界条件转换为短路点电流和电压的对称分量式：

$$\begin{pmatrix}\dot{I}_{fa0}\\\dot{I}_{fa1}\\\dot{I}_{fa2}\end{pmatrix}=\frac{1}{3}\begin{pmatrix}1&1&1\\1&\alpha&\alpha^2\\1&\alpha^2&\alpha\end{pmatrix}\begin{pmatrix}\dot{I}_{fa}\\\dot{I}_{fb}\\\dot{I}_{fc}\end{pmatrix}=\frac{1}{3}\begin{pmatrix}1&1&1\\1&\alpha&\alpha^2\\1&\alpha^2&\alpha\end{pmatrix}\begin{pmatrix}0\\\dot{I}_{fb}\\-\dot{I}_{fb}\end{pmatrix}=\frac{\mathrm{j}\dot{I}_{fb}}{\sqrt{3}}\begin{pmatrix}0\\1\\-1\end{pmatrix}\qquad(6-71)$$

所以

$$\left.\begin{array}{l}\dot{I}_{fa1}=-\dot{I}_{fa2}\\[2pt]\dot{I}_{fa0}=0\end{array}\right\}\qquad(6-72)$$

说明两相短路故障时，故障点不与大地相连，零序电流无通路，因此无零序网络。

由

$$\dot{U}_{fb}-\dot{U}_{fc}=\dot{I}_{fa}Z_f$$

有

$$(\alpha^2\dot{U}_{fa1}+\alpha\dot{U}_{fa2}+\dot{U}_{fa0})-(\alpha\dot{U}_{fa1}+\alpha^2\dot{U}_{fa2}+\dot{U}_{fa0})=(\dot{I}_{fa0}+\alpha^2\dot{I}_{fa1}+\alpha\dot{I}_{fa2})Z_f$$

即

$$\dot{U}_{fa1}-\dot{U}_{fa2}=\dot{I}_{fa1}Z_f$$

则两相短路的序边界条件为

$$\left.\begin{array}{l}\dot{I}_{fa1}=-\dot{I}_{fa2}\\[2pt]\dot{I}_{fa0}=0\\[2pt]\dot{U}_{fa1}=\dot{U}_{fa2}+\dot{I}_{fa1}Z_f\end{array}\right\}\qquad(6-73)$$

满足序网方程式(6-59)和边界条件式(6-73)的复合序网，是正、负序网并联后的网络，如图6-45所示。

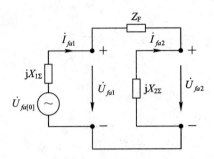

图6-45 两相短路复合序网

从复合序网中可直接求得正、负序电流分量为

$$\dot{I}_{fa1} = -\dot{I}_{fa2} = \frac{\dot{U}_{fa[0]}}{j(X_{1\Sigma}+X_{2\Sigma})+Z_f} \tag{6-74}$$

短路点各相电流为

$$\begin{pmatrix} \dot{I}_a \\ \dot{I}_b \\ \dot{I}_c \end{pmatrix} = \begin{pmatrix} 1 & 1 & 1 \\ 1 & \alpha^2 & \alpha \\ 1 & \alpha & \alpha^2 \end{pmatrix} \begin{pmatrix} \dot{I}_{fa0} \\ \dot{I}_{fa1} \\ \dot{I}_{fa2} \end{pmatrix} = \begin{pmatrix} 1 & 1 & 1 \\ 1 & \alpha^2 & \alpha \\ 1 & \alpha & \alpha^2 \end{pmatrix} \begin{pmatrix} 0 \\ \dot{I}_{fa1} \\ -\dot{I}_{fa1} \end{pmatrix}$$

$$= \begin{Bmatrix} 0 \\ -j\sqrt{3}\dfrac{\dot{U}_{fa[0]}}{j(X_{1\Sigma}+X_{2\Sigma})+Z_f} \\ j\sqrt{3}\dfrac{\dot{U}_{fa[0]}}{j(X_{1\Sigma}+X_{2\Sigma})+Z_f} \end{Bmatrix} = \begin{Bmatrix} 0 \\ -\dfrac{j\sqrt{3}\dot{U}_{fa[0]}}{j(X_{1\Sigma}+X_{2\Sigma})+Z_f} \\ \dfrac{j\sqrt{3}\dot{U}_{fa[0]}}{j(X_{1\Sigma}+X_{2\Sigma})+Z_f} \end{Bmatrix} \tag{6-75}$$

从式(6-75)看出，当 $X_{1\Sigma}=X_{2\Sigma}$ 时，两相短路电流是同一点三相短路电流的 $\sqrt{3}/2$ 倍，因此在一般网络中，两相短路电流小于三相短路电流。

短路点的各相电压对称分量为

$$\left.\begin{aligned} \dot{U}_{fa1} &= \dot{U}_{fa[0]} - jX_{1\Sigma}\dot{I}_{fa1} = \dot{U}_{fa[0]} - \frac{jX_{1\Sigma}\dot{U}_{fa[0]}}{j(X_{1\Sigma}+X_{2\Sigma})+Z_f} = \frac{(jX_{2\Sigma}+Z_f)\dot{U}_{fa[0]}}{j(X_{1\Sigma}+X_{2\Sigma})+Z_f} \\ \dot{U}_{fa2} &= -jX_{2\Sigma}\dot{I}_{fa2} = \frac{jX_{2\Sigma}\dot{U}_{fa[0]}}{j(X_{1\Sigma}+X_{2\Sigma})+Z_f} \\ \dot{U}_{fa0} &= 0 \end{aligned}\right\} \tag{6-76}$$

若 $Z_f=0$，则当 $X_{1\Sigma}=X_{2\Sigma}$ 时，$\dot{U}_{fa1}=\dot{U}_{fa2}=\frac{1}{2}\dot{U}_{fa[0]}$、$\dot{U}_{fa0}=0$；由式(6-76)可求得短路点各相电压为

$$\begin{pmatrix} \dot{U}_{fa} \\ \dot{U}_{fb} \\ \dot{U}_{fc} \end{pmatrix} = \begin{pmatrix} 1 & 1 & 1 \\ 1 & \alpha^2 & \alpha \\ 1 & \alpha & \alpha^2 \end{pmatrix} \begin{pmatrix} \dot{U}_{fa0} \\ \dot{U}_{fa1} \\ \dot{U}_{fa2} \end{pmatrix} = \begin{pmatrix} 1 & 1 & 1 \\ 1 & \alpha^2 & \alpha \\ 1 & \alpha & \alpha^2 \end{pmatrix} \begin{pmatrix} 0 \\ \dot{U}_{fa1} \\ \dot{U}_{fa1} \end{pmatrix} = \begin{pmatrix} 2\dot{U}_{fa1} \\ -\dot{U}_{fa1} \\ -\dot{U}_{fa1} \end{pmatrix} \qquad (6-77)$$

即当 $X_{1\Sigma} = X_{2\Sigma}$ 时，有 $\dot{U}_{fa} = \dot{U}_{fa[0]}$，$\dot{U}_{fb} = \dot{U}_{fc} = -\dfrac{1}{2}\dot{U}_{fa[0]}$，说明两相短路后，非故障相电压不变，故障相电压幅值降低 $1/2$。

按照绘制单相接地短路相量图的步骤，可画出两相(b、c 相)短路时，短路点的电流、电压相量图，如图 6-46 所示。

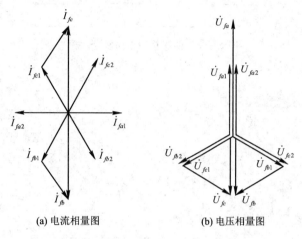

(a) 电流相量图　　　　　　(b) 电压相量图

图 6-46　两相短路的短路点电流、电压相量图

三、两相接地短路

设在中性点接地的电力系统中 f 点发生两相(b、c 相)接地短路，如图 6-47 所示。

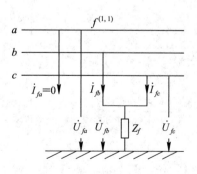

图 6-47　两相接地短路示意图

短路点的边界条件为

$$\left. \begin{aligned} \dot{I}_{fa} &= 0 \\ \dot{U}_{fb} = \dot{U}_{fc} &= (\dot{I}_{fb} + \dot{I}_{fc}) Z_f \end{aligned} \right\} \qquad (6-78)$$

两相接地短路时用对称分量表示的边界条件为

$$\left.\begin{array}{l}\dot{I}_{fa1}+\dot{I}_{fa2}+\dot{I}_{fa0}=0\\\dot{U}_{fa1}=\dot{U}_{fa2}=\dot{U}_{fa0}-\dot{I}_{fa0}3Z_f\end{array}\right\}\qquad(6-79)$$

既满足序网方程式又满足边界条件的复合序网是三个序网并联后的网络，如图 6-48 示。

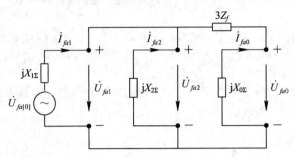

图 6-48　两相接地短路复合序网

从复合序网中直接求得

$$\left.\begin{array}{l}\dot{I}_{fa1}=\dfrac{\dot{U}_{fa[0]}}{jX_{1\Sigma}+jX_{2\Sigma}\,/\!/\,(jX_{0\Sigma}+3Z_f)}=\dfrac{\dot{U}_{fa[0]}}{jX_{1\Sigma}+\dfrac{jX_{2\Sigma}(jX_{0\Sigma}+3Z_f)}{jX_{2\Sigma}+jX_{0\Sigma}+3Z_f}}\\[4mm]\dot{I}_{fa2}=(-\dot{I}_{fa1})\dfrac{jX_{0\Sigma}+3Z_f}{jX_{0\Sigma}+3Z_f+jX_{2\Sigma}}\\[4mm]\dot{I}_{fa0}=(-\dot{I}_{fa1})\dfrac{jX_{2\Sigma}}{jX_{0\Sigma}+3Z_f+jX_{2\Sigma}}\end{array}\right\}\qquad(6-80)$$

则短路点各相电流为

$$\begin{pmatrix}\dot{I}_{fa}\\\dot{I}_{fb}\\\dot{I}_{fc}\end{pmatrix}=\begin{pmatrix}1&1&1\\1&\alpha^2&\alpha\\1&\alpha&\alpha^2\end{pmatrix}\begin{pmatrix}\dot{I}_{fa0}\\\dot{I}_{fa1}\\\dot{I}_{fa2}\end{pmatrix}=\begin{pmatrix}1&1&1\\1&\alpha^2&\alpha\\1&\alpha&\alpha^2\end{pmatrix}\begin{pmatrix}0\\\dot{I}_{fa1}\\-\dot{I}_{fa1}\end{pmatrix}$$

$$=\begin{pmatrix}\dfrac{\dot{U}_{fa[0]}}{jX_{1\Sigma}+\dfrac{jX_{2\Sigma}(jX_{0\Sigma}+3Z_f)}{jX_{2\Sigma}+jX_{0\Sigma}+3Z_f}}\dfrac{jX_{2\Sigma}}{jX_{0\Sigma}+3Z_f+jX_{2\Sigma}}\\[6mm]\dfrac{\dot{U}_{fa[0]}}{jX_{1\Sigma}+\dfrac{jX_{2\Sigma}(jX_{0\Sigma}+3Z_f)}{jX_{2\Sigma}+jX_{0\Sigma}+3Z_f}}\\[6mm]\dfrac{\dot{U}_{fa[0]}}{jX_{1\Sigma}+\dfrac{jX_{2\Sigma}(jX_{0\Sigma}+3Z_f)}{jX_{2\Sigma}+jX_{0\Sigma}+3Z_f}}\dfrac{jX_{0\Sigma}+3Z_f}{jX_{0\Sigma}+3Z_f+jX_{2\Sigma}}\end{pmatrix}$$

$$=\begin{pmatrix}0\\[2mm]\dot{I}_{fa1}\left[\alpha^2-\dfrac{jX_{2\Sigma}+\alpha(jX_{0\Sigma}+3Z_f)}{jX_{0\Sigma}+3Z_f+jX_{2\Sigma}}\right]\\[4mm]\dot{I}_{fa1}\left[\alpha-\dfrac{jX_{2\Sigma}+\alpha^2(jX_{0\Sigma}+3Z_f)}{jX_{0\Sigma}+3Z_f+jX_{2\Sigma}}\right]\end{pmatrix}\qquad(6-81)$$

若 $Z_f = 0$，则对式(6-81)，求取模值，得短路点故障相电流为

$$I_{fb} = I_{fc} = \sqrt{3} \sqrt{1 - \frac{X_{2\Sigma} X_{0\Sigma}}{(X_{2\Sigma} + X_{0\Sigma})^2}} \, I_{fa1} \quad (6-82)$$

近似计算取 $X_{1\Sigma} = X_{2\Sigma}$，有

$$I_{fb} = I_{fc} = \sqrt{3} \sqrt{1 - \frac{X_{1\Sigma} X_{0\Sigma}}{(X_{1\Sigma} + X_{0\Sigma})^2}} \frac{U_{fa[0]}}{X_{1\Sigma} + \dfrac{X_{1\Sigma} X_{0\Sigma}}{X_{1\Sigma} + X_{0\Sigma}}}$$

$$= \sqrt{3} \sqrt{1 - \frac{X_{1\Sigma} X_{0\Sigma}}{(X_{1\Sigma} + X_{0\Sigma})^2}} \frac{1}{1 + \dfrac{X_{0\Sigma}}{X_{1\Sigma} + X_{0\Sigma}}} I_f^{(3)} \quad (6-83)$$

式中，$I_f^{(3)} = U_{fa(0)}/X_{1\Sigma}$，是 f 点的三相短路电流，从式(6-83)看出 $X_{0\Sigma}$ 的值也影响短路电流的大小。由上式可见：

当 $X_{0\Sigma} < X_{1\Sigma}$ 时，两相接地短路电流大于同一点的三相短路电流，极限情况 $X_{0\Sigma} = 0$ 时，两相接地短路电流最大，即 $I_{fb} = I_{fc} = \sqrt{3} \, I_f^{(3)}$。

当 $X_{0\Sigma} > X_{1\Sigma}$ 时，两相接地短路电流小于同一点的三相短路电流，极限情况 $X_{0\Sigma} = \infty$ 时，两相接地短路电流最小，即 $I_{fb} = I_{fc} = \dfrac{\sqrt{3}}{2} I_f^{(3)}$。

两相接地短路时，从短路点流入地中的电流为

$$\dot{I}_g = \dot{I}_{fb} + \dot{I}_{fc} = \dot{I}_{fa1} \left(\alpha^2 - \frac{X_{2\Sigma} + \alpha X_{0\Sigma}}{X_{2\Sigma} + X_{0\Sigma}} \right) + \dot{I}_{fa1} \left(\alpha - \frac{X_{2\Sigma} + \alpha^2 X_{0\Sigma}}{X_{2\Sigma} + X_{0\Sigma}} \right)$$

$$= -3 \frac{X_{2\Sigma}}{X_{2\Sigma} + X_{0\Sigma}} \dot{I}_{fa1} = 3 \dot{I}_{fa0} \quad (6-84)$$

式(6-84)说明从 f 点流入地中的电流是三相的零序电流，因为只有零序电流才通过大地形成回路。

从复合序网也可求得短路点电压各序分量，即

$$\left. \begin{aligned}
\dot{U}_{fa1} &= \dot{U}_{fa[0]} - jX_{1\Sigma} \dot{I}_{fa1} = \dot{U}_{fa[0]} - \frac{jX_{1\Sigma} \dot{U}_{fa[0]}}{jX_{1\Sigma} + \dfrac{jX_{2\Sigma}(jX_{0\Sigma} + 3Z_f)}{jX_{2\Sigma} + jX_{0\Sigma} + 3Z_f}} \\
\dot{U}_{fa2} &= -jX_{2\Sigma} \dot{I}_{fa2} = \frac{jX_{2\Sigma} \dot{U}_{fa[0]}}{jX_{1\Sigma} + \dfrac{jX_{2\Sigma}(jX_{0\Sigma} + 3Z_f)}{jX_{2\Sigma} + jX_{0\Sigma} + 3Z_f}} \frac{jX_{0\Sigma} + 3Z_f}{jX_{0\Sigma} + 3Z_f + jX_{2\Sigma}} \\
\dot{U}_{fa0} &= -jX_{0\Sigma} \dot{I}_{fa0} = \frac{jX_{0\Sigma} \dot{U}_{fa[0]}}{jX_{1\Sigma} + \dfrac{jX_{2\Sigma}(jX_{0\Sigma} + 3Z_f)}{jX_{2\Sigma} + jX_{0\Sigma} + 3Z_f}} \frac{jX_{2\Sigma}}{jX_{0\Sigma} + 3Z_f + jX_{2\Sigma}}
\end{aligned} \right\} \quad (6-85)$$

短路点各相电压为

$$\begin{pmatrix} \dot{U}_{fa} \\ \dot{U}_{fb} \\ \dot{U}_{fc} \end{pmatrix} = \begin{pmatrix} 1 & 1 & 1 \\ 1 & \alpha^2 & \alpha \\ 1 & \alpha & \alpha^2 \end{pmatrix} \begin{pmatrix} \dot{U}_{fa0} \\ \dot{U}_{fa1} \\ \dot{U}_{fa2} \end{pmatrix} = \begin{pmatrix} 1 & 1 & 1 \\ 1 & \alpha^2 & \alpha \\ 1 & \alpha & \alpha^2 \end{pmatrix} \begin{pmatrix} -jX_{0\Sigma} \dot{I}_{fa0} \\ \dot{U}_{fa(0)} - jX_{1\Sigma} \dot{I}_{fa1} \\ -jX_{2\Sigma} \dot{I}_{fa2} \end{pmatrix} \quad (6-86)$$

若 $Z_f = 0$，则

$$\dot{U}_{fb} = \dot{U}_{fc} = 0$$

$$\dot{U}_{fa} = \dot{U}_{fa1} + \dot{U}_{fa2} + \dot{U}_{fa0} = 3\dot{U}_{fa1} = 3\frac{X_{2\Sigma}X_{0\Sigma}}{X_{1\Sigma}X_{2\Sigma} + X_{1\Sigma}X_{0\Sigma} + X_{2\Sigma}X_{0\Sigma}}\dot{U}_{fa[0]} \tag{6-87}$$

近似计算取 $X_{1\Sigma} = X_{2\Sigma}$，有

$$\dot{U}_{fa} = 3\frac{X_{0\Sigma}}{X_{1\Sigma} + 2X_{0\Sigma}}\dot{U}_{fa[0]} \tag{6-88}$$

由上式可以看出：

当 $X_{0\Sigma} < X_{1\Sigma}$ 时，两相接地短路的非故障相电压低于正常值。极限情况 $X_{0\Sigma} = 0$ 时，非故障相电压为零，即 $\dot{U}_{fa} = 0$。

当 $X_{0\Sigma} = X_{1\Sigma}$ 时，两相接地短路后非故障相电压不变，即 $\dot{U}_{fa} = \dot{U}_{fa[0]}$。

当 $X_{0\Sigma} > X_{1\Sigma}$ 时，两相接地短路后非故障相电压升高，其最大值出现在 $X_{0\Sigma} = \infty$ 时，$\dot{U}_{fa} = 1.5\dot{U}_{fa[0]}$，这说明在中性点不接地系统中发生两相接地短路后，非故障相电压比同一点发生单相接地短路时低。

两相接地短路时的短路点电流和电压相量图如图 6-49 所示。

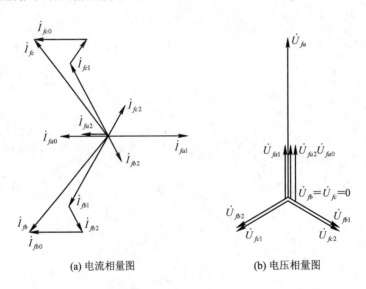

(a) 电流相量图　　　　　　　　　(b) 电压相量图

图 6-49　两相接地短路的短路点电流、电压相量图

思 考 题

1. 什么是对称分量法？正序分量、负序分量、零序分量各自的特点是什么？

2. 试将 $\dot{I}_a = 1$、$\dot{I}_b = 0$、$\dot{I}_c = 0$ 的电流系统分解为对称分量。

3. 已知 a 相电流的序分量 $\dot{I}_{a1} = 5$、$\dot{I}_{a2} = -j5$、$\dot{I}_{a0} = -1$，试求 a、b、c 三相电流。

4. 什么是正序网络、负序网络和零序网络？它们是如何获取的？

5. 变压器的零序参数主要由哪些因素决定？零序等效电路有何特点？

6. 电力系统中同一点的两相短路是三相短路电流的几倍？

7. 已知电力系统接线如图 6-50 所示，其中发电机 G 的参数为：30 MVA，$X_1=X_2=X_d''=0.125$，$E''=1$，$U_N=10.5$ kV；变压器 T_1 的参数为：30 MVA，$U_k\%=10.5$，10.5/121 kV；变压器 T_2 的参数为：20 MVA，$U_k\%=10$，110/6.3 kV；线路参数为：$l=50$ km，$z_1=0.1+j0.4(\Omega/km)$；负荷参数为：$P=10$ MW，$Q=5$ Mvar。当在母线 k 点发生 a 相接地故障时，求故障处的各相电流和电压。

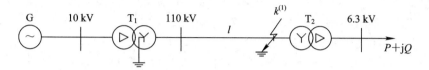

图 6-50　电力系统图

8. 已知某电力系统接线如图 6-51 所示，各元件电抗均已知，当 k 点发生 b、c 两相短路故障时，求短路点各序电流、电压及各相电流和电压。

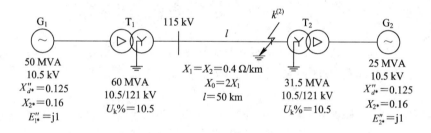

图 6-51　电力系统图

9. 简单电力系统如图 6-52 所示，已知发电机参数：$S_N=60$ MVA，$X_d''=0.16$，$X_2=0.19$；变压器参数：$S_N=60$ MVA，$U_k\%=10.5$。k 点分别发生单相接地、两相短路、两相接地和三相短路时，试计算短路点短路电流的有名值，并进行比较分析。

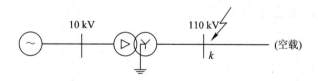

图 6-52　简单电力系统图

第七章　电力系统稳定性分析

　　电力系统在某一正常运行状态下受到干扰以后，系统经过一定时间回到原运行状态或者过渡到一个新的稳态运行状态，则认为系统在正常运行状态下是稳定的；反之，若系统的运行参数偏差随着时间不断增大或大幅度振荡，则系统是不稳定的。稳定性是电力系统的重要属性，反映了电力系统中各同步发电机在受到扰动后保持或恢复同步运行的能力。

　　本章主要对电力系统的稳定性进行分析，首先介绍电力系统稳定性的基本概念，然后以单机-无穷大系统为例，介绍简单电力系统的静态分析方法与提高静态稳定性的措施，最后介绍大扰动下电力系统暂态稳定的分析方法及提高暂态稳定性的措施。

第一节　电力系统稳定性概述

　　最初的电力系统稳定包括静态稳定和暂态稳定两类。随着电力系统的发展，电力系统稳定的概念延伸涵盖了热稳定、静态稳定、暂态稳定、动态稳定以及电压稳定和频率稳定等方面。

　　电力系统稳定性问题的出现最早可追溯到 1920 年。自第一批发电(机)厂并列运行以及远距离输电线路出现以来，人们就开始研究电力系统稳定性问题，即同步发电机并列运行的稳定性问题。同步发电机只有在同步运行状态，才能输送出稳定的电功率，系统中各节点电压及支路潮流才能保持稳定状态。反之，如果系统中各发电机不能保持同步，则发电机输出功率产生波动；若发电机不能恢复同步运行，则系统将处于失步状态，即系统将失去稳定状态。

一、电力系统稳定性的分类

　　电力系统在规模不大的联网初级阶段，可能出现的稳定问题一般可分为静态稳定和暂态稳定两大类。电力系统两大国际组织——国际大电网会议(Conference Internation des Grands Reseaux Electriques，CIGRE)和国际电气与电子工程师协会电力工程分会(Institute of Electrical and Electronic Engineers，Power Engineering Society，IEEE PRS)曾将"动态稳定"定义为功角稳定的一种形式。但"动态稳定"在北美和欧洲分别表示不同的现象，在北美，动态稳定一般表示考虑控制(主要指发电机励磁控制)的小干扰稳定，以区别于不计发电机控制的经典"静态稳定"；而在欧洲，动态稳定却表示暂态稳定。2004 年，IEEE 和 CIGRE 稳定定义联合工作组给出了电力系统稳定的新定义，取消了"动态稳定"这一术语。

　　中华人民共和国电力行业标准(DL755—2001)《电力系统安全稳定导则》在以往的基础上对稳定定义进行了补充和细化，保留了动态稳定的概念。

　　根据动态过程的特征和参与动作元件及控制系统的类型，行标 DL755—2001 将电力

系统稳定性分为功角稳定性、频率稳定性和电压稳定性三大类以及众多子类，如图 7 - 1
所示。

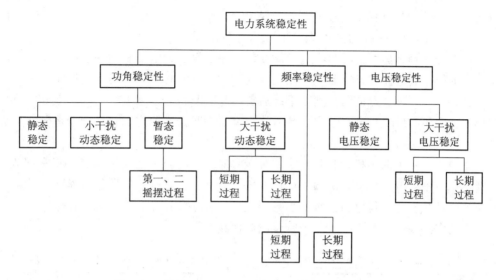

图 7 - 1　行标 DL755—2001 中电力系统稳定性的分类

图 7 - 1 中，功角稳定性分为静态稳定、暂态稳定和动态稳定。

（1）静态稳定指的是电力系统受到小的干扰后，不发生非同期性的失步，自动恢复到
起始运行状态的能力，一般不计调节器的作用。

（2）暂态稳定指的是电力系统受到大的干扰后，各发电机保持同步运行并过渡到新的
平衡状态或恢复到原来稳定运行状态的能力，通常指第一或第二振荡周期不失步。

（3）动态稳定指的是电力系统受到小的或大的干扰后，在自动调节和控制装置的作用
下，能够保持长过程的稳定运行，不发生振幅不断增大的振荡而失步。

与稳定性相对立的概念是不稳定性。电力系统的同步运行不稳定性有两类：一类是周
期性不稳定，也叫周期失步；另一类是非周期性不稳定，也叫非周期失步。所谓周期失步，
是指系统受扰后形成周期性振荡，振荡的幅值随时间越来越大，无法稳定运行而失步，也
称为振荡失稳；非周期失步是指系统受扰后不形成振荡，但幅值随时间单调增大，同样无
法稳定运行而失步，也称为滑行失步。可以通过求解系统特征值来判断系统是否稳定。

电压稳定性是电力系统在给定的运行条件下，遭受扰动后，系统中所有母线电压能继
续保持在可接受的水平的能力。若电力系统发生扰动，如负荷变化或改变运行条件使系统
中的母线或负荷节点形成不可控制的电压降落，则系统处于电压不稳定状态。

频率稳定性是指电力系统发生突然的有功功率扰动后，系统频率能够保持或恢复到允
许的范围内不发生频率崩溃的能力。频率稳定性主要用于研究系统的旋转备用容量和低频
减载配置的有效性与合理性，以及机网协调问题。

电力系统的稳定性可通过电力系统仿真软件进行分析和评估。我国常用的仿真分析软
件主要是电力系统分析软件（Power System Department-Bonnevi Power Administration
Software，PSD - BPA）和电力系统综合分析软件（Power System Analysis Software Package，
PSASP），软件的知识产权均属于中国电力科学研究院。

1. 静态稳定

为了系统能够正常运行，系统中任一输电回路在正常情况和规定预想的事故后传输的有功功率必须低于静态稳定传输极限，并保留合理裕度。静态稳定的实质是由于同步转矩不足或电压崩溃，发电机角度持续增大而引起系统非周期失去稳定。

电力系统的理想运行情况是在任何时候都能够以恒定的电压和频率连续不断地向负荷供电，然而实际上这种理想情况是不能长期存在的，因为电力系统运行过程中总是不可避免地存在小干扰，而电力系统受到小干扰后能否稳定与很多因素有关，因此进行电力系统静态稳定性分析，判断系统在给定运行方式下是否满足静态稳定运行要求，是电力系统分析最基本的任务之一。

静态稳定定义中的小扰动是指系统正常运行时负荷的小波动或运行点的正常调节。由于扰动小，一般采用线性化方法和简单模型来分析静态稳定性。通常利用李雅普诺夫非线性系统的线性化理论分析电力系统的静态稳定性，从而判断其在小干扰下的行为特征。

静态稳定失稳过程对应的相关特征量响应曲线如图 7-2 所示。

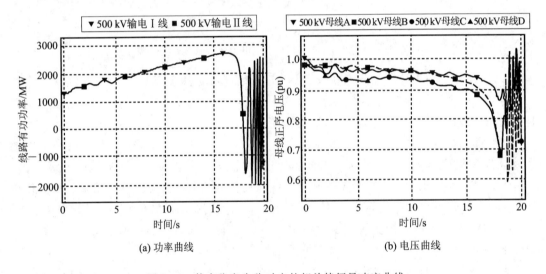

(a) 功率曲线　　　　　　　　　　(b) 电压曲线

图 7-2　静态稳定失稳对应的相关特征量响应曲线

2. 暂态稳定

在稳态运行情况下，电力系统中各发电机组输出的电磁转矩和原动机输入的机械转矩平衡，各机组的转速保持恒定。暂态稳定是指电力系统在某个运行情况下突然受到大的干扰后，能否经过暂态过程达到新的稳态运行状态或者恢复到原来的状态。这里所谓的大干扰是相对静态稳定中所提到的小干扰而言的，一般指系统发生短路故障，线路或发电机突然断开等。若发生上述扰动后，继电保护装置会快速动作切除故障或自动重合闸以保证系统再建立稳定运行状态，则系统在这种运行情况下是暂态稳定的。但如果切除故障速度不够快，各发电机组转子间有较长时间的相对运动，相对角度不断变化，因而系统的功率、电流和电压都不断振荡，以致整个系统不能再继续运行下去，则系统不能保持暂态稳定，称为暂态失稳。暂态稳定和暂态失稳两种情况下的发电机转子之间相对角度的变化情况分别如图 7-3(a)、(b)所示。

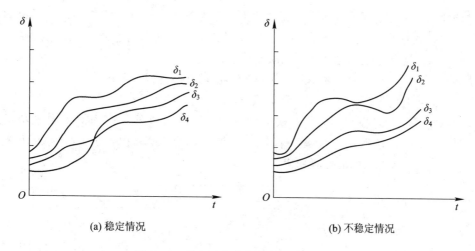

(a) 稳定情况　　　　　　　　　　　　　　(b) 不稳定情况

图 7 - 3　暂态过程中各发电机的功角曲线

　　在遭受大的干扰后，由于系统的结构或参数发生了较大的变化，使得系统的潮流及发电机的输出功率也随之发生变化，从而打破了发电机和负荷之间的功率平衡，并在发电机转轴上产生不平衡转矩，导致转子加速或减速。一般情况下，干扰后各发电机承担的功率不平衡状况并不尽相同，加之各发电机组的转动惯量也不相同，使得各机组转速变化的情况各不相同。这样，各发电机转子之间将产生相对运动，使得转子之间的相对角度发生变化，而转子之间相对角度的变化又反过来影响各发电机的输出功率，从而使各个发电机的功率、转速和转子之间的相对角度继续发生变化。与此同时，由于发电机端电压和定子电流的变化，将引起励磁调节系统的动作；由于机组转速发生的变化，将引起调速系统的协作；由于网络中母线电压的变化，将引起负荷功率的变化等。这些变化将直接或间接地影响发电机转轴上的功率平衡情况。上述各种变化过程既相互联系又相互影响，形成了一个以各发电机转子机械运动和电磁功率变化为主体的暂态过程。通过电力系统暂态稳定分析，判断系统在给定运行方式下是否满足暂态稳定运行要求，是电力系统分析最重要的任务之一。

　　电力系统遭受大干扰后所发生的暂态过程可能有两种不同的结果。一种是各发电机转子之间的相对角度随时间的变化呈振荡（或称为摇摆）状态。如果振荡的幅值逐渐衰减，各发电机之间的相对运动将逐渐消失，使得系统过渡到一个新的稳态运行情况（或者恢复到干扰前的稳态运行情况），此时各发电机仍然保持同步运行。对于这种结果称电力系统是暂态稳定的。这里所说的过渡到新的稳态运行情况（或者恢复到干扰前的稳态运行情况）也称为无扰运动。另一种结果是在暂态过程中，某些发电机转子之间始终存在着相对运动，使得转子之间的相对角度随时间不断增大，导致这些发电机之间失去同步。这时称电力系统是暂态不稳定的。发电机失去同步后，系统中的功率和电压将产生强烈的振荡，使得一些发电机和负荷被切除，严重情况下甚至导致系统的解列或瓦解。

　　3. 动态稳定

　　动态稳定分析是电力系统最容易被忽略的任务之一。在实际系统中，往往都是动态失稳发生后才去认真分析并寻求对策。从物理机理看，动态稳定水平与阻尼力矩相关。动态稳定计算分析中必须考虑详细的动态元件和控制装置的模型，如励磁系统及其附加控制、原动机调速器、电力电子装置等。研究方法主要是在某一运行点上将描述动力系统动态特性的基本方程线性化，用特征方程根实部的正负来判定系统是否稳定。随着电力系统规模的增大，动态稳定问题越来越明显、越来越复杂。

　　动态稳定判定的经验值：正常运行方式下，各机电振荡模式的阻尼比应大于 0.03；大扰动方式下，各机电振荡模式的阻尼比应大于 0.01～0.015。

　　某输电断面在动态稳定的极限方式下对应的功率曲线如图 7-4 所示，图中功率曲线反映系统大扰动后的阻尼比约为 0.015。如果该断面功率继续增加，导致阻尼比小于 0.015，工程上认为系统动态不稳定。

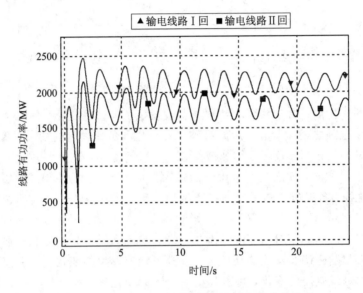

图 7-4　某输电断面动稳极限方式对应的功率曲线

　　一般来说，系统的动态稳定水平低于暂态稳定水平，暂态稳定水平低于静态稳定水平。

二、电力系统稳定运行的基本要求

　　电力系统稳定的概念延伸涵盖了热稳定、静态稳定、暂态稳定、动态稳定以及电压稳定和频率稳定等方面。这些稳定特性的机理可以是相互独立的，在复杂的大型电力系统中也可以是相互交织、相互影响的。

　　为保证电力系统运行的稳定性，维持电网频率、电压的正常水平，系统应有足够的静态稳定储备和有功、无功备用容量。备用容量应分配合理，并有必要的调节手段。在正常负荷波动和调整有功、无功潮流时，均不应发生自发振荡。

　　对于一个电力系统，稳定水平高主要包括区域功率裕度较大，所有母线电压稳定较大等方面；对于电力系统中的输电通道，稳定水平高主要包括热稳定裕度较大、静态稳定裕度较大、暂态稳定裕度较大、动态稳定裕度较大、两端母线电压稳定裕度较大等方面。

　　合理的电网结构是电力系统安全稳定运行的基础。在电网的规划设计阶段，应当统筹考虑、合理布局。电网运行方式的安排也要注重电网结构的合理性，合理的电网结构应满足如下基本要求：

（1）能够满足各种运行方式下潮流变化的需要，具有一定的灵活性，并能适应系统发展的要求。

（2）任一元件无故障断开，应能保持电力系统的稳定运行，且不致使其他元件超过规定的事故过负荷和电压允许偏差的要求。

（3）应有较大的抗扰动能力，并满足电网规划设计中规定的有关各项安全稳定标准。

（4）满足分层和分区原则。

（5）合理控制系统短路电流。

正常运行方式下的电力系统中任一元件（如线路、发电机、变压器等）发生故障断开，电力系统应能保持稳定运行和正常供电，其他元件不过负荷，电压和频率均在允许范围内。这通常称为电力系统"N-1"原则。

电力系统中的任意两个独立元件（发电机、输电线路、变压器等）被切除后，经采取适当控制措施，应不造成因其他线路过负荷跳闸而导致用户停电，不破坏系统的稳定性，不出现电压崩溃等事故。这通常被称为电力系统"N-2"原则。

在事故后经调整的运行方式下，电力系统仍应有规定的静态稳定储备，并满足再次发生单一元件故障后的暂态稳定和其他元件不超过规定事故过负荷能力的要求。

电力系统发生稳定破坏时，必须有预定的措施，以防止事故范围扩大，减少事故损失。

低一级电网中的任何元件（包括线路、母线、变压器等）发生各种类型的单一故障均不得影响高一级电压电网的稳定运行。

第二节　同步发电机的机电特性

在分析机电暂态过程中，分析的重点是旋转电机的机械运动，因此，不能再假设旋转电机的转速不变。本节将对同步发电机的转子运动方程、同步发电机的功角特性做详细的描述。

一、同步发电机的转子运动方程

根据旋转物体的力学定律，同步发电机组转子的机械角加速度与作用在转轴上的不平衡转矩之间有如下关系：

$$J\alpha = J\frac{d\Omega}{dt} = \Delta M = M_T - M_E \qquad (7-1)$$

式中，α 为转子机械角加速度（rad/s²）；Ω 为转子机械角速度（rad/s）；J 为转子的转动惯量（kg·m²）；ΔM 为作用在转子轴上的不平衡转矩（N·m），若略去转子转动时的风阻、摩擦等损耗，它就是原动机机械转矩 M_T 和发电机电磁转矩 M_E 之差；t 为时间（s）。

当转子以额定转速 Ω_0（即同步转速）旋转时，其动能为

$$E_k = \frac{1}{2}J\Omega_0^2 \qquad (7-2)$$

式中，E_k 为转子在额定转速时的动能。由式（7-2）可得

$$J = \frac{2E_k}{\Omega_0^2}$$

代入式(7-1)得

$$\frac{2E_k}{\Omega_0^2}\frac{\mathrm{d}\Omega}{\mathrm{d}t}=\Delta M \tag{7-3}$$

如果转矩采用标幺值,将式(7-3)两端同时除以转矩基准值 M_B(即功率基准值除以同步转速——S_B/Ω_0),则得

$$\frac{\dfrac{2E_k}{\Omega_0^2}}{\dfrac{S_B}{\Omega_0}}\frac{\mathrm{d}\Omega}{\mathrm{d}t}=\frac{2E_k}{S_B\Omega_0}\frac{\mathrm{d}\Omega}{\mathrm{d}t}=\Delta M_* \tag{7-4}$$

式中,S_B 为功率基准值(VA)。由于机械角加速度和电角加速度存在下列关系:

$$\Omega=\frac{\omega}{p},\ \Omega_0=\frac{\omega_0}{p}$$

式中,p 为同步发电机转子的极对数;ω_0 为同步电角速度。式(7-4)可改写为

$$\frac{2E_k}{S_B\omega_0}\frac{\mathrm{d}\omega}{\mathrm{d}t}=\frac{T_J}{\omega_0}\frac{\mathrm{d}\omega}{\mathrm{d}t}=\Delta M_* \tag{7-5}$$

式中,T_J 为发电机组的惯性时间常数(s),$T_J=\dfrac{2E_k}{S_B}$。一般手册上所给出的数据均以发电机本身的额定容量为功率基准值。

功角与电角速度之间有如下关系:

$$\left.\begin{array}{l}\dfrac{\mathrm{d}\delta}{\mathrm{d}t}=\omega-\omega_0\\[3mm]\dfrac{\mathrm{d}^2\delta}{\mathrm{d}t^2}=\dfrac{\mathrm{d}\omega}{\mathrm{d}t}\end{array}\right\} \tag{7-6}$$

将式(7-6)代入式(7-5)得

$$\frac{T_J}{\omega_0}\frac{\mathrm{d}^2\delta}{\mathrm{d}t^2}=\Delta M_* \tag{7-7}$$

如果考虑到发电机组的惯性较大,一般机械角速度 Ω 的变化不是太大,则可以近似地认为转矩的标幺值等于功率的标幺值,即

$$\Delta M_*=\frac{\Delta M}{S_B/\Omega_0}=\frac{\Delta M\Omega_0}{S_B}\approx\frac{\Delta P}{S_B}=P_{T*}-P_{E*}$$

为了书写方便,略去下角标 $*$,则式(7-7)演变为

$$\frac{T_J}{\omega_0}\frac{\mathrm{d}^2\delta}{\mathrm{d}t^2}=P_T-P_E \tag{7-8}$$

将式(7-8)还原为状态方程的形式为

$$\left.\begin{array}{l}\dfrac{\mathrm{d}\delta}{\mathrm{d}t}=\omega-\omega_0\\[3mm]\dfrac{\mathrm{d}\omega}{\mathrm{d}t}=\dfrac{\omega_0}{T_J}(P_T-P_E)\end{array}\right\} \tag{7-9}$$

若将 ω 表示为标幺值,即用 $\omega_*=\omega/\omega_0$,再略去下角标 $*$,则得

$$\left.\begin{array}{l} \dfrac{\mathrm{d}\delta}{\mathrm{d}t} = (\omega - 1)\omega_0 \\[3mm] \dfrac{\mathrm{d}\omega}{\mathrm{d}t} = \dfrac{1}{T_J}(P_T - P_E) \end{array}\right\} \tag{7-10}$$

式中，除了 t、T_J 和 ω_0 为有名值外，其余均为标幺值。

以上给出发电机几种形式的转子运动方程，表明了电角速度或机械角速度与转子上平衡转矩或功率的关系。在稳态运行时发电机转子上输入的机械转矩或功率和发电机的电磁转矩或输出的电磁功率相等，在暂态时，发电机转子上输入的机械转矩或机械功率受原动机中调速器的控制。在近似分析较短时间内的暂态过程时，可以假设调速器不起作用，汽轮机的汽门或水轮机的导向叶片的开度不变，即机械转矩或功率不变。

二、发电机的电磁转矩和功率

严格地讲，分析同步发电机受到干扰后的机电暂态过程，必须将转子运动方程式和同步发电机回路基本方程联立求解。但是在解决工程实际问题时，往往针对要研究的问题进行某些简化，在稳定性分析时做以下简化：

(1) 略去发电机定子绕组的电阻。

(2) 假设发电机转速接近同步转速。

(3) 不计定子绕组中的电磁暂态过程，不考虑直流，以及高次谐波电流产生的电磁功率。

(4) 认为发电机暂态电动势在发电机受到干扰的瞬间是不变的，近似地认为自动调节励磁装置的作用能补偿暂态电动势的衰减，可用恒定的暂态电动势作为发电机的等效电动势。

在 E_q 为常数情况下，隐极式发电机有功功率和功角 δ 的关系曲线为一正弦曲线，有功功率最大值为 $E_q U / x_d$，也就是这种情况下的功率极限。

若用暂态电动势和暂态电抗表示发电机基本方程，则有

$$\left.\begin{array}{l} E'_q = U_d + I_d x'_{d\Sigma} \\ 0 = U_d - I_q x_{d\Sigma} \end{array}\right\} \tag{7-11}$$

隐极式发电机的有功功率的表达式为

$$P = \mathrm{Re}(\dot{U}\overset{*}{I}) = U_d I_d + U_q I_q \tag{7-12}$$

将式(7-11)代入式(7-12)，可得

$$P_{E'_q} = \left(\frac{E'_q - U_q}{x'_{d\Sigma}}\right)U_d + \frac{U_d}{x_{d\Sigma}}U_q = \frac{E'_q U}{X'_{d\Sigma}}\sin\delta - \frac{U^2}{2}\frac{x_{d\Sigma} - x'_{d\Sigma}}{x_{d\Sigma} x'_{d\Sigma}}\sin 2\delta \tag{7-13}$$

如果近似地认为自动调节励磁装置能保持 E'_q 不变，则发电机的电磁功率也仅是功角 δ 的函数。绘制功角特性曲线如图 7-5 所示。由于暂态电抗和同步电抗不相等，出现了一个按两倍功角正弦变化的功率分量，它和凸极式发电机的磁阻功率相类似，可称为暂态磁阻功率。由于它的存在，功角特性曲线发生畸变，使功率极限略有增加，并且极限值出现在功角大于 90°处。

由于暂态电动势 E'_q 必须通过 q、d 轴的分别计算才能得到。在近似工程计算中还采取进一步的简化，即用 x'_d 的后电动势 E' 代替 E'_q，则有

$$P_{E'} = \frac{E'U}{x'_{d\Sigma}}\sin\delta' \tag{7-14}$$

式中，δ' 为 E' 和 U 之间的夹角。

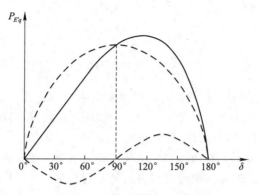

图 7-5　E'_q 为常数时的功角特性

隐极式发电机的无功功率的表达式为

$$Q=\text{Im}(\dot{U}\ \overset{*}{\dot{I}})=U_qI_d-U_dI_q \tag{7-15}$$

将式(7-11)代入式(7-15)，可得

$$Q=E'_qI_d-(I_d^2x'_d+I_q^2x_q) \tag{7-16}$$

不难看到，式(7-16)中的第二部分实际上仍是发电机内部的无功功率损耗，因此时发电机直轴等效定子绕组的电抗已改变为 x'_d，而式(7-16)中第一部分则仍是发电机交轴暂态电动势处的无功功率。这个无功功率为

$$Q=E'_q\left(\frac{E'_q-U_q}{x'_d}\right)=\frac{E'^2_q}{x'_d}-\frac{E'_qU}{x'_d}\cos\delta \tag{7-17}$$

发电机端点输出的无功功率则为

$$Q_{E'_q}=\frac{E'_qU_q}{x'_d}-\left(\frac{U_q^2}{x'_d}+\frac{U_d^2}{x_d}\right)=\frac{E'_qU}{x'_d}\cos\delta-\frac{U^2}{2}\frac{x_d+x'_d}{x_dx'_d}-\frac{U^2}{2}\frac{x_d-x'_d}{x_dx'_d}\cos2\delta \tag{7-18}$$

第三节　简单电力系统的静态分析

在小扰动下的电力系统的静态稳定分析是研究系统稳定的重要一个方面，本节主要介绍简单电力系统的静态分析方法与提高稳定性的措施。

一、单机-无穷大系统静态稳定

简单的单机-无穷大系统如图 7-6 所示。在给定的运行情况下，发电机输出的功率为 P_0，$\omega=\omega_N$；原动机的功率为 $P_{T0}=P$。假定：原动机的功率 $P_{T0}=P_0=P_T=$ 常数，发电机为隐极机，且不计励磁调节作用，即 $E_q=E_{q0}=$ 常数。

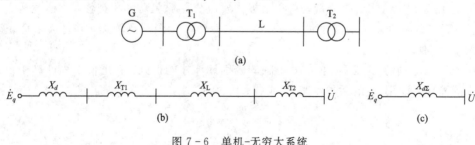

图 7-6　单机-无穷大系统

当系统稳态运行时，E_q、U、$X_{d\Sigma}$ 不变，发电机输出的电磁功率随功角 δ 的变化而变化，当 $\delta=90°$ 时，有功功率出现最大值。若不计原动机调速器的作用，则原动机机械功率 P_T 不变。假定发电机向无限大系统输送的功率为 P_0，忽略了电阻损耗及机组的摩擦、风阻等损耗，P_0 即等于原动机输出的机械功率 P_T，此时可能有两个运行点 a 和 b，相对应的功角为 δ_a 和 δ_b，如图 7-7 所示。在 a 点，若系统出现某种微小扰动，使功角增加微小增量 $\Delta\delta$，则发电机输出的电磁功率达到与图 7-7 中 a' 相对应的值。这时，由于原动机的机械功率 P_T 保持不变，仍为 P_0，因此，发电机输出的电磁功率大于原动机的机械功率，由式 (7-9) 可知，发电机转子将减速，功角 δ 将减小，经过一系列微小的振荡后运行点又回到 a 点，功角变化过程如图 7-8(a) 所示。同样，若微小扰动使功角减小 $\Delta\delta$，则发电机输出的电磁功率对应于图 7-7 中 a'' 相对应的值，这时输出的电磁功率小于输入的机械功率，发电机转子将加速，功角 δ 将增大，经过一系列微小的振荡后运行点又回到 a。因此对 a 点而言，当收到微小的扰动以后，系统均能恢复到原先的平衡状态，故 a 点是静态稳定的。

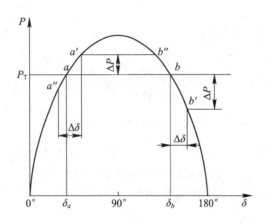

图 7-7　功角特性曲线

在 b 点，若微小扰动使功角增加微小增量 $\Delta\delta$，则发电机输出的电磁功率达到与图 7-7 中 b' 相对应的值。这时，由于原动机的机械功率 P_T 保持不变，仍为 P_0，因此，发电机输出的电磁功率小于原动机的机械功率，发电机转子将加速，功角 δ 将进一步增大，运行点不再回到 b 点，功角变化过程如图 7-8(b) 所示。功角 δ 的不断增大标志着发电机与无限大系统非周期性地失去同步，系统中电流、电压、功率等大幅度波动，无法正常运行，最终可能导致系统瓦解。同样，若微小扰动使功角减小 $\Delta\delta$，则发电机输出的电磁功率对应于图 7-7 中 b'' 相对应的值，这时输出的电磁功率大于输入的机械功率，发电机转子将减速，功角 δ 将减小，一直减小到小于 δ_a，转子又获得加速，然后又经过一系列微小的振荡后，在 a 点达到新的平衡，运行点也不再回到 b 点。因此，对 b 点而言，当受到微小的扰动以后，系统可能到达一个新的运行点或失去同步，故 b 点是静态不稳定的。

通过以上两点运行分析可知静态稳定条件为

$$\frac{\mathrm{d}P_E}{\mathrm{d}\delta}>0 \tag{7-19}$$

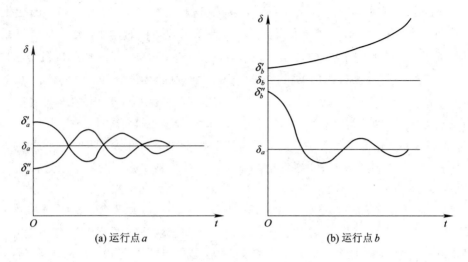

(a) 运行点 a　　　　　　　　　(b) 运行点 b

图 7-8　小扰动后功角变化过程

则有

$$\frac{\mathrm{d}P_\mathrm{E}}{\mathrm{d}\delta}=\frac{E_qU}{X_{d\Sigma}}\cos\delta \tag{7-20}$$

式中，$\dfrac{\mathrm{d}P_\mathrm{E}}{\mathrm{d}\delta}$ 为整步功率系数。当 $\delta<90°$ 时，$\dfrac{\mathrm{d}P_\mathrm{E}}{\mathrm{d}\delta}>0$，在这个范围内，系统是稳定的。当 δ 越接近 $90°$ 时，整步功率系数越小，稳定的程度越低，当 $\dfrac{\mathrm{d}P_\mathrm{E}}{\mathrm{d}\delta}=0$ 时，P_E 达到功率极限，称为静态功率极限，故只有如图 7-7 所示 $\delta\leqslant90°$ 的左半区域才是稳定运行区。通常，静态稳定极限所对应的功角正好与最大功率或称为功率极限的功角一致。

为了保证稳定，系统不应经常在稳定极限的情况下运行，应保持一定的储备，定义储备系数为

$$K_\mathrm{P}=\frac{P_\mathrm{M}-P_0}{P_0}\times100\% \tag{7-21}$$

式中，P_M 为最大功率；P_0 为正常运行情况下的发电机输送功率。我国电力规程规定，正常运行方式下 K_P 不小于 $15\%\sim20\%$，事故后的运行方式下 K_P 不小于 10%。所谓事故后的运行方式，是指事故后系统尚未恢复到原始的正常运行方式的情况。

例 7.1　简单电力系统如图 7-6 所示，发电机(隐极机)的同步电抗、变压器电抗、线路电抗标幺值分别为 $X_d=1.0$，$X_{\mathrm{T}1}=0.1$，$X_{\mathrm{T}2}=0.1$，$X_\mathrm{L}=0.1$，均为发电机额定容量为基准值。无限大系统母线电压为 $1\angle0°$。如果在发电机端电压为 1.05 时发电机向系统输送功率为 0.8，试计算此时系统的静态储备系数。

解：　此系统的静态稳定极限即对应的功率极限为

$$P_\mathrm{M}=\frac{E_qU}{X_{d\Sigma}}=\frac{E_q\times1}{1.0+0.1+0.1+0.1}=\frac{E_q\times1}{1.3}$$

需要计算出空载电动势 E_q，按下列步骤进行：

(1) 计算发电机的功角。

由图 7-6 可知发电机发出的电磁功率为

$$P_\Sigma = UI\cos\varphi = U\frac{U_G}{X_{T1}+X_L+X_{T2}}\sin\delta = \frac{1\times1.05}{0.1+0.1+0.1}\sin\delta = 0.8$$

求得 $\delta = 13.21°$。

（2）计算电流 I。

$$I = \frac{U_G - U}{j(X_{T1}+X_L+X_{T2})} = \frac{1.05\angle13.21°-1\angle0°}{j0.3} = 0.803\angle-5.29°$$

计算 E_q 为

$$E_q = U+jI(X_d+X_{T1}+X_L+X_{T2}) = 1\angle0°+j0.803\angle-5.29°\times1.3 = 1.51\angle43.5°$$

所以，静态稳定极限对应的功率为

$$P_M = \frac{E_q U}{X_{d\Sigma}} = \frac{1.51\times1}{1.3} = 1.16$$

储备系数为

$$K_P = \frac{P_M - P_0}{P_0}\times100\% = \frac{1.16-0.8}{0.8}\times100\% = 45\%$$

二、提高系统静态稳定性的措施

若要提高电力系统静态稳定性，根本的方法是使电力系统具有较高的功率极限。由式（7-13）可知，尽可能增大 E_q、U 的值及尽量减小电抗的值都可以提高功率极限。以下是常用的几种提高静态稳定性的措施。

1. 发电机装设自动调节励磁装置

发电机装设先进的调节器，就相当于使发电机呈现的电抗由同步电抗减小为暂态电抗，此时发电机的功角特性曲线和无功功率静态电压特性分别从图 7-9 中的曲线 1 改变为曲线 2，从而提高了发电机并列运行的稳定性和系统电压的稳定性。另外，由于装设自动调节励磁装置价格低廉、效果显著，因此是提高静态稳定性的首选措施，几乎所有发电机都装设了自动调节励磁装置。

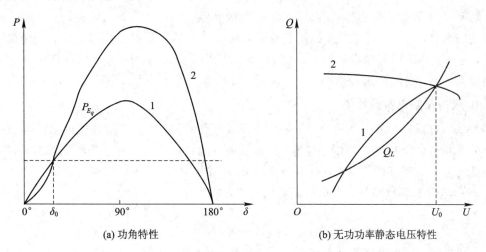

(a) 功角特性   (b) 无功功率静态电压特性

图 7-9 自动调节励磁装置在提高稳定性方面的作用

2. 减小元件电抗

1）减小发电机和变压器的电抗

如图 7-10 所示，由系统中各元件电抗的相对值可见，发电机的同步电抗在输电系统总电抗中的比重较大，因此有效地减小这个电抗，可提高功率极限，增加输送能力，改善系统运行条件。一般发电机装设自动调节励磁装置，可起到减小发电机电抗的作用。变压器的电抗在系统总电抗中所占的比重不大，在选用时可尽量选用电抗较小的变压器。

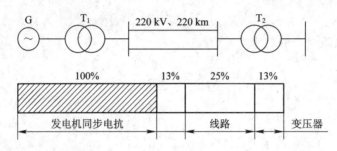

图 7-10　各元件电抗相对值

2）减小线路电抗

线路电抗在电力系统中所占的比重较大，特别是远距离输电线路所占比重更大，因此减小线路的电抗，对提高电力系统的功率极限和稳定性有重要的作用。

直接减小线路电抗可采用以下方法：用电缆代替架空线；采用扩径导线；采用分裂导线。

高压输电线路采用分裂导线的主要目的是避免电晕，同时，分裂导线可以减小线路电抗，220 kV 及以上的输电线路经常采用分裂导线减小线路电抗。采用分裂导线时，对其结构、分裂根数和分裂间距一般要进行综合考虑。一般来说，分裂导线间距为 0.2～5 m，220 kV 为 2 分裂，500 kV 为 4 分裂，750 kV 为 6 分裂，1000 kV 为 8 分裂。分裂导线应用于低压配电网，可以减少电压降，有效地提高线路的自然功率因数，从而改善中低压电网的电能质量。

3. 提高线路的额定电压

功率极限和电压成正比，提高线路额定电压等级，可提高静态稳定极限，从而提高静态稳定的水平。另外，提高线路的额定电压也可以等效地看作减小线路电抗。提高线路电压后，也需要提高线路及设备的绝缘水平，加大铁塔及带电结构的尺寸，这样使系统的投资增加，对应一定的输送功率和输送距离，应有其对应的经济上合理的额定电压等级。

4. 采用串联电容器补偿

串联电容器补偿就是在线路上串联电容器以补偿线路电抗。一般在较低电压等级的线路上的串联电容器补偿主要用于调压，在较高电压等级的输电线路上串联电容器补偿，则主要是用来提高系统的稳定性。在后一种情况下，补偿度对系统的影响较大。所谓补偿度 K_C，是指电容器容抗和补偿前的线路电抗之比，即

$$K_C = \frac{X_C}{X_L}$$

一般来讲，串联电容器补偿度较大，系统中总的等效电抗越小，系统的稳定性越高。但补偿度太大时，在某些情况下对系统运行也会产生不利影响。

（1）K_C 过大时，可能使短路电流过大，短路电流还可能呈容性，某些继电保护装置可能会误动作。

（2）K_C 过大时，系统中的等效电抗减小，阻尼功率系数 D 可能为负，则会使系统发生低频的自发振荡，破坏系统的稳定性。

（3）由于 K_C 过大的补偿后，发电机的外部电路 X_L 可能呈容性，同步发电机的电枢反应可能起助磁作用，即同步发电机出现自励磁现象，使发电机的电流、电压迅速上升，直至产生具有破坏性的暂态转矩，对同步发电机及电站的电气设备产生大的危害。

串联电容器一般采用集中补偿。当线路两侧都有电源时，补偿电容器一般设置在中间变电所内；当只有一侧有电源时，补偿电容器一般设置在末端变电所内，以避免产生过大的短路电流，如图 7 - 11 所示。一般补偿度 $K_C < 0.5$ 为宜。

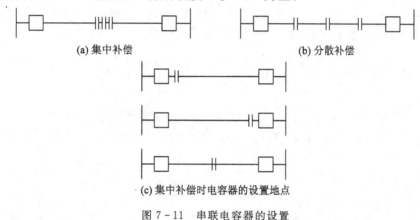

(a) 集中补偿　　　　　　　　　　(b) 分散补偿

(c) 集中补偿时电容器的设置地点

图 7 - 11　串联电容器的设置

5. 改善系统的结构

有多种方法可以改善系统结构，加强系统的联系。例如，增加输电线路的回路数，减小线路电抗，加强线路两端各自系统的内部联系，减小系统等效电抗。在系统中间接入中间调相机或接入中间电力系统（变电站），如图 7 - 12 所示，这样输电线路就相当于分为两段，线路中间得到了电压支撑，系统的静态稳定性得到了提高。

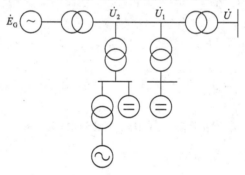

图 7 - 12　中间调相机和中间电力系统的接入

以上提高静态稳定性的措施主要是从减小电抗这一点入手，在正常运行时提高发电机和电网的运行电压也可以提高功率极限。为使电网具有较高的电压水平，必须要在系统中设置足够的无功功率电源。

第四节　电力系统的暂态稳定分析

　　在大扰动下的电力系统的暂态稳定分析是研究系统稳定的另一个重要方面,本节主要介绍简单电力系统的暂态稳定分析方法与提高稳定性的措施。

一、基本假定

　　电力系统受到大扰动,经过一段时间后或是趋向运行或是趋向失去同步,一般技术时间的长短取决于系统本身状况,有的约 1 s,有的则持续几秒钟甚至几分钟。因此,进行暂态稳定分析时要针对系统实际情况在不同阶段进行分类。

　　(1)起始阶段:故障后约 1 s 内的时间段。在这期间系统中的保护和自动装置有一系列的动作,如切除故障线路和重合闸,切除发电机等。在这个时间段内发电机的调节系统还未起作用。

　　(2)中间阶段:在起始阶段后,持续 5 s 左右的时间段。在此期间发电机的调节系统将发挥作用。

　　(3)后期阶段:在故障后几分钟内。这时热力设备(如锅炉等)中煤粉的燃烧过程将影响到电力系统的暂态过程,另外,系统中还将发生永久性的切除线路以及由于频率的下降自动装置切除部分负荷等操作。

　　这里只讨论故障发生后几秒钟内系统的稳定性。暂态稳定分析的目的是确定系统在大扰动下发电机能否继续保持同步运行,即确定发电机组转子相对运动的功角随时间变化的特性,而不必精确地确定电力系统所有电磁变量的机械变量在暂态过程中的变化。为了简化分析过程,一般考虑对机组转子转动起主要作用的因素,忽略或近似考虑一些次要因素,可采用以下基本假定:

　　(1)忽略频率变化对系统参数的影响。由于发电机组惯性较大,在所研究的短暂时间里各机组的电角速度相对于同步角速度的偏离很小,所以认为系统在暂态过程中频率不变,发电机转速恒定。

　　(2)忽略发电机定子电流的非周期分量。定子电流的非周期分量衰减较快,对发电机的机电暂态过程影响很小,可忽略不计。

　　(3)发电机的参数用 E' 和 X'_d 表示。大扰动瞬间,发电机的交轴暂态电动势保持不变,对应的电抗为暂态电抗。

　　(4)当发生不对称短路时,忽略负序和零序分量电流对发电机转子运动的影响。

　　(5)忽略负荷的动态影响。

　　(6)在简化计算中,还忽略暂态过程中发电机的附加损耗。

二、简单电力系统的暂态稳定分析

1. 系统在各种运行方式下的发电机电磁功率计算

　　某一简单电力系统如图 7 - 13(a)所示,正常运行时发电机经过变压器和双回线路向无限大系统送电。故障时,如图 7 - 13(b)所示,一回线路始端发生不对称短路故障。故障后,继电保护装置动作,故障线路被切除,如图 7 - 13(c)所示。根据正常、故障及故障切除后三种运行方式下的电路做出等效电路，并确定发电机输出的电磁功率。

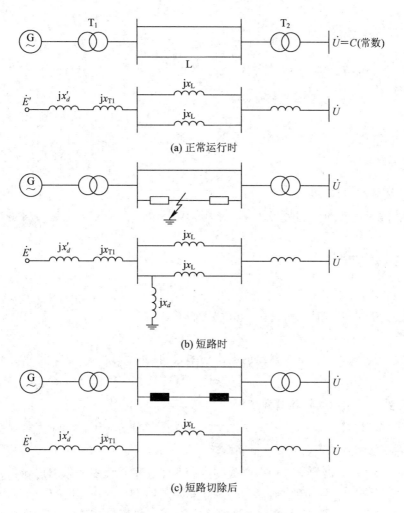

(a) 正常运行时

(b) 短路时

(c) 短路切除后

图 7-13　简单电力系统及等效电路

1）正常运行方式

正常运行时，发电机用暂态电抗 x'_d 后的电动势 E' 作为等效电动势，则电动势与无限大系统间的电抗为

$$x_{\mathrm{I}} = x'_d + x_{\mathrm{T1}} + \frac{x_{\mathrm{L}}}{2} + x_{\mathrm{T2}} \qquad (7-22)$$

这时发电机输出的电磁功率为

$$P_{\mathrm{I}} = \frac{E'U}{x_{\mathrm{I}}}\sin\delta \qquad (7-23)$$

2）故障运行方式

如果在一回输电线路始端发生不对称短路，如图 7-13(b)所示，则在正序网的故障点上接一附加电抗构成正序增广网络，这个正序增广网络即可用来计算不对称短路的正序电流及相应的正序功率。此时发电机与无限大系统之间的电抗可由网络变换（星形网络变换

成三角形网络)得到：

$$x_{\text{II}} = (x_d' + x_{T1}) + \left(\frac{x_L}{2} + x_{T2}\right) + \frac{(x_d' + x_{T1})\left(\frac{x_L}{2} + x_{T2}\right)}{x_\Delta} \tag{7-24}$$

式中，x_Δ 为附加电抗。当故障是单相接地短路时，$x_\Delta = x_2 + x_0$；当故障是两相接地短路时，$x_\Delta = \dfrac{x_2 x_0}{x_2 + x_0}$；当故障是三相接地短路时，$x_\Delta = 0$。

这时发电机输出的电磁功率为

$$P_{\text{II}} = \frac{E'U}{x_{\text{II}}}\sin\delta \tag{7-25}$$

3）故障切除后的运行方式

故障切除后，发电机电动势与无限大系统间的联系电抗如图 7-13(c)所示，即

$$x_{\text{III}} = x_d' + x_{T1} + x_L + x_{T2} \tag{7-26}$$

这时发电机输出的电磁功率为

$$P_{\text{III}} = \frac{E'U}{x_{\text{III}}}\sin\delta \tag{7-27}$$

一般情况下，以上三种运行方式下电抗之间有如下关系：

$$x_{\text{II}} > x_{\text{III}} > x_{\text{I}}$$

则相应三种运行方式下，发电机输出的电磁功率之间的关系为

$$P_{\text{I}} > P_{\text{III}} > P_{\text{II}}$$

2. 系统受大干扰后的物理过程分析

发电机在正常运行（I）、故障（II）、故障切除后（III）三种状态下的功角特性曲线如图 7-14 所示。正常运行状态时，发电机向系统输送的有功功率为 P_{E_q}，对应的功角为 δ_a，忽略各种损耗，发电机发出的电磁功率亦为 P_{E_q}，不计故障后几秒钟内调速器的作用，即认为机械功率始终保持不变，图中的 a 点表示正常运行时发电机的运行点。发生短路后功率特性立即降为 P_{II}，但由于转子惯性，转子角度不会立即变化，其相对于无限大系统母线的角度仍保持不变，因此发电机运行点由 a 点突变为 b 点，输出功率显著减少，而原动机机械功率 P_T 不变，故产生较大的过剩功率。故障越严重，P_{II} 曲线幅值越低（三相短路时为零），则过剩功率越大。在过剩转短作用下发电机转子将加速，其相对速度（相对于同步转速）和相对角度 δ 逐渐增大，使运行点由 b 向 c 点移动。如果故障永久存在下去，则始终存在过剩转矩，发电机将不断加速，最终与无限大系统失去同步。实际上，短路后继电保护装置将迅速动作切除故障线路。假设在 c 点时将故障切除，则发电机的功率特性变为 P_{III}，发电机的运行点突变至 e 点（同样由于角度 δ 不能突变）。这时发电机输出功率比原动机的机械功率大，使转子受到制动转矩，转子速度逐渐减慢。但由于此时的速度已经大于同步转速，所以相对角度还要继续增大。假设制动过程延续到 f 点时转子转速才回到同步转速，角度 δ 不再增大。但是，在 f 点是不能持续运行的，因为此时机械功率和电磁功率仍不平衡，前者小于后者。转子将继续减速，角度 δ 开始减小，运行点沿功率特性曲线 P_{III} 由 f 点向 e、k 点转移。在达到 k 点以前一直减速，转子转速低于同步转速。在 k 点虽然机械功率与电磁功率平衡，但由于这时转子速度低于同步转速，角度 δ 继续减小。越过 k 点

以后机械功率开始大于电磁功率，转子又加速，因而角度 δ 一直减小到转速恢复同步转速后又开始增大。此后运行点沿着 $P_{\rm III}$ 开始第二次振荡。如果振荡过程中没有能量损耗，则第二次角度 δ 将增大至 f 点对应的角度 $\delta_{\rm m}$，以后就一直沿着 $P_{\rm III}$ 往复振荡。实际上，振荡过程中总有能量损耗，或者说总存在阻尼作用，因而振荡会逐渐衰减，发电机最后会停留在一个新的运行点 k 上持续运行。k 点即故障切除后功率特性 $P_{\rm III}$ 与 $P_{\rm T}$ 的交点。功角随时间变化曲线如图 7-15(a) 所示。在这种情况下，该系统在受到此种扰动后是暂态稳定的。

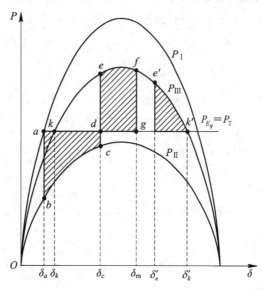

图 7-14　简单电力系统正常运行、故障及故障切除后的功角特性曲线

如果故障是在大于 δ_c 角度后才被切除，则系统将可能失去稳定性。设功角在 δ_e' 时故障被切除，切除故障后，运行点将由 e' 点沿着 $P_{\rm III}$ 曲线开始减速进入制动过程，但一直到达 k' 时，这个过程还未结束，运行点就要越过 k' 点，在 k' 点之后，转子又被加速，功角进一步增大，发电机与系统将失去同步，这时功角随时间变化曲线如图 7-15(b) 所示。

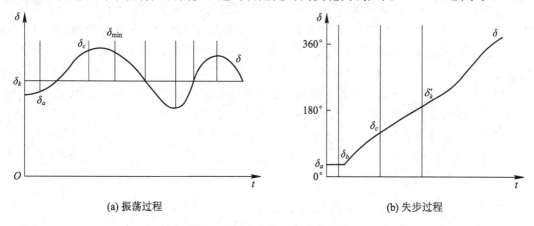

图 7-15　功角随时间变化曲线

由以上分析可见，线路故障切除的快慢，对系统的暂态稳定性有较大影响，因此，快速切除故障是提高系统暂态稳定的一项有效措施。为了确切判断系统运行在某一种方式

下，受到大扰动后能否保持暂态稳定，必须通过定量的分析计算。

3. 等面积定则

发电机在加速期间，功角由 δ_a 移到 δ_c 时过剩转矩对转子所做的功为

$$P_{(+)*} = \int_{\delta_a}^{\delta_c} \Delta M_* \mathrm{d}\delta = \int_{\delta_a}^{\delta_c} \Delta P_* \mathrm{d}\delta = \int_{\delta_a}^{\delta_c} (P_{0*} - P_{\mathrm{II}*}) \mathrm{d}\delta = A_{abcd} \qquad (7-28)$$

转子在加速期间所储存的动能大小等于面积 A_{abcd}，该面积称为加速面积。在减速期间，由 δ_c 移到 δ_m 过程中，转子克服制动转矩消耗的有功功率为

$$P_{(-)*} = \int_{\delta_c}^{\delta_\mathrm{m}} \Delta M_* \mathrm{d}\delta = \int_{\delta_c}^{\delta_\mathrm{m}} (P_{\mathrm{T}*} - P_{\mathrm{III}*}) \mathrm{d}\delta = A_{defg} \qquad (7-29)$$

转子在减速期间所消耗的动能大小等于面积 A_{defg}，该面积称为减速面积。

一个暂态稳定的系统，发电机转子在加速过程中所获得的动能必须在减速过程中全部释放完，它的功角达到最大值 δ_m，这就是等面积定则。

$$\int_{\delta_a}^{\delta_c} (P_{\mathrm{T}*} - P_{\mathrm{II}*}) \mathrm{d}\delta = -\int_{\delta_c}^{\delta_\mathrm{m}} (P_{\mathrm{T}*} - P_{\mathrm{III}*}) \mathrm{d}\delta \qquad (7-30)$$

即

$$\int_{\delta_a}^{\delta_c} (P_{\mathrm{T}*} - P_{\mathrm{II}M*} \sin\delta) \mathrm{d}\delta = \int_{\delta_c}^{\delta_\mathrm{m}} (P_{\mathrm{III}M*} \sin\delta - P_{\mathrm{T}*}) \mathrm{d}\delta \qquad (7-31)$$

积分后得

$$P_{\mathrm{T}*}(\delta_c - \delta_a) + P_{\mathrm{III}M*}(\cos\delta_\mathrm{m} - \cos\delta_a) = -P_{\mathrm{III}M*}(\cos\delta_\mathrm{m} - \cos\delta_c) - P_{\mathrm{T}*}(\delta_\mathrm{m} - \delta_c)$$
$$(7-32)$$

解方程后得

$$\cos\delta_\mathrm{m} = \frac{P_{\mathrm{T}*}(\delta_k' - \delta_a) + P_{\mathrm{III}M*} \cos\delta_k' - P_{\mathrm{II}M*} \cos\delta_a}{P_{\mathrm{III}M*} - P_{\mathrm{II}M*}} \qquad (7-33)$$

式中：$\delta_a = \arcsin \dfrac{P_{\mathrm{T}*}}{P_{\mathrm{I}M*}}$，$\delta_k' = \pi - \arcsin \dfrac{P_{\mathrm{T}*}}{P_{\mathrm{III}M*}}$。

应用式（7-33）即可求极限切除角 δ_m。显然，为了保持系统的暂态稳定性，必须在功角 $\delta < \delta_\mathrm{m}$ 前切除短路故障。如果切除角 $\delta > \delta_\mathrm{m}$，意味着加速面积大于减速面积，运行点会越过 h 点而使系统失去同步。等面积定则只限于分析简单系统的暂态稳定性，当功角特性可在平面坐标上表示时，才可用等面积定则确定极限切除角。

例 7.2 如图 7-16 所示的简单电力系统，两相接地短路发生在双回输电线路的一回线的始端，各参数在图中标出。试计算为保持暂态稳定要求的极限切除角。

解 （1）计算各元件参数的标幺值。

选基准值，选取 $S_\mathrm{B} = 250\mathrm{MVA}$，$U_{\mathrm{B}(220)} = 220\ \mathrm{kV}$。

发电机正序参数：

$$X_d' = x_d' \times \left(\frac{U_{\mathrm{N2(T1)}}}{U_{\mathrm{N1(T1)}}}\right)^2 \times \left(\frac{U_{\mathrm{N(10)}}}{U_{\mathrm{B(220)}}}\right)^2 \times \frac{S_\mathrm{B}}{S_\mathrm{N}} \times \cos\varphi_\mathrm{N}$$

$$= 0.24 \times \left(\frac{242}{10.5}\right)^2 \times \left(\frac{10.5}{220}\right)^2 \times \frac{250}{400} \times 0.85 = 0.154$$

发电机负序参数：

$$X_2 = x_2 \times \left(\frac{U_{\text{N2(T1)}}}{U_{\text{N1(T1)}}}\right)^2 \times \left(\frac{U_{\text{N(10)}}}{U_{\text{B(220)}}}\right)^2 \times \frac{S_\text{B}}{S_\text{N}} \times \cos\varphi_\text{N}$$

$$= 0.4 \times \left(\frac{242}{10.5}\right)^2 \times \left(\frac{10.5}{220}\right)^2 \times \frac{250}{400} \times 0.85 = 0.257$$

线路正、负序参数：

$$X_{\text{L1}} = X_{\text{L2}} = x_\text{L} \cdot l \frac{S_\text{B}}{U_\text{B}^2} = 250 \times 0.4 \times \frac{250}{220^2} = 0.517$$

线路零序参数：

$$X_{\text{L0}} = 3X_{\text{L1}} = 1.551$$

变压器参数：

$$X_{\text{T1}} = \frac{U_\text{k}\%}{100} \times \left(\frac{U_{\text{NT1}}}{U_\text{B}}\right)^2 \times \frac{S_\text{B}}{S_{\text{NT}}} = 0.12 \times \left(\frac{242}{220}\right)^2 \times \frac{250}{400} = 0.091$$

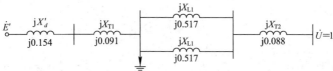

(a) 系统图

(b) 正常运行等效电路

(c) 负序、零序等效电路

(d) 故障方式等效电路

(e) 故障切除后等效电路

图 7-16　例 7.2 的图

$$X_{T2} = \frac{U_k\%}{100} \times \left(\frac{U_{NT2}}{U_B}\right)^2 \times \frac{S_B}{S_{NT2}} = 0.12 \times \left(\frac{220}{220}\right)^2 \times \frac{250}{340} = 0.088$$

$$T_J = 6 \times \frac{S_N}{S_B} = 7 \times \frac{400}{250} = 11.2$$

$$P_{T^*} = \frac{250}{250} = 1$$

$$\varphi_0 = \arccos 0.9 = 25.84°$$

$$Q_0 = P_0 \tan\varphi_0 = 0.484$$

$$U = \frac{U \times U_{N1(T2)}}{U_{N2(T2)} \times U_B} = \frac{115 \times 220}{121 \times 220} = 0.950$$

$$I = \frac{S_0}{U} = \frac{P_0 - jQ_0}{U} = \frac{1 - j0.484}{0.950} + 1.169\angle -25.83°$$

（2）系统正常运行时。

发电机与无限大系统间的电抗为

$$X_I = X'_d + X_{T1} + \frac{X_{L1}}{2} + X_{T2} = 0.154 + 0.091 + \frac{0.517}{2} + 0.088 = 0.592$$

发电机暂态电动势和初始运行功角为

$$\dot{E}' = U + j\dot{I}X_I = 0.950 + j\left(\frac{1}{0.950} - \frac{j0.484}{0.950}\right) \times 0.592 = 1.252 + j0.623 = 1.398\angle 26.46°$$

$$E' = 1.398$$

$$\delta_0 = 26.46°$$

（3）系统故障时。

据正序等效定则，在正序网络的故障点 f 接入附加电抗 X_Δ，当发生两相短路接地故障时，附加电抗是负序、零序网络在故障点 f 的等效电抗 $X_{\Sigma2}$ 与 $X_{\Sigma0}$ 的并联，由图 7-16（c）所示的负序、零序等效电路得

$$X_{\Sigma2} = \frac{(0.257 + 0.091) \times (0.517/2 + 0.088)}{0.257 + 0.091 + 0.517/2 + 0.088} = 0.174$$

$$X_{\Sigma0} = \frac{0.091 \times (1.551/2 + 0.088)}{0.091 + 1.551/2 + 0.088} = 0.082$$

则附加电抗为

$$X_\Delta = \frac{0.174 \times 0.082}{0.174 + 0.082} = 0.056$$

故障时的等效电路如图 7-16（d）所示，发电机与系统间的等效电抗为

$$X_{II} = 0.154 + 0.091 + \frac{0.517}{2} + 0.088 + \frac{(0.154 + 0.091) \times (0.517/2 + 0.088)}{0.056} = 2.107$$

故障时发电机输出的最大电磁功率为

$$P_{IIM} = \frac{E'U}{X_{II}} = \frac{1.398 \times 0.950}{2.107} = 0.630$$

（4）故障切除后。

故障线路切除后的等效电路如图 7 - 16(e)所示，发电机与系统间的电抗为

$$X_{\text{Ⅲ}} = X'_d + X_{\text{T1}} + X_{\text{L1}} + X_{\text{T2}} = 0.154 + 0.091 + 0.517 + 0.088 = 0.850$$

此时发电机输出的最大功率为

$$P_{\text{ⅢM}} = \frac{E'U}{X_{\text{Ⅲ}}} = \frac{1.398 \times 0.950}{0.850} = 1.562$$

$$\delta'_k = 180° - \delta_k = 180° - \arcsin\frac{0.950}{1.562} = 142.54°$$

（5）极限切除角。

$$\cos\delta_{\text{m}} = \frac{P_{\text{T}^*}(\delta'_k - \delta_a) + P_{\text{ⅢM}^*}\cos\delta'_k - P_{\text{ⅡM}^*}\cos\delta_a}{P_{\text{ⅢM}^*} - P_{\text{ⅡM}^*}}$$

$$= \frac{1 \times (142.54° - 26.46°) \times \pi/180 + 1.562\cos142.54° - 0.630\cos26.46°}{1.562 - 0.630}$$

$$= 0.238$$

解得 $\delta_{\text{m}} = 76.2°$。

三、提高系统暂态稳定性的措施

电力系统从设计到运行必须保证运行的安全可靠性、稳定性和经济性。由于电力系统的不断扩大，大容量发电厂的建设和远距离输电格局的形成，提高系统的输送容量以及保证系统的静态稳定和暂态稳定，是一项重要任务。提高系统暂态稳定性一般采取以下几方面措施。

1. 快速切除故障

快速切除故障对于提高系统稳定性有决定性作用。由于快速切除故障即减小了加速面积，增加了减速面积，从而提高了发电机之间并列运行的稳定性，如图 7 - 17 所示。

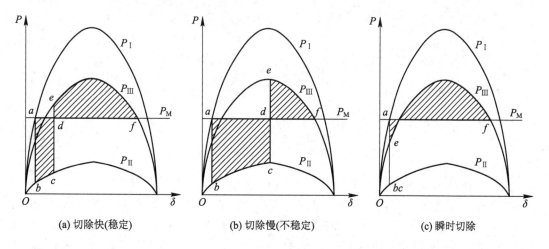

图 7 - 17　快速切除故障对于提高系统稳定性的作用

另一方面，快速切除故障，还可使负荷中电动机的端电压迅速回升，减小了电动机失速和停顿的危险，因而也提高了负荷运行的稳定性。切除故障时间是继电保护装置动作时间和断路器动作时间的总和。目前，一般短路后 0.06 s 切除线路故障，其中 0.02 s 为保护

装置动作时间，0.04 s 为断路器动作时间，甚至可以更快。

2. 采用自动重合闸装置

电力系统的故障特别是高压输电线路的故障大多是短路故障，这些故障一般是暂时性的。采用自动重合闸装置，就是当线路发生故障后，断路器将故障线路断开，经过一定时间后自动重合闸装置将线路恢复正常运行。若短路故障是瞬时性的，则当断路器重合后系统将恢复正常运行，即重合闸成功。这不仅提高了供电可靠性，而且对暂态稳定也是有利的。重合闸的成功率，可达 70%～90%以上。

图 7-17 中，P_{I}、P_{II}、P_{III} 分别表示正常工作时、故障时及故障切除后的功角特性曲线（以下同）。比较图 7-18(b)、(c)可见，装设自动重合闸后，在运行点转移到 k 点时自动重合成功，重合成功时运行点将从功角特性曲线上的 k 点跃升到功角特性曲线上的 g 点，使减速面积增大，系统可以保持暂态稳定；该状态下不装设自动重合闸时，系统不能保持暂态稳定。

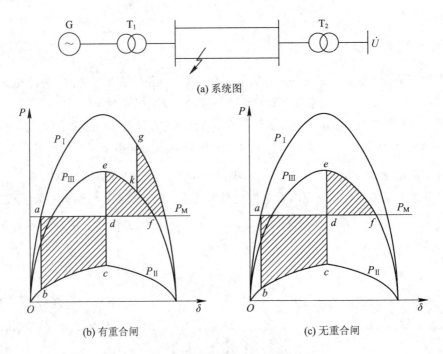

(a) 系统图

(b) 有重合闸　　　　　　　　　　　　(c) 无重合闸

图 7-18　自动重合闸提高系统运行稳定性

通常，超高压输电线路故障的 90%以上是单相接地故障，故障发生时只切除故障相，在切除故障相后至合闸前的一段时间里，送端发电厂和受端系统没有完全失去联系，这样可大大提高系统的暂态稳定性，单回输电线路按三相和按故障相重合时功角特性曲线如图 7-19 所示，表明发电机仍能向系统供电（$P_{\mathrm{III}} \neq 0$）。由图可知，采用按单相重合闸时，加速面积大大减少，按故障相切除故障可使系统暂态稳定性提高。

值得注意的是，采用单相重合闸时，去游离的时间比采用三相重合闸时略长，因为切除相后其余两相仍处于带电状态，尽管故障电流被切断，但带电的两相仍将通过导线之间的耦合向故障点继续提供电流（即潜供电流），对电弧起维持作用，所以对去游离不利。

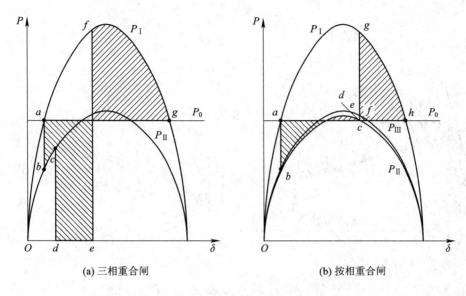

(a) 三相重合闸	(b) 按相重合闸

图 7-19　单回线路按相和三相重合闸的比较

3. 强行励磁

发电机自动调节系统都具有强行励磁装置，如图 7-20 所示。当外部短路而使发电机端电压低于额定电压的 85%～90% 时，欠电压继电器动作，并通过一中间继电器将励磁装置的调节电阻强行短接，使励磁机的励磁电流大大增加，提高了发电机电动势，增加了发电机输出的电磁功率，减少了转子的不平衡功率，提高了暂态稳定性。

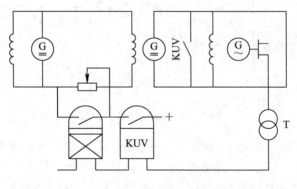

图 7-20　强行励磁装置

4. 快速减小原动机功率

对于汽轮机，一般采用快速的自动调速系统或者快速关闭汽门，联锁切机，即在切除故障的同时联锁切除送端发电厂中的一台或两台发电机，以及机械制动，或转子直接制动等方法。采用上述方法，都是利用故障电磁功率减小时，通过减小原动机输出的机械功率来减小作用在转子上的剩余功率，从而提高其暂态稳定性。快速关闭汽门和联锁切机对暂态稳定性的影响，如图 7-21 所示。

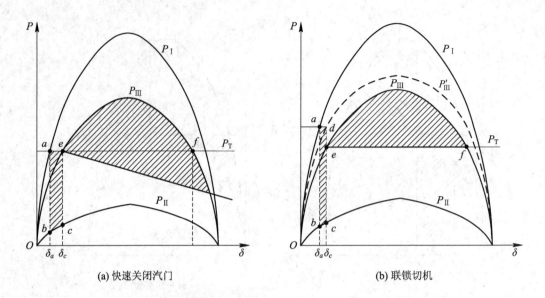

(a) 快速关闭汽门　　　　　　　　　　(b) 联锁切机

图 7 - 21　减少原动机输出机械功率对暂态稳定性的影响

5. 采用电气制动

电气制动就是当系统发生故障后，在送端发电机上迅速投入电阻，以消耗发电机发出的有功功率，减小发电机转子上的过剩功率。制动电阻接入方式如图 7 - 22 所示。当电阻串联接入时，旁路开关正常时是闭合的，投入制动电阻时将旁路开关断开。

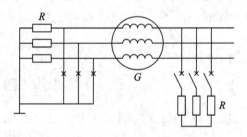

图 7 - 22　制动电阻接入方式

当电阻并联接入时，旁路开关正常时是断开的，投入制动电阻时将其闭合。如果系统中有自动重合闸装置，则当线路开关重合时应将制动电阻短路（串联接入时）或切除（并联接入时）。可用等面积定则解释电气制动的作用，有无电气制动情况的比较如图 7 - 23(a)、(b)所示。

假设故障发生后瞬时投入制动电阻，切除故障线路的同时切除制动电阻，由图 7 - 23(b)可知，当切除故障角 δ_c 不变时，由于采用了电气制动，加速面积减少的部分是 bb_1c_1c，使暂态稳定得到改善。

运用电气制动提高暂态稳定性时，制动电阻的大小以及投切时间要选择合适，否则，可能会发生所谓的欠制动（即制动作用过小发电机仍要失步）或者发生过制动（即制动作用过大）。发电机虽然在第一次振荡中没有失步，却在切除故障和切除制动电阻的第二次振荡中失步。因此，在考虑某一系统采用电气制动时，应通过计算选择适当的制动电阻。

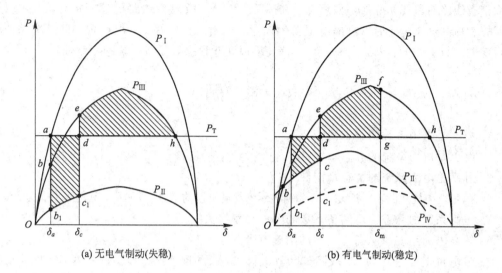

(a) 无电气制动(失稳)　　　　　(b) 有电气制动(稳定)

图 7 - 23　电气制动的作用

6. 串联电容器的强行补偿

为提高系统的暂态稳定性和故障后的静态稳定性，也可采用在串联电容补偿装置中附加强行补偿，即在切除故障线路的同时增加串联补偿电容器，增大串联补偿电容器的容抗，以抵偿由于切除故障线路而增加的线路电抗。强行补偿时容抗值约为正常时的 2.5 倍。

7. 变压器中性点以小电阻接地

在变压器中性点接地的电力系统中发生不对称接地短路时，将产生零序电流分量。若此时在系统中 YN 联结变压器的中性点以一小电阻接地，则零序电流将在这一电阻中产生功率损耗。这种功率损耗与发电机的电气制动一样可以减少转子的不平衡功率，有利于系统的暂态稳定，如图 7 - 24 所示。与电气制动类似，必须经过计算来确定接地电阻的电阻值。

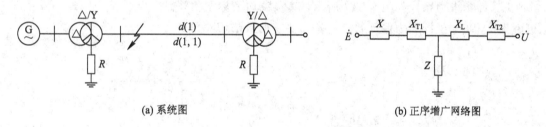

(a) 系统图　　　　　　　　　(b) 正序增广网络图

图 7 - 24　中性点接入小电阻

8. 设置中间开关站

当输电线路较长(如 500 km 以上)，且经过的地区没有变电所时，可以考虑设置中间开关站，如图 7 - 25 所示。

设置中间开关站后，当输电线路上发生永久性故障而必须切除线路时，可不必

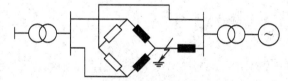

图 7 - 25　输电线上设置中间开关站

切除整条线路而只要切除故障段线路。在图 7-25 中，故障后线路的总阻抗降低，不仅提高了故障后的静态稳定性，也提高了发生故障时的暂态稳定性。一般设置中间开关站或将中间变电所与串联电容器强行补偿统一考虑，以防止谐振，提高系统的稳定性。

思 考 题

1. 什么是电力系统的稳定性？

2. 什么是电力系统的静态稳定性？

3. 什么是电力系统的暂态稳定性？

4. 同步发电机组的转子运动方程如何表示？发电机组的惯性时间 T_J，其物理意义是什么？

5. 电力系统的静态稳定储备系数与哪些功率有关？

6. 提高电力系统的静态稳定性的措施有哪些？

7. 发电机正常运行（Ⅰ）、故障（Ⅱ）和故障切除后（Ⅲ）三种状态下的功率特性曲线如何？与三种状态的电抗 $X_Ⅰ$、$X_Ⅱ$、$X_Ⅲ$ 是什么关系？

8. 什么是加速面积、减速面积？等面积定则的基本含义是什么？

9. 提高电力系统暂态稳定性的措施是什么？

10. 已知某输电系统和参数如图 7-26 所示，计算此电力系统的静态稳定储备系数 K_P。

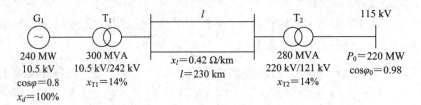

图 7-26　输电系统图

11. 简单电力系统如图 7-27 所示，其参数均为标幺值，在输电线路一回送端发生三相短路故障时，试计算为保证暂态稳定而要求的极限切除角 δ_m。

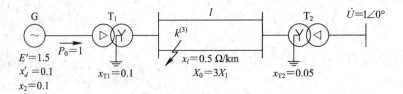

图 7-27　电力系统图

参 考 文 献

［1］ 陈慈萱. 电气工程基础（上册）. 3 版. 北京：中国电力出版社，2016.

［2］ 陈慈萱. 电气工程基础（下册）. 3 版. 北京：中国电力出版社，2016.

［3］ 唐飞. 电气工程基础习题集. 北京：中国电力出版社，2016.

［4］ 温步瀛. 电力工程基础. 2 版. 北京：中国电力出版社，2014.

［5］ 熊信银. 电气工程基础. 2 版. 武汉：华中科技大学出版社，2010.

［6］ 张铁岩. 电气工程基础. 北京：中国电力出版社，2007.

［7］ 刘涤尘. 电气工程基础. 武汉：武汉理工大学出版社，2002.

［8］ 冯建勤. 电气工程基础. 北京：中国电力出版社，2010.

［9］ 韩祯祥. 电力系统分析. 5 版. 杭州：浙江大学出版社，2013.

［10］ 孙淑琴. 电力系统分析. 2 版. 北京：机械工业出版社，2019.

［11］ 朱一纶. 电力系统分析. 2 版. 北京：机械工业出版社，2019.

［12］ 于永源. 电力系统分析. 3 版. 北京：中国电力出版社，2007.

［13］ 李庚银. 电力系统分析基础. 北京：机械工业出版社，2011.

［14］ 陈珩. 电力系统稳态分析. 3 版. 北京：中国电力出版社，2007.

［15］ 李光琦. 电力系统暂态分析. 3 版. 北京：中国电力出版社，2007.

［16］ 孙丽华. 电力系统分析. 北京：机械工业出版社，2019.